创新型计算机精品教材

计算机应用基础项目教程

（Windows 7+Office 2016）

主编　聂爱林　符啸威　林忠会

教·学
资　源

航空工业出版社
北　京

内 容 提 要

本书采用项目教学方式，以任务为驱动介绍了日常使用计算机的基本知识。全书共分 5 个项目，内容涵盖使用 Windows 7 操作系统、使用常用工具软件、使用 Word 2016 设计与制作文档、使用 Excel 2016 设计与制作电子表格、使用 PowerPoint 2016 设计与制作演示文稿。

本书可作为高等职业技术院校以及培训机构的专用教材，也可作为电脑爱好者的自学或技术提高用书。

图书在版编目（CIP）数据

计算机应用基础项目教程 / 聂爱林，符啸威，林忠会主编. -- 北京 : 航空工业出版社，2017.8
（2024.9 重印）
ISBN 978-7-5165-1303-3

Ⅰ. ①计… Ⅱ. ①聂… ②符… ③林… Ⅲ. ①电子计算机－高等学校－教材 Ⅳ. ①TP3

中国版本图书馆 CIP 数据核字(2017)第 205985 号

计算机应用基础项目教程
Jisuanji Yingyong Jichu Xiangmu Jiaocheng

航空工业出版社出版发行
（北京市朝阳区京顺路 5 号曙光大厦 C 座四层　100028）
发行部电话：010-85672666　010-85672683

捷鹰印刷（天津）有限公司印刷　　全国各地新华书店经售
2017 年 8 月第 1 版　　2024 年 9 月第 7 次印刷
开本：787×1092　1/16　　字数：445 千字
印张：19.25　　定价：48.00 元

前言 Preface

随着信息技术的飞速发展，熟练地操作计算机、掌握计算机的应用技术已成为职业院校学生必须具备的基本技能，也是学生就业的重要前提。

“计算机应用基础”课程是职业院校学生必修的一门公共基础课。本书依据教育部最新制定的计算机应用基础教学大纲的要求，结合计算机和信息技术的发展状况，由在教学一线工作多年、具有丰富教学和实践经验的教师编写，是最新的教学改革成果。

本书共分 5 个项目，分别为使用 Windows 7 操作系统、使用常用工具软件、使用 Word 2016 设计与制作文档、使用 Excel 2016 设计与制作电子表格、使用 PowerPoint 2016 设计与制作演示文稿。

本书特色

- **项目教学**：采用最新的以任务为驱动的项目教学方式，将每个项目分解为多个任务，每个任务均包含“任务背景”“分析任务”“任务目标”“任务实施”和“拓展训练”等环节。
- **案例众多**：每个任务都包含一个具有针对性、实用性很强的案例，将知识点融入案例中，从而使学生在完成任务的过程中轻松掌握相关知识。此外，在每个任务结束后还给出了一个综合性很强的拓展训练，从而使学生学以致用。另外，在 Office 部分，每个任务后还备有“高手秘籍”，帮读者答疑解惑。
- **精心设置课程内容**：根据学校关于计算机应用基础教学的课时安排精心设置课程内容。课程主要内容包括 Windows 7 操作系统、常用工具软件的使用和 Office 2016。其中 Office 2016 应用是本教材的重点。
- **其他特色**：语言简练，图示丰富；融入大量实用技巧；教学资源丰富等。

为学习贯彻党的二十大精神，提升课程铸魂育人效果，本书专门在扉页“教•学资源”二维码中设计了相应栏目，以引导学生践行社会主义核心价值观，涵养学生奋斗精神、敬业精神、奉献精神、创新精神、工匠精神、法治精神、绿色环保意识等。

本书适用范围

本书可作为高等职业技术院校以及培训机构的专用教材，也可作为电脑爱好者的自学或技术提高用书。

本书创作团队

本书由聂爱林统稿并负责制定本书的编写规范，由黑龙江农垦职业学院聂爱林、符啸威、林忠会任主编；丁晓香、侯云霞、章蕾、姜洪雨任副主编。其中，项目一、项目三的任务三由聂爱林编写；项目三的任务一、任务二由符啸威编写；项目三的任务四、任务五，项目四的任务五、任务六，项目五的任务四由林忠会编写；项目四的任务一、任务二、任务三、任务四由丁晓香编写；项目二由侯云霞编写；项目五的任务一、任务二、任务三由章蕾编写；项目三的任务六、任务七由姜洪雨编写。

由于编者水平有限，且计算机技术发展日新月异，尽管我们在编写的过程中已竭尽全力，但不妥之处在所难免，恳请各位读者、朋友批评指正。

Contents

目录

项目一

使用 Windows 7 操作系统

【项目导读】

Windows 是目前应用最为广泛的一种操作系统，其图形化界面让计算机操作变得更加直观、容易。Windows 系统包括多个版本，其中 Windows 7 功能强大，界面美观，操作简单，运行稳定，深受用户的青睐。本项目就来学习 Windows 7 操作系统的使用方法。

【学习目标】

- 掌握 Windows 7 的基本操作方法。
- 掌握文件和文件夹的管理方法。
- 掌握系统的管理和应用，如设置系统、管理账户、安装与卸载程序等。

任务一　Windows 7 的基本操作

【任务背景】

Windows 7 的基本操作一般包括启动和退出系统、设置桌面、设置“开始”菜单、设置任务栏等。只有掌握了这些基本操作，才能进一步学习其他操作，从而达到熟练使用计算机进行日常学习和办公的目的。

【分析任务】

在这个任务中，用户先从认识 Windows 7 的桌面学起，然后依次学习 Windows 7 的“开始”菜单、窗口、对话框和任务栏等，最后在“记事本”程序中输入一段英文，达到熟悉 Windows 7 的基本操作和能使用鼠标、键盘进行相关操作的目的。

【任务目标】

- 了解 Windows 7 桌面和“开始”菜单的组成元素，能使用“开始”菜单打开应用程序。
- 了解 Windows 7 窗口的组成元素，能通过窗口中的菜单、工具按钮、工作区或打开的对话框等来操作应用程序。
- 了解对话框和任务栏的组成元素，能利用它们对 Windows 7 进行相关设置。

【任务实施】

一、认识 Windows 7 的视窗元素

Windows 是一种视窗化的操作系统，使用 Windows 系统，其实就是操作各种窗口、菜单和对话框等视窗元素。下面就来认识一下 Windows 7 的这些视窗元素。

1. 桌面

启动 Windows 7 系统后，首先展现在用户面前的是它的桌面。桌面由任务栏、桌面区和桌面图标等组成，如图 1-1 所示。

- “开始”菜单：通过“开始”菜单，可以打开计算机中大多数的应用程序和系统管理窗口。
- 任务栏：打开某个程序或窗口后，系统都会在任务栏中间的任务指示区放置一个与该任务相关的图标。通过单击不同的图标，可以在各窗口之间进行切换，或将最小化的窗口还原。
- 桌面区：在 Windows 系统中打开的所有程序和窗口等都会呈现在它上面。
- 桌面图标：双击存放在桌面上的图标，可以快速打开相关项目（如应用软件、文件、文件夹等）。

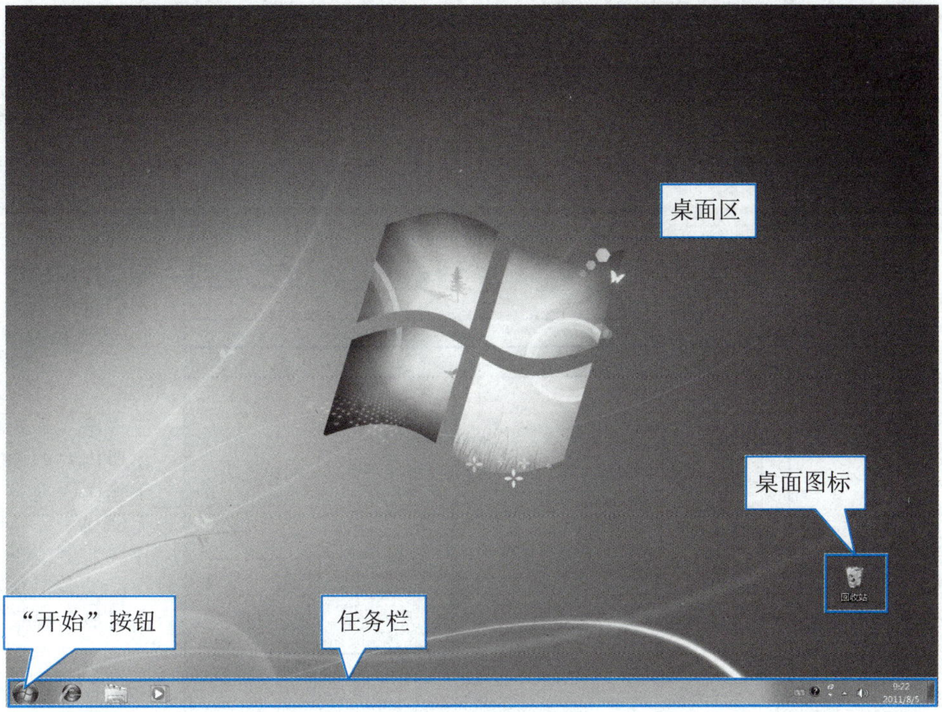

图 1-1　Windows 7 桌面

2.“开始”菜单

通过“开始”菜单可以打开大多数应用程序和系统管理窗口。单击任务栏左侧的“开始”按钮，即可打开“开始”菜单，它主要由 5 个部分组成，如图 1-2 所示。

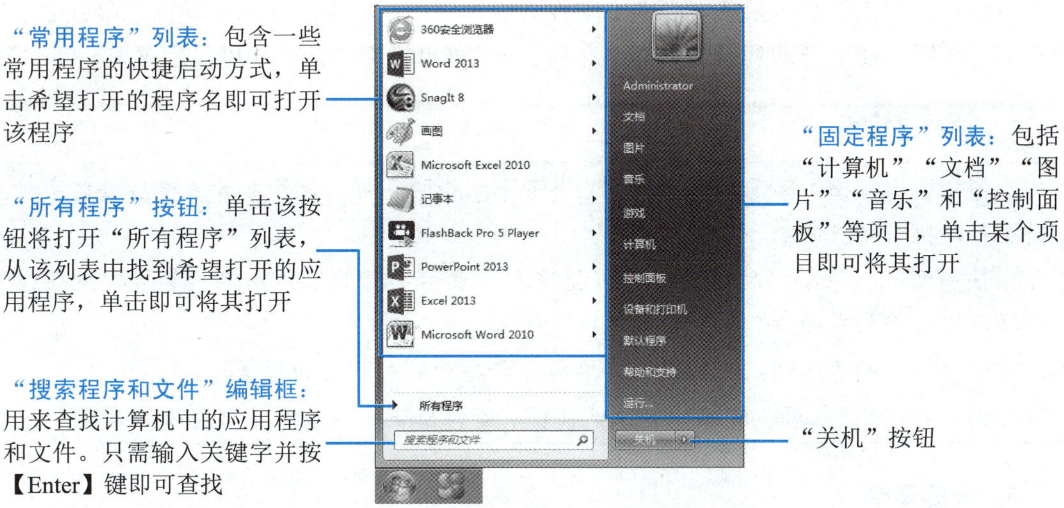

图 1-2　Windows 7 的“开始”菜单

3. 窗口

在 Windows 7 中，启动程序或打开文件夹时，会在屏幕上划定一个矩形区域，这便是窗口。操作应用程序往往是通过窗口中的菜单、工具按钮、工作区或打开的对话框等来进行的。例如，单击“开始”菜单中的“文档”项目，可打开“文档”窗口，如图 1-3 所示。不同类型的窗口，其组成元素也不同，图 1-3 列出了窗口的一些典型组成元素。

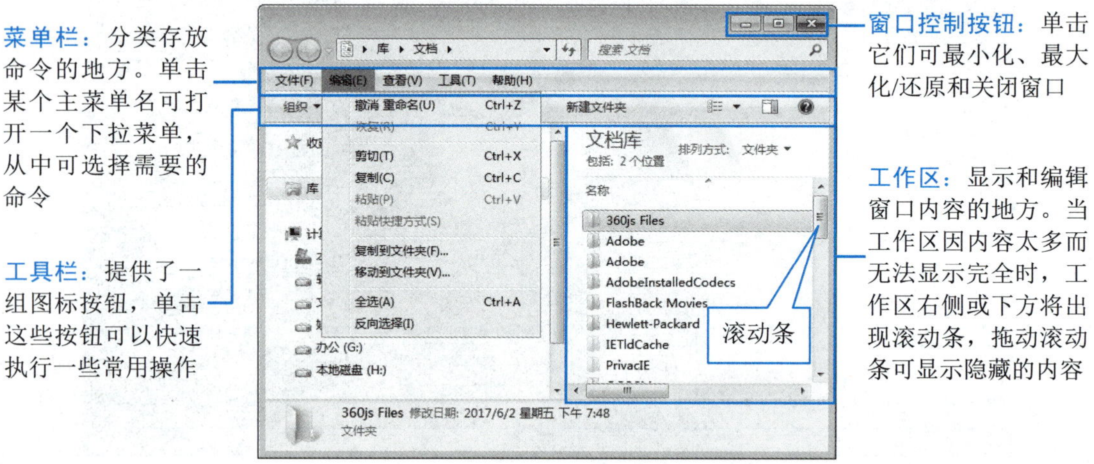

图 1-3 “文档”窗口

4. 窗口菜单

窗口菜单是分类存放应用程序命令的地方。单击某个主菜单名可打开一个下拉菜单，从中可选择需要的命令。不同的应用程序，其窗口菜单也不同。默认情况下，Windows 7 资源管理器窗口中不显示菜单，必须手动设置显示菜单栏，即：在“计算机”窗口中单击“组织”按钮，在展开的列表中选择“布局”>“菜单栏”选项，即可显示菜单栏。

说 明

命令字母： 指菜单项后面“（）”中带下划线的字母，表示打开菜单后按该字母键也可以执行相应命令。

快捷键： 指菜单项后面列出的组合键名，表示不需要选择菜单，直接按下该组合键即可执行相应的命令。

带“…”的菜单项： 选择此类菜单项，会打开一个相应的对话框。

带“▸”的菜单项： 选择此类菜单项后，会弹出下一级菜单（称为级联菜单）。

5. 快捷菜单

在 Windows 7 的桌面、窗口等的不同位置右击，都会弹出一个快捷菜单，其中列出了一些与当前所选对象或单击位置相关的快捷操作。

6．对话框

对话框是一种特殊的窗口，用于提供一些参数选项供用户设置。不同的对话框，其组成元素也不相同。例如，图 1-4 所示的对话框包含了标题栏、选项卡、复选框、列表框、下拉列表框和按钮等组成元素。

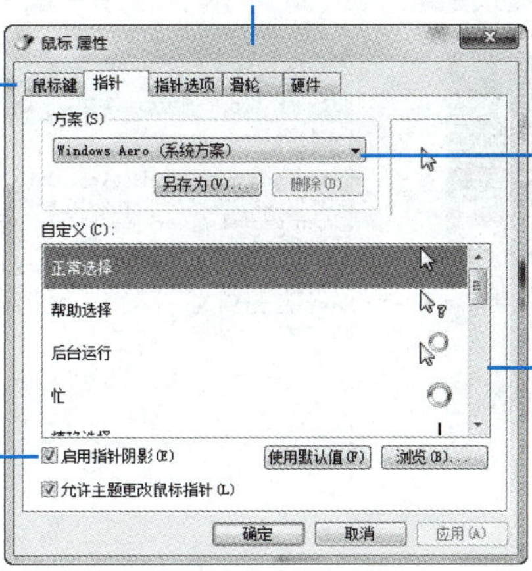

图 1-4　对话框

说　明

对话框中通常会有许多按钮，单击这些按钮可打开某个对话框或执行相关操作。几乎所有对话框中都有“确定”“取消”和“应用”按钮。其中，单击“确定”按钮可使对话框中所做的设置生效并关闭对话框；单击“应用”按钮可使设置生效而不关闭对话框；单击“取消”按钮将取消操作并关闭对话框。

7．任务栏

Windows 7 的任务栏主要由 5 部分组成，各组成部分的作用如图 1-5 所示。

图 1-5　任务栏

二、使用“记事本”程序输入英文并保存

下面用户在“记事本”程序中输入一段英文，以巩固前面所学知识，同时练习一下鼠标和键盘的用法，具体步骤如下。

步骤 1▶ 选择“开始”>“所有程序”>“附件”>“记事本”菜单项，如图 1-6（a）所示，启动“记事本”程序。

步骤 2▶ 按键盘上的相应按键，在“记事本”程序中输入英文，如图 1-6（b）所示。

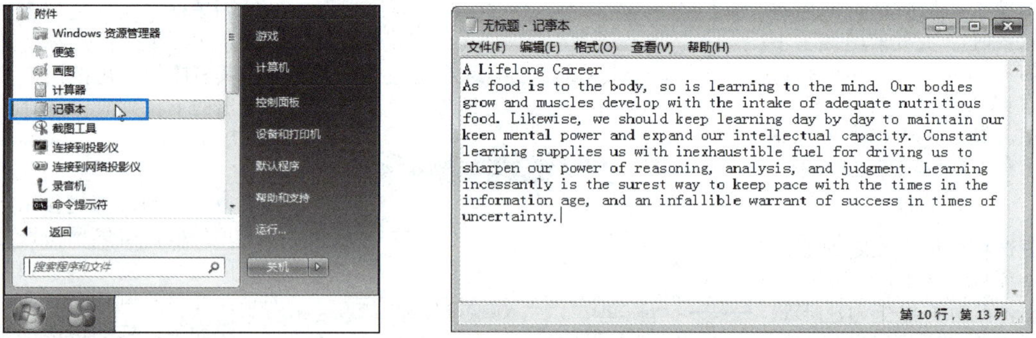

（a）　　　　　　　　（b）

图 1-6　启动“记事本”程序并输入文本

步骤 3▶ 选择“文件”>“保存”菜单项，如图 1-7 所示。

步骤 4▶ 打开“另存为”对话框，在对话框左侧选择保存文档的磁盘，如 E 磁盘，再选择要保存文档的文件夹，如“项目一”，双击将其打开，然后输入文件名“学习：一生的事业”，如图 1-8 所示，最后单击“保存”按钮保存文件。

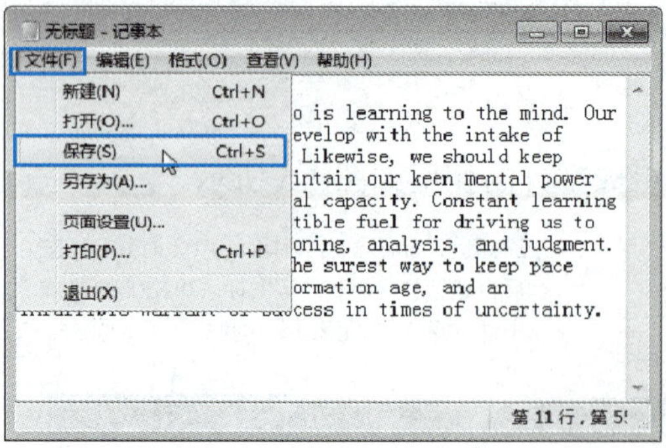

图 1-7　执行“保存”命令

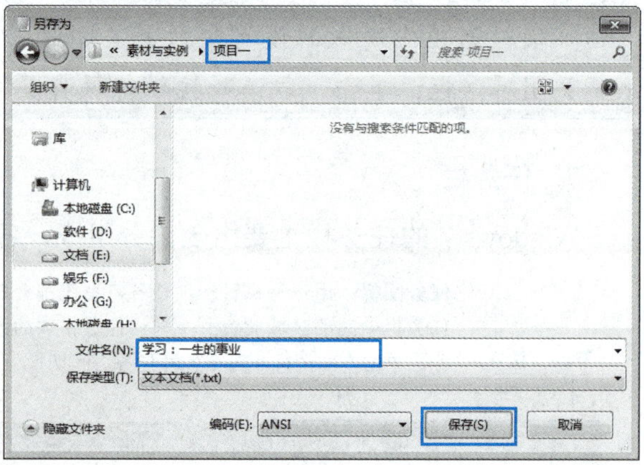

图 1-8　保存文档

步骤 5▶ 在“文件”菜单列表中选择“退出”菜单项，关闭“记事本”程序窗口。

【拓展训练】——使用“写字板”程序输入英语短文

1. 训练目的

练习“开始”菜单、窗口菜单、对话框和键盘的使用方法。

2. 训练内容

启动“写字板”程序，输入如下英文短文，再将文档以“我的家庭”为名保存在桌面。

My Room

This is my room. Near the window there is a desk. I often do my homework at it. You can see some books, some flowers in a vase, a ruler and a pen. On the wall near the desk there is a picture of a cat. There is a clock above the end of my bed. I usually put my shoe under my bed. Of course there is a chair in front of the desk. I sit there and I can see the trees and roads outside.

任务二 管理文件和文件夹

【任务背景】

在计算机中，用户数据和各种信息等都是以文件的形式存在的，而文件夹则可以看成是分类存储文件的容器。因此，如何管理文件和文件夹，已成为使用 Windows 7 的最重要操作之一。

【分析任务】

对文件和文件夹的管理操作，主要包括文件和文件夹的创建、选取、重命名、移动、复制、删除、查找，以及设置文件和文件夹的相关属性等。通过以上操作，用户可以将计算机中的文件或文件夹分门别类地整理，便于以后查找使用。

【任务目标】

- 能对文件和文件夹进行命名。
- 能创建、选取文件和文件夹。
- 能对文件和文件夹进行移动、复制和删除操作。
- 能使用搜索功能查找计算机中的文件和文件夹。

- 能设置文件和文件夹的属性。
- 能查看对象的详细信息和属性。

【任务实施】

一、使用资源管理器

1. 认识文件和文件夹

文件是数据在计算机中的组织形式。Windows 7 中的任何文件都是用图标和文件名来标识的，其中文件名由主文件名和扩展名两部分组成，中间由“.”分隔。

- **主文件名：** 最多可以由 255 个英文字符或 127 个汉字组成，或者混合使用字符、汉字、数字甚至空格。但是，文件名中不能含有“\”，“/”，“:”，“<”，“>”，“?”，“*”，“"”和“|”字符。
- **扩展名：** 通常为 3 个英文字符。扩展名决定了文件的类型，也决定了可以使用什么程序来打开文件。常说的文件格式指的就是文件的扩展名。

说 明

> 为避免用户修改文件扩展名而导致文件打不开，在资源管理器中查看文件时，默认情况下，系统不会显示文件的扩展名。

从打开方式看，文件分为可执行文件和不可执行文件两种类型。

- **可执行文件：** 指可以自己运行的文件，其扩展名主要有.exe，.com 等。用鼠标双击可执行文件，它便会自己运行。
- **不可执行文件：** 指不能自己运行，而需要借助特定程序打开或使用的文件。例如，双击.txt 文档，系统将调用“记事本”程序打开它。不可执行文件有许多类型，如文档文件、图像文件、视频文件等。每一种类型又可根据文件扩展名细分为多种类型。大多数文件都属于不可执行文件。

文件夹是存放文件的场所。在 Windows 7 中，文件夹由一个黄色的小夹子图标和名称组成，如图 1-9 所示。为了方便管理文件，用户可以创建不同的文件夹，将文件分门别类地存放在文件夹内。文件夹中除了可以包含文件之外，还可以包含其他文件夹。

图 1-9 文件夹

> Windows 7 中的文件夹分为系统文件夹和用户文件夹两种类型。系统文件夹是安装好操作系统或应用程序后系统自己创建的文件夹，它们通常位于 C 磁盘中，不能随意删除和更改名称；用户文件夹是用户自己创建的文件夹，可以随意更改和删除

2. 认识资源管理器

在 Windows 7 中，资源管理器是管理计算机中文件、文件夹等资源的最重要工具。单击“开始”菜单中的“计算机”“文档”等图标，或双击桌面上的“计算机”“网络”等图标，都可打开资源管理器。图 1-10 所示为双击“计算机”图标后打开的资源管理器。

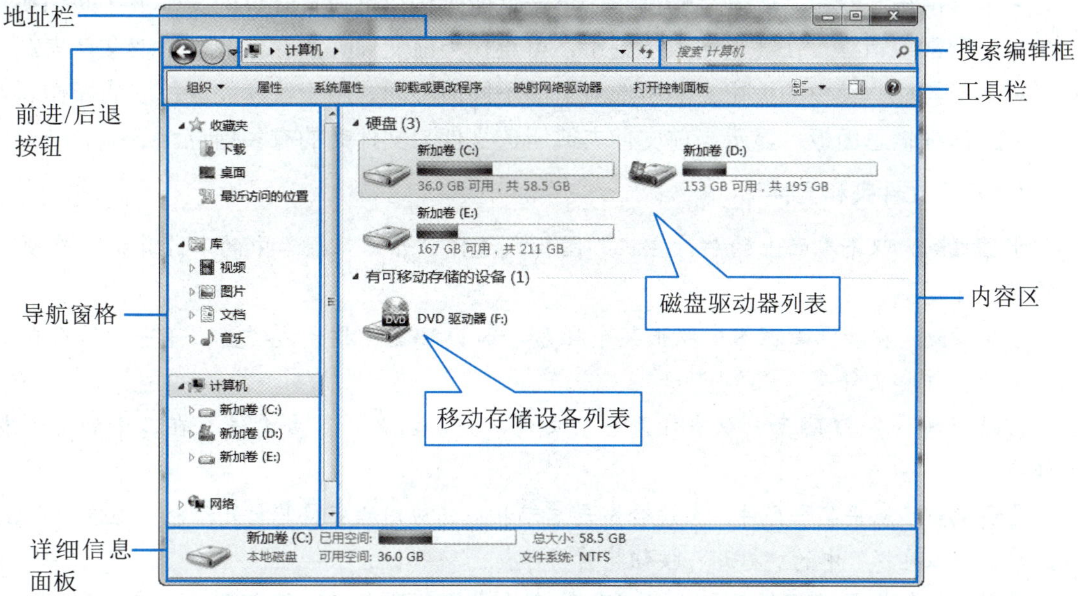

图 1-10　资源管理器

可以看到，资源管理器主要由导航窗格、地址栏、搜索编辑框、工具栏、磁盘驱动器列表、移动存储设备列表和详细信息面板等元素组成。

说　明

> 利用不同方式打开的资源管理器，其内容区中显示的内容可能不同，但窗口组成元素是相同的。有时候用户也根据资源管理器中显示的内容将资源管理器称为“计算机”窗口、“文档”窗口、“网络”窗口或“×××”文件夹窗口等。

- **导航窗格：** 采用层次结构来对计算机中的资源进行导航，最顶层的为“收藏夹”“库”“计算机”和“网络”等项目，其下又层层细分为多个子项目（如磁盘和文件夹等）。单击各项目左侧的 ▷ 按钮可展开其子项目；单击 ◢ 按钮可收缩项目；单击项目名称可在工作区中显示其包含的内容，可以是磁盘、文件或文件夹等。
- **磁盘驱动器列表：** 包括 C，D，E 等磁盘驱动器图标，双击某个驱动器图标可将其打开，以查看和管理其中的文件。注意，磁盘驱动器通过对硬盘分区产生，不同的计算机分区情况可能不同，磁盘驱动器的数量也不同。

- 移动存储设备列表：包括光驱、U 盘等的图标。当将光盘插入光驱，或将 U 盘插入 USB 接口后，双击相应的图标可查看和管理其中的文件。
- 地址栏：显示当前文件夹的路径，也可通过输入路径的方式来打开文件夹，还可通过单击文件夹名或三角按钮来切换到相应的文件夹中。
- “前进”和“后退”按钮：单击这两个按钮可在打开过的文件夹之间切换。
- 搜索编辑框：在其中输入关键字，可查找当前文件夹中存储的文件或文件夹。
- 工具栏：其中的按钮会随所选对象的不同而不同，用于快速完成相应的操作。
- 详细信息面板：显示当前文件夹或所选文件、文件夹的有关信息。

3. 打开文件夹和文件

步骤 1▶ 双击桌面上的“计算机”图标或选择“开始”菜单中的“计算机”选项，打开资源管理器。

步骤 2▶ 在资源管理器中双击某个磁盘，如 D 磁盘，打开该磁盘，可查看保存在该磁盘中的文件和文件夹。

步骤 3▶ 在 D 磁盘中双击任意一个文件夹将其打开，可查看保存在其中的文件或文件夹。

步骤 4▶ 双击某个文件，系统会自动启动相应的应用程序将其打开；也可在选中文件后，单击“工具栏”中的“打开”按钮将其打开。

此外，也可利用资源管理器左侧的导航窗格来打开磁盘或文件夹窗口。

4. 改变图标的显示方式

Windows 7 是一个图形化的操作系统，其中驱动器、文件和文件夹等对象都是以图标的方式显示的。为了方便查看文件夹中的内容，可以对图标的显示方式进行调整。为此，可单击工具栏中的“更改您的视图”按钮右侧的“更多选项”三角按钮，在展开的列表中单击选择一种显示方式，如“详细信息”，如图 1-11 所示，以详细信息方式显示图标。

5. 改变图标的排序方式

为了方便查看自己需要的文件，用户可以通过改变图标的排序方式，来查看文件。具体操作步骤如下。

步骤 1▶ 右击资源管理器内容区的空白处，弹出一个快捷菜单。

步骤 2▶ 将鼠标指针移至“排序方式”上，显示其子菜单项，然后单击选择一种排序方式，如“名称”，如图 1-12 所示，从而以名称为依据对图标进行排序。

步骤 3▶ 接下来在“排序方式”子菜单中选择图标是以“递减”还是“递增”方式排列。

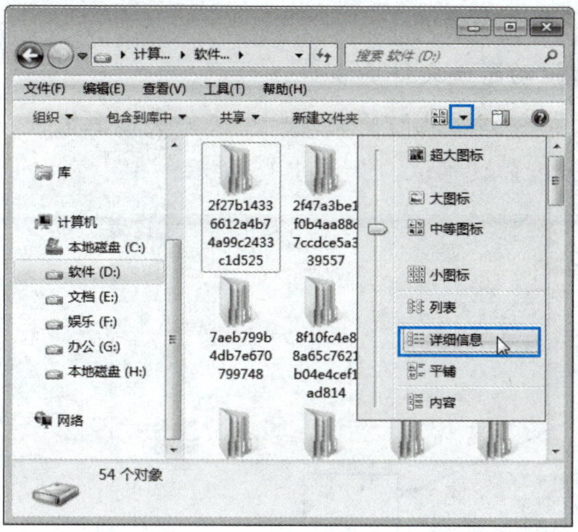

图 1-11　设置图标显示方式

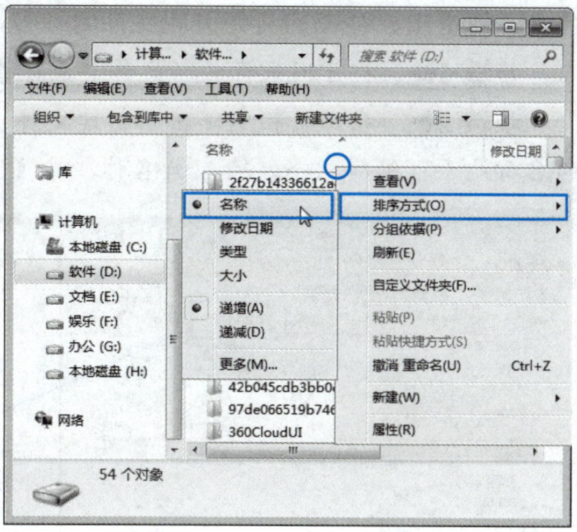

图 1-12　设置图标排序方式

6. 分组显示文件夹内容

要对文件夹中的内容进行分组显示，可在右击鼠标后弹出的快捷菜单中选择“分组依据”中的某子菜单项，如选择“类型”，如图 1-13 所示，效果如图 1-14 所示。

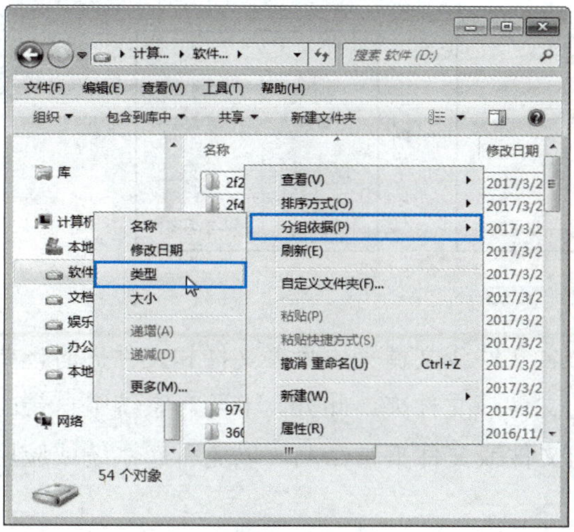

图 1-13　分组显示文件夹内容

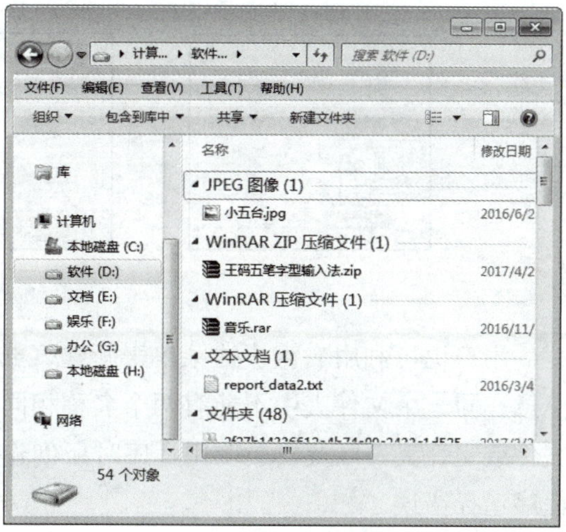

图 1-14　分组显示文件夹内容的效果

二、管理文件和文件夹

1. 创建和重命名文件夹

Windows 7 中的文件夹是存放文件的仓库，为了分类存放文件，有时候需要创建新文件夹，或更改已存在的文件夹或文件名称等，操作步骤如下。

步骤 1▶ 打开用来存放新文件夹的磁盘驱动器或文件夹窗口。

步骤 2▶ 在工具栏中单击“新建文件夹”按钮，此时将新建一个文件夹，且文件夹的名称处于可编辑状态，输入新名称，按【Enter】键确认，如图 1-15 所示。

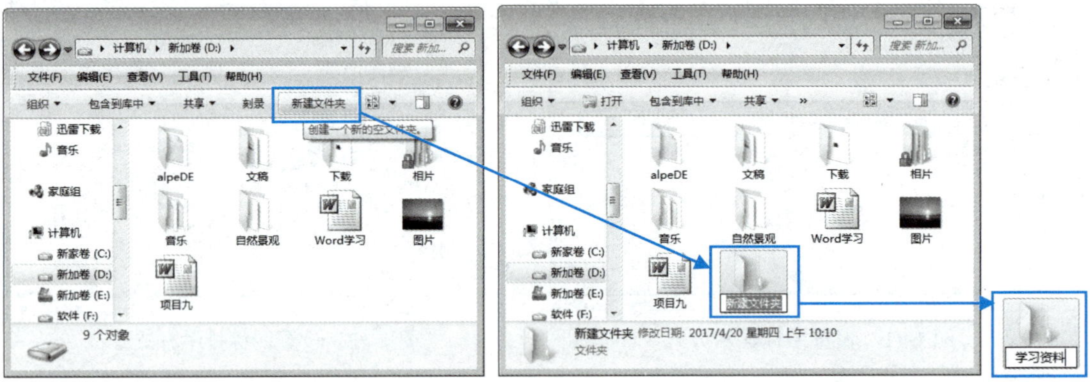

图 1-15 新建文件夹

步骤 3▶ 单击选中要重命名的文件或文件夹，然后单击文件或文件夹名称，使其处于可编辑状态，接着输入文件或文件夹的新名称，按【Enter】键确认，如图 1-16 所示。

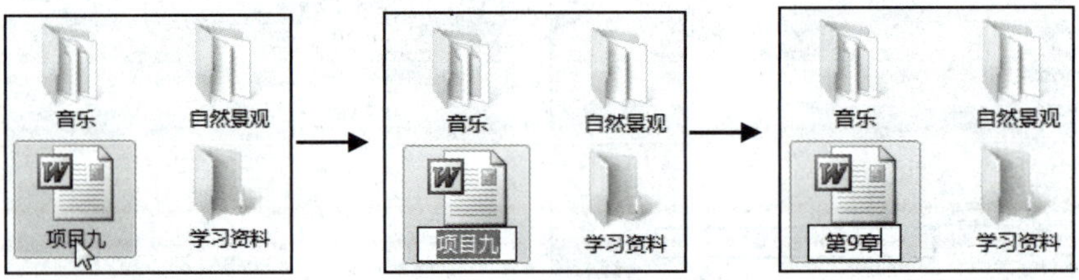

图 1-16 重命名文件

用户也可利用右键快捷菜单来新建、重命名文件或文件夹。命名文件和文件夹时，要注意在同一个文件夹中不能有两个名称相同的文件或文件夹。此外，不要对系统中自带的文件或文件夹，以及安装应用程序时所创建的文件或文件夹重命名，以免引起系统或应用程序运行错误。

2. 选择文件或文件夹

在对文件或文件夹进行移动、复制、重命名等操作时，都需要先选择文件或文件夹。下面是选择文件和文件夹的几种方法。

（1）选择单个文件或文件夹。直接单击该文件或文件夹即可，选中的文件或文件夹将高亮显示。

（2）同时选择不连续的多个文件或文件夹。首先单击要选择的第一个文件或文件夹，然后按住【Ctrl】键，依次单击要选择的其他文件或文件夹，如图 1-17 所示。

（3）**同时选择连续的多个文件或文件夹**。单击选中第一个文件或文件夹后，按住【Shift】键单击其他文件或文件夹，则两个文件或文件夹之间的对象均被选中。

（4）**使用鼠标拖放选择多个文件或文件夹**。按住鼠标左键不放，拖出一个矩形选框，释放鼠标后，选框内的所有文件或文件夹都会被选中，如图 1-18 所示。

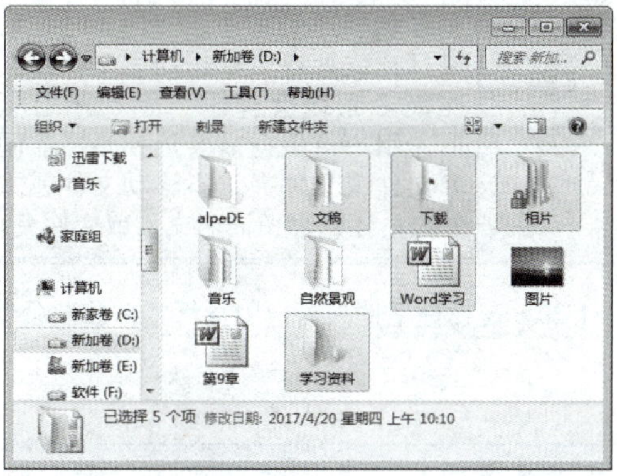

图 1-17 选择不连续的多个文件或文件夹

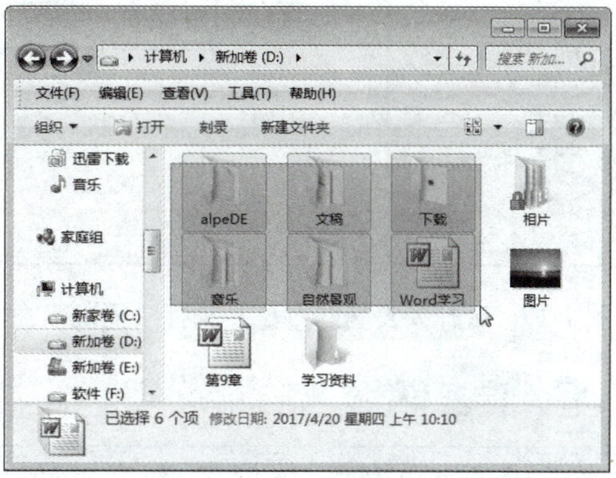

图 1-18 使用拖放方式选择多个文件或文件夹

（5）**选择当前窗口中的所有文件和文件夹**。单击工具栏中的“组织”按钮，在展开的列表中单击“全选”选项，或者直接按【Ctrl+A】组合键。

3．移动与复制文件或文件夹

移动是指将所选文件或文件夹移动到指定位置，在原来的位置不保留被移动的文件或文件夹，而复制会在原来的位置保留被移动的文件或文件夹。移动与复制是管理文件时经常使用的操作，用户应熟练掌握。

下面首先介绍复制文件或文件夹的操作步骤。

步骤 1▶ 打开要复制的文件或文件夹所在的磁盘驱动器或文件夹窗口。

步骤 2▶ 选中需要复制的文件或文件夹，然后单击工具栏中的“组织”按钮，在展开的列表中单击“复制”选项，如图 1-19 所示，或者在选中对象后按【Ctrl+C】组合键。

步骤 3▶ 打开想要将文件或文件夹复制到的目标磁盘驱动器或文件夹窗口，然后在“组织”列表中单击“粘贴”选项，如图 1-20 所示，或者按【Ctrl+V】组合键。

步骤 4▶ 如果要复制的文件较大的话，此时将出现一个复制进度对话框，视文件大小等待一段时间后，选定的文件或文件夹即可被复制到当前文件夹中。

如果希望移动文件或文件夹，只需要将上述步骤 2 的操作改为选择“组织”>“剪切”选项，或者按【Ctrl+X】组合键；步骤 3 的操作不变。

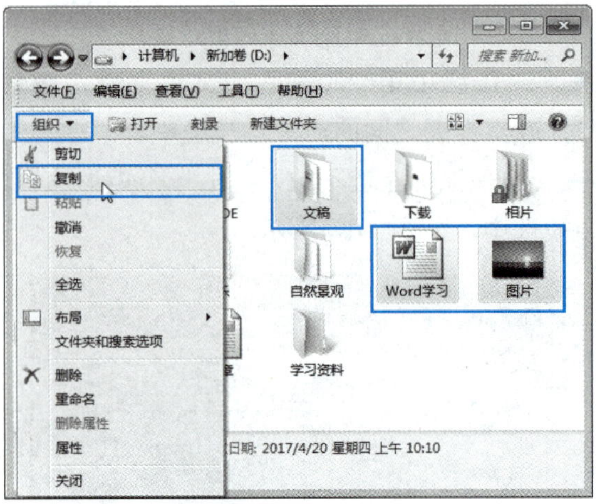

图 1-19 选择要复制的对象并执行“复制”命令

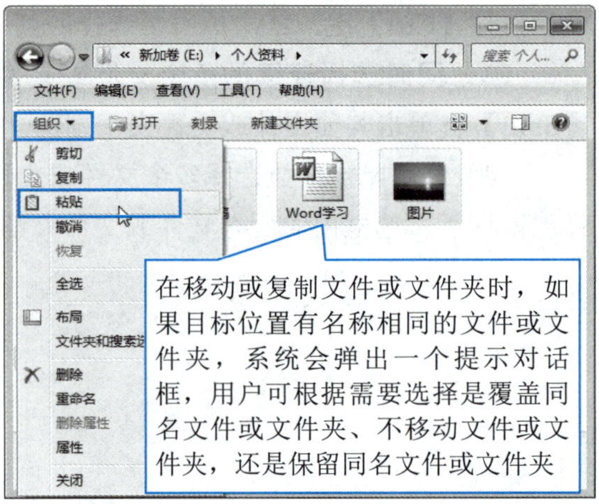

图 1-20 在目标文件夹窗口中执行“粘贴”命令

说　明

除了可以利用“组织”列表中的选项或快捷键来执行“复制”“剪切”和“粘贴”命令外，也可通过右击对象，在弹出的快捷菜单中选择相应选项来执行这几个命令。

4. 删除文件或文件夹

对于不再需要的文件或文件夹，可以将其删除，以腾出磁盘空间，操作步骤如下。

步骤 1▶ 选中要删除的文件或文件夹，按【Delete】键。

步骤 2▶ 弹出删除文件提示对话框，单击“是”按钮，如图 1-21 所示，即可将所选文件或文件夹放入回收站中，也即删除文件。

若希望从回收站中恢复被误删除的文件或文件夹，可双击桌面上的“回收站”图标，打开“回收站”窗口，选中误删除的文件或文件夹，单击工具栏中的“还原此项目”选项，将该文件或文件夹恢复到原来的位置，如图 1-22 所示。

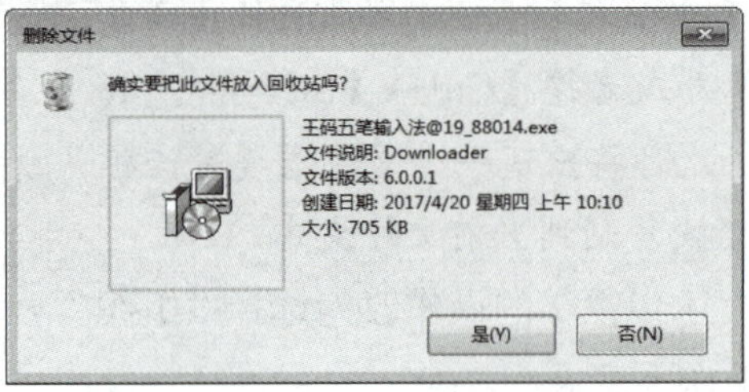

图 1-21 删除文件

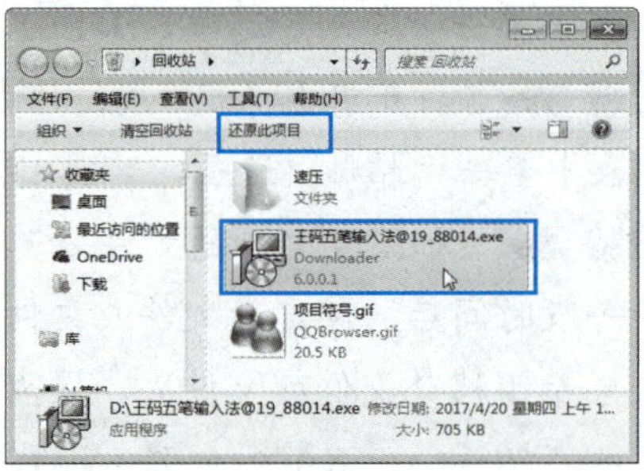

图 1-22 还原删除的文件

回收站中的文件仍然会占用磁盘空间，因此，用户应定期检查回收站，如果确认没有需要保留的内容，应及时予以清空。为此，可在“回收站”窗口单击“清空回收站”按钮。

说　明

删除大文件时，可将其不经过回收站而直接从硬盘中删除。方法是：选中要删除的文件或文件夹，按【Shift+Delete】组合键，然后在打开的提示框中确认即可。

5. 查找文件或文件夹

使用计算机时，经常会发生找不到某个文件或文件夹的情况，此时可借助 Windows 7 的搜索功能进行查找，操作步骤如下。

步骤 1▶ 打开资源管理器，在窗口右上角的搜索编辑框中输入要查找的文件或文件夹名称（如果记不清文件或文件夹全名，可只输入部分名称）。

步骤 2▶ 此时系统自动开始搜索，等待一段时间即可显示搜索结果，如图 1-23 所示。

步骤 3▶ 对于搜到的文件或文件夹，用户可对其进行复制、移动或打开等操作。

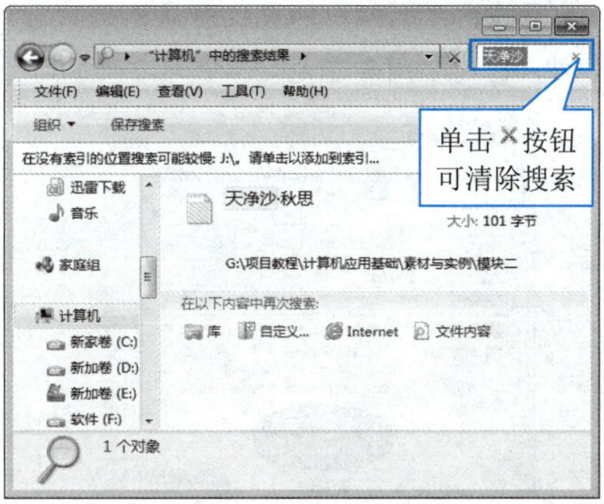

图 1-23　搜索文件

设置合适的搜索范围很重要，由于现在的硬盘容量都很大，若把所有硬盘搜索一遍将会耗费很长的时间。若能确定文件存放的大致文件夹，可首先在步骤 1 中直接打开该文件夹窗口，然后再进行搜索。

另外，在输入文件名时还可使用通配符。常用的通配符有星号（*）和问号（?）两种。其中，“*”代表一个或多个任意字符，“？”只代表一个字符。例如，*.*表示所有文件和文件夹；*.jpg 表示扩展名为.jpg 的所有文件；?ss.doc 表示扩展名为.doc，文件名为 3 位，且必须是以 ss 为文件名结尾的所有文件。

三、查看对象信息和属性

如果希望查看磁盘驱动器、文件夹或文件等对象的简单信息，只需将图标的显示方式设置为“详细信息”，或选中要查看信息的对象，在窗口底部的“详细信息”面板中进行查看。如果希望了解对象的更多属性，可利用以下方法查看。

1. 查看磁盘驱动器的常规属性

磁盘驱动器是计算机中最常用的外存储设备，通过查看磁盘驱动器的具体信息，可以了解磁盘空间的使用情况，以及清除磁盘中的垃圾文件等，操作步骤如下。

步骤 1▶ 在“计算机”窗口中用鼠标右击要查看属性的磁盘驱动器，从弹出的快捷菜单中选择“属性”选项。

步骤 2▶ 在弹出的磁盘属性对话框的“常规”选项卡查看该磁盘的文件系统类型、总容量、已用空间和可用空间，如图 1-24 所示。

步骤 3▶ 若单击“磁盘清理”按钮，可清除该磁盘中的垃圾文件。

步骤 4▶ 单击“确定”按钮，关闭对话框。

当磁盘的可用空间很少时，应清理该磁盘或删除磁盘中不用的文件或文件夹。

2. 查看文件或文件夹的常规属性

要查看文件或文件夹的详细信息和常规属性，可按以下步骤进行操作。

步骤 1▶ 选中要查看属性的文件或文件夹，用鼠标右击所选对象，从弹出的快捷菜单中单击“属性”选项。

步骤 2▶ 在弹出的属性对话框的“常规”选项卡查看所选文件或文件夹的大小、占用空间、创建时间等信息，如图 1-25 所示。

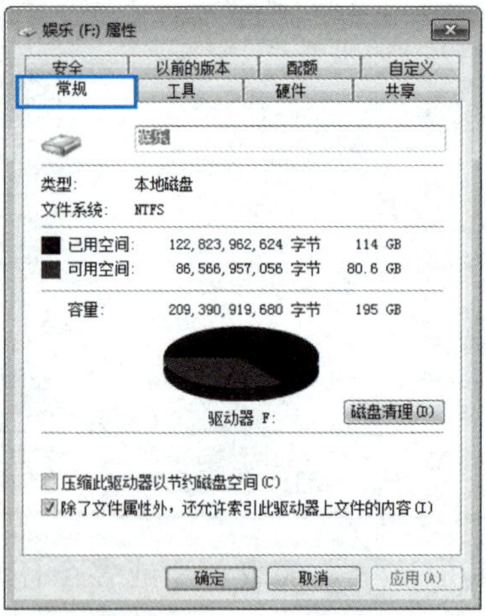

图 1-24 查看磁盘属性

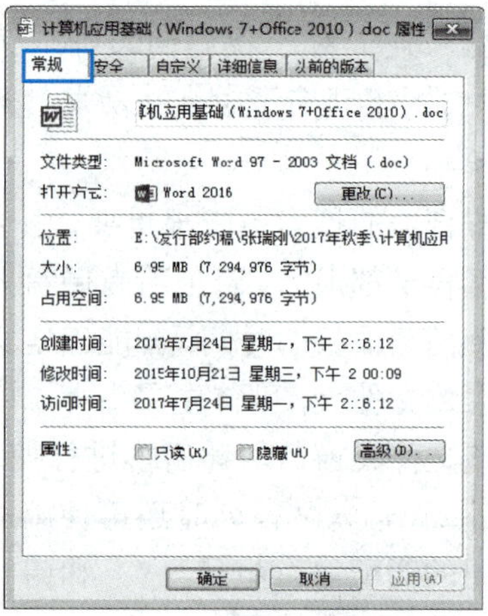

图 1-25 查看文件属性

步骤 3▶ 查看完毕，单击“确定”按钮。

文件或文件夹有只读和隐藏两种属性。将文件属性设置为“只读”后（选中“只读”复选框），将不能更改文件内容，但可删除文件；将文件或文件夹属性设置为“隐藏”后，其将不会显示在资源管理器中。

说 明

要重新显示已隐藏的文件或文件夹，可在资源管理器中的“组织”列表中选择

“文件夹和搜索选项”选项，打开“文件夹选项”对话框，然后在“查看”选项卡选中“显示隐藏的文件、文件夹和驱动器”单选钮◉，再单击“确定”按钮。

【拓展训练】——操作文件和文件夹

1. 训练目的

强化练习创建文件夹、移动文件、重命名文件等操作。

2. 训练内容

在 D 盘中新建一个“学习”文件夹，将上一任务的拓展训练中保存的文档移动到该文件夹中，并重命名为“学习文档”，然后查看该文档的大小。

任务三　系统管理和应用

【任务背景】

在用电脑进行工作时，用户经常会根据自己的使用习惯对系统进行一些自定义设置。例如，设置桌面背景、主题、屏幕保护程序、屏幕分辨率等。有的用户对电脑安全性要求比较高，还会设置开机登录系统的密码。此外，根据对系统功能需求的不同，用户还可以在系统中安装或卸载应用程序、添加或删除 Windows 组件。

【分析任务】

若想设置 Windows 7 的主题、桌面背景、屏幕保护程序、分辨率等，可通过“个性化”设置来完成。若想设置用户账户密码、管理用户账户、在计算机中安装或卸载应用程序、添加或删除 Windows 组件，可通过“控制面板”来完成。

【任务目标】

- 能根据需要设置桌面主题和背景，添加桌面图标，设置屏幕保护程序等。
- 能创建和管理计算机用户账户。
- 能根据需要在计算机中安装或卸载应用程序。
- 能在计算机中添加或删除 Windows 组件。

【任务实施】

一、个性化 Windows 7

下面对 Windows 7 的使用环境进行设置，包括更换桌面主题、背景，添加桌面图标等。

1. 更换桌面主题

桌面主题是桌面总体风格的统一，通过改变桌面主题，可以同时改变桌面图标、背景图像和窗口等项目的外观。

步骤 1▶ 右击桌面的空白处，在弹出的快捷菜单中选择“个性化”选项，打开“个性化”窗口，在主题列表框中预置了多个主题，从中选择所需主题即可，如图 1-26 所示。

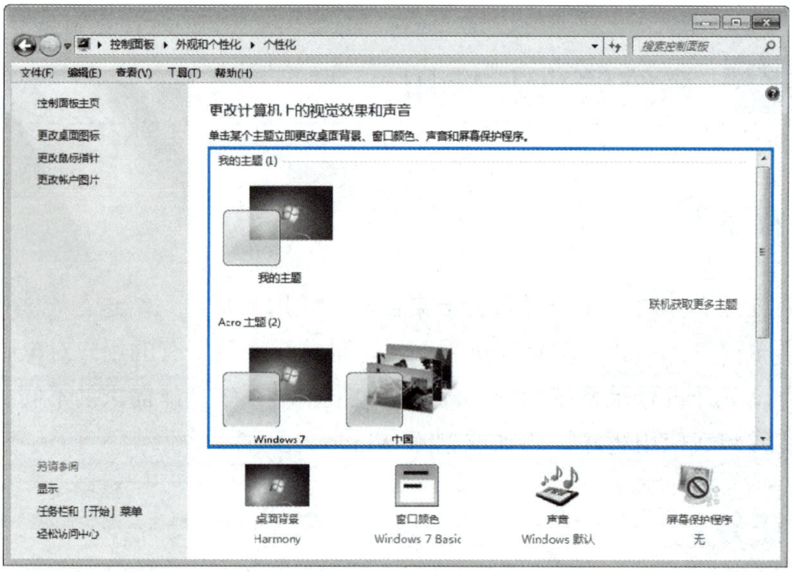

图 1-26 “个性化”窗口

步骤 2▶ 若列表中没有所需主题，可在“我的主题”右侧单击“联机获取更多主题”链接。打开 Microsoft Windows 的主题页面。在该页面中提供了可以下载的更多主题，只需在页面的左侧选择主题类别，在页面的右侧选择需要的主题，单击“下载”链接，然后根据提示操作即可下载所选主题。之后，在主题列表中找到并单击下载的主题即可应用。

2. 更换桌面背景

如果不喜欢当前的桌面背景，可以进行更换，如将喜欢的图片或自己的靓照作为桌面背景，操作步骤如下。

步骤 1▶ 在“个性化”窗口中单击底部的“桌面背景”选项。

步骤 2▶ 进入“桌面背景”界面，在图片列表中单击选择需要设置为桌面背景的图片。若要将多张图片设置为桌面背景，可按住【Ctrl】键依次单击图片，选中的图片左上角会显示一个勾选标记，如图 1-27 所示（要取消某张图片的选择，可按住【Ctrl】键单击该图片；单击列表框上方的“全部清除”按钮，可清除所有图片的选择；单击“全选”按钮，可选择所有图片）。

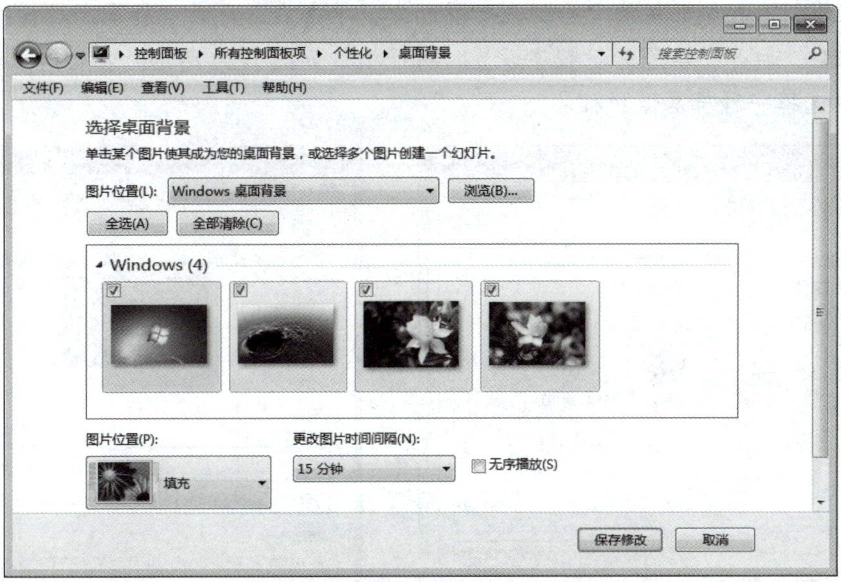

图 1-27 “桌面背景”界面

步骤 3▶ 将多张图片设置为桌面背景时，可单击“更改图片时间间隔”下拉列表框右侧的三角按钮，从展开的列表中可选择各张图片的切换时间。

步骤 4▶ 单击“保存修改”按钮，应用设置并返回控制面板的“个性化”界面。

要使用其他图片作为桌面背景，可在“图片背景”下拉列表框中选择图片所在的位置，然后在图片列表中选择图片，或单击“图片位置”下拉列表框右侧的“浏览”按钮，在打开的“浏览文件夹”对话框中选择图片所在位置，最后单击“确定”按钮返回“桌面背景”窗口，最后单击“保存修改”按钮即可。

3. 添加桌面图标

如果用户的桌面上没有显示“计算机”“网络”“用户文件夹”“控制面板”等常用图标，可按照以下操作步骤将它们添加到桌面上。

步骤 1▶ 在控制面板的“个性化”窗口中单击左上角的“更改桌面图标”选项。

步骤 2▶ 弹出“桌面图标设置”对话框，在“桌面图标”设置区单击选中要添加的桌面图标名称（使其左侧的复选框中出现一个√），单击“确定”按钮，如图 1-28 所示。

4. 设置屏幕保护程序

屏幕保护程序是指在一定时间内，没有使用鼠标或键盘进行任何操作时在屏幕上显示的画面。计算机显示静态图像的时间过长会灼伤屏幕，降低显示器的使用寿命。设置屏幕保护程序的目的就是为了避免这种不良影响，还可以在屏幕上看到精美的画面。

设置屏幕保护程序的操作步骤如下。

步骤 1▶ 在控制面板的“个性化”界面中，单击右下角的“屏幕保护程序”选项。

步骤 2▶ 打开“屏幕保护程序设置”对话框，如图 1-29 所示。在“屏幕保护程序”下拉列表中选择一种屏幕保护程序。

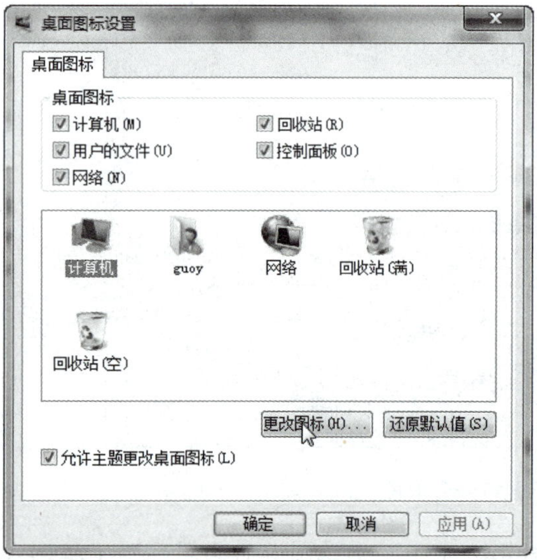

图 1-28 添加桌面图标

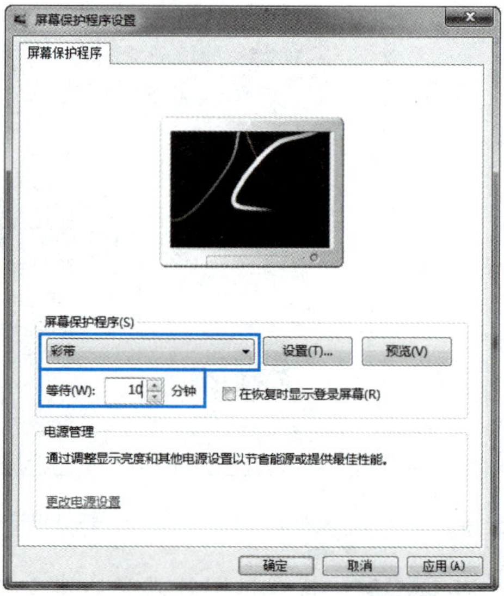

图 1-29 设置屏幕保护程序

步骤 3▶ 在“等待”编辑框中输入计算机空闲多长时间后启动屏幕保护程序。

步骤 4▶ 单击“确定”按钮。

当在设定时间内不对计算机进行操作（移动鼠标或按键盘上的按键）时，系统将进入屏幕保护程序。要回到操作界面，只需移动一下鼠标或按键盘上的任意键即可。

5. 调整屏幕分辨率

在刚安装操作系统或更换显示器时，为了使显示器的显示效果更好，一般需要在 Windows 7 中调整屏幕分辨率。具体操作步骤如下。

步骤 1▶ 进入控制面板的“外观和个性化”界面，单击“显示”类别下方的“调整屏幕分辨率”选项。

步骤 2▶ 弹出控制面板的“屏幕分辨率”界面，在“分辨率”下拉列表中选择一种分辨率，单击“确定”按钮，如图 1-30 所示。

图 1-30 调整屏幕分辨率

在屏幕大小不变的情况下，分辨率的大小决定了屏幕显示内容的多少。但分辨率并不是越大越好，而是取决于显示器的硬件性能，具体可参考显示器使用手册。

提 示

在控制面板的“外观和个性化”界面中，用户可根据需要对 Windows 7 进行更多个性化和外观设置。例如，单击“桌面小工具”类别，在弹出的小工具库中双击某个小工具，可将其添加到桌面上。

二、创建和管理用户账户

Windows 7 提供了多用户操作环境。当多人使用一台电脑时，可以为每个人分别创建一个用户账户。这样，每个人都可以用自己的账号和密码登录系统，拥有独立的桌面、收藏夹、用户文件夹等，从而使用户之间互不影响。

Windows 7 的用户账户类型主要有“管理员”和“标准用户”两种。一台计算机至少要有一个管理员账户。

- **管理员：**管理员对整个计算机拥有完全的访问权限，可以对系统设置进行任意更改，包括安装应用软件、修改系统时间等。
- **标准用户：**标准用户可以使用计算机上安装的大多数程序，但无法安装或卸载某些软件和硬件，不能对系统进行任意更改等。

1. 创建用户账户

默认情况下，Windows 7 已经有了一个管理员账户。如果是多人使用同一台计算机，可以创建账户让其他人使用，创建方法如下。

步骤 1▶ 打开“控制面板”窗口，切换到“大图标”分类模式，单击“用户账户”选项，打开“用户账户”窗口，单击“管理其他账户”选项，打开“管理账户”窗口。

步骤 2▶ 在“管理账户”窗口中单击“创建一个新账户”选项（见图 1-31），打开“创建新账户”窗口，输入新账户名称，保持默认的“标准用户”单选钮的选中状态，单击“创建账户”按钮即可创建一个新账户，如图 1-32 所示。

图 1-31 单击“创建一个新账户”选项

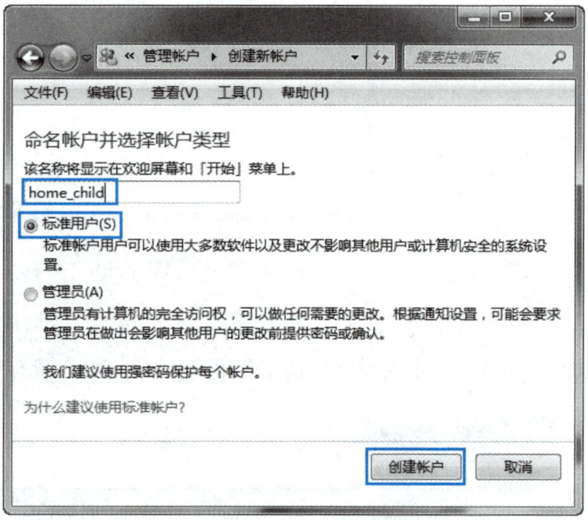

图 1-32 创建新账户

2. 更改用户账户

用户可以为账户创建密码，以防止别人用该账户登录自己的系统。此外，还可以对账户的名称、显示图片和类别等进行设置或更改，设置方法如下。

步骤 1▶ 在“管理账户”窗口中单击要更改的用户账户，这里单击新创建的用户账户，打开“更改账户”窗口，如图 1-33 所示。可在该窗口的左侧选择需要更改的账户信息，如“更改账户名称”“创建密码”“更改图片”和“删除账户”等。

步骤 2▶ 单击“创建密码”选项，打开“创建密码”窗口，输入和确认密码（还可根据需要输入密码提示，方便以后忘记时重新找回密码），单击“创建密码”按钮，密码设置成功，如图 1-34 所示。

步骤 3▶ 执行“开始”菜单“关机”列表中的“注销”命令，可重新进入登录界面，选中新创建的用户账户并输入密码，即可登录该账户。

图 1-33　“更改账户”窗口

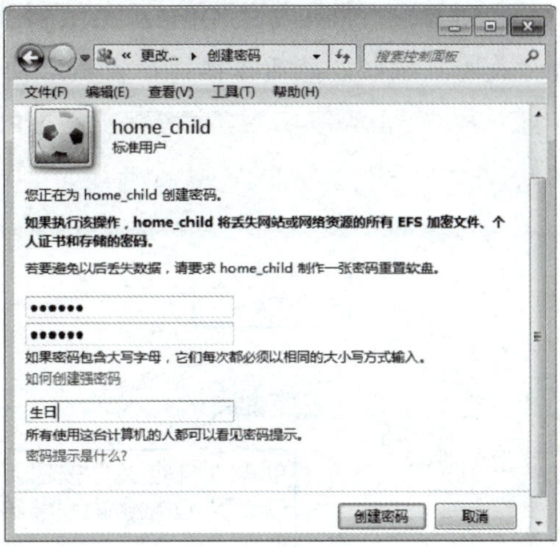

图 1-34　创建密码

三、安装和卸载应用程序

1. 安装应用程序

这里以将 Office 2010 办公软件安装到计算机中为例，介绍应用程序的一般安装方法。

步骤 1▶　将 Office 2010 安装光盘放入光驱，Office 安装程序会自动运行。若 Office 2010 的安装文件存储在本地硬盘中，可找到并双击 Setup.exe 文件，如图 1-35 所示，运行 Office 2010 的安装程序。

步骤 2▶　稍微等待一会儿，弹出安装向导对话框，选中“我接受此协议的条款”复选框，单击“继续”按钮，如图 1-36 所示。

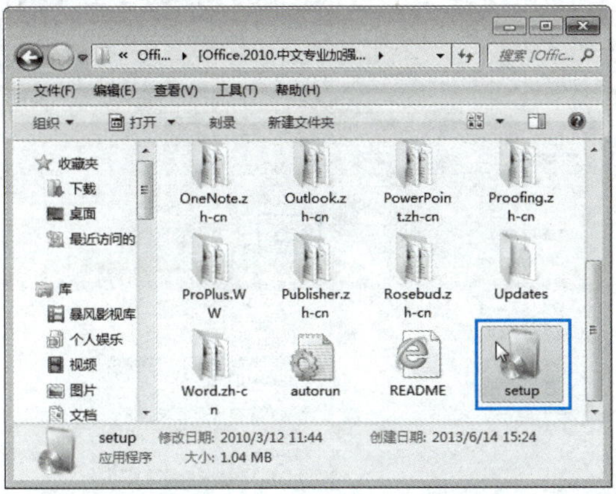

图 1-35　双击安装程序

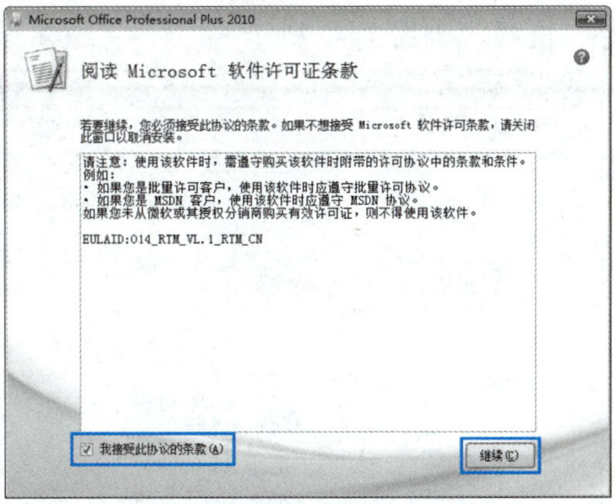

图 1-36　阅读许可协议

步骤 3▶　在打开的界面中单击“立即安装”按钮，如图 1-37 所示。

步骤 4▶ 开始安装 Office 2010 并显示安装进度，如图 1-38 所示。安装完毕后，单击“关闭”按钮，然后根据提示重新启动计算机，即可成功安装 Office 2010。

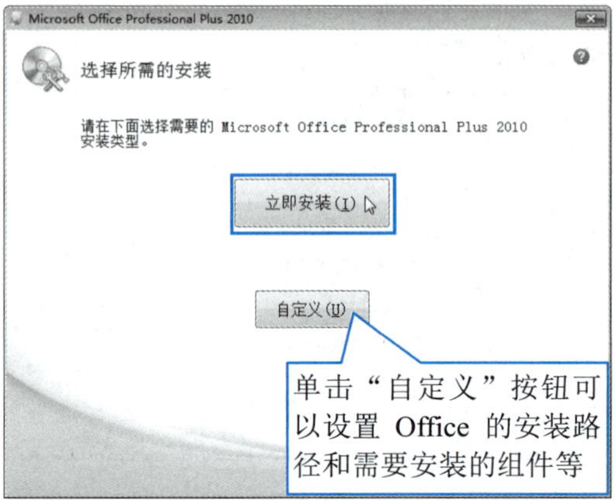

图 1-37　开始安装

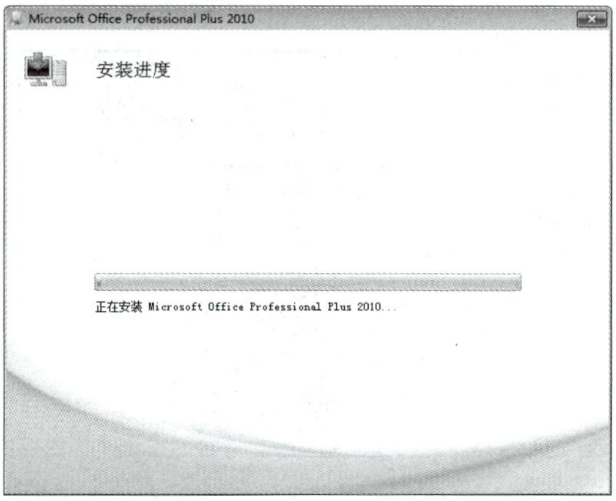

图 1-38　显示安装进度

说　明

> 用户可继续在电脑中安装搜狗拼音输入法、压缩/解压缩软件 WinRAR、聊天软件 QQ、电脑管理软件 360 安全卫士等。

2. 卸载应用程序

在计算机中安装过多的应用程序不仅占据大量硬盘空间，还会影响系统的运行速度，所以对于不再使用的应用程序，应及时将其卸载。

步骤 1▶ 打开“控制面板”窗口，单击“程序”选项，如图 1-39 所示。

步骤 2▶ 弹出控制面板的“程序”界面，单击“程序和功能”类别下方的“卸载程序”选项，如图 1-40 所示。

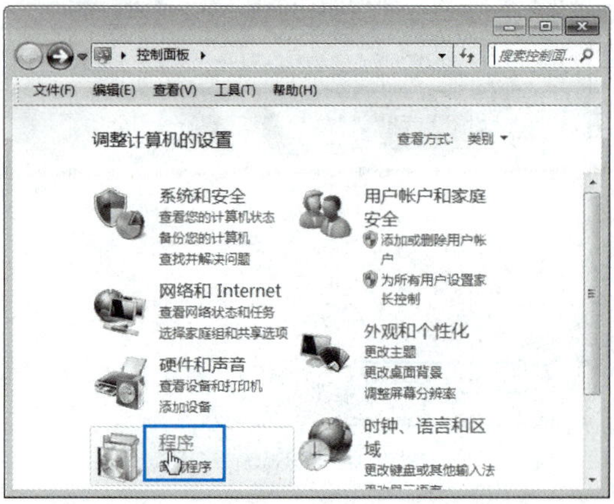

图 1-39　单击“程序”类别

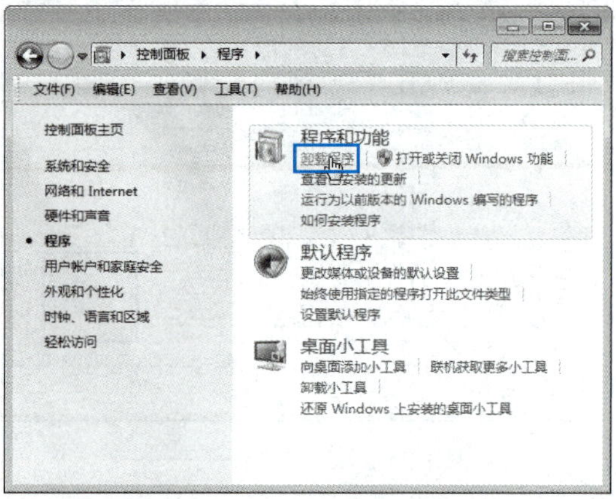

图 1-40　单击“卸载程序”选项

步骤 3▶　弹出“程序和功能”界面，先在程序列表中单击选择要卸载的应用程序，然后单击列表上方的“卸载”按钮，如图 1-41 所示。

步骤 4▶　弹出提示对话框，单击“是”按钮，如图 1-42 所示，然后根据提示进行操作，即可卸载该程序。

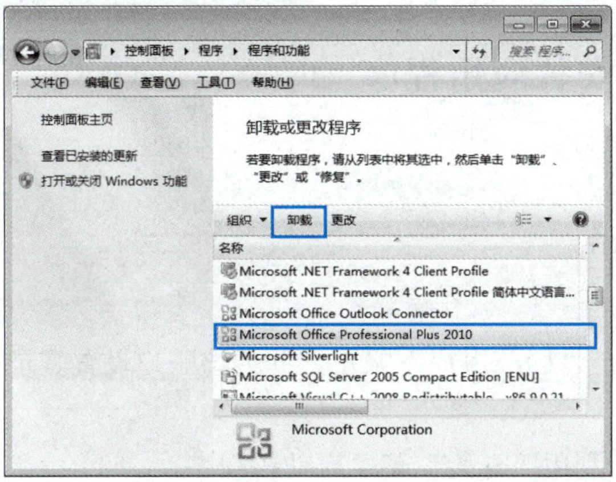

图 1-41　卸载程序

图 1-42　确认卸载程序

此外，某些应用程序也可通过在“开始”菜单中选择对应的卸载命令进行卸载。

四、添加或删除 Windows 7 组件

Windows 7 自身内置了很多应用程序，如画图、计算器以及一些小游戏等。对于一些不用的程序，可以将其删掉；对于希望使用的一些程序，则可添加进来。操作步骤如下。

步骤 1▶　在图 1-41 所示的“程序”界面中单击“打开或关闭 Windows 功能”选项。

步骤 2▶　弹出“Windows 功能”对话框，如图 1-43 所示。在“组件”列表中勾选要添加的组件，并取消勾选要删除的组件。

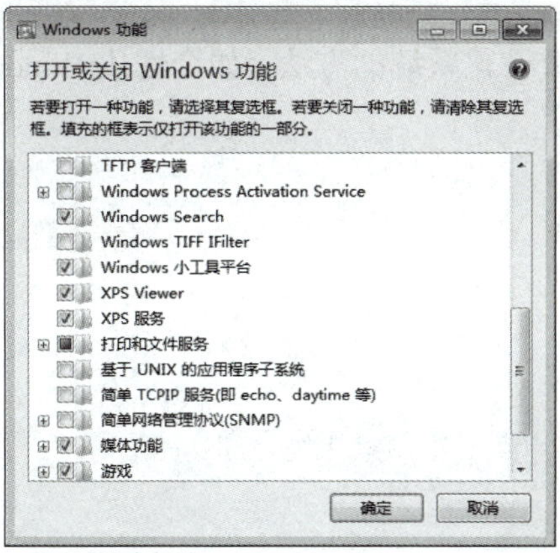

图 1-43　添加或删除 Windows 7 组件

步骤 3▶ 单击“确定”按钮。

在“组件”列表框中列出了 Windows 7 自带的所有可用的组件，如果某组件复选框已勾选，表示该组件已被添加，否则表示未被添加。某些组件还带有子组件，对于这类组件，可单击组件左侧的“+”显示其子组件，然后进行添加或删除即可。

【拓展训练】——创建账户与安装应用程序

1．训练目的

强化练习创建账户和安装应用程序的操作。

2．训练内容

（1）以自己的名字为账户名，新建一个“标准用户”账户，并为该账户设置登录密码，然后利用该账户登录系统。

（2）安装一个应用程序，如 QQ，然后利用“开始”菜单启动该程序。

项目小结

本项目通过 3 个具体任务介绍了 Windows 7 操作系统的使用方法。通过本项目的学习，希望读者掌握以下知识。

（1）了解 Windows 7 各视窗组成元素的作用，包括桌面、任务栏、“开始”菜单、窗口、窗口菜单、快捷菜单和对话框等，并掌握这些视窗组成元素的基本操作方法。

（2）掌握使用资源管理器管理文件和文件夹的方法，养成在计算机中分类保存文件的习惯。

（3）掌握使用控制面板设置系统的方法，如个性化 Windows 7，创建用户账户，以及安装和卸载应用程序等。

项目二

使用常用工具软件

【项目导读】

为了充分发挥计算机的功能，让计算机更好地为用户服务，通常用户需要学会使用一些常用的工具软件。例如：文件压缩/解压缩软件、杀毒软件、音频/视频格式转换软件、图像处理软件等。本项目主要学习这4种常用工具软件的使用方法。

【学习目标】

- 掌握使用 WinRAR 软件压缩和解压缩文件的方法。
- 掌握使用 360 杀毒软件预防和查杀计算机病毒的方法。
- 掌握使用格式工厂软件对音频、视频文件进行格式转换的方法。
- 掌握使用美图秀秀软件对图片进行编辑处理的方法。

任务一 使用压缩软件

【任务背景】

压缩是一种通过特定的算法来减小计算机文件大小的机制。对于用户，尤其是网络用户而言，这是一种实用且方便的技术，因为它可以减小文件的字节总数，使文件能够通过有限的互联网带宽实现更快的传输，此外它还可以减少文件的磁盘占用空间。解压缩是压缩的反过程，是指将经过软件压缩的文档、文件夹等恢复到压缩之前的样子。本任务将利用 WinRAR 软件实现文件的压缩和解压缩。

【分析任务】

WinRAR 是一款功能强大的压缩包管理软件，可用于备份数据，缩减电子邮件附件的大小，解压缩从 Internet 上下载的 RAR，ZIP 及其他类型的文件，并且可以新建 RAR，ZIP 等格式的压缩类文件。

【任务目标】

- 能用 WinRAR 对文件和文件夹进行压缩。
- 能对压缩过的文件和文件夹进行解压缩。

【任务实施】

一、压缩文件

步骤 1▶ 下载并安装 WinRAR 软件，然后打开素材文件夹下的“项目二”文件夹，找到“小五照片”文件夹（其中存放了要进行压缩的图片），在该图片文件夹上右击鼠标，从弹出的快捷菜单中选择如图 2-1 所示的压缩方式。

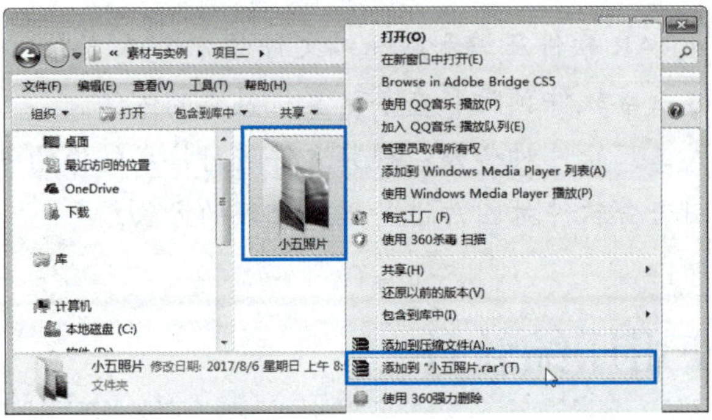

图 2-1 选择压缩方式

步骤 2▶ WinRAR 软件将开始压缩文件，并自动将所选文件夹压缩成一个压缩格式的文件，即生成一个压缩包，如图 2-2 所示。

若在选中的文件或文件夹上右击鼠标，在弹出的快捷菜单中选择“添加到压缩文件...”选项，将打开“压缩文件名和参数”对话框，如图 2-3 所示。

可在该对话框“常规”选项卡的“压缩文件名”设置区设置压缩文件的名称和保存路径，在“压缩方式”下拉列表框中选择一种压缩比，还可进行分卷压缩，以及为压缩文件设置密码等。设置好后，单击“确定”按钮，即可按要求压缩文件。

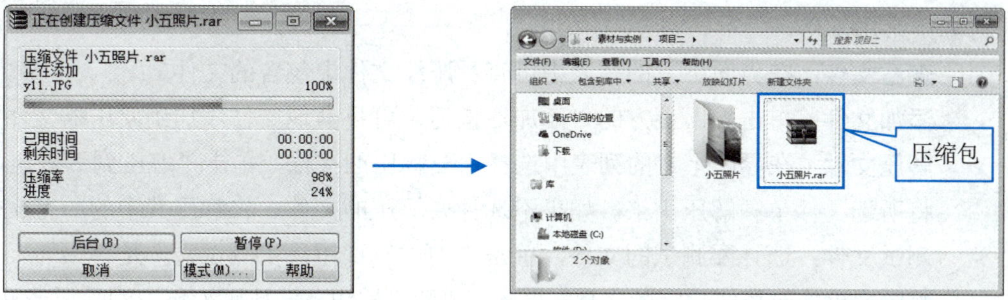

图 2-2　开始压缩文件并生成一个压缩包

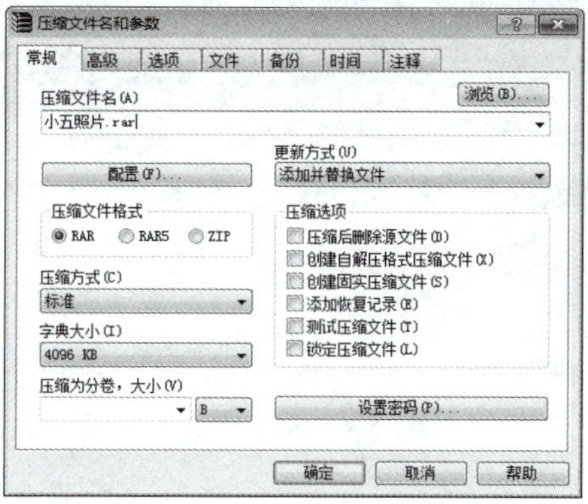

图 2-3　“压缩文件名和参数”对话框

二、解压缩文件

要将压缩格式的文件快速恢复为正常可用状态，可在该压缩文件上面右击鼠标，在弹出的快捷菜单中选择“解压到当前文件夹”或“解压到×××”选项，如图 2-4 所示，WinRAR 会自动将相应文件解压到当前文件夹或指定的文件夹中。

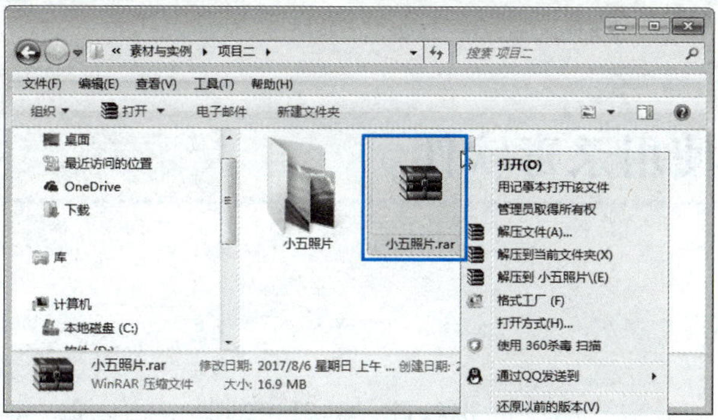

图 2-4　选择解压方式

若直接双击压缩文件，将打开 WinRAR 软件的操作界面，如图 2-5 所示，在该界面中可进行如下常用操作。

- **查看文件**：在界面下方的列表中可查看压缩文件中包含的文件。
- **添加文件**：单击界面上方的“添加”按钮，可将其他文件添加到此压缩文件中。
- **解压文件**：在界面下方的列表中选择需要解压的文件，单击“解压到”按钮，可将所选文件单独解压出来。如果不选择要解压的文件，将解压其中的所有文件。
- **测试文件**：选择要测试的文件，单击“测试”按钮，可测试文件是否损坏。
- **删除文件**：选择要删除的文件，单击“删除”按钮，可从压缩包中删除所选文件。

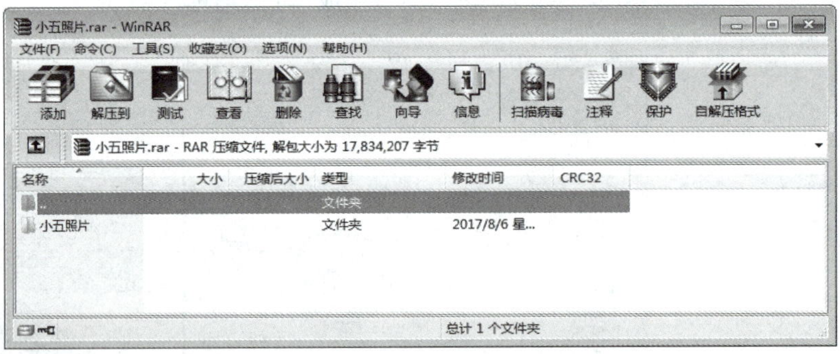

图 2-5　解压缩文件

【拓展训练】——创建带密码的压缩文件

1. 训练目的

强化练习对文件、文件夹进行压缩并设置解压密码的操作。

2. 训练内容

（1）将相关文件、图片和视频移动到一个名为“保密文件”的文件夹中。

（2）对“保密文件”文件夹进行压缩，并设置解压密码。

任务二　使用杀毒软件

【任务背景】

杀毒软件，也称反病毒软件或防毒软件，是用于消除电脑病毒、特洛伊木马或恶意程序的一类软件。它通常集成监控识别、病毒扫描和清除、自动升级等功能（有些杀毒软件还带有数据恢复等功能），是计算机防御系统的重要组成部分。

【分析任务】

360 杀毒是 360 公司出品的一款免费的云安全杀毒软件，也是国内用户量最大的杀毒软件之一。它创新性地整合了五大领先防杀引擎，包括国际知名的 BitDefender 病毒查杀引擎、小红伞病毒查杀引擎、360 云查杀引擎、360 主动防御引擎和 360 第二代 QVM 人工智能引擎。本任务将利用 360 杀毒软件完成查杀病毒的相关操作。

【任务目标】

- 能对 360 杀毒软件进行一些基本设置。
- 能根据需要选择不同扫描方式对计算机进行病毒查杀，并对危险项目进行处理。

【任务实施】

一、程序设置

利用 360 杀毒软件的实时防护和查杀功能，可以很好地保障用户的计算机安全。具体设置方法如下。

步骤 1▶ 单击任务栏右侧的“360 杀毒”图标，弹出 360 杀毒软件主界面，单击右上方的“设置”选项，如图 2-6 所示。

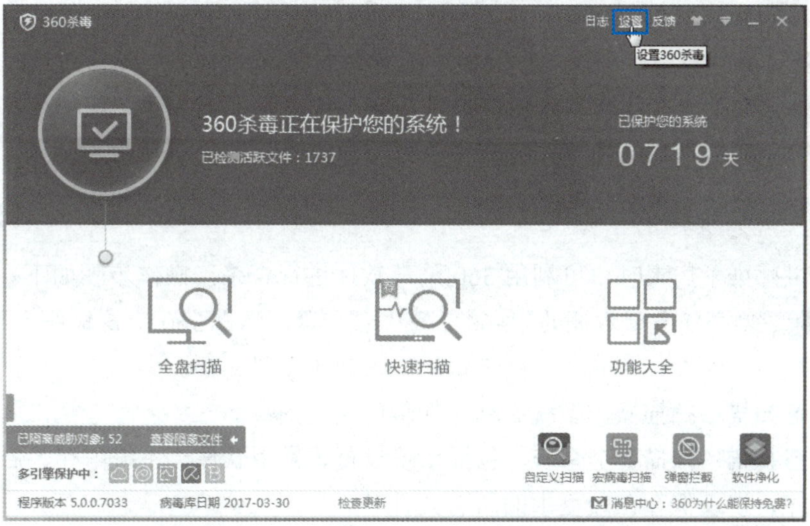

图 2-6　360 杀毒软件主界面

步骤 2▶ 弹出“360 杀毒-设置”对话框，如图 2-7 所示。在该对话框“常规设置”分类中确保已选中“登录 Windows 后自动启动”复选框。

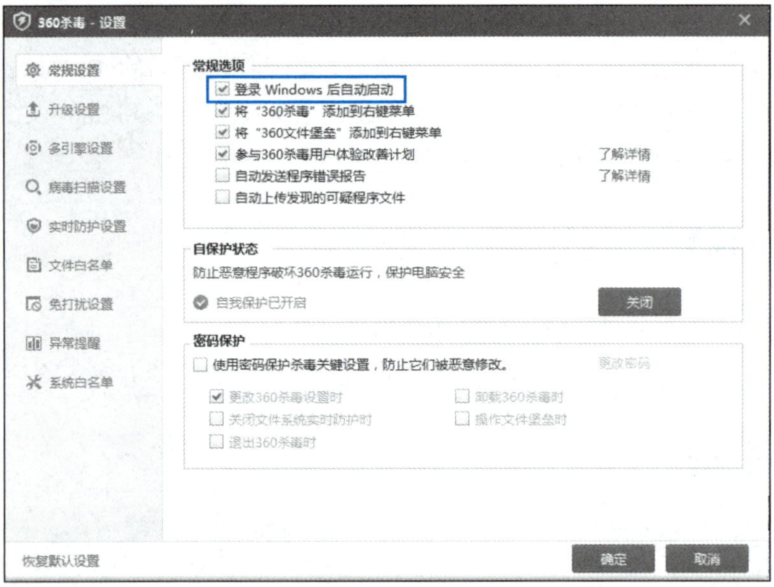

图 2-7 “360 杀毒-设置”对话框

步骤 3▶ 单击左侧的“升级设置”分类标签，切换到该分类设置界面，确保已选中“自动升级病毒特征库及程序”复选框。

步骤 4▶ 在“病毒扫描设置”分类中选择手动查杀病毒时需要扫描的文件类型，以及发现病毒时的处理方式。

步骤 5▶ 在“实时防护设置”分类中选择防护级别，以及发现病毒时的处理方式。

步骤 6▶ 对于一些被杀毒软件误报为病毒，但实际上正常的文件，可在“系统白名单”分类中将其添加到白名单中，这样以后就不会被杀毒软件误报了。

二、查杀病毒

当计算机感染了病毒时，可利用 360 杀毒软件进行查杀，操作步骤如下。

步骤 1▶ 单击任务栏右侧的“360 杀毒”图标，弹出 360 杀毒软件主界面，然后单击选择一种扫描方式，如单击“快速扫描”按钮（见图 2-6）。

- **快速扫描：**扫描操作系统启动时加载的所有对象。
- **全盘扫描：**扫描整个系统，包括系统设置、常用软件、系统内存、启动时加载的程序，以及保存在硬盘中的所有文件等。
- **自定义扫描：**由用户自行选择要扫描的对象。

步骤 2▶ 开始扫描系统，并显示扫描进度，如图 2-8 所示。扫描完毕，将列出危险项目。根据提示选择需要处理的危险项目，单击“立即处理”按钮，处理所选危险项目。

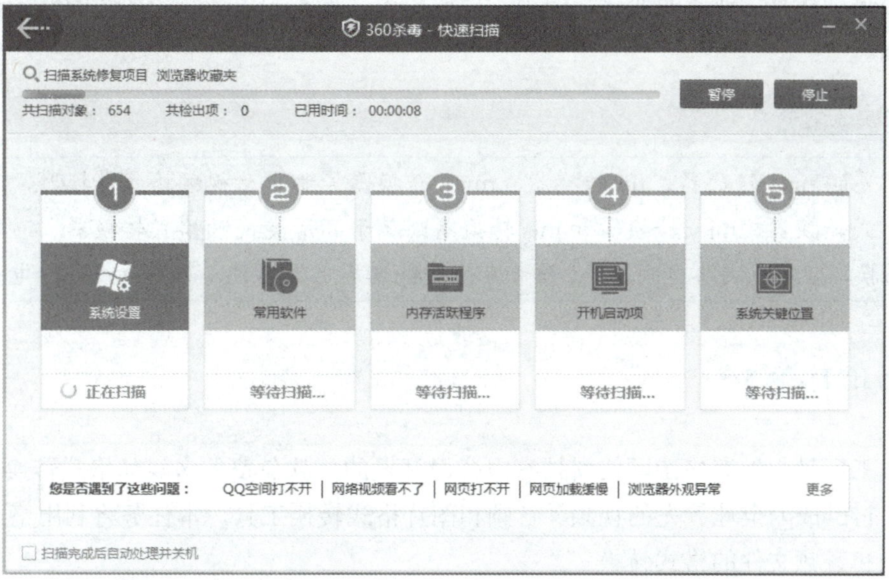

图 2-8　正在扫描系统

【拓展训练】——全盘扫描计算机

为了确保计算机运行良好，每隔一段时间，就应利用空闲时间对其进行一次全盘扫描，以查杀病毒。查杀病毒操作完成后，可让计算机自动关机。

1．训练目的

强化练习利用 360 杀毒软件对计算机进行全盘病毒查杀的操作。

2．训练内容

（1）启动 360 杀毒软件，进入其工作界面。

（2）选择“全盘扫描”杀毒方式，对计算机进行全盘病毒查杀。

任务三　使用格式工厂

【任务背景】

格式转换是指将视频、音频和图片等多媒体文件从一种格式转换成另一种格式。例如，视频格式转换的原理是先通过视频格式编码规范对视频进行解码，再根据目标格式编码规范重新编码，从而实现质的变化，但视频播放内容并无不同。音频、图片的格式转换原理与此类似。

提 示

常见的mp4转换器、flv转换器、rmvb转换器等都属于视频格式转换器，而新兴的ts格式转换器、mkv转换器和mts转换器则属于高清类视频格式转换器。通过视频格式转换，可实现网络视频在PC端和其他硬件设备上的播放，如移动设备、电视等。

【分析任务】

格式工厂是由上海格诗网络科技有限公司开发的一款免费的多媒体格式转换软件。发展至今，它已成为全球领先的视频、音频和图片格式转换工具。本任务将利用格式工厂来完成视频和音频文件的格式转换。

【任务目标】

- 能利用格式工厂对视频文件进行格式转换。
- 能利用格式工厂对音频文件进行格式转换。
- 能利用格式工厂对图片文件进行格式转换。

【任务实施】

一、视频格式转换

操作步骤如下。

步骤 1▶ 首先下载并安装格式工厂软件，然后启动格式工厂，进入到如图 2-9 所示的主界面。单击左侧“视频”栏中的目标文件格式按钮（例如 MP4），弹出如图 2-10 所示的视频转换界面。

步骤 2▶ 单击“添加文件”按钮，弹出“打开”对话框，找到并选中本书配套素材“素材与实例”>“项目二”>“AVSEQ24.rmvb”视频文件，然后单击“打开”按钮，如图 2-11 所示。

步骤 3▶ 单击“输出配置”按钮，对视频转换时的一些参数（如帧数大小、视频编码类型、分辨率大小、比特率等）进行设置，用户可自行选择输出的类型，如图 2-12 所示。

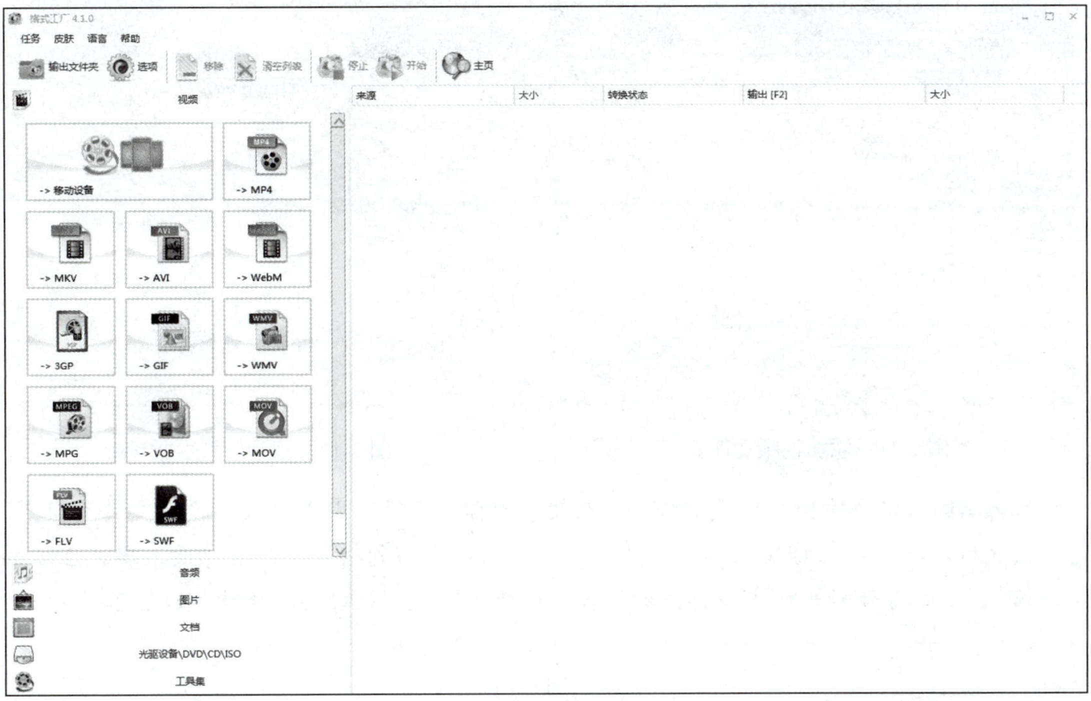

图 2-9　格式工厂主界面

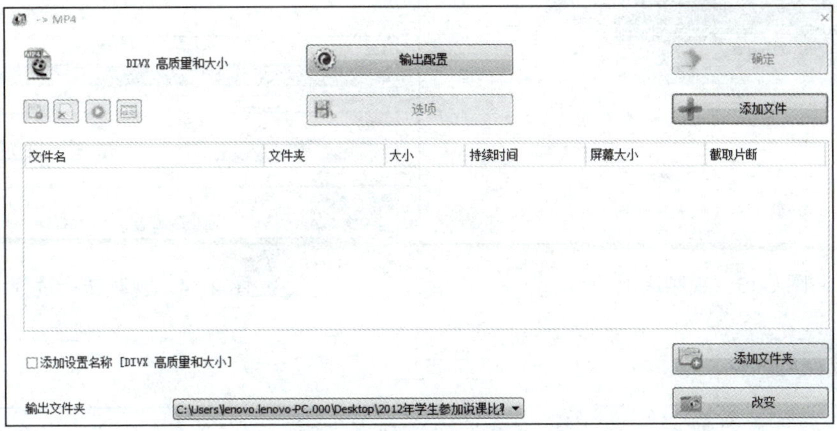

图 2-10　视频转换界面

步骤 4▶　单击“选项”按钮，可对已添加的视频文件进行播放，在播放时可以截取片段（即播放视频时，通过设置视频开始时间和结束时间来截取一定长度的视频），还可以对视频画面进行裁剪等设置，如图 2-13 所示。

图 2-11　添加视频文件

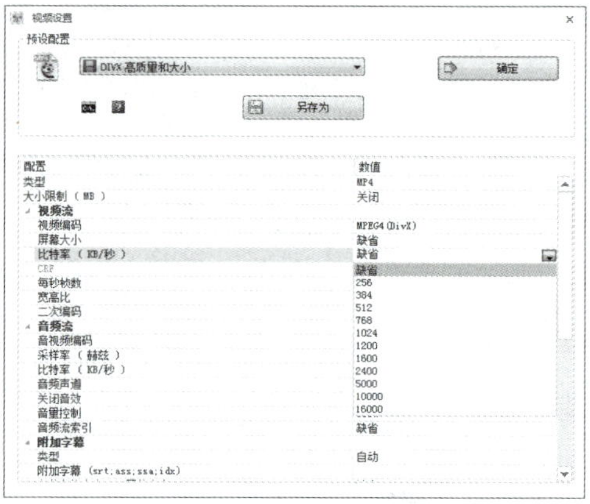

图 2-12　视频转换参数设置

步骤 5▶ 单击输出文件夹右侧的“改变”按钮，可修改用于存放转换后文件的位置。完成设置后，单击视频转换界面中的“确定”按钮，返回到格式工厂主界面。单击上方的“开始”按钮，即开始视频文件格式的转换，转换过程较慢，需耐心等待，如图 2-14 所示。

图 2-13　视频选项

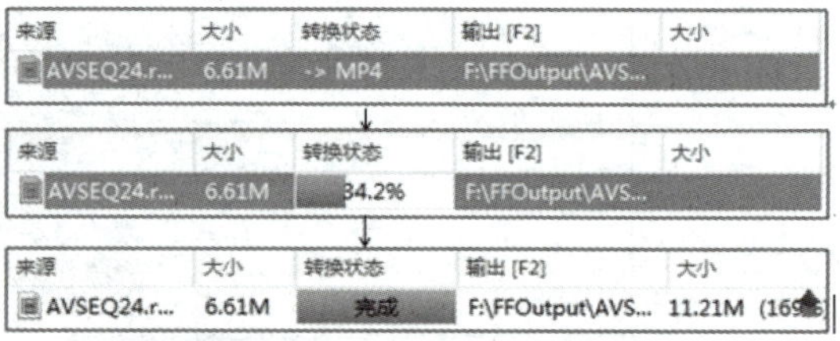

图 2-14　视频转换过程

提　示

> 在进行格式转换时，格式工厂主界面右下角处有一个“转换完成后:关闭电脑”复选框。如果用户有大批的视频文件需要转换，可以勾选此复选框，这样完成转换后系统会自动关机，可以避免浪费太多的等待时间。

二、音频格式转换

步骤 1▶ 在格式工厂主界面的左侧单击“音频”选项，则会出现如图 2-15 所示的界面。

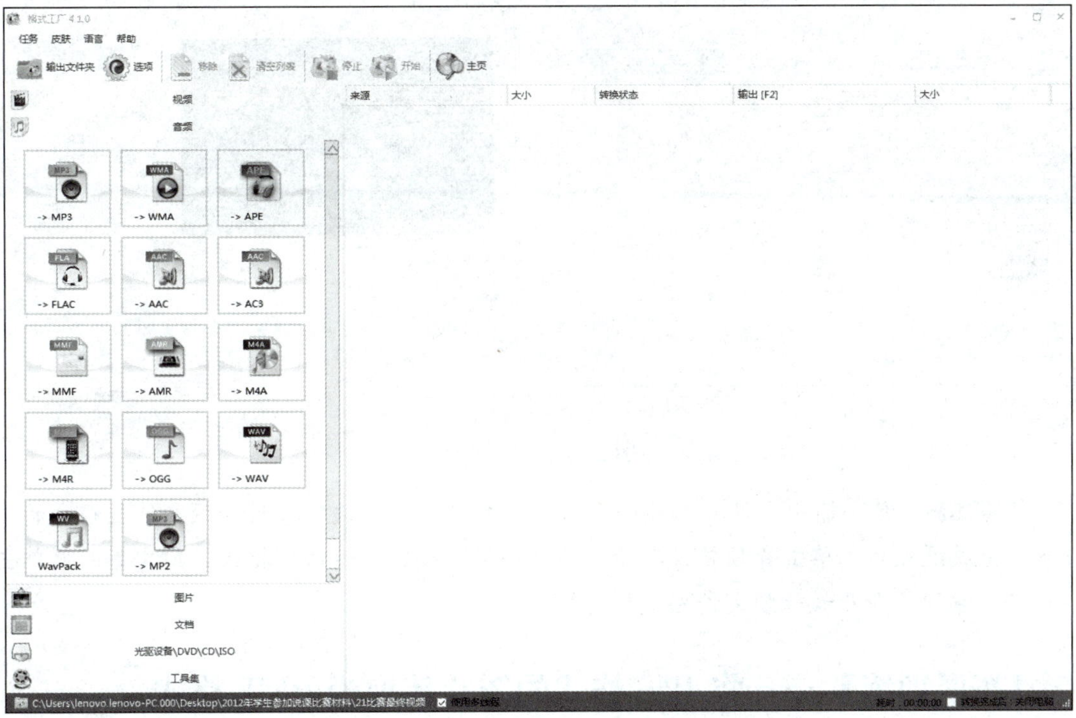

图 2-15　格式工厂主界面（音频）

步骤 2▶　单击目标音频格式按钮（如 MP3），进入音频转换界面，如图 2-16 所示。

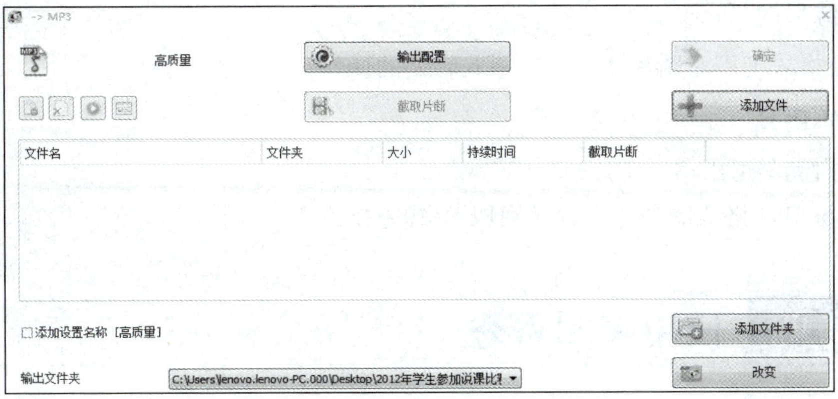

图 2-16　音频转换界面

步骤 3▶　单击“输出配置”按钮，打开“音频设置”对话框，设置音频输出信息，如采样率、比特率、音量控制等，如图 2-17（a）所示。

步骤 4▶　单击“截取片断”按钮，打开如图 2-17（b）所示的对话框，可以截取一定的音频长度等。

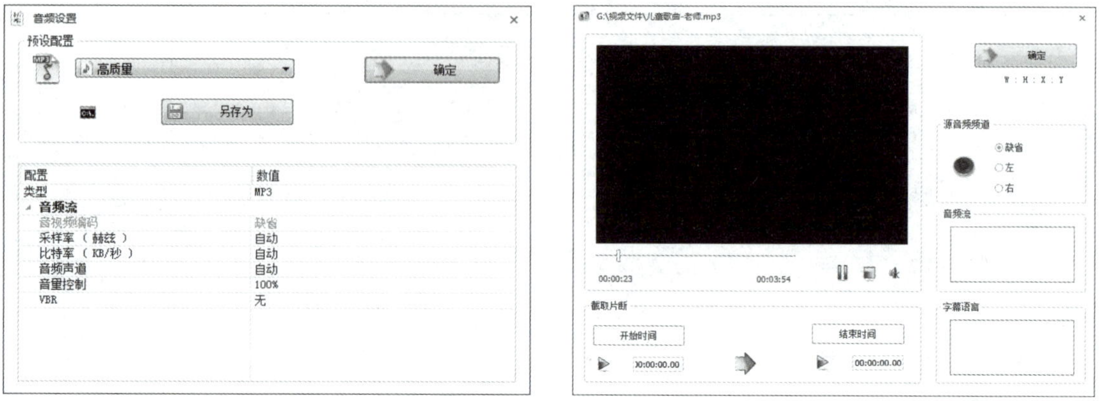

（a）　　　　　　　　　　　　（b）

图 2-17　音频设置

步骤 5▶　单击输出文件夹右侧的“改变”按钮，可修改转换后音频文件要存放的文件夹。完成设置后，单击音频转换界面中的“确定”按钮，返回到格式工厂主界面，单击“开始”按钮，即开始音频文件格式的转换。

【拓展训练】——将 JPG 格式的图片转换为 BMP 格式

将本书配套素材“项目二”>“JPG 格式的图片”文件夹中的文件转换成 BMP 格式的图片。

1．训练目的

练习用格式工厂对图片文件进行格式转换的操作。

2．训练内容

（1）启动与退出格式工厂。

（2）将 JPG 格式的图片文件转换成 BMP 格式。

任务四　使用美图秀秀

【任务背景】

图像处理软件是对各种用于处理图像文件的应用软件的总称。世界著名的专业图像处理软件有 Adobe 公司的 Photoshop 系列，国内比较实用的大众型图像处理软件有美图秀秀、光影魔术手等。

【分析任务】

美图秀秀是一款非常好用的免费图像处理软件，它操作简单，具备制作图片特效、修改图片背景、添加图片边框等众多功能，它提供的免费素材每天都在更新，用户可以用美图秀秀轻松制作出影楼级的照片。本任务将利用美图秀秀完成图片拼图的相关操作。

【任务目标】

➢ 能利用美图秀秀对图片进行编辑处理，制作带边框的拼图照片等。

【任务实施】

步骤 1▶ 首先下载并安装美图秀秀软件，然后打开美图秀秀工作界面，如图 2-18 所示，可看到利用美图秀秀可对图片进行美化，美容，添加饰品、文字和边框等操作，这里单击“拼图”按钮。

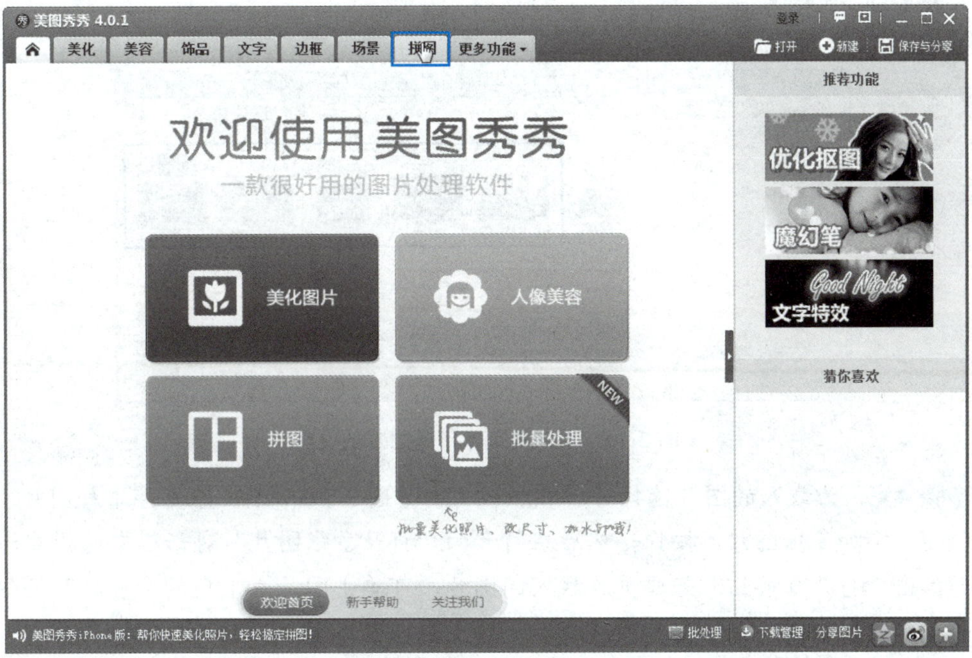

图 2-18　美图秀秀工作界面

步骤 2▶ 在打开的“拼图”界面左侧可以选择拼图的模板类型，这里用户单击“海报拼图”模板，如图 2-19 所示。

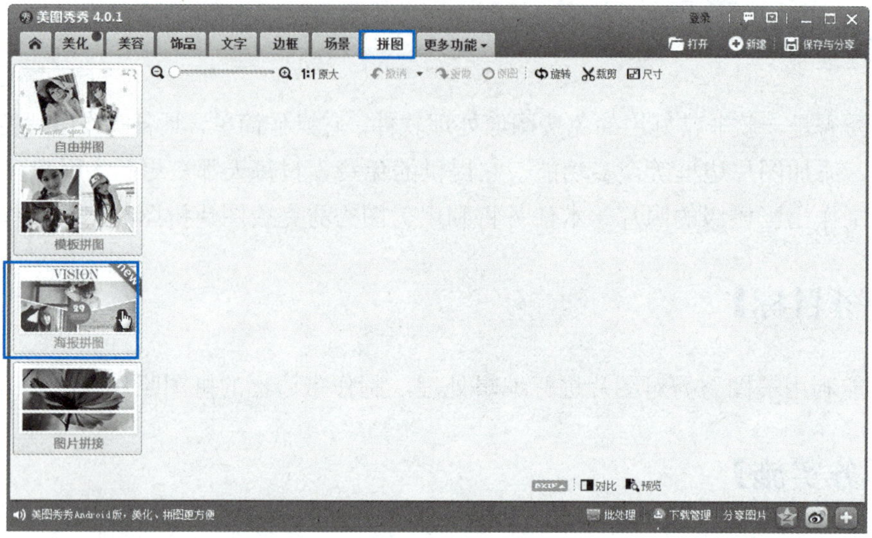

图 2-19　选择“海报拼图”模板

步骤 3▶　在打开的界面中单击“添加多张图片”按钮，并在打开的对话框中选择要制作成拼图的数码照片。本例为素材文件夹中的 5 张图片，如图 2-20 所示，选中后单击“打开”按钮，载入照片。

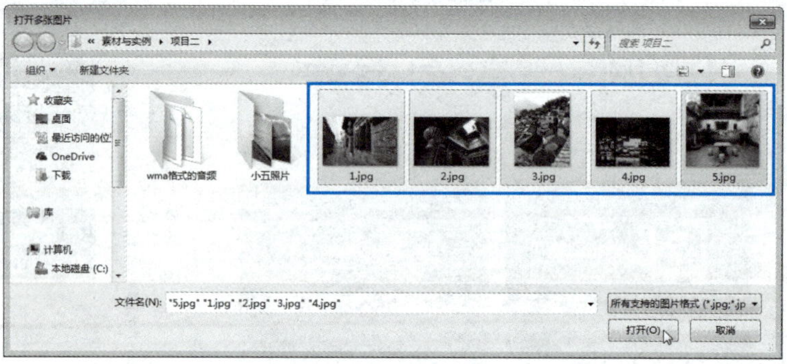

图 2-20　选择要制作拼图照片的文件

步骤 4▶　为载入的图片选择一种模板样式，如图 2-21 所示。若要再添加图片，可单击左侧的“添加多张图片”按钮，然后在打开的“打开多张图片”对话框中选择要添加的图片并单击“打开”按钮；若要更改载入的图片，可单击图片右下角的“替换”按钮，在打开的“打开一张图片”对话框中选择要置换成的图片并单击“打开”按钮即可。

步骤 5▶　拼图制作完毕，单击右下角的“保存与分享”按钮，打开“保存与分享”对话框，设置图片的保存位置，输入拼图照片名称，如图 2-22 所示，单击“保存”按钮保存，然后关闭美图秀秀窗口。若单击窗口右侧的“QQ 空间”“新浪微博”和“人人网”按钮，可将拼图照片分享到这些位置。

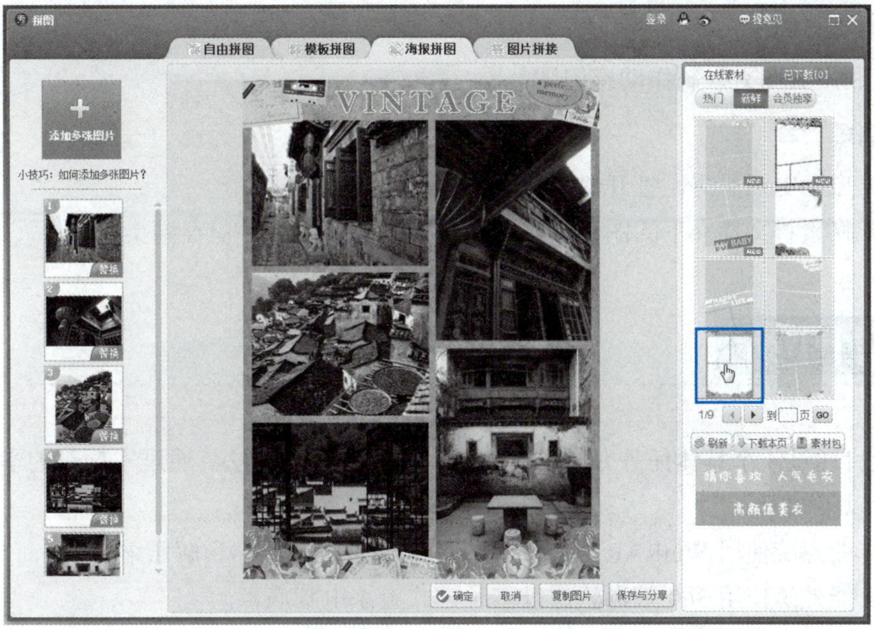

图 2-21 摆放图片并设置背景和图片边框样式

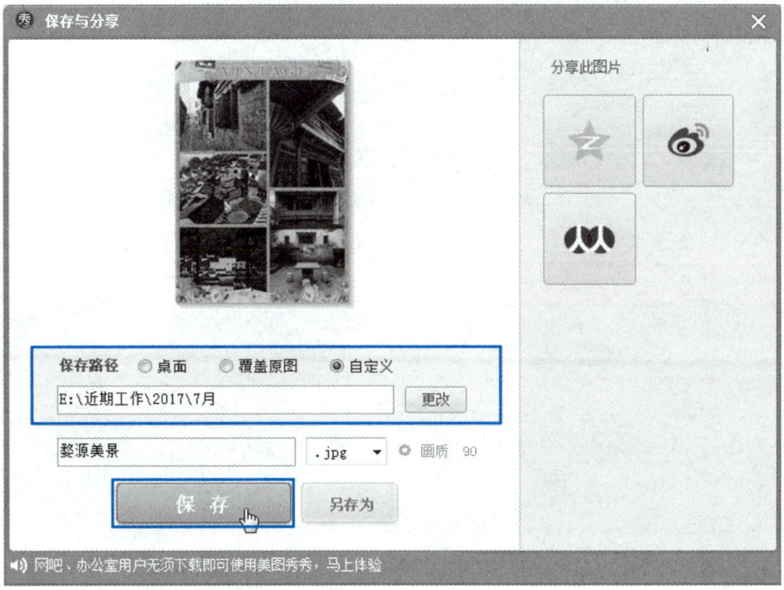

图 2-22 保存制作的拼图照片

【拓展训练】——利用美图秀秀制作动感闪图

将本项目任务一“小五照片”文件夹下的多张照片做成动感闪图，然后将其保存。

1. 训练目的

练习利用美图秀秀制作动感闪图。

2. 训练内容

（1）启动美图秀秀，打开“闪图”工作界面。

（2）将素材文件夹下的图片制作成动感闪图，并将文件保存到桌面。

项目小结

本项目通过 4 个具体任务介绍了常用工具软件的使用方法。通过本项目的学习，希望读者掌握以下知识。

（1）能熟练使用 WinRAR 软件对文件和文件夹进行压缩和解压缩。

（2）能熟练使用 360 杀毒软件以多种方式查杀电脑病毒。

（3）能使用格式工厂软件对各种多媒体文件（视频、音频、图片）进行格式转换。

（4）能使用美图秀秀软件对图片进行编辑处理。

项目三

使用 Word 2016 设计与制作文档

【项目导读】

Office 2016 是微软公司推出的一款广受欢迎的计算机办公套装软件，它主要包括文字处理软件 Word 2016、电子表格制作软件 Excel 2016 和演示文稿（PPT）制作软件 PowerPoint 2016 等。本项目主要学习 Word 2016 的使用方法，利用它可以轻松制作各种形式的文档，如公文、报告、论文、书信、简历、杂志和图书等。

【学习目标】

- 掌握 Word 2016 的基本操作方法。
- 掌握设置文档字符格式和段落格式的方法，以及为文档设置分隔符、页眉和页脚，应用、修改和创建样式等的方法。
- 掌握创建、编辑和美化表格的方法。
- 掌握文档的图文混排方法，以及查看和编排长文档的方法。
- 掌握绘制、编辑和美化自选图形、SmartArt 图形，以及打印文档的方法。

任务一 制作房屋租赁合同

——Word 2016 的基本操作方法

【任务背景】

平等主体的自然人、法人、其他组织之间设立、变更、终止民事权利义务关系的协议称为合同。所谓房屋租赁合同，是指房屋出租人将房屋提供给承租人使用，承租人定期给付约定租金的协议，其内容包括房屋租赁双方当事人的个人信息，所租赁房屋的情况及租赁双方的权利和义务等。

【分析任务】

本任务将制作一份房屋租赁合同，通过该任务让读者了解利用 Word 2016 制作文档的基本操作方法，如启动与退出 Word 2016、创建与保存文档、在文档中输入文本和特殊符号等。任务完成效果如图 3-1 所示。

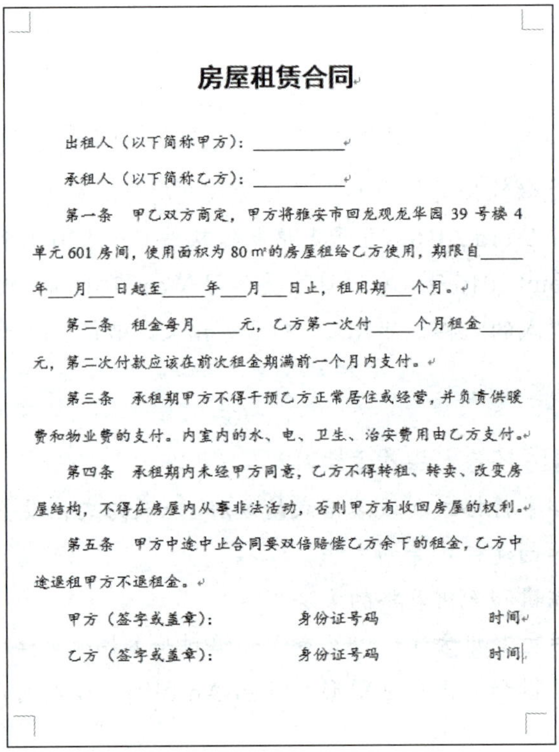

房屋租赁合同

出租人（以下简称甲方）：__________

承租人（以下简称乙方）：__________

第一条　甲乙双方商定，甲方将雅安市回龙观龙华园 39 号楼 4 单元 601 房间，使用面积为 80 m²的房屋租给乙方使用，期限自_____年___月___日起至_____年___月___日止，租用期___个月。

第二条　租金每月_____元，乙方第一次付_____个月租金_____元，第二次付款应该在前次租金期满前一个月内支付。

第三条　承租期甲方不得干预乙方正常居住或经营，并负责供暖费和物业费的支付。内室内的水、电、卫生、治安费用由乙方支付。

第四条　承租期内未经甲方同意，乙方不得转租、转卖、改变房屋结构，不得在房屋内从事非法活动，否则甲方有收回房屋的权利。

第五条　甲方中途中止合同要双倍赔偿乙方余下的租金，乙方中途退租甲方不退租金。

甲方（签字或盖章）：　　身份证号码　　时间

乙方（签字或盖章）：　　身份证号码　　时间

图 3-1　房屋租赁合同文档效果

【任务目标】

- 能在 Word 2016 中新建、保存、关闭和打开文档。
- 能在文档中输入文本和特殊符号。
- 能对文本进行移动、复制、删除、查找和替换等操作。
- 能对文档的字符格式和段落格式进行简单的设置。

【任务实施】

一、新建、保存、关闭与打开文档

要利用 Word 2016 制作文档，首先要启动它，认识其工作界面，并掌握新建、保存、关闭和打开文档等操作。

1. 启动 Word 2016 并新建文档

步骤 1▶ 启动 Word 2016 最常用的方法是单击"开始"按钮，打开"开始"菜单，然后在"所有程序"列表中选择"Word 2016"菜单项，如图 3-2 所示。如果桌面上有 Word 2016 的快捷启动图标，双击该图标也可启动 Word 2016。

步骤 2▶ 启动 Word 2016 后，系统默认打开 Word 2016 的开始界面，其左侧显示最近打开过的文档，右侧显示一些常用的文档模板。单击"空白文档"选项，即可创建一个空白文档并进入 Word 2016 工作界面，如图 3-3 所示。

图 3-2　选择"Word 2016"选项

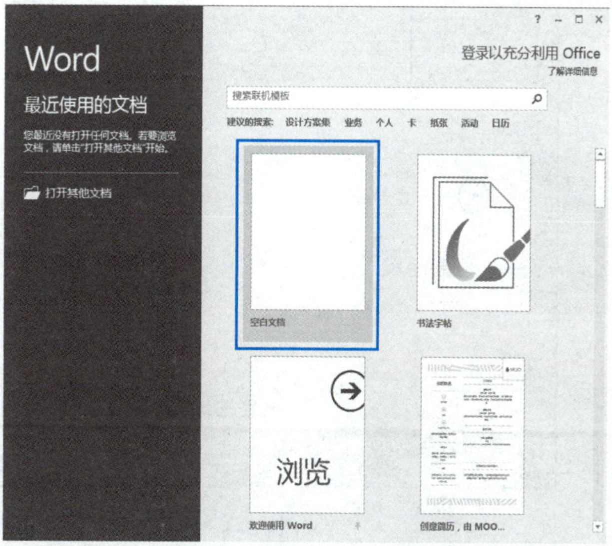

图 3-3　Word 2016 的开始界面

提　示

在 Word 2016 的开始界面中选择"空白文档"选项，程序会自动创建一个空白文档，一般情况下不需要再另行创建文档，只需保存文档即可。如果启动 Word 2016 后需要新建其他文档，有以下两种方法。

（1）按【Ctrl+N】组合键，可快速新建一个空白文档。

（2）Word 2016 提供了丰富的模板，利用它们可快速制作出专业、漂亮的文档。如果需要利用模板制作文档，可单击 Word 2016 工作界面左上角的“文件”按钮，在打开的窗口中选择“新建”选项，可看到右侧窗格中显示了 Word 2016 提供的各种文档模板。选择某个模板，如创意简历模板，在打开的界面中单击“创建”按钮，可从网上下载并创建带有创意简历格式和内容的模板，用户只需输入个人信息，即可快速制作出漂亮的简历文档。

步骤 3▶ Word 2016 的工作界面及其组成元素如图 3-4 所示。

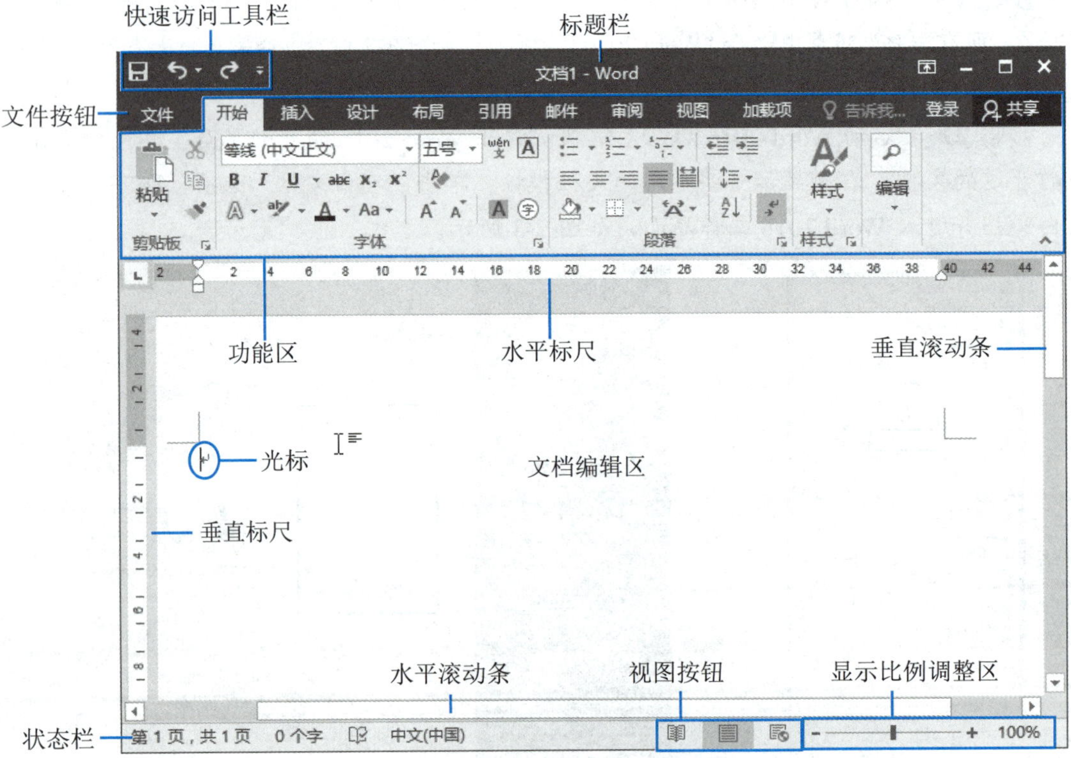

图 3-4　Word 2016 的工作界面

- **快速访问工具栏：** 用于放置一些使用频率较高的工具。默认情况下，该工具栏包含“保存”、“撤销”和“恢复”按钮。如果要添加其他命令按钮，可单击快速访问工具栏右侧的“自定义快速访问工具栏”按钮，从弹出的列表中选择需要添加的命令，使其左侧显示☑。
- **标题栏：** 位于窗口的最上方，其中显示了当前编辑的文档名、程序名和窗口控制按钮。单击右侧的 3 个窗口控制按钮，可将程序窗口最小化、还原或最大化、关闭。

➢ **"文件"按钮**：单击该按钮，从打开的界面中选择相应选项，可对文档执行新建、保存、打印、共享和导出等操作。

➢ **功能区**：用选项卡的方式分类存放编排文档时所需要的命令按钮。单击功能区上方的选项卡标签可切换到不同的选项卡，从而显示不同的工具。在每一个选项卡中，工具又被分类放置在不同的组中，如图 3-5 所示。某些组的右下角有一个"对话框启动器"按钮，单击可打开相关对话框。例如，单击"字体"组右下角的"对话框启动器"按钮，可打开"字体"对话框，用于对字体做更多设置。

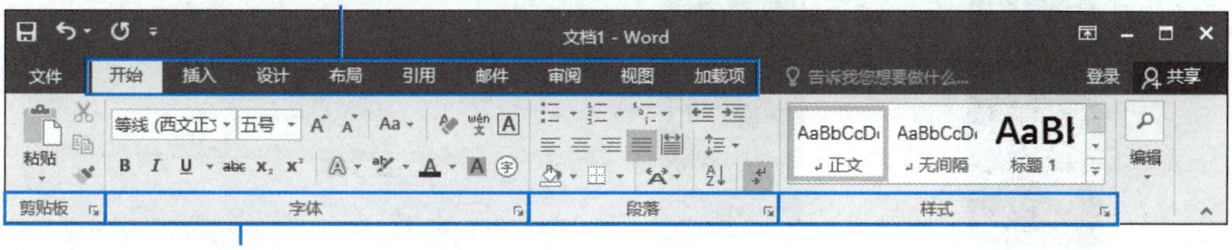

图 3-5　功能区

提　示

如果不知道功能区中某个命令按钮的作用，可将鼠标指针移至该命令上停留片刻，即可显示该命令的名称和作用。

单击标题栏右侧的按钮，可自动隐藏功能区、显示选项卡、显示选项卡和命令。

功能区除显示图 3-5 所示的选项卡外，有的选项卡还会在特定情况下出现，如选择图片时会显示"图片工具/格式"选项卡。

➢ **标尺**：分为水平标尺和垂直标尺，用于确定文档内容在页面上的位置和设置段落缩进等。要显示标尺，可在"视图"选项卡的"显示"组中选中"标尺"复选框。

➢ **文档编辑区**：用户进行文本输入、编辑和排版的地方。在编辑区的左上角有一个不停闪烁的光标，被称为插入符，用于定位当前的编辑位置。在编辑区中每输入一个字符，插入符会自动向右移动一个占位符。

➢ **状态栏**：位于 Word 文档窗口的底部，其左侧显示了当前文档的状态和相关信息，右侧显示的是 Word 视图模式切换按钮和视图显示比例调整工具。

2. 保存并关闭文档

步骤 1▶ 新建文档后，需要及时将其保存。为此，可单击"快速访问工具栏"中的"保存"按钮（见图 3-4），或选择"文件">"保存"选项（见图 3-6），或按【Ctrl+S】组合键，打开"另存为"窗口，如图 3-7 所示。

步骤 2▶ 在“另存为”窗口的中部显示了保存文档的位置——这台电脑，窗口右侧显示了最近访问的文件夹，从中选择某个文件夹，可直接将文档保存在该文件夹中。

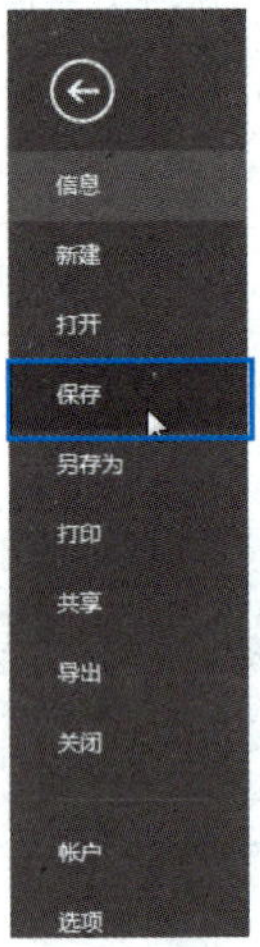

图 3-6 选择“保存”选项

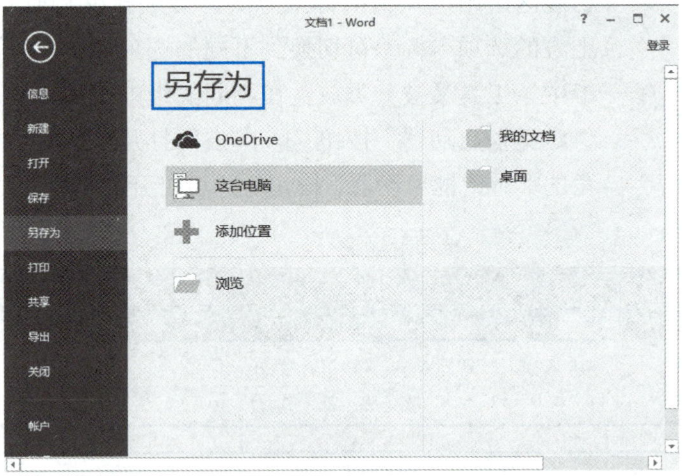

图 3-7 “另存为”窗口

步骤 3▶ 若希望将文档保存在其他位置，可单击窗口下方的“浏览”按钮，打开“另存为”对话框，如图 3-8 所示。在对话框左侧单击选择保存位置，如 E 盘，然后在对话框右侧双击打开用来保存文档的文件夹；若要将文档保存在新文件夹中，可执行“新建文件夹”命令，然后输入新文件夹名称并双击将其打开。

步骤 4▶ 在“文件名”编辑框中输入文档名，单击“保存”按钮，如图 3-8 所示。

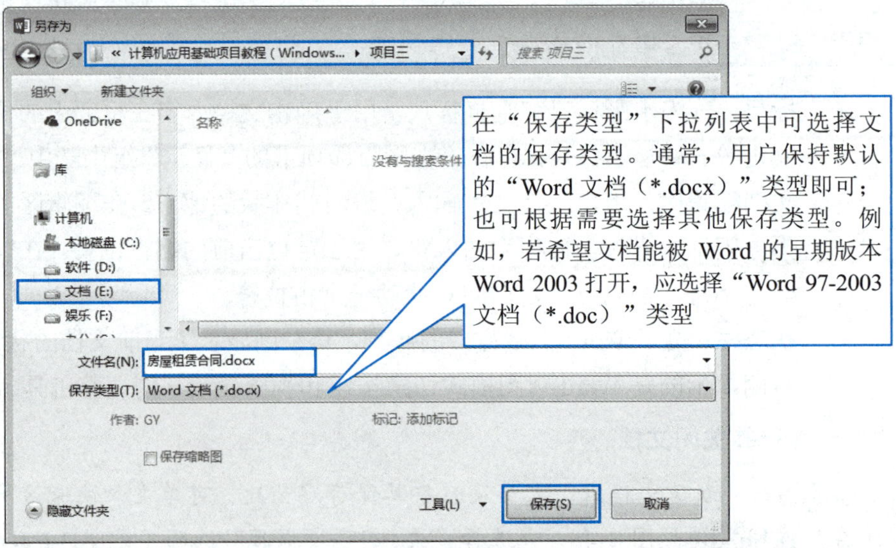

图 3-8 保存文档

提 示

在新建文档后，要及时对文档执行保存操作，将文档以与其内容相符的名称保存在计算机硬盘中；在处理文档过程中和处理完毕时，也要及时对文档执行保存操作，以避免遇到断电或其他意外情况关闭 Word 时，丢失处理的文档内容。对文档执行第二次保存操作时，会直接用修改后的内容覆盖原来保存的文档。

若要将修改后的文档以不同的名称、格式或在不同的位置保存，可在“文件”列表中选择“另存为”选项，此时系统将打开“另存为”窗口，只需参考步骤 2～步骤 4 的操作进行保存即可。

步骤 5▶ 对文档处理完毕并保存后，需要将其关闭。为此，可在“文件”列表中选择“关闭”选项，或者单击程序窗口右上角的“关闭”按钮☒，关闭文档并退出 Word 程序。

3．打开文档

要打开某个 Word 文档进行操作，有以下两种方法。

方法一：在资源管理器中找到要打开的文档并双击，此时系统将自动启动 Word 程序并打开该文档。

方法二：启动 Word 程序后，利用其打开命令打开文档。具体操作步骤如下。

步骤 1▶ 在“文件”列表中选择“打开”选项，或按【Ctrl+O】组合键，打开“打开”窗口，如图 3-9 所示。

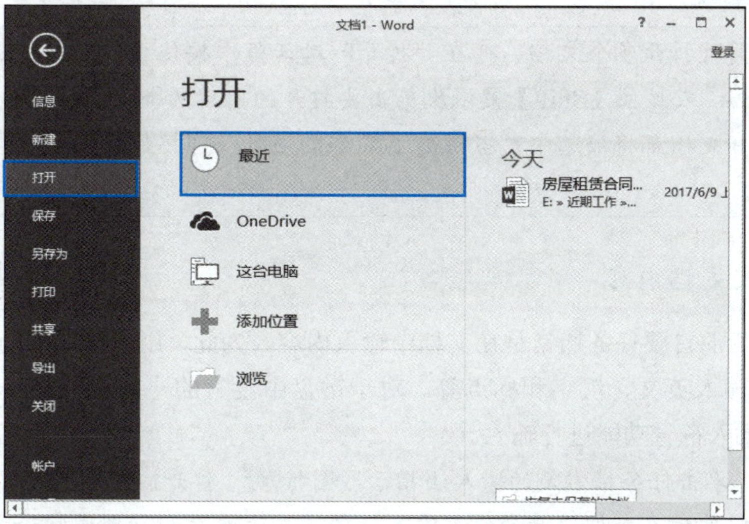

图 3-9 “打开”窗口

步骤 2▶ 在"打开"窗口中默认显示"最近"选项，其右侧显示了最近打开过的文档的名称。单击某个文档名称，可打开相应的文档。

步骤 3▶ 若文档不在"最近"列表中，可在图 3-9 所示的窗口中单击"浏览"按钮，打开"打开"对话框。在对话框左侧的窗格中选择保存文档的磁盘驱动器或文件夹，在对话框右侧的列表框中双击打开保存文档的文件夹，然后选择要打开的文档，再单击"打开"按钮，即可打开选择的文档，如图 3-10 所示。

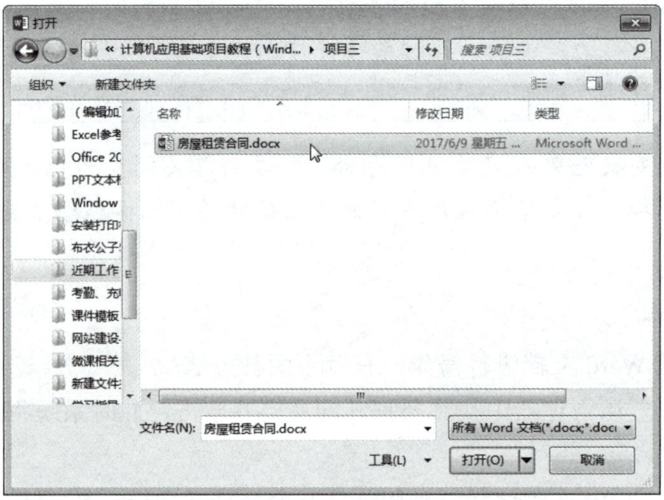

图 3-10　选择要打开的文档

提 示

如果要同时打开多个文档，可在"打开"对话框中按住【Ctrl】键依次单击选择要打开的文档；或按住【Shift】键依次单击要打开的前后两个文档，此时在这两个文档之间的所有文档都将被选中。当误选了某个文档时，可按住【Ctrl】键单击该文档以取消选择。

二、输入文档内容

创建文档后的首要任务通常是在文档中输入内容。为此，用户可以借助键盘和各种输入法在文档中输入英文、汉字和标点等。对于键盘中没有的一些特殊符号，还可以利用 Word 2016 的插入符号功能进行输入。

步骤 1▶ 单击任务栏右侧的输入法指示器图标，打开输入法列表，从中选择所需的汉字输入法，然后在文档的开始位置输入标题文本"房屋租赁合同"，可看到输入的文字会显示在插入符的左侧，如图 3-11 所示。

步骤2▶ 按【Enter】键换行，输入新段落内容“出租人:”，然后切换到英文输入状态，按住【Shift】键的同时按键盘上的【-】键，输入下划线。

步骤3▶ 用同样的方法输入文档的其他内容，效果如图3-12所示。

图3-11 输入标题内容

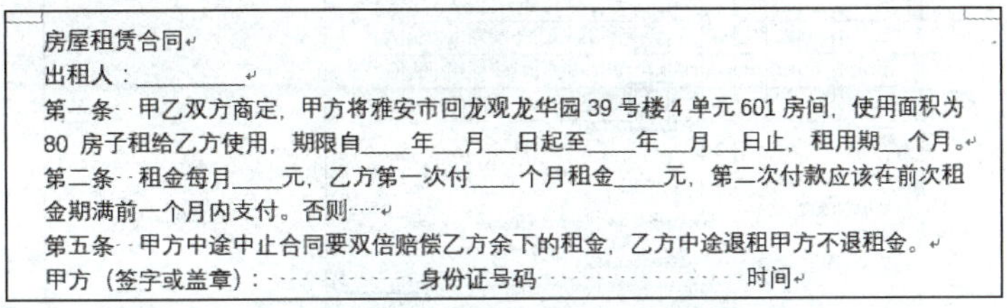
房屋租赁合同
出租人：__________
第一条 甲乙双方商定，甲方将雅安市回龙观龙华园39号楼4单元601房间，使用面积为80 房子租给乙方使用，期限自____年__月__日起至____年__月__日止，租用期__个月。
第二条 租金每月____元，乙方第一次付____个月租金____元，第二次付款应该在前次租金期满前一个月内支付。否则……
第五条 甲方中途中止合同要双倍赔偿乙方余下的租金，乙方中途退租甲方不退租金。
甲方（签字或盖章）：················身份证号码·····················时间

图3-12 输入文档其他内容

提 示

在Word中输入文本时，若文本到达页面右侧将自动换行；如果希望在某处开始一个新的段落，可在此处按【Enter】键，然后输入新段落内容；如果希望将已输入的文本划分为两个段落，可通过单击方式将插入符置于要划分段落的位置，然后按【Enter】键。Word 2016在默认情况下，会在每个段落后显示段落标记↵。

如果希望将文本在某位置处强制换行而不开始新段落，可将插入符置于该处并按【Shift+Enter】组合键（俗称“软回车”）。如果希望输入空格，可按空格键。

步骤4▶ 如果要在文档中输入一些键盘上没有的特殊符号，可单击鼠标将插入符置于要插入符号的位置，如“面积为80”文本的右侧，如图3-13所示。

步骤5▶ 单击功能区的“插入”选项卡标签切换到该选项卡，然后单击“符号”组中的“符号”按钮Ω，在展开的列表中单击需要的符号；若列表中没有需要的符号，则单击“其他符号”选项，如图3-14所示。

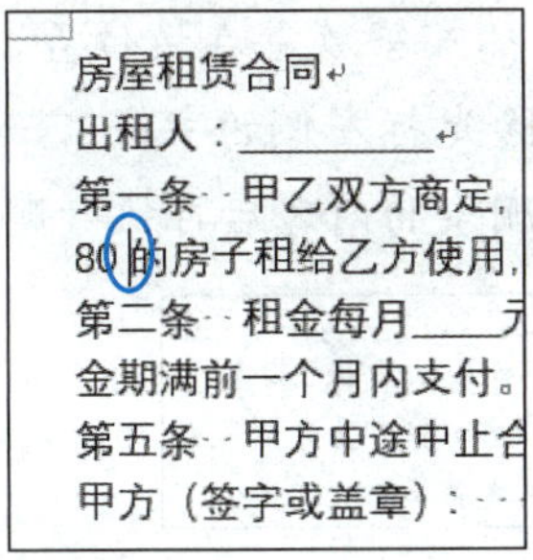

图3-13 确定要插入符号的位置

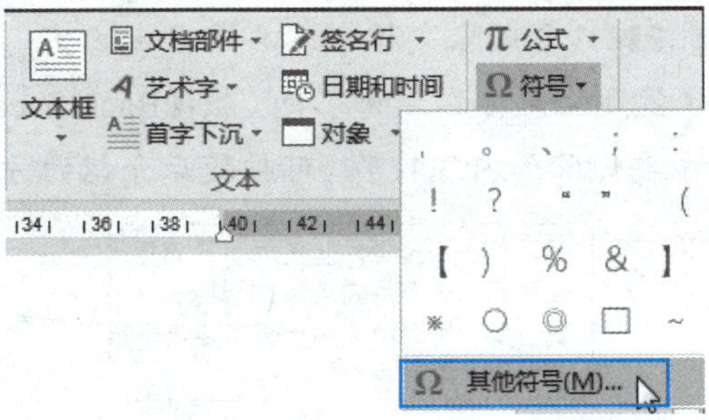

图3-14 “符号”列表

步骤6▶ 打开“符号”对话框，在“字体”下拉列表框中选择一种字体，在“子集”下拉列表框中选择符号类型，然后单击选择需要插入的符号，单击“插入”按钮，即可将所选符号插入到指定位置，如图 3-15 所示。单击“关闭”按钮，关闭“符号”对话框。

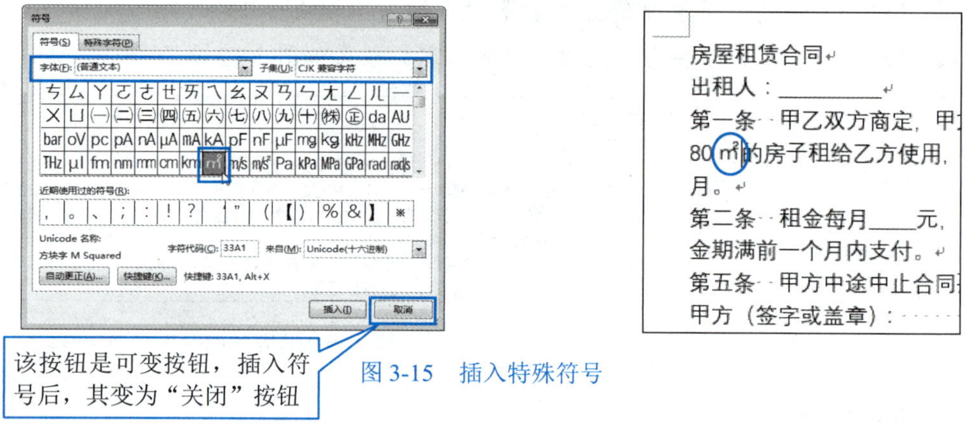

图 3-15　插入特殊符号

三、编辑文本

完成文档内容的输入后，可根据需要利用 Word 2016 强大的文档编辑功能，对文档内容进行增补、修改、删除，以及复制、移动、查找和替换等。下面继续在“房屋租赁合同”文档中进行操作。

1．增补与删除内容

步骤 1▶ 要在文档中增补内容，可将插入符移至要增补内容处，然后输入内容，如图 3-16 所示。

图 3-16　增补内容

步骤 2▶ 要删除文档中不再需要的内容，可首先将插入符放置在该位置，然后按【Delete】键删除光标右侧的字符（按【Backspace】键可删除光标左侧的字符），如图 3-17 所示。如果要删除的内容较多，可按随后介绍的方法选定要删除的内容后再执行删除操作。

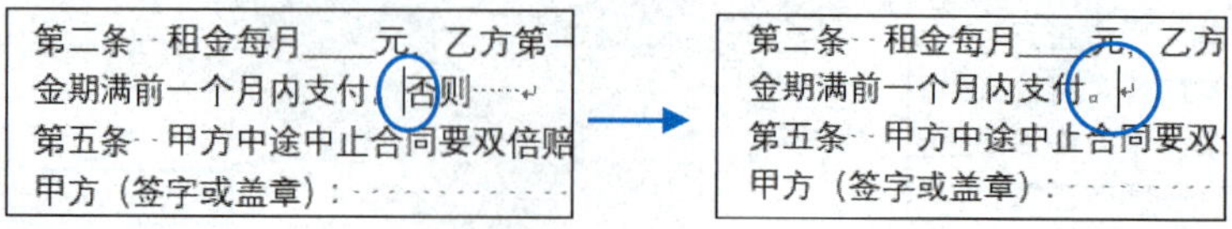

图 3-17　删除内容

2．选择文本

对文本进行复制、移动或设置格式等操作时，一般都需要先选中要操作的文本。下面是选择文本的几种常用方法。

步骤 1▶ **使用拖动方式选取任意文本。**这是选择少量文本的一种常用方法。将插入符置于要选定文本的开始处，按住鼠标左键不放，拖动鼠标至要选定文本的末端，释放鼠标，被选择的文本呈灰色底纹显示，如图 3-18 所示。要取消选取，可在文档任意位置单击。

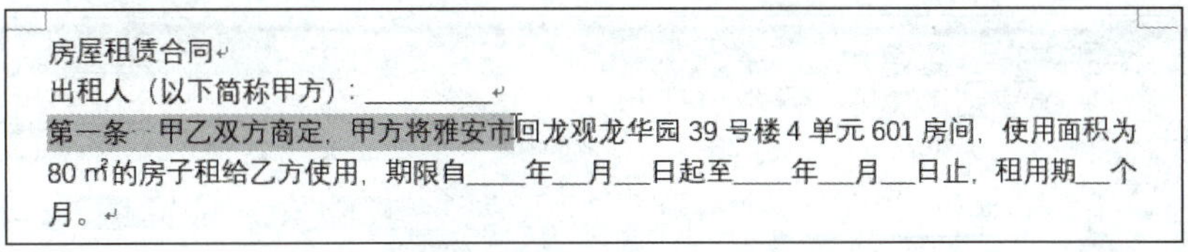
房屋租赁合同
出租人（以下简称甲方）：________
第一条　甲乙双方商定，甲方将雅安市回龙观龙华园 39 号楼 4 单元 601 房间，使用面积为 80 m²的房子租给乙方使用，期限自____年__月__日起至____年__月__日止，租用期__个月。

图 3-18　使用拖动方式选取文本

步骤 2▶ **选取区域跨度较大的文本。**当要选择的文本区域跨度较大时，使用拖拽法选择文本十分不便，此时可以在要选择的文本区域的开始位置单击鼠标左键，然后按住【Shift】键的同时在要选择的文本区域的结束处再次单击鼠标左键。

步骤 3▶ **同时选取不连续的多处文本。**选取一处文本后，按住【Ctrl】键选取下一处文本即可。

步骤 4▶ **选取一个句子。**按住【Ctrl】键的同时在要选取的句子中的任意位置单击鼠标左键即可。

步骤 5▶ **利用选定栏选取文本。**选定栏是指页面左边界到文档内容左边界之间的空白区域。将鼠标指针放在此处时，鼠标指针将变为形状，此时单击鼠标左键可选定鼠标指针指向的行，如图 3-19 所示；若按住鼠标左键并上下拖动，可选择连续的多行；若双击鼠标左键，可选定鼠标指针指向行所在的段落。

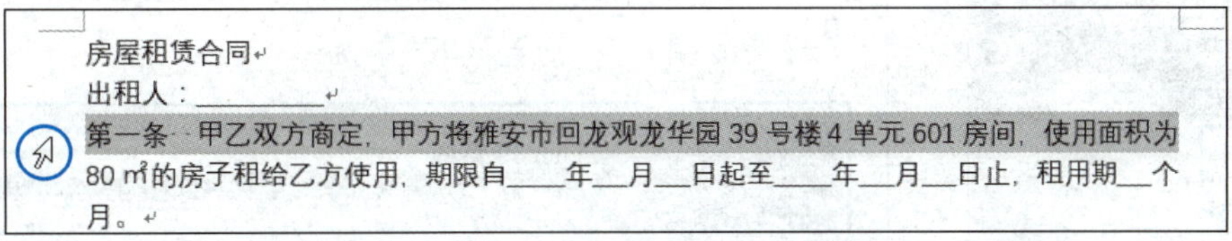
房屋租赁合同
出租人：________
第一条　甲乙双方商定，甲方将雅安市回龙观龙华园 39 号楼 4 单元 601 房间，使用面积为 80 m²的房子租给乙方使用，期限自____年__月__日起至____年__月__日止，租用期__个月。

图 3-19　利用选定栏选取文本

步骤 6▶ **选取整篇文档。**按【Ctrl+A】组合键，或按住【Ctrl】键在选定栏单击鼠标。

3. 复制文本

复制文本是编辑文档最常用的操作之一。在编辑文档的过程中，对重复出现的文本，可只输入一次，然后利用复制方法得到其他文本。此外，还可以将其他文档或网页上的文本复制到当前文档中，从而提高编辑文档的效率。

复制文本的方法有两种：一种是使用“复制”和“粘贴”命令；另一种是使用鼠标拖动。下面首先将记事本中的素材文本复制到打开的文档中，然后对某些内容进行位置的调整。

步骤 1▶ 使用命令复制文本。该方法适用于将文本复制到当前文档的其他页面或另一篇文档中。利用记事本打开本书配套素材文件“项目三”>“合同文本的三、四条款.txt”，选中要复制的文本，然后在“编辑”列表中选择“复制”菜单，如图 3-20 所示；也可按【Ctrl+C】组合键，或在鼠标右键菜单中选择“复制”选项，将选择的内容复制到剪贴板。

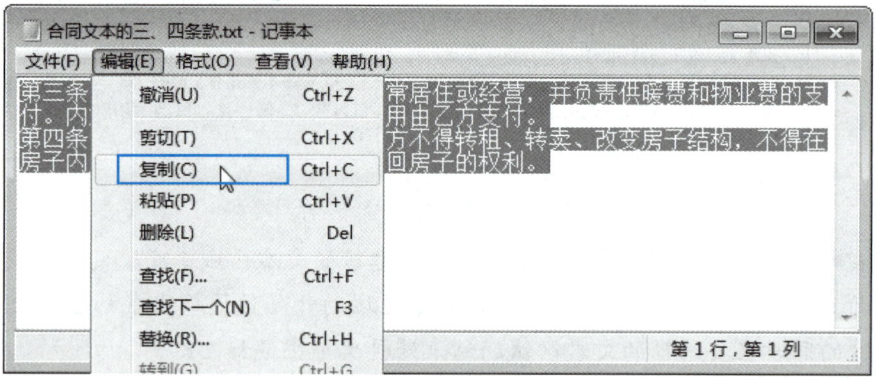

图 3-20　复制文本

步骤 2▶ 将插入符移到目标位置，本例在“第二条　……前一个月内支付。”段落文本后，按【Enter】键插入一个空段落；将插入符保持在新段落中，单击“开始”选项卡“剪贴板”组中的“粘贴”按钮，或者按【Ctrl+V】组合键，即可将文本复制到新位置，效果如图 3-21 所示。

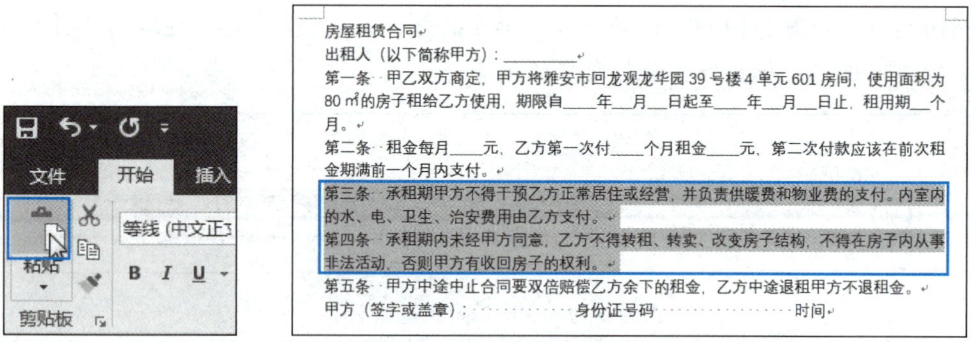

图 3-21　粘贴文本

提　示

要在 Word 2016 中执行复制命令，可按【Ctrl+C】组合键，或单击“开始”选项卡“剪贴板”组中的“复制”按钮。

步骤 3▶ 使用鼠标拖动复制文本。该方法适用于短距离内复制文本。选中要复制的段落文本，如“出租人（以下简称甲方）：＿＿＿＿＿＿”（注意将段落标记↵一起选中），然后将鼠标指针移至所选文本上方，此时鼠标指针变为形状；按住【Ctrl】键的同时将所选段落文本拖到（此时鼠标指针变为形状）第 3 行的左侧（即“第一条”中“第”字的左侧），再依次释放鼠标左键和【Ctrl】键，即可将所选文本复制到目标位置，如图 3-22 所示。

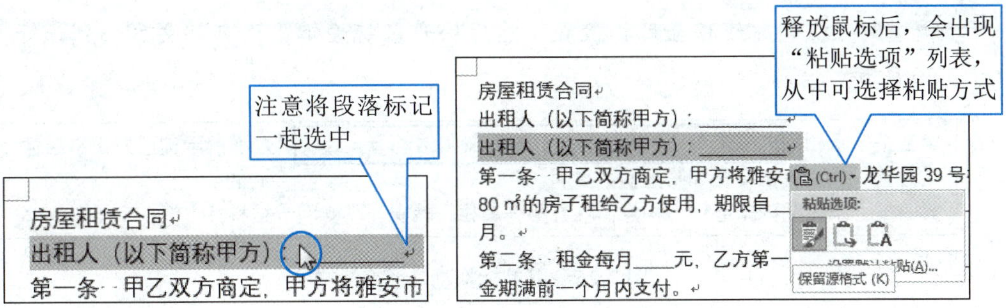

图 3-22　利用拖动方式复制文本

步骤 4▶ 同样地，使用拖动方法将文档的最后一段复制一份，效果如图 3-23 所示。

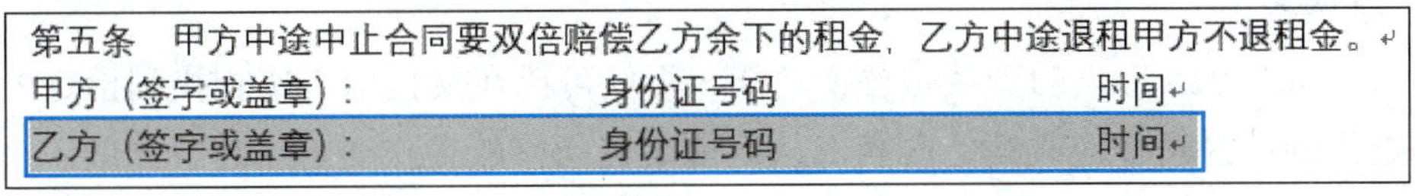

图 3-23　复制文本

步骤 5▶ 对拖动复制后的文本进行修改，效果如图 3-24 所示。

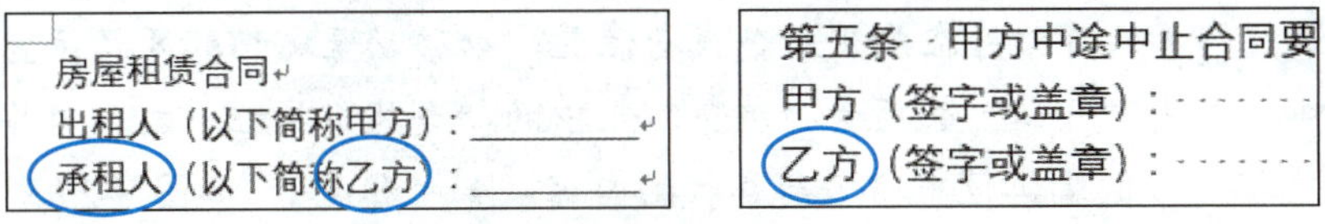

图 3-24　修改文本

4. 移动文本

移动文本也是编辑文档最常用的操作之一。例如，对放置不当的文本，可以快速将其移到满意的位置。

移动文本的方法有两种：一种是使用鼠标拖动；另一种是使用“剪切”和“粘贴”命令。移动文本后，原位置不再保留移动的文本。

步骤 1▶ 使用鼠标拖动移动文本。若是短距离移动文本，使用该方法效率要高一些。首先选中要移动的文本，如第三条最后一句内容，将鼠标指针移至选定文本上方，此时鼠标指针变为形状。按住鼠标左键并拖动，此时鼠标指针变为形状，且在其附近出现一条竖虚线，它表明了所选文本的新位置，如图 3-25 所示。

金期满前一个月内支付。
第三条 承租期甲方不得干预乙方正常居住或经营，并负责供暖费和物业费的支付。内室内的水、电、卫生、治安费用由乙方支付。

图 3-25 选择要移动的文本后进行拖动

步骤 2▶ 将竖虚线移至目标位置，然后松开鼠标左键，即可将文本移到该处，效果如图 3-26 所示。

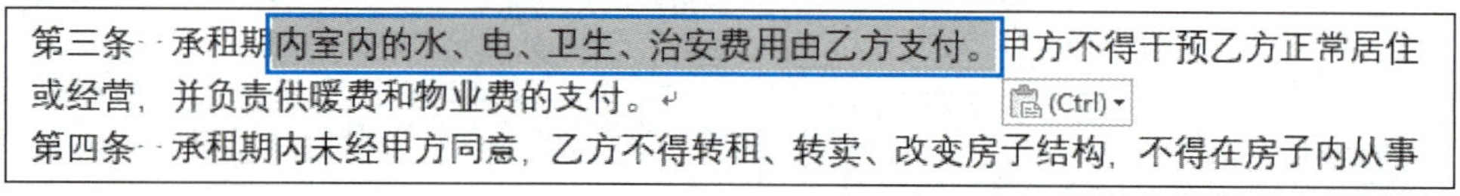
第三条 承租期内室内的水、电、卫生、治安费用由乙方支付。甲方不得干预乙方正常居住或经营，并负责供暖费和物业费的支付。
(Ctrl)
第四条 承租期内未经甲方同意，乙方不得转租、转卖、改变房子结构，不得在房子内从事

图 3-26 用鼠标拖动法移动文本

步骤 3▶ 上面两步的操作可以用快捷键来完成，首先用鼠标选中要移动的文本，然后按下【Ctrl+X】组合键，再到目标位置按下【Ctrl+V】组合键，最后效果如图 3-26 所示。

5. 查找文本

利用 Word 2016 提供的查找与替换功能，不仅可以在文档中迅速查找到指定内容，还可以将查找到的内容替换成其他内容，从而使文档的修改工作变得迅速且高效。

查找文本的方法有两种：一种是使用“开始”选项卡“编辑”组中的“查找”按钮来完成；另一种是使用【Ctrl+F】组合键来完成。

查找文本的具体操作步骤如下。

步骤 1▶ 将插入符放置在要开始查找的位置，如移动至文档的开始位置。

步骤 2▶ 单击“开始”选项卡“编辑”组中的“查找”按钮，打开“导航”任务窗格，在任务窗格上方的编辑框中输入要查找的内容，如“租金”，如图 3-27 所示。

步骤 3▶ 此时文档中将以橙色底纹突出显示查找到的内容，“导航”任务窗格中则显示要查找的文本所在的标题。

步骤 4▶ 在“导航”任务窗格中单击“下一处搜索结果”按钮▼，可从上向下定位搜索结果；单击“上一处搜索结果”按钮▲，则可从下向上定位搜索结果。

步骤 5▶ 单击“导航”任务窗格右上角的“关闭”按钮✕，将其关闭。

6. 替换文本

在编辑文档时，有时需要将文档的某一内容统一替换成其他内容，此时可以使用 Word 的“替换”功能进行操作，以加快修改文档的速度。

替换文本的方法有两种：一种是使用“开始”选项卡“编辑”组中的“替换”按钮来完成；另一种是使用【Ctrl+H】组合键来完成。

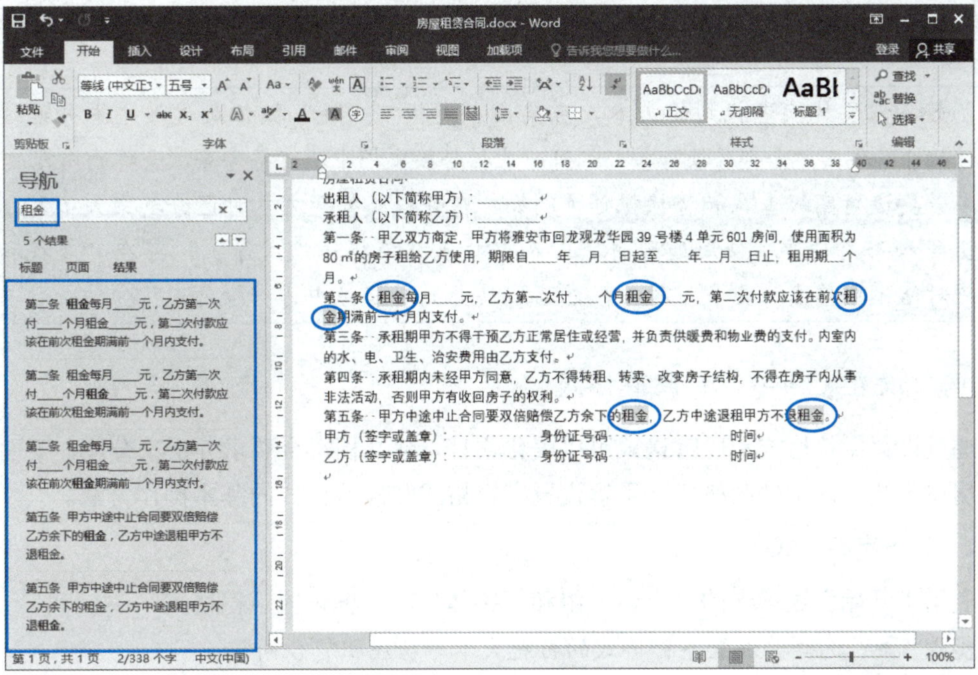

图 3-27　查找文档内容

下面将“房屋租赁合同”中的“房子”文本替换为“房屋”，操作步骤如下。

步骤 1▶　单击“开始”选项卡“编辑”组中的“替换”按钮，打开“查找和替换”对话框的“替换”选项卡。

步骤 2▶　在“查找内容”编辑框中输入要被替换的内容“房子”，在“替换为”编辑框中输入要替换成的内容“房屋”，如图 3-28 所示。

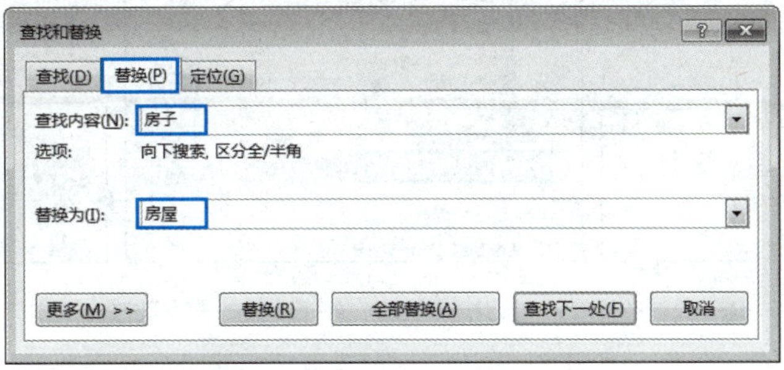

图 3-28　替换文本

步骤 3▶　单击“替换”按钮，逐个替换查找到的内容。

步骤 4▶　替换完毕，在弹出的提示对话框中单击“确定”按钮，再在“查找和替换”对话框中单击“关闭”按钮，关闭对话框。

提 示

若不需要替换查找到的文本，可单击“查找下一处”按钮跳过该文本并继续查找。此外，单击“全部替换”按钮，可一次性替换文档中所有符合查找条件的内容。

若要进行高级查找和替换操作（例如，在查找或替换文本时区分英文大小写，区分全角和半角符号，使用通配符，以及查找或替换特殊格式等），可在“查找和替换”对话框中单击“更多”按钮，然后在展开的对话框中进行操作。

四、设置文档字符和段落格式

通过设置字符格式和段落格式可以美化文档，使文档符合要求并层次分明。下面通过设置房屋租赁合同文档的格式，了解设置字符格式和段落格式的基本操作方法。

1. 设置字符格式

利用“开始”选项卡的“字体”组和“字体”对话框设置字符格式。

步骤 1▶ 选择要设置字符格式的标题文本“房屋租赁合同”。

步骤 2▶ 在“开始”选项卡“字体”组的“字体”下拉列表框 宋体 中选择所需字体，如“黑体”；在“字号”下拉列表框 五号 中选择字号，如“二号”；单击“加粗”按钮 B，将所选文本设置为加粗效果，如图 3-29 所示。

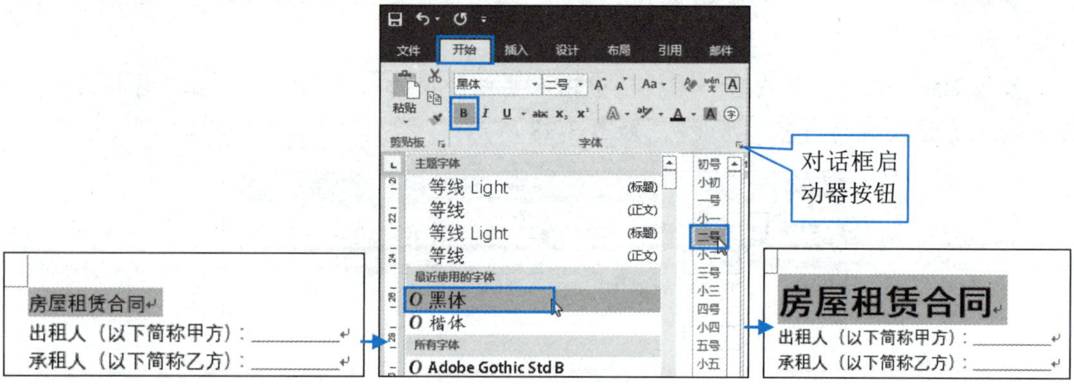

图 3-29　使用“字体”组设置字符格式

步骤 3▶ 选择全部正文文本，如图 3-30 所示，单击“开始”选项卡“字体”组右下角的对话框启动器按钮，打开“字体”对话框。

步骤 4▶ 在“中文字体”下拉列表框中选择“楷体”；在“西文字体”下拉列表框中选择“Times New Roman”；在“字号”列表框中单击选择“四号”，如图 3-31 所示。

步骤 5▶ 在对话框下方的“预览”框中可预览设置效果，最后单击“确定”按钮。

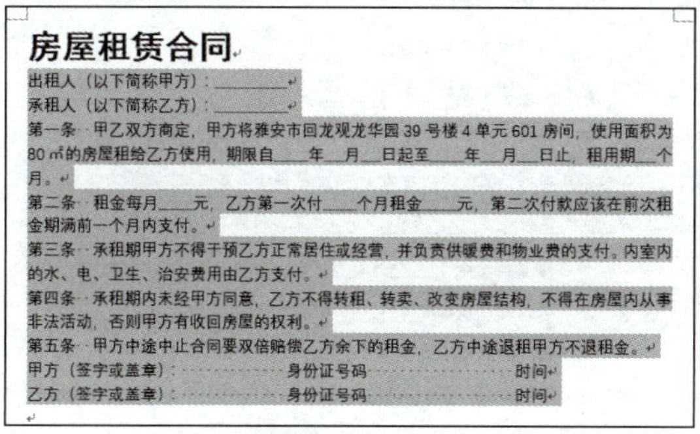
房屋租赁合同
出租人（以下简称甲方）：________
承租人（以下简称乙方）：________
第一条　甲乙双方商定，甲方将雅安市回龙观龙华园 39 号楼 4 单元 601 房间，使用面积为 80 ㎡的房屋租给乙方使用，期限自____年__月__日起至____年__月__日止，租用期__个月。
第二条　租金每月____元，乙方第一次付____个月租金____元，第二次付款应该在前次租金期满前一个月内支付。
第三条　承租期甲方不得干预乙方正常居住或经营，并负责供暖费和物业费的支付。内室内的水、电、卫生、治安费用由乙方支付。
第四条　承租期内未经甲方同意，乙方不得转租、转卖、改变房屋结构，不得在房屋内从事非法活动，否则甲方有收回房屋的权利。
第五条　甲方中途中止合同要双倍赔偿乙方余下的租金，乙方中途退租甲方不退租金。
甲方（签字或盖章）：　　身份证号码　　时间
乙方（签字或盖章）：　　身份证号码　　时间

图 3-30　选择文本

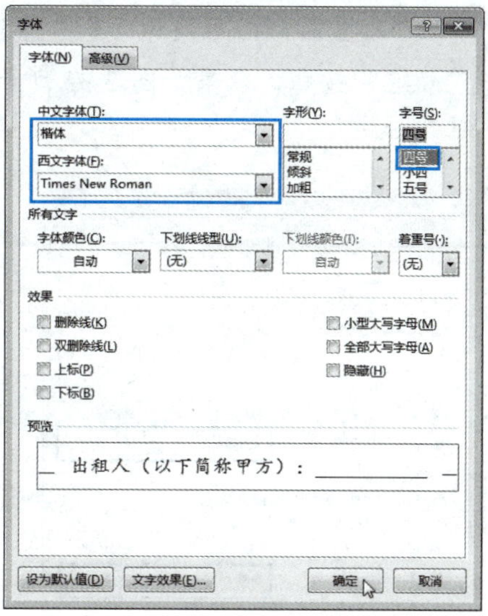

图 3-31　设置字符格式

2. 设置段落格式

下面设置房屋租赁合同文档的段落格式。

步骤 1▶　将插入符置于要改变段落对齐方式的标题文本段落，单击“开始”选项卡“段落”组中的“居中”按钮，将标题段落居中对齐，如图 3-32 所示。

图 3-32　设置段落对齐方式

步骤 2▶　保持插入符的位置不变，然后在“布局”选项卡的“段落”组中设置标题的段前、段后间距为 1.5 行，如图 3-33 所示。

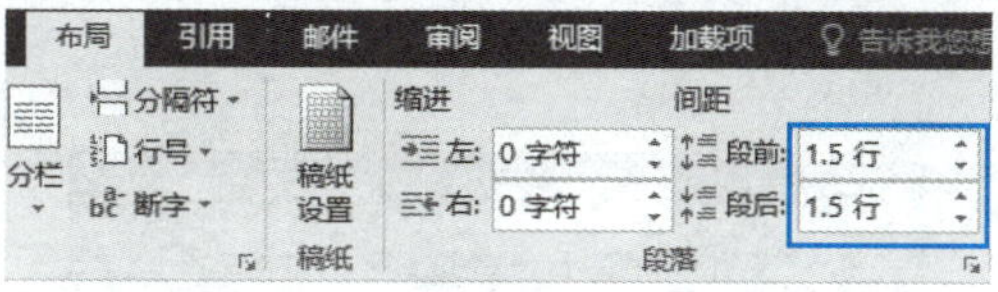

图 3-33　设置标题的段前段后间距

步骤 3▶　同时选中除标题外的其他所有段落，单击“开始”选项卡“段落”组右下角的对话框启动器按钮，打开“段落”对话框。在“缩进”设置区的“特殊格式”下拉列表框中选择“首行缩进”，保持右侧编辑框中磅值为“2 字符”，即首行缩进两个字符；

在“间距”设置区将行距设为“多倍行距”，“设置值”为 1.25，如图 3-34 所示。设置完毕，单击“确定”按钮，效果如图 3-35 所示，最后按【Ctrl+S】组合键保存文档。

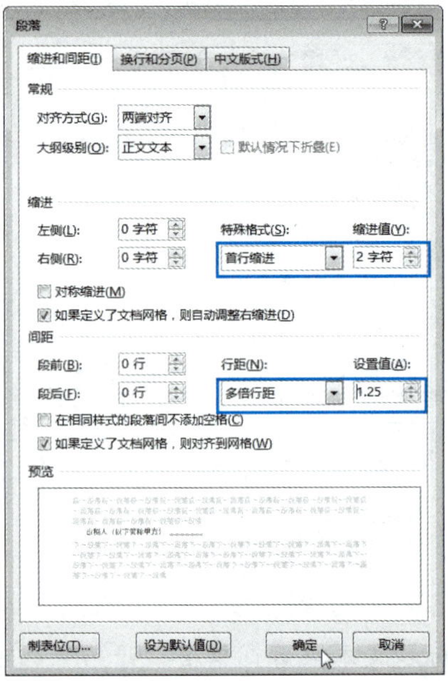

图 3-34　设置段落格式

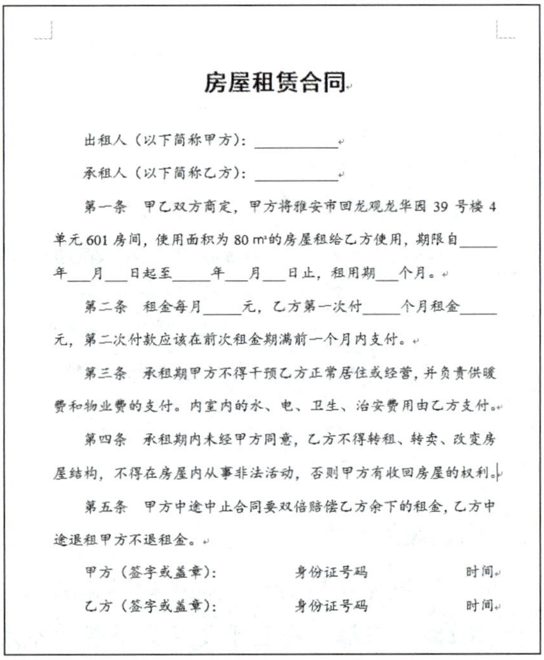

房屋租赁合同

出租人（以下简称甲方）：__________

承租人（以下简称乙方）：__________

第一条　甲乙双方商定，甲方将雅安市回龙观龙华园 39 号楼 4 单元 601 房间，使用面积为 80 m²的房屋租给乙方使用，期限自____年___月___日起至____年___月___日止，租用期___个月。

第二条　租金每月____元，乙方第一次付____个月租金____元，第二次付款应该在前次租金期满前一个月内支付。

第三条　承租期甲方不得干预乙方正常居住或经营，并负责供暖费和物业费的支付。内室内的水、电、卫生、治安费用由乙方支付。

第四条　承租期内未经甲方同意，乙方不得转租、转卖、改变房屋结构，不得在房屋内从事非法活动，否则甲方有收回房屋的权利。

第五条　甲方中途中止合同要双倍赔偿乙方余下的租金，乙方中途退租甲方不退租金。

甲方（签字或盖章）：　　身份证号码　　时间

乙方（签字或盖章）：　　身份证号码　　时间

图 3-35　房屋租赁合同最终效果

五、退出 Word 2016

文档编辑完成并保存后，可在“文件”列表中选择“关闭”选项，或按【Alt+F4】组合键，或单击窗口右上角的×按钮，退出 Word 2016。

关闭文档或退出 Word 程序时，若文档经修改后尚未保存，系统将弹出提示对话框，提醒用户保存文档，如图 3-36 所示。单击“保存”按钮，表示保存文档；单击“不保存”按钮，表示不保存文档；单击“取消”按钮，表示取消关闭文档的操作，返回正常的文档编辑状态。

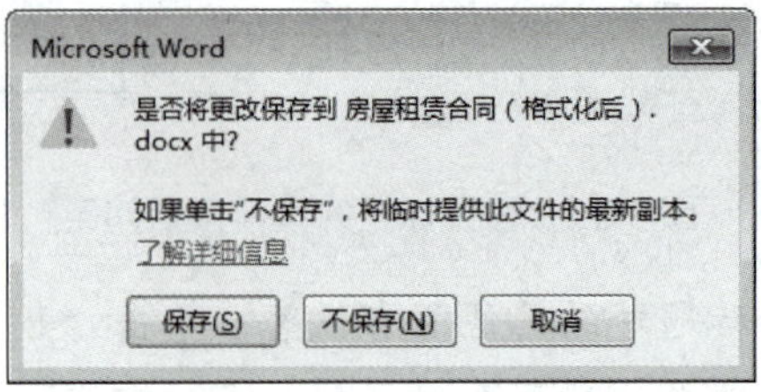

图 3-36　提示对话框

【高手秘籍】

1．快速重复输入内容

【F4】键具有重复上一步操作的作用。例如，在文档中输入“你好！”，然后按【F4】键，即可重复输入“你好！”，连续按【F4】键，即可得到很多“你好！”，如图 3-37 所示。再如，设置文本的颜色为“蓝色”，然后按【F4】键，则再次输入的文本都为“蓝色”，如图 3-38 所示。

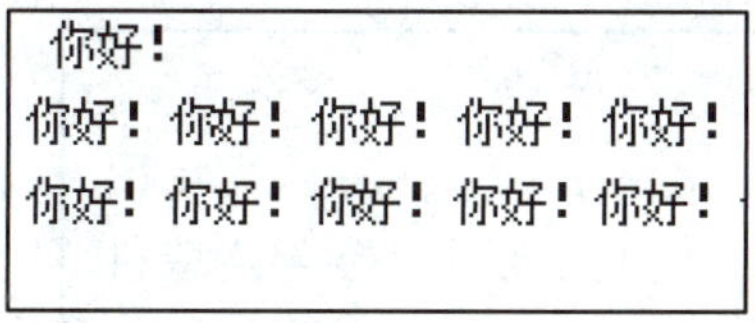

图 3-37　快速输入相同内容

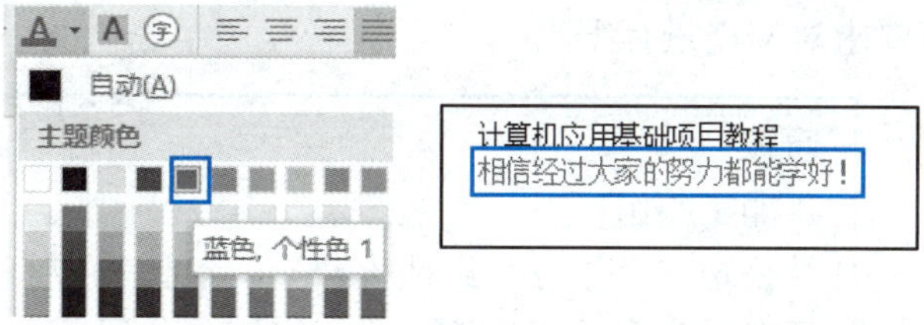

图 3-38　输入相同颜色的文本

2．导入文件中的文本

在 Word 2016 中，可以将其他文件中的文本内容导入到正在编辑的文本中，从而节约输入文本的时间。

步骤 1▶　新建空白 Word 文档，单击“插入”选项卡“文本”组中“对象”按钮右侧的下拉按钮，在弹出的下拉列表中选择“文件中的文字”选项。

步骤 2▶　打开“插入文件”对话框，选择要导入的文件，单击“插入”按钮，如图 3-39 所示，即可将选择的文件中的文本内容导入到正在编辑的文档中。

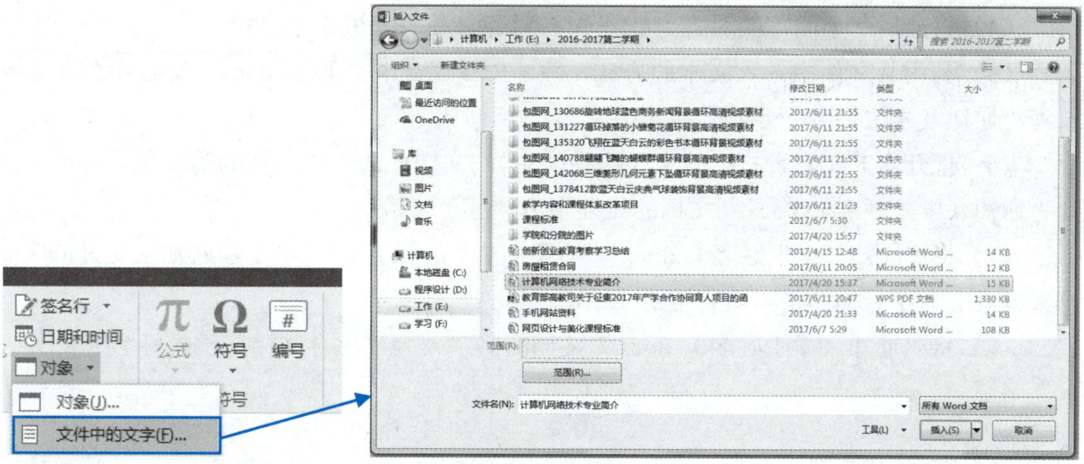

图 3-39　从文件中导入文本

【拓展训练】——制作通知文档

1. 训练目的

强化练习新建和保存文档，输入和替换文档内容，以及简单设置文档字符和段落格式的操作。

2. 训练内容

新建一个空白文档，将其以“通知（学生姓名）”为名保存，然后输入以下内容，并按要求对文档进行编辑。

> 通知
> 各加工小组：
> 经公司安全领导小组研究决定，定于2017年7月22日在公司二楼会议室召开春季安全加工会议一天，传达总公司关于安全加工的有关指示，请各加工小组组长、安全员准时参加。
> 特此通知！
> 庆华公司安全办公室
> 2017年7月15日

（1）将文档中的所有“加工”文本替换为“生产”。

（2）设置“通知”文本的字符格式为黑体、三号，段落格式为居中对齐。

（3）设置除标题外的所有文本的字符格式为楷体、小四，段落格式为首行缩进2字符，行间距为1.5倍行距。

（4）将最后两个段落的对齐方式设为右对齐，并右缩进3个字符。

（5）利用从文件中导入文本的方式，将本书配套素材“散文.docx”文件中的文本导入到“通知（学生姓名）.docx”文档中。

（6）打开本书配套素材“散文（增补文本）”文档，选中该文档的第二段，将其复制到“通知（学生姓名）.docx”文档的日期下方。

（7）将“通知（学生姓名）.docx”文档中的“春”改为“秋”，除通知正文外的字体设置为隶书，字号为四号，首行缩进12磅。

（8）将“通知（学生姓名）.docx”文档的名字改为“综合文档（学生姓名）”。

任务二　设计并制作招生简章
——文档基本格式设置

【任务背景】

培训学校招生简章是学生了解该学校的重要依据，简章中一般包括培训内容、报名条件、报名时间和联系方式等。有些招生简章也会对学校取得的成绩和良好的办学条件进行宣传。学校招生简章的内容要真实可靠，并需要在上级教育行政部门备案。

【分析任务】

本任务主要完成的工作是制作“红鸟培训中心 2017 年招生简章”，通过该任务让读者了解 Word 2016 的基本排版操作方法，如首字下沉、文字边框和底纹、文字水印等。任务完成效果如图 3-40 所示。

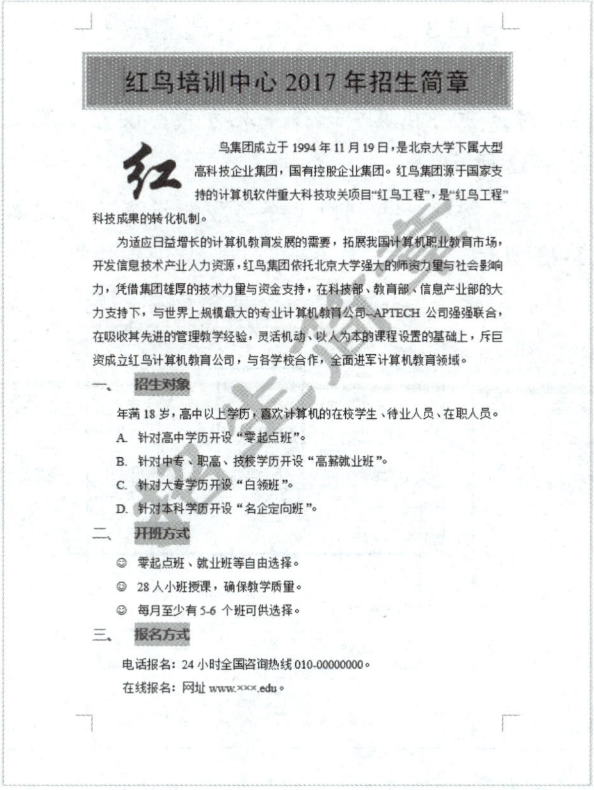

红鸟培训中心 2017 年招生简章

红鸟集团成立于 1994 年 11 月 19 日，是北京大学下属大型高科技企业集团，国有控股企业集团。红鸟集团源于国家支持的计算机软件重大科技攻关项目“红鸟工程”，是“红鸟工程”科技成果的转化机制。

为适应日益增长的计算机教育发展的需要，拓展我国计算机职业教育市场，开发信息技术产业人力资源，红鸟集团依托北京大学强大的师资力量与社会影响力，凭借集团雄厚的技术力量与资金支持，在科技部、教育部、信息产业部的大力支持下，与世界上规模最大的专业计算机教育公司--APTECH 公司强强联合，在吸收其先进的管理教学经验，灵活机动、以人为本的课程设置的基础上，斥巨资成立红鸟计算机教育公司，与各学校合作，全面进军计算机教育领域。

一、　招生对象

年满 18 岁，高中以上学历，喜欢计算机的在校学生、待业人员、在职人员。

A. 针对高中学历开设“零起点班”。
B. 针对中专、职高、技校学历开设“高薪就业班”。
C. 针对大专学历开设“白领班”。
D. 针对本科学历开设“名企定向班”。

二、　开班方式

☺ 零起点班、就业班等自由选择。
☺ 28 人小班授课，确保教学质量。
☺ 每月至少有 5-6 个班可供选择。

三、　报名方式

电话报名：24 小时全国咨询热线 010-00000000。
在线报名：网址 www.×××.edu。

图 3-40　招生简章文档效果

【任务目标】

- 能为段落文本设置首字下沉。
- 能为文字或段落添加边框或底纹。
- 能为文档中的段落添加项目符号或编号。
- 能为文档添加文字或图片水印。

【任务实施】

一、设置首字下沉

首字下沉的排版方式在报刊和杂志中比较常见，通常用于文档的开头。它将段落开头的第一个文字或若干个字母变为大号字，并以下沉或悬挂方式显示，以美化文档的版面。

下面为正文内容的第1个段落设置首字下沉。

步骤 1▶ 在正文的第1段中单击，然后单击“插入”选项卡“文本”组中的“首字下沉”按钮，展开列表，如图3-41所示，从中可选择一种下沉方式。

步骤 2▶ 若要对首字下沉文本做更为详细的设置，可在列表中选择“首字下沉选项”选项，打开“首字下沉”对话框。在其中选择下沉方式，设置下沉文字的字体、下沉行数及距正文的距离，如图3-42所示。

步骤 3▶ 单击“确定”按钮，再利用“字体”组设置下沉文本的字体颜色为红色，得到最终效果，如图3-43所示。

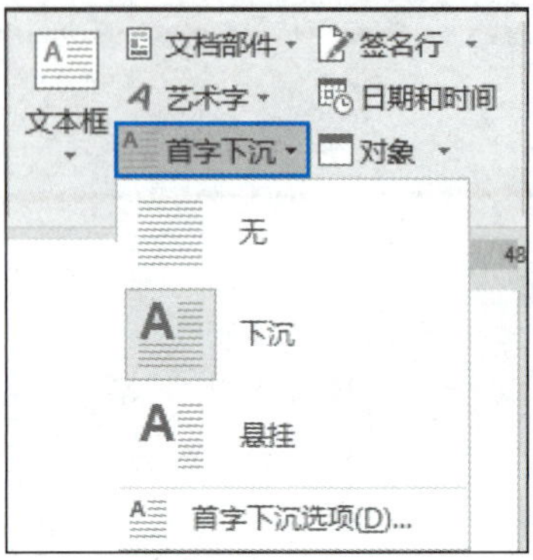

图3-41 “首字下沉”列表

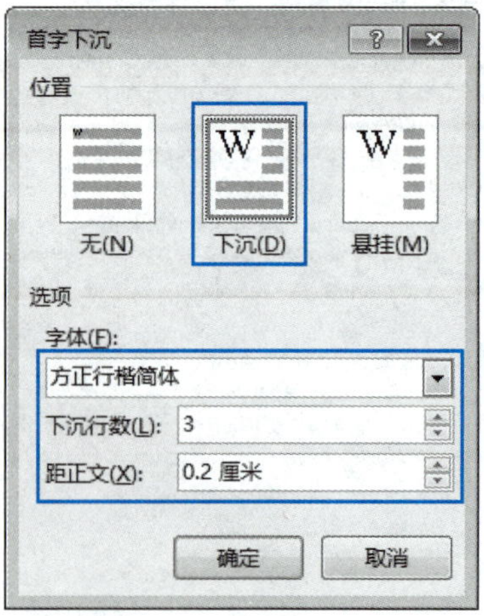

图3-42 “首字下沉”对话框

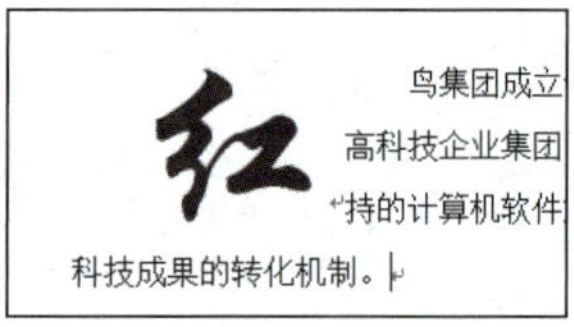

图3-43 首字下沉效果

二、设置边框和底纹

设置边框和底纹是美化文档的重要方式之一，在 Word 2016 中不仅可以为选择的文字或段落添加边框和底纹，还可以为整个页面添加边框。下面继续在打开的文档中进行操作，为标题段落添加边框和底纹，为相关段落添加底纹。

1. 添加边框

要为文字或段落添加边框，操作步骤如下。

步骤 1▶ 选中要添加边框的文字或段落，如第 1 行的标题（注意不要选中段落标记），如图 3-44 所示。

图 3-44 选中要添加边框的文本

步骤 2▶ 单击“开始”选项卡“段落”组“边框”按钮右侧的三角按钮，在展开的列表中选择所需的边框类型，如“外侧框线”，即可看到效果，如图 3-45 所示。

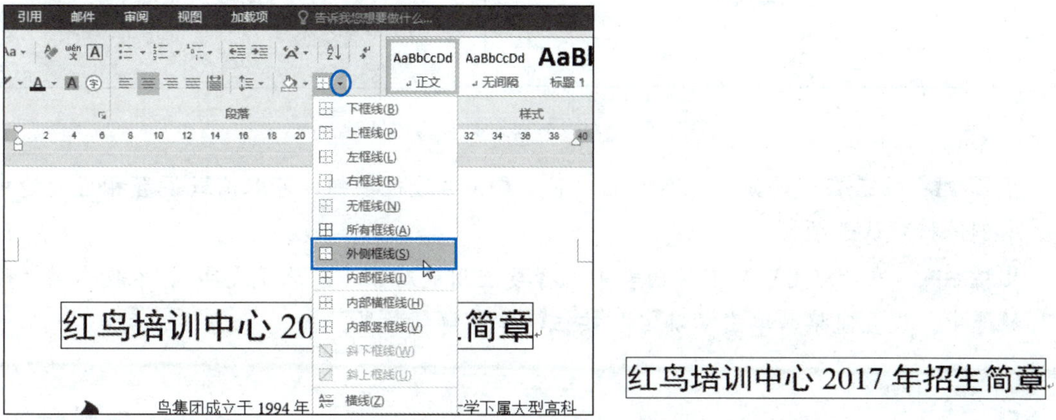

图 3-45 为文字添加边框效果

步骤 3▶ 要取消为文字添加的边框，可首先选中添加边框的文字，如刚刚添加边框的文本，然后在“边框”按钮列表中选择“无框线”选项。

步骤 4▶ 要对段落添加简单的边框，可先选中要设置的段落，如招标简章的标题（注意要选中段落标记），然后在“边框”列表中选择所需的边框类型，如“外侧框线”，效果如图 3-46 所示。对照图 3-45，可看到文字边框和段落边框的不同。

步骤 5▶ 如果要对所选段落或文字设置更多的边框样式，本例选中标题段落，然后在“边框”列表中选择“边框和底纹”选项，打开“边框和底纹”对话框的“边框”选项卡。

图 3-46　为文本和段落设置边框的效果

步骤 6▶　在“设置”区中选择一种边框类型，如“三维”；在“样式”列表中选择一种边框线样式；在“颜色”和“宽度”下拉列表中分别选择边框线的颜色和宽度，如浅绿和 3 磅，如图 3-47 所示。

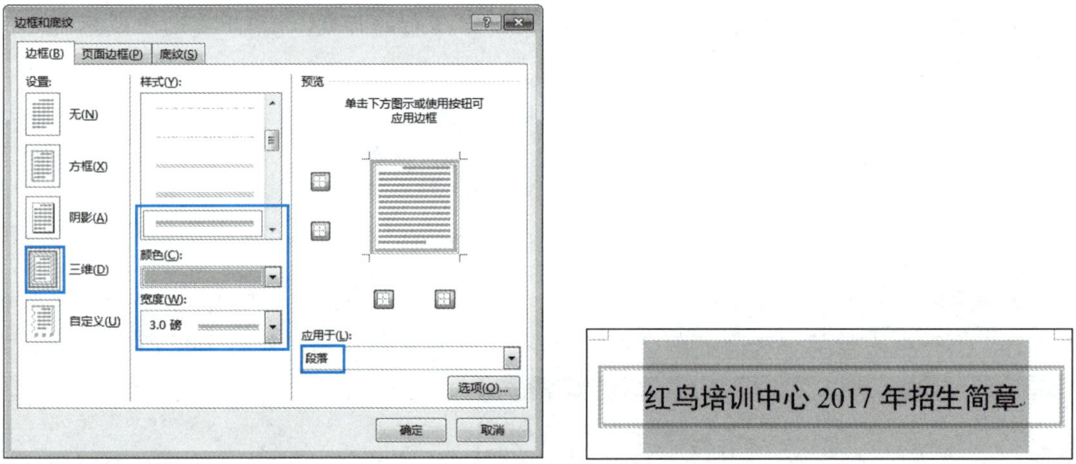

图 3-47　为段落设置复杂的边框

步骤 7▶　若在“预览”区单击上、下、左和右边框按钮，可取消或设置相应的边框线。本例保持默认选项。

步骤 8▶　在“应用于”下拉列表中选择要应用的对象（段落或文字），本例保持“段落”的选中。设置完毕，单击“确定”按钮，即可得到效果。

提　示

> 要为文档页面添加边框，可在“边框和底纹”对话框的“页面边框”选项卡参考上述操作选择边框类型及设置边框线样式、颜色和宽度等。与设置段落或文本边框不同的是，用户可在“艺术型”下拉列表中选择一种艺术型边框，如图 3-48 所示。
>
> 要取消为段落添加的边框，可选中添加边框的段落（注意将段落标记也选中），然后在“边框”列表中选择“无框线”选项；要取消为页面添加的边框，可在“页面边框”选项卡的“设置”区单击“无”选项。

2．添加底纹

要为文字或段落添加底纹，操作步骤如下。

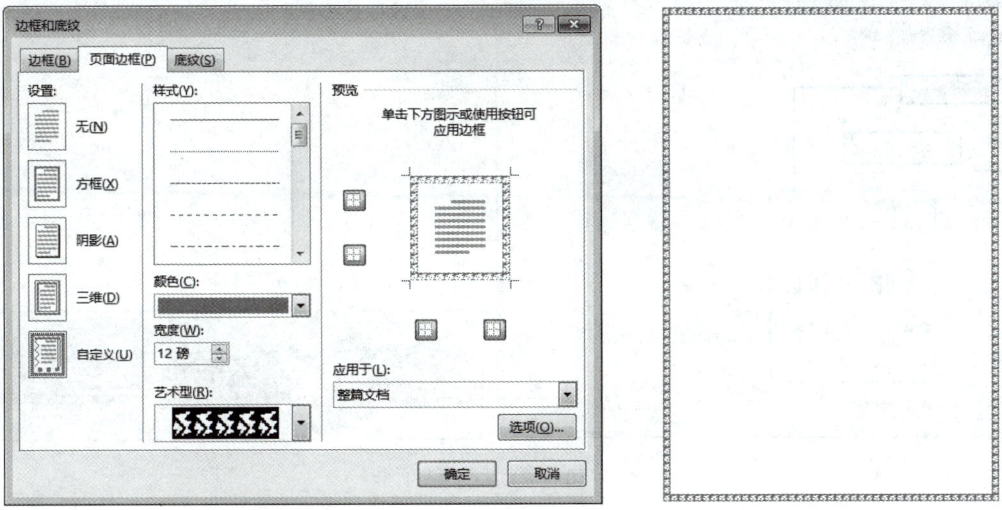

图 3-48　为文档设置页面边框

步骤 1▶　要对文字添加简单底纹，可选中要设置底纹的文字，本例选择“招生对象”“开班方式”和“报名方式”文本，然后单击“段落”组“底纹”按钮右侧的三角按钮，在展开的列表中选择一种底纹颜色，如图 3-49 所示。使用此方式只能为文字添加底纹。

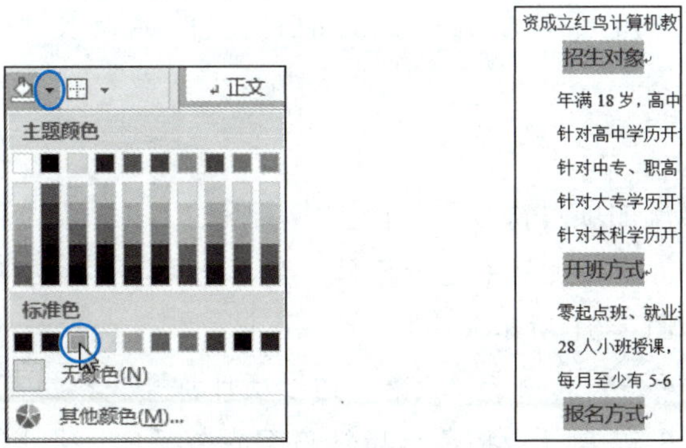

图 3-49　为文字添加底纹

步骤 2▶　若要取消为文字添加的底纹，可选中添加底纹的文字后，在“底纹”列表中选择“无颜色”选项。

步骤 3▶　要为所选段落或文字添加复杂底纹，本例选择标题段落，然后打开“边框和底纹”对话框，切换到“底纹”选项卡。

步骤 4▶　在“填充”下拉列表中选择底纹颜色，如“浅蓝”；在“图案”下拉列表中选择一种底纹图案样式，如“10%”，在“颜色”下拉列表中可选择图案颜色，本例保持默认；在“应用于”下拉列表中选择底纹的应用对象，如“段落”，单击“确定”按钮，即可看到效果，如图 3-50 所示。

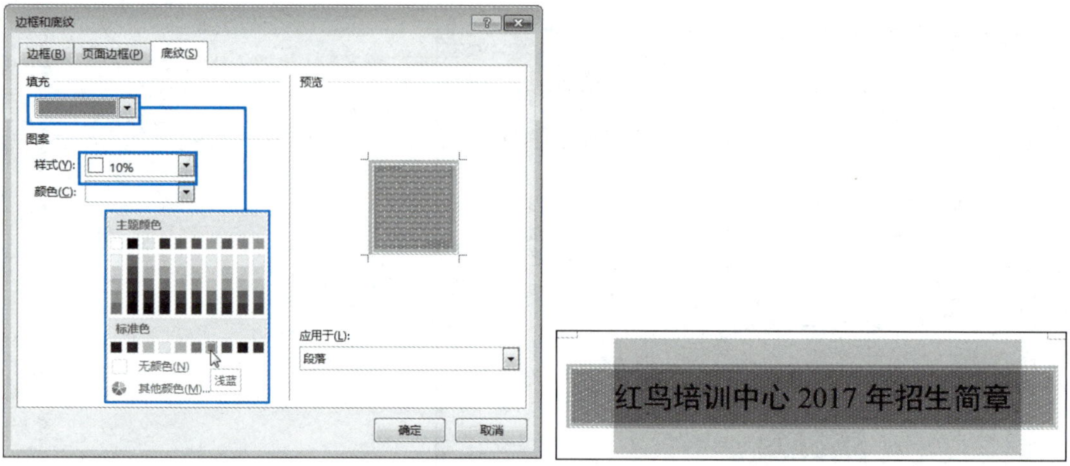

图 3-50 “底纹”选项卡

三、设置项目符号和编号

为文档的某些内容添加项目符号或编号，可以准确地表达各部分内容之间的并列或顺序关系，使文档更有条理。在 Word 2016 中，既可以使用系统预设的项目符号和编号，也可自定义项目符号和编号。

下面为招生简章文档的某些段落文本添加自定义的笑脸项目符号和系统内置的编号样式。

1. 添加项目符号

要为文档中的段落添加项目符号，具体操作步骤如下。

步骤 1▶ 继续在打开的文档中进行操作，然后选中要添加项目符号的段落，如“开班方式”下的段落，如图 3-51 所示。

步骤 2▶ 单击“开始”选项卡“段落”组“项目符号”按钮右侧的三角按钮，展开项目符号列表，如图 3-52 所示。将鼠标指针移至某个项目符号上方，可在文档中动态预览该项目符号效果；通过单击，可将该项目符号应用于所选段落。

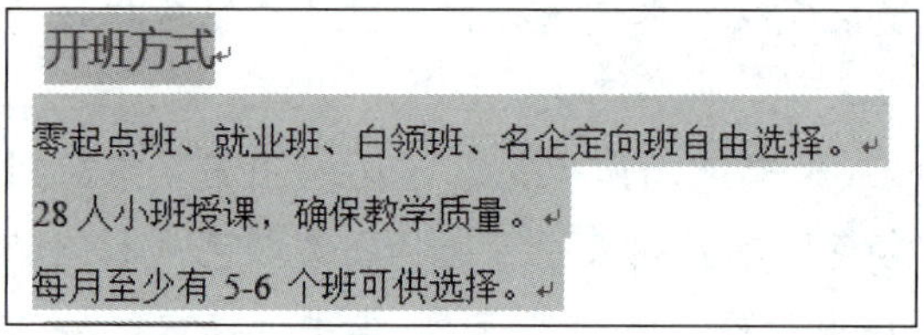

图 3-51 选择要添加项目符号的段落

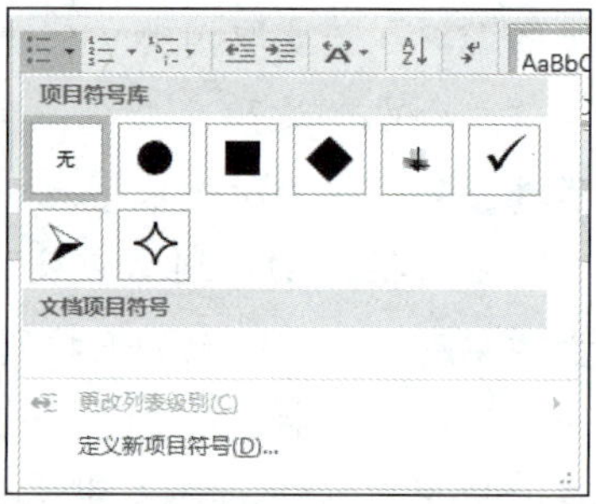

图 3-52 “项目符号”列表

步骤 3▶ 若列表中没有需要的项目符号，可选择列表下方的“定义新项目符号”选项，打开“定义项目符号”对话框。在其中单击“符号”按钮，在打开的“符号”对话框选择要作为项目符号的符号，如图 3-53 所示。

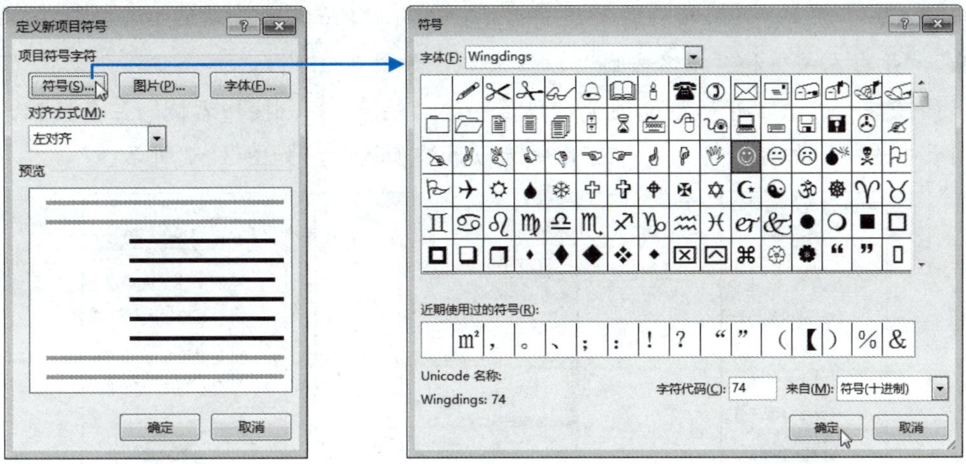

图 3-53　自定义项目符号

步骤 4▶ 在“符号”对话框中单击“确定”按钮，回到“定义新项目符号”对话框，单击“字体”按钮，在打开的对话框中设置项目符号的字体颜色为红色，字号为小四号，如图 3-54 所示。

步骤 5▶ 单击“确定”按钮返回“定义新项目符号”对话框，单击“确定”按钮，完成项目符号的设置，可看到效果如图 3-55 所示。

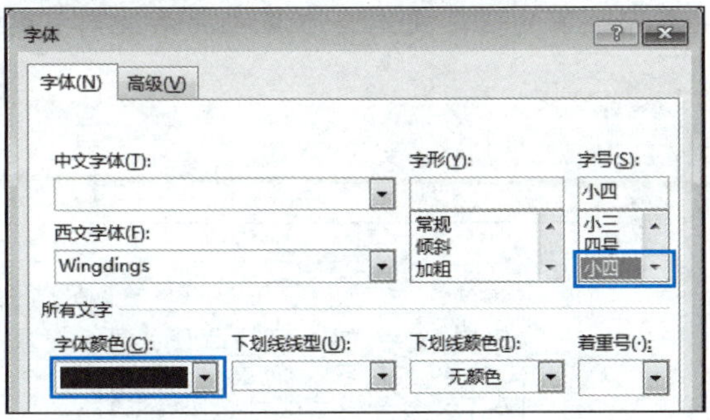

图 3-54　设置项目符号的字符格式

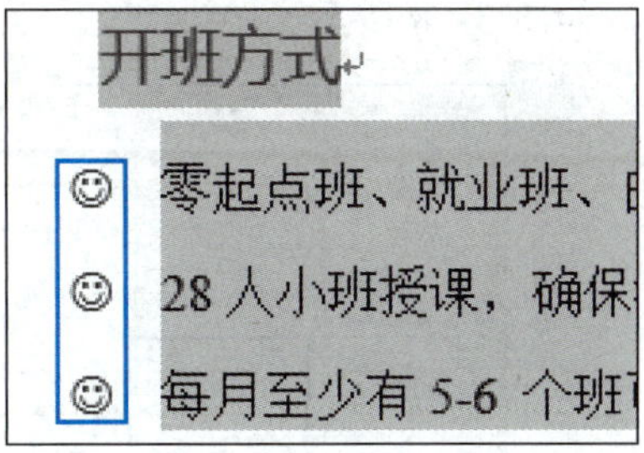

图 3-55　项目符号设置效果

提　示

选择项目符号后，在“定义新项目符号”对话框中单击“字体”按钮，可在打开的“字体”对话框中设置所选项目符号的字体、字号和颜色等。在“定义新项目符号”对话框中单击“图片”按钮，可在打开的对话框中选择图片作为项目符号。

2. 添加编号

对于文档中需要添加编号的内容，用户既可手动输入添加，也可利用 Word 2016 的编号功能添加，操作步骤如下。

步骤 1▶ 继续在添加项目符号后的文档中进行操作。选中要添加编号的段落，如“招生对象”“开班方式”和“报名方式”段落文本，如图 3-56 所示。

步骤 2▶ 单击“开始”选项卡“段落”组“编号”按钮右侧的三角按钮，在展开的列表中选择一种编号样式，即可为所选段落添加编号，如图 3-57 所示。

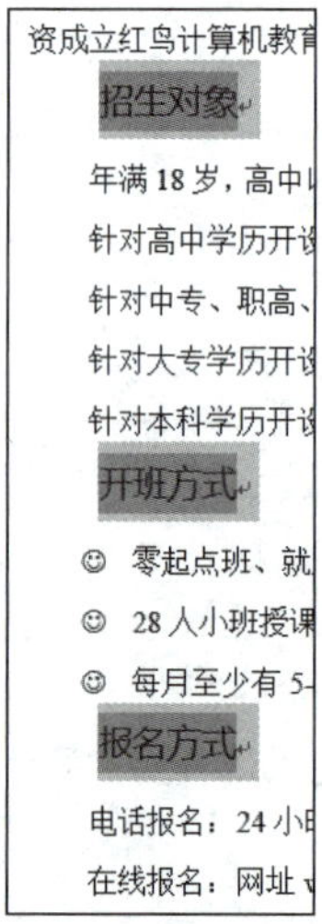

图 3-56 选择要添加编号的段落

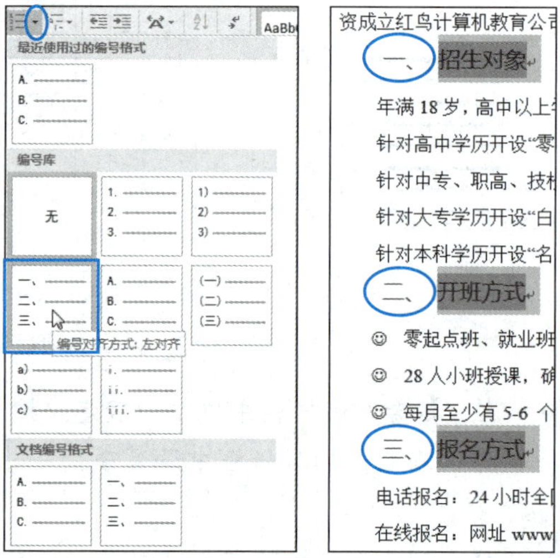

图 3-57 选择编号样式及效果

步骤 3▶ 用同样的方法选择“招生对象”下的段落文本，为其添加系统内置的编号样式，如图 3-58 所示。

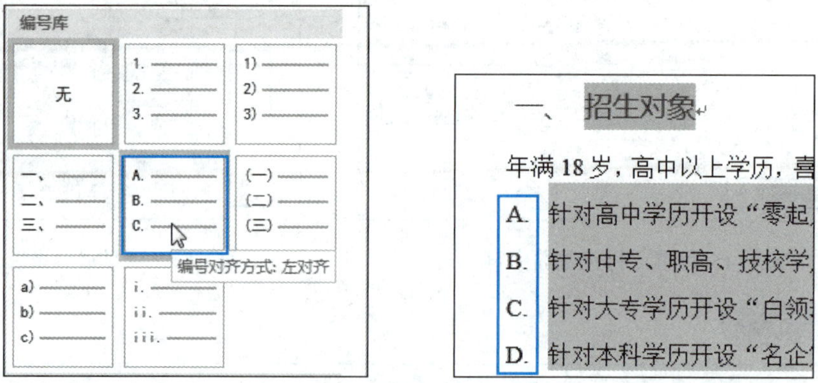

图 3-58 为所选段落添加编号

若编号列表中没有符合要求的编号，可在“编号”列表底部选择“定义新编号格式”

选项，在打开的对话框中自定义编号样式，如图 3-59 所示。

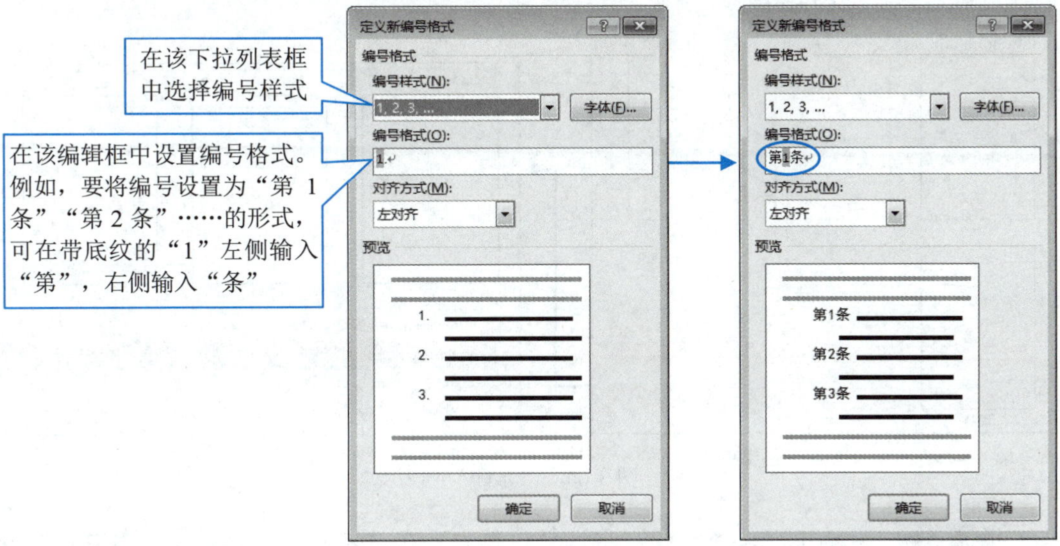

图 3-59 “定义新编号格式”对话框

提 示

在 Word 2016 中，当从设置了项目符号或编号的段落按【Enter】键开始一个新段落时，新段落将自动添加项目符号或编号。

若要取消无内容的新段落的项目符号或编号，可在新段落中再按一次【Enter】键。

要取消已有内容的段落的项目符号或编号，可在选中这些段落后，单击“项目符号”按钮或“编号”按钮，取消其选中状态。

四、为文档添加水印

为使文档更加美观，用户可以为文档添加图片水印或文字水印。图片水印是指选择一幅图片作为每一页的背景；文字水印是指设置相应的文字作为背景。默认情况下，水印不会被打印出来。下面继续为添加编号后的文档设置文字水印。

步骤 1▶ 单击“设计”选项卡“页面背景”组中的“水印”按钮，展开“水印”列表，如图 3-60 所示，从中可以选择系统内置的水印样式。

步骤 2▶ 如果要自定义水印，可在列表中单击“自定义水印”选项，打开“水印”对话框。若选中“图片水印”单选钮后单击“选择图片”按钮，可在打开的对话框中选择图片作为水印，并可在“缩放”设置区设置图片的缩放选项和冲蚀效果。

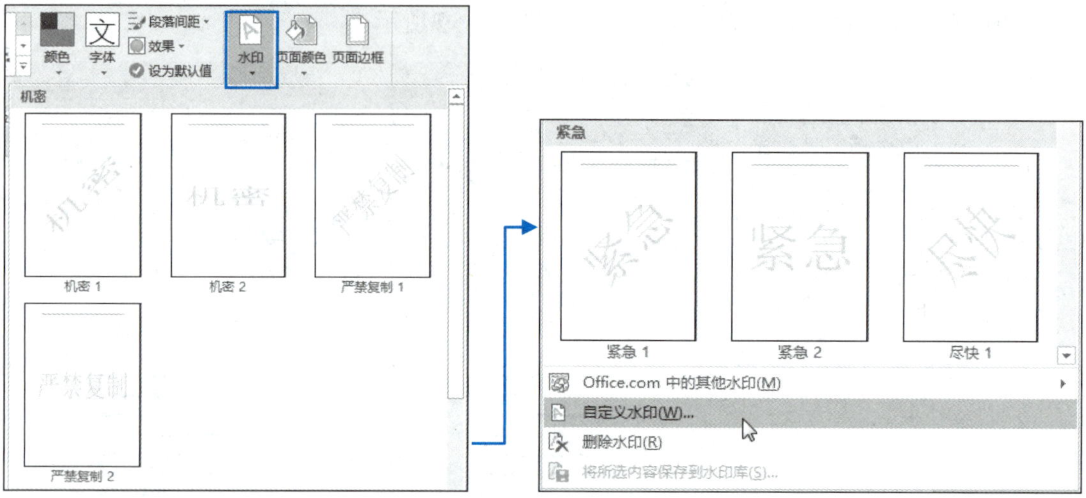

图 3-60　“水印”列表

步骤 3▶ 若选中“文字水印”单选钮，然后可在“文字”下拉列表中选择要作为水印的文本，此处输入要作为水印的文字“招生简章”，设置其字体为“隶书”，字号为“自动”，颜色为“红色”，选中“半透明”复选框和“斜式”单选钮，如图 3-61 所示。

步骤 4▶ 单击“确定”按钮，即可为每页文档添加文字水印，效果如图 3-62 所示。至此，招生简章文档制作完毕，最后将文件进行保存或另存即可。

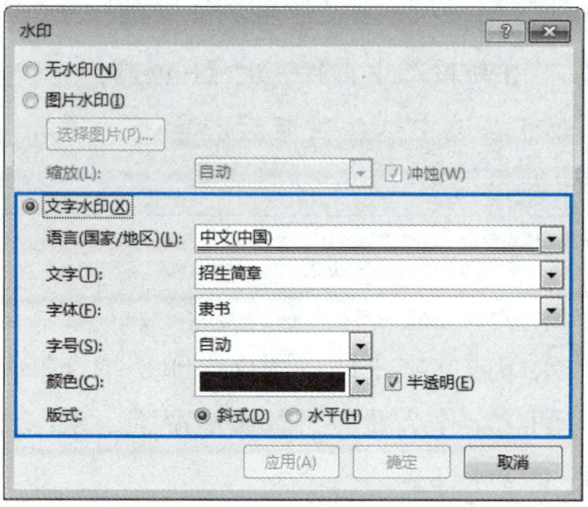

图 3-61　设置文字水印选项

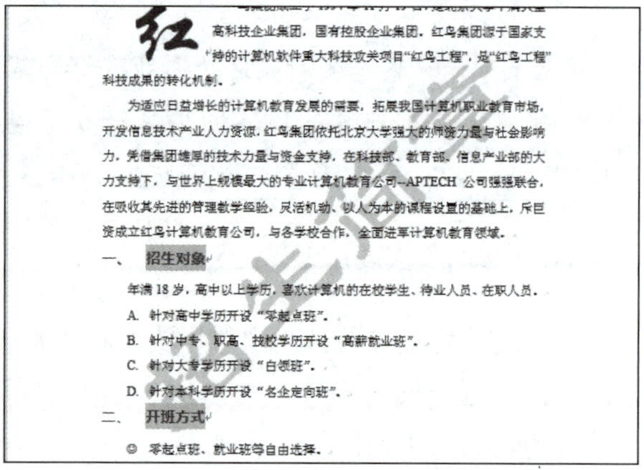

图 3-62　为文档添加文字水印效果

提　示

Word 2016 只支持在一个文档中添加一种水印。若是添加文字水印后又定义了图片水印，则文字水印会被图片水印替换。

【高手秘籍】

1．自定义功能区，提高办公效率

通过自定义功能区可以提高办公效率，例如将“打开”和“新建文件”按钮添加到快速访问工具栏，可以很方便地打开或新建文件。操作方法如下。

步骤 1▶ 右击功能区，在展开的列表中选择相应选项，如“自定义快速访问工具栏”，如图 3-63（a）所示。

步骤 2▶ 打开“Word 选项”对话框，在“快速访问工具栏”选项的“常用命令”列表中分别选择“打开”和“新建文件”命令，如图 3-63（b）所示。

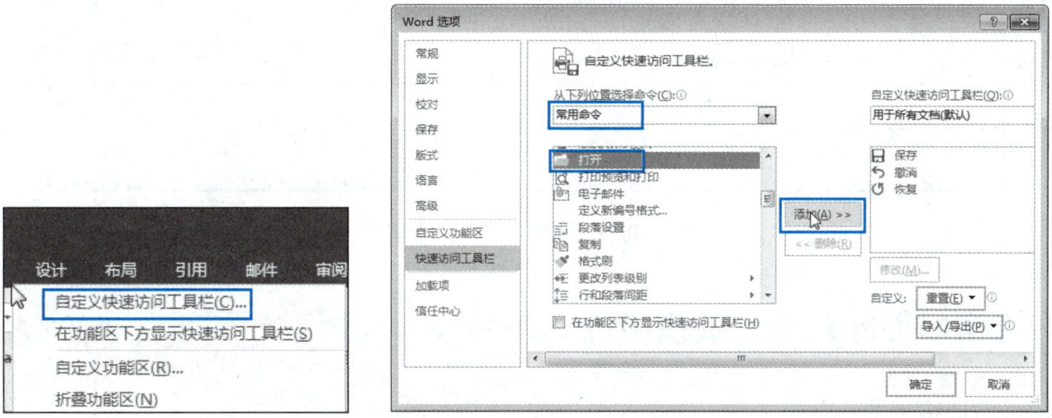

（a）　　　　　　　　（b）

图 3-63　选择要添加的命令后单击“添加”按钮

步骤 3▶ 单击“添加”按钮，将其添加到对话框右侧的“自定义快速访问工具栏”列表中。单击“确定”按钮，可在快速访问工具栏中看到添加的命令按钮，如图 3-64 所示。

图 3-64　向快速访问工具栏添加命令按钮

2．设置文件的保存位置，方便查找文件

为了方便查找文件，可设置文件的默认保存位置。在“文件”列表中选择“选项”选项，打开“Word 选项”对话框，如图 3-65 所示。在“保存”设置区的“保存文档”列表

的“默认本地文件位置”编辑框中输入文件的默认保存位置，或单击“浏览”按钮，在打开的“修改位置”对话框中重新选择文件的默认保存位置，然后单击“确定”按钮即可。

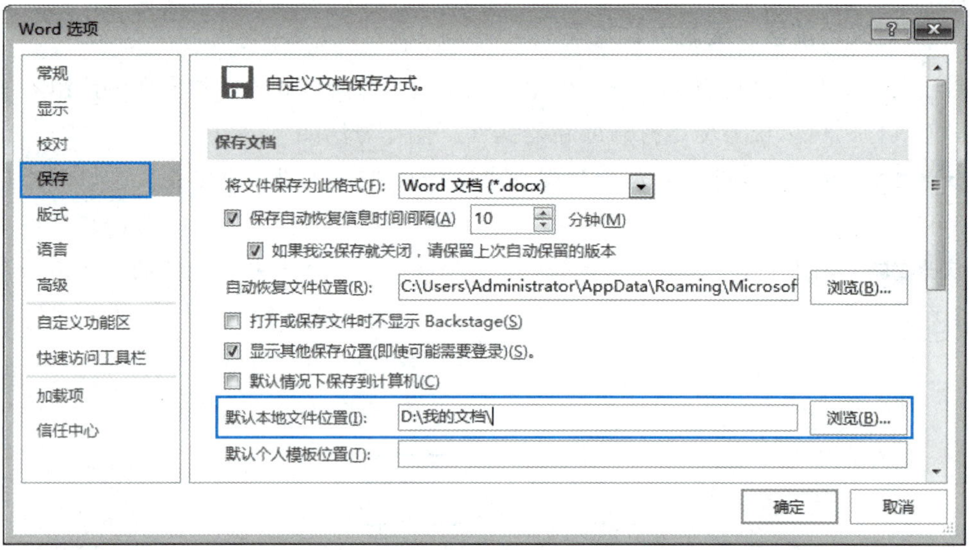

图 3-65 “Word 选项”对话框

【拓展训练】——制作岗位责任书

1．训练目的

强化练习设置文档的字符格式和段落格式，为段落添加编号等操作。

2．训练内容

打开本书配套素材文件“岗位责任书（素材）”，然后对其进行如下操作。

（1）设置标题“岗位责任书”的格式为华文行楷、初号、居中对齐、段前段后间距均为 1 行，并将其字符间距加宽 10 磅。

（2）其他文本的格式为宋体、四号、首行缩进 2 个字符。

（3）设置带“第……条”的段落文本的字体为黑体。

（4）为除第八条和第九条外的其他条中所包含的段落文本添加“编号对齐方式：左对齐”样式。

（5）为第 1 段和各条款中的空格符号添加下划线。

（6）将文档最后三段的首行缩进量调整为 3 个字符。

任务三　设计并制作大学生创业计划书
——文档高级格式设置

【任务背景】

创业计划书是一份全方位的商业计划，其主要用途是递交给投资商，以便于他们能对企业或项目做出评判，从而使企业获得融资。通常，创业计划是结合了市场营销、财务、生产、人力资源等职能计划的综合。

【分析任务】

本任务主要完成的工作是制作一份创业计划书文档，通过该任务让读者了解如何应用样式设置文档标题，为文档添加页眉和页脚，提取文档目录等知识。任务完成效果如图 3-66 所示。

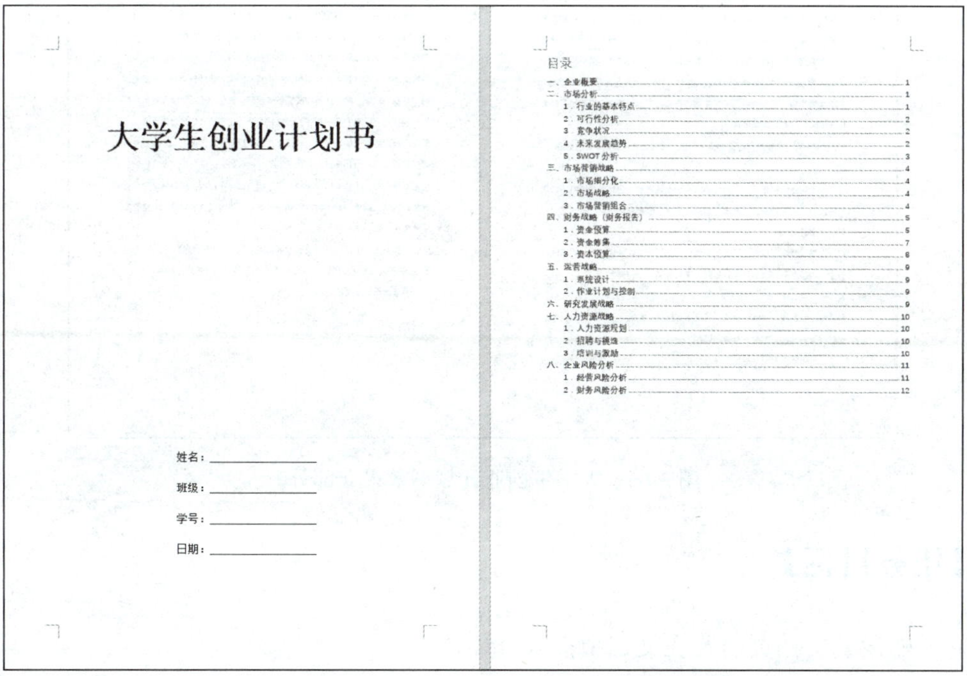

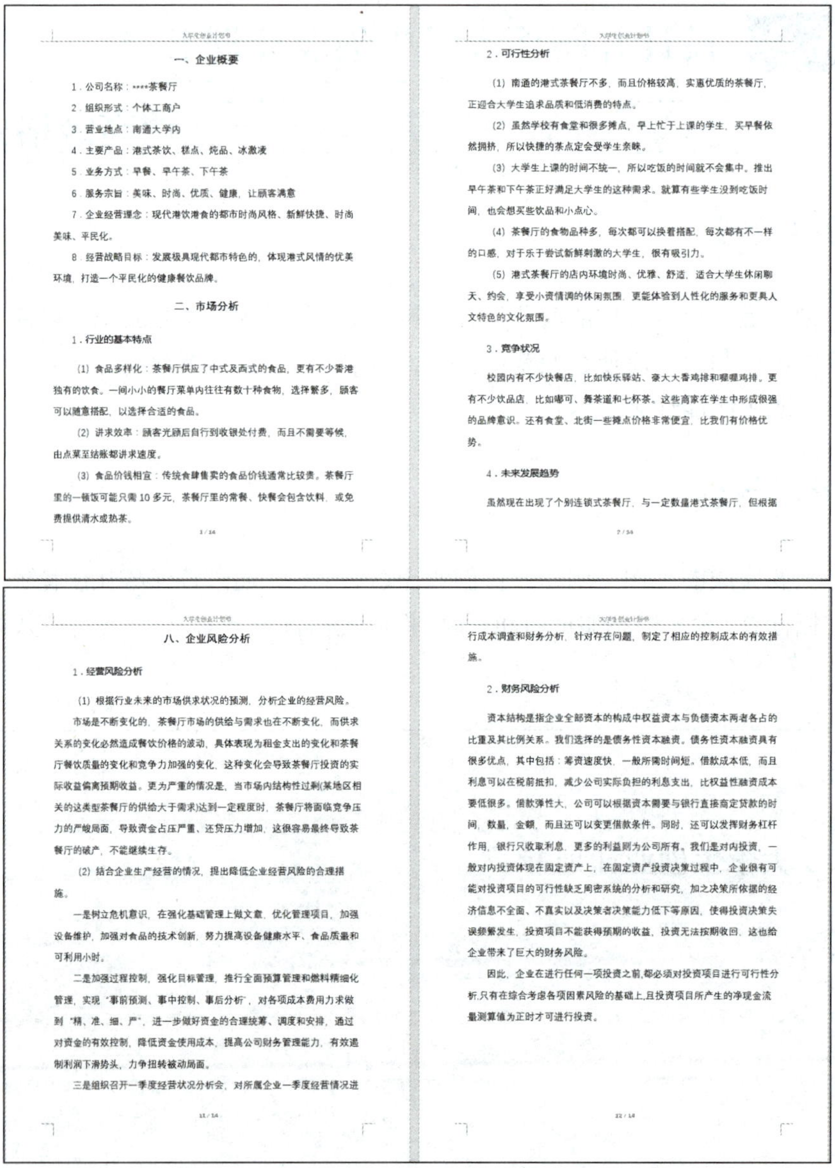

一、企业概要

1．公司名称：****茶餐厅

2．组织形式：个体工商户

3．营业地点：南通大学内

4．主要产品：港式茶饮、糕点、炖品、冰激凌

5．业务方式：早餐、早午茶、下午茶

6．服务宗旨：美味、时尚、优质、健康，让顾客满意

7．企业经营理念：现代港饮港食的都市时尚风格、新鲜快捷、时尚美味、平民化。

8．经营战略目标：发展极具现代都市特色的，体现港式风情的优美环境，打造一个平民化的健康餐饮品牌。

二、市场分析

1．行业的基本特点

(1) 食品多样化：茶餐厅供应了中式及西式的食品，更有不少香港独有的饮食。一间小小的餐厅菜单内往往有数十种食物，选择繁多，顾客可以随意搭配，以选择合适的食品。

(2) 讲求效率：顾客光顾后自行到收银处付费，而且不需要等候，由点菜至结账都讲求速度。

(3) 食品价钱相宜：传统食肆售卖的食品价钱通常比较贵。茶餐厅里的一顿饭可能只需 10 多元，茶餐厅里的常餐、快餐会包含饮料，或免费提供清水或热茶。

2．可行性分析

(1) 南通的港式茶餐厅不多，而且价格较高，实惠优质的茶餐厅，正迎合大学生追求品质和低消费的特点。

(2) 虽然学校有食堂和很多摊点，早上忙于上课的学生，买早餐依然拥挤，所以快捷的茶点定会受学生亲睐。

(3) 大学生上课的时间不统一，所以吃饭的时间就不会集中。推出早午茶和下午茶正好满足大学生的这种需求。就算有些学生没到吃饭时间，也会想买些饮品和小点心。

(4) 茶餐厅的食物品种多，每次都可以换着搭配，每次都有不一样的口感，对于乐于尝试新鲜刺激的大学生，很有吸引力。

(5) 港式茶餐厅的店内环境时尚、优雅、舒适，适合大学生休闲聊天、约会，享受小资情调的休闲氛围，更能体验到人性化的服务和更具人文特色的文化氛围。

3．竞争状况

校园内有不少快餐店，比如快乐驿站、豪大大香鸡排和喔喔鸡排。更有不少饮品店，比如哪可、舞茶道和七杯茶。这些商家在学生中形成很强的品牌意识。还有食堂、北街一些摊点价格非常便宜，比我们有价格优势。

4．未来发展趋势

虽然现在出现了个别连锁式茶餐厅，与一定数量港式茶餐厅，但根据

八、企业风险分析

1．经营风险分析

(1) 根据行业未来的市场供求状况的预测，分析企业的经营风险。

市场是不断变化的，茶餐厅市场的供给与需求也在不断变化，而供求关系的变化必然造成餐饮价格的波动，具体表现为租金支出的变化和茶餐厅餐饮质量的变化和竞争力加强的变化，这种变化会导致茶餐厅投资的实际收益偏离预期收益。更为严重的情况是，当市场内结构性过剩(某地区相关的这类型茶餐厅的供给大于需求)达到一定程度时，茶餐厅将面临竞争压力的严峻局面，导致资金占压严重、还贷压力增加，这很容易最终导致茶餐厅的破产，不能继续生存。

(2) 结合企业生产经营的情况，提出降低企业经营风险的合理措施。

一是树立危机意识，在强化基础管理上做文章，优化管理项目，加强设备维护，加强对食品的技术创新，努力提高设备健康水平、食品质量和可利用小时。

二是加强过程控制，强化目标管理，推行全面预算管理和燃料精细化管理，实现“事前预测、事中控制、事后分析”，对各项成本费用力求做到“精、准、细、严”，进一步做好资金的合理统筹、调度和安排，通过对资金的有效控制，降低资金使用成本，提高公司财务管理能力，有效遏制利润下滑势头，力争扭转被动局面。

三是组织召开一季度经营状况分析会，对所属企业一季度经营情况进行成本调查和财务分析，针对存在问题，制定了相应的控制成本的有效措施。

2．财务风险分析

资本结构是指企业全部资本的构成中权益资本与负债资本两者各占的比重及其比例关系。我们选择的是债务性资本融资。债务性资本融资具有很多优点，其中包括：筹资速度快，一般所需时间短。借款成本低，而且利息可以在税前抵扣，减少公司实际负担的利息支出，比权益性融资成本要低很多。借款弹性大，公司可以根据资本需要与银行直接商定贷款的时间，数量，金额，而且还可以变更借款条件。同时，还可以发挥财务杠杆作用，银行只收取利息，更多的利益则为公司所有。我们是对内投资，一般对内投资体现在固定资产上，在固定资产投资决策过程中，企业很有可能对投资项目的可行性缺乏周密系统的分析和研究，加之决策所依据的经济信息不全面、不真实以及决策者决策能力低下等原因，使得投资决策失误频繁发生，投资项目不能获得预期的收益，投资无法按期收回，这也给企业带来了巨大的财务风险。

因此，企业在进行任何一项投资之前,都必须对投资项目进行可行性分析,只有在综合考虑各项因素风险的基础上,且投资项目所产生的净现金流量测算值为正时才可进行投资。

图 3-66　大学生创业计划书效果（部分）

【任务目标】

- 能设置文档页面及在文档中插入分隔符。
- 能在文档中为不同节添加页眉和页脚。
- 能在文档中使用、创建和管理内置样式。
- 能为文档提取目录，更新目录。

【任务实施】

一、设置文档的页面和封面

新建文档时，Word 对纸张大小、方向和页边距等页面参数进行了默认设置。用户也可以根据需要进行更改。

步骤 1▶ 打开本书配套素材“素材与实例”>“项目三”>“大学生创建计划书”文档。

步骤 2▶ 默认情况下，Word 创建的文档是“纵向”，顶端和底端各留有 2.54 厘米的页边距，两侧各留有 3.17 厘米的页边距，用户可以根据需要修改页边距和纸张方向。在“布局”选项卡“页面设置”组单击“页边距”按钮，在展开的列表中可看到系统内置的页边距样式，如图 3-67 所示。

步骤 3▶ 如果列表中没有符合需要的样式，可以单击列表底部的“自定义边距”选项，打开“页面设置”对话框，在“页边距”选项卡设置其页边距值，如设置上、下边距为 2 厘米、左、右边距为 2.5 厘米，如图 3-68 所示。纸张方向保持纵向不变。

步骤 4▶ 默认情况下，Word 2016 中的纸型是标准的 A4 纸，其宽度是 21 厘米，高度是 29.7 厘米，用户可以根据需要在“页面设置”组单击“纸张大小”按钮，在展开的列表中选择一种纸张大小的样式，或在“页面设置”对话框的“纸张”选项卡改变纸张的大小，这里保持默认的“A4”纸不变，如图 3-69 所示，最后单击“确定”按钮应用设置。

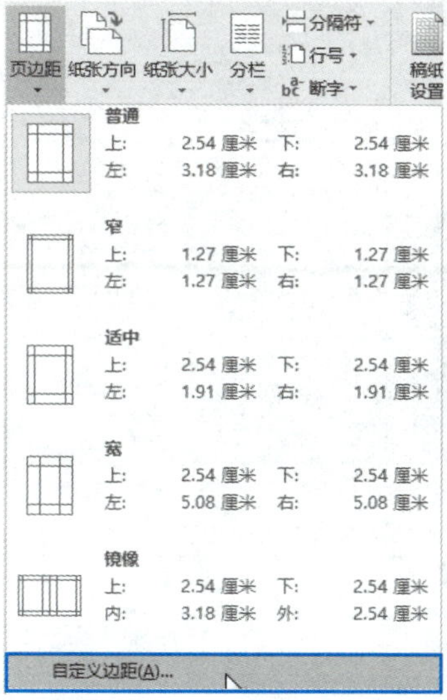

图 3-67　“页边距”列表

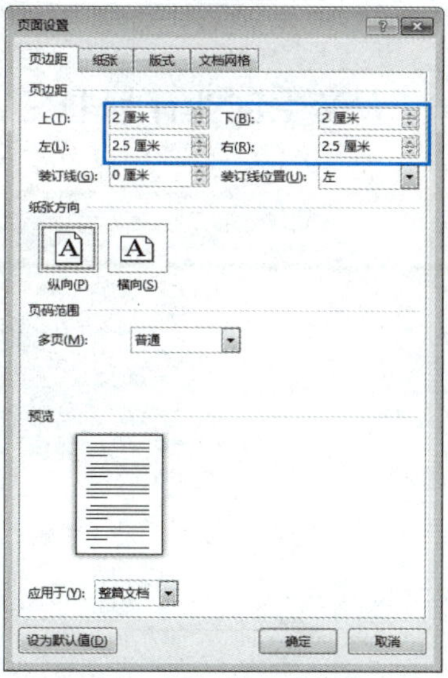

图 3-68　设置页边距

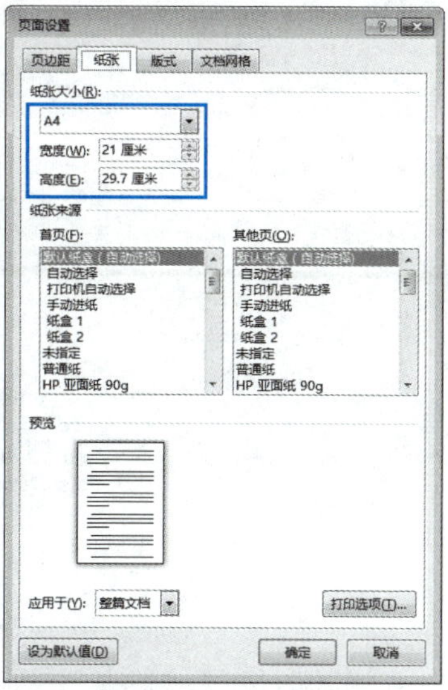

图 3-69　设置纸张大小

步骤 5▶ 选中除前 5 行文本以外的其他文档内容，设置其字号为四号，然后打开“段落”对话框，设置其首行缩进为 2 个字符，1.5 倍行距，如图 3-70 所示。

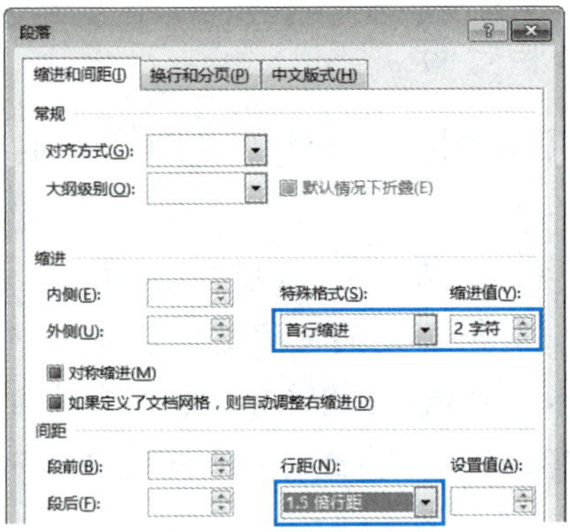

图 3-70　设置文档内容的缩进和行距

步骤 6▶ 设置封面效果。选择“大学生创业计划书”文本所在行，设置其字体为宋体、初号、加粗，居中对齐，段前和段落间距分别为 6 行和 24 行。

步骤 7▶ 选择姓名、班级、学号和日期所在行，设置其格式为宋体、四号，左缩进 14 个字符，段前段后间距均为 0.5 行，并为其后的空格符号添加下划线，此时的封面如图 3-71 所示。

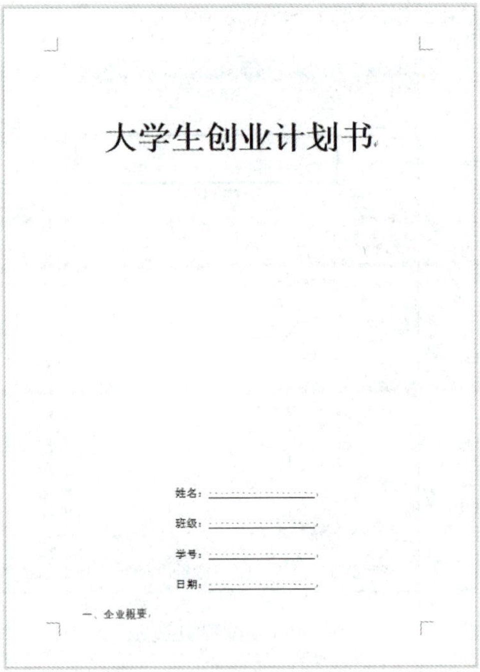

图 3-71　封面页效果

二、插入分隔符并设置页眉和页脚

Word 的分隔符包括分节符和分页符。通过为文档分节和分页，可灵活安排文档内容。其中，节是文档格式化的最大单位，只有在不同的节中，才可以对同一文档中的不同部分进行不同的页面设置，如设置不同的页眉、页脚、页边距等格式。

此外，用户在编辑文档时，系统会自动分页。如果想对文档进行强制分页，可通过插入分页符实现。下面在文档中分别插入一个分页符和一个分节符，将文档分成两节，以便在这两节中设置不同的页眉和页脚。

步骤 1▶ 将光标置于需要分页的位置，如图 3-72（a）所示，单击“布局”选项卡“页面设置”组中的“分隔符”按钮，在展开的列表中选择“分页符”选项，如图 3-72（b）所示，插入一个分页符，效果如图 3-72（c）所示。可看到光标后的文档在新页中。

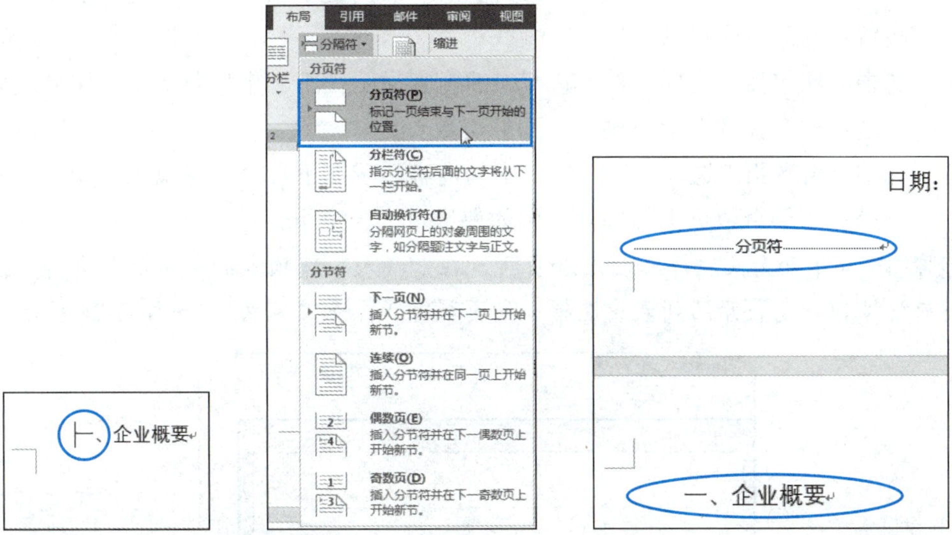

（a）　　（b）　　（c）

图 3-72　插入分页符

提　示

> 如果未看到分页符标记，可单击“开始”选项卡“段落”组中的“显示/隐藏编辑标记”按钮。
>
> 插入分页符的快捷键是【Ctrl+Enter】。另外，若要删除分页符，可将插入符置于分节符的左侧，然后按【Delete】键。

步骤 2▶ 保持光标位置不变，按【Enter】键插入空行，再次打开“分隔符”列表，从中选择“分节符类型”设置区的“下一页”选项，插入一个分节符并在分节符位置将文档分成两页，效果如图 3-73 所示（后续要在空白页中放置目录）。

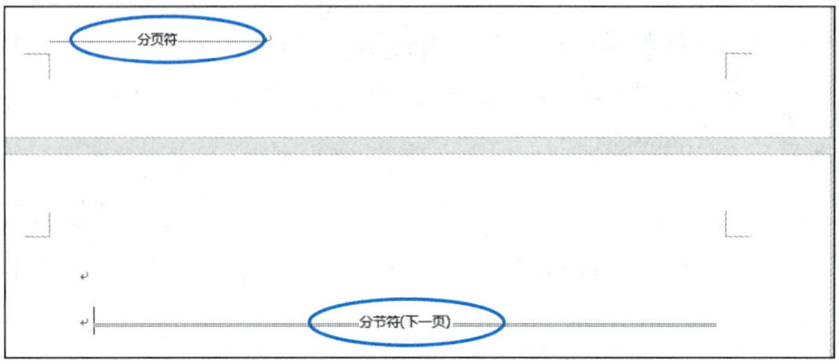

图 3-73　插入分节符

- 选中“下一页”选项，表示分节符后的文本从新的一页开始。
- 选中“连续”选项，表示新节与其前面一节同处于当前页中。适用于在同一页中设置不同的页面格式。
- 选中“偶数页”选项，表示新节中的内容显示在下一个偶数页上。如果该分节符已经在一个偶数页上，则其下面的奇数页为一空页。
- 选中“奇数页”选项，表示新节中的内容显示在下一个奇数页上。如果该分节符已经在一个奇数页上，则其下面的偶数页为一空页。

步骤 3▶ 下面为文档添加页眉和页脚。在“插入”选项卡的“页眉和页脚”组中单击“页眉”按钮，在展开的列表中选择一种页眉样式，如“空白”，如图 3-74 所示。

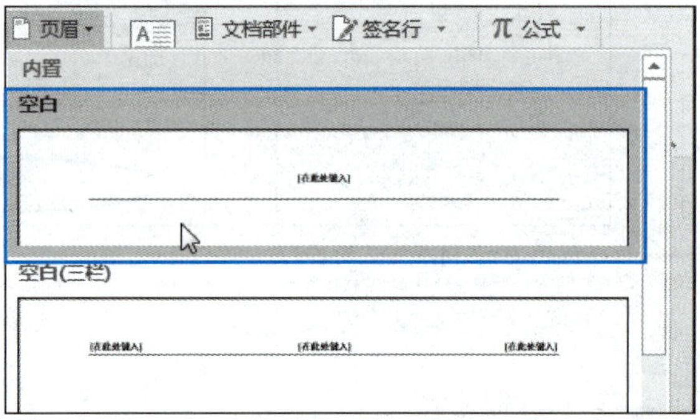

图 3-74　选择页眉样式

步骤 4▶ 在页眉编辑框中输入页眉文本，并按【Delete】键将其下方的空行删除，如图 3-75 所示。

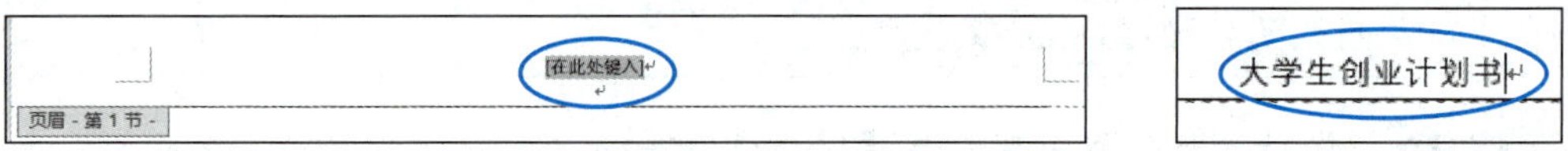

图 3-75　输入页眉文本

步骤 5▶ 单击“页眉和页脚工具/设计”选项卡“导航”组中的“转至页脚”按钮，如图 3-76 所示，切换到页脚编辑区。

步骤 6▶ 单击“页眉和页脚”组中的“页码”按钮，在展开的列表中选择“页面底端”>“加粗显示的数字 2”页码样式，如图 3-77 所示，在页脚区插入所选页码。

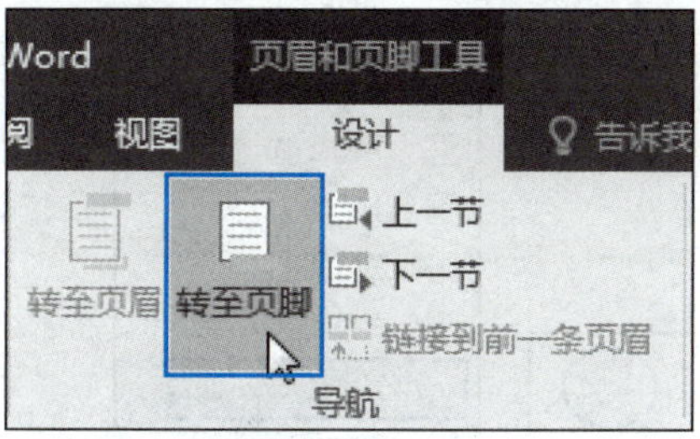

图 3-76 切换到页脚区

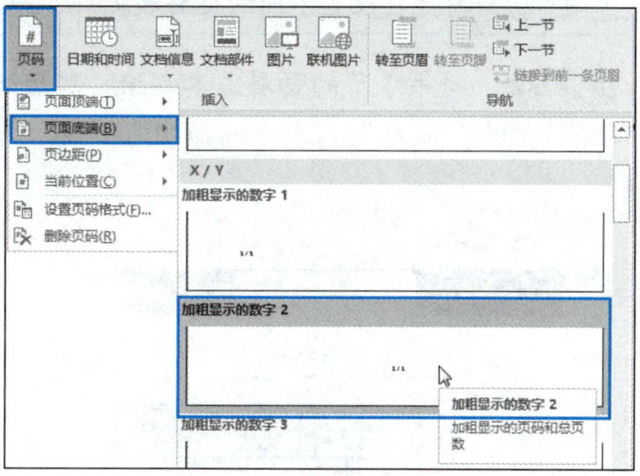

图 3-77 选择页脚样式

提 示

页眉和页脚与文档的正文处于不同的层次上，因此，在编辑页眉和页脚时不能编辑文档正文。同样，在编辑文档正文时也不能编辑页眉和页脚。

步骤 7▶ 若要修改页眉和页脚内容，可在页眉或页脚位置双击鼠标，进入页眉和页脚编辑状态，然后进行编辑即可。若要删除页眉和页脚，可在“页眉”或“页脚”区选中要删除的页眉和页脚文本，然后按【Delete】键即可。

提 示

进入“页眉和页脚”编辑状态后，左侧会显示第几节，在右侧显示“与上一节相同”。默认情况下，后续节的页眉和页脚内容与前一节保持一致，“页眉和页脚工具/设计”选项卡“导航”组中的“链接到前一个”按钮也处于按下状态，此时在任意一节中编辑页眉或页脚，其他各节的页眉和页脚也会随之改变。

步骤 8▶ 如果要在不同的节中设置页眉和页脚，如第 1 节不设置页眉和页脚，只在第 2 节中设置页眉和页脚。为此，可在第 2 节的页眉处单击，然后单击“导航”组中的“链接到前一条页眉”按钮，如图 3-78 所示，取消它与前一节的链接。

提 示

在同一节中还可以设置奇偶页不同或首页不同的页眉和页脚，方法是在“页眉和页脚工具/设计”选项卡“选项”组选中“首页不同”或“奇偶页不同”复选框，即可为同一节的首页或奇偶页设置不同的页眉和页脚。

步骤 9▶ 将第 1 节的页眉文本删除，然后选中页眉中的段落标记，在“开始”选项卡“段落”组的“边框”列表中选择“无框线”选项，如图 3-79 所示，取消第 1 节中的页眉线。

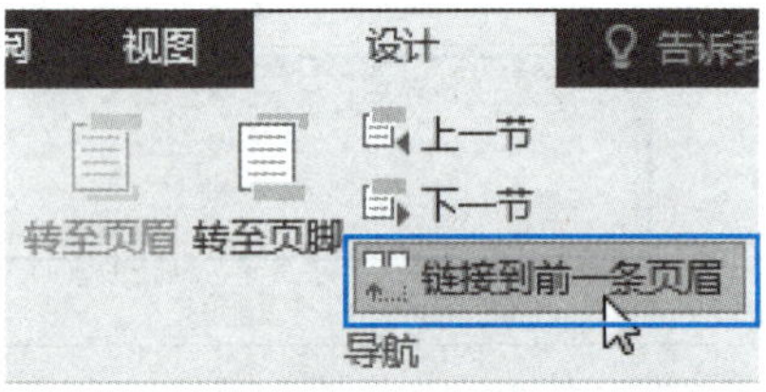

图 3-78 单击“链接到前一条页眉”按钮

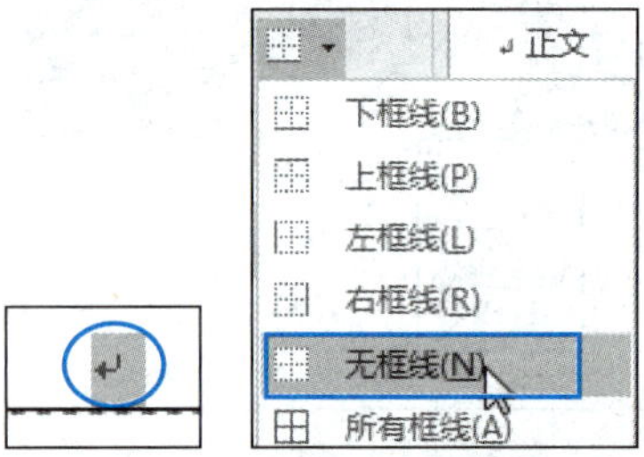

图 3-79 取消第 1 节的页眉线

步骤 10▶ 同样地，将第 2 节的页码与第 1 节的页码取消链接，然后将第 1 节的页码删除。

步骤 11▶ 选中第 2 节的页码，然后在“页码”列表中选择“设置页码格式”选项，打开“页码格式”对话框，将起始页码设置为 1，单击“确定”按钮，可看到第 2 节的页码从 1 开始重新编号，如图 3-80 所示。

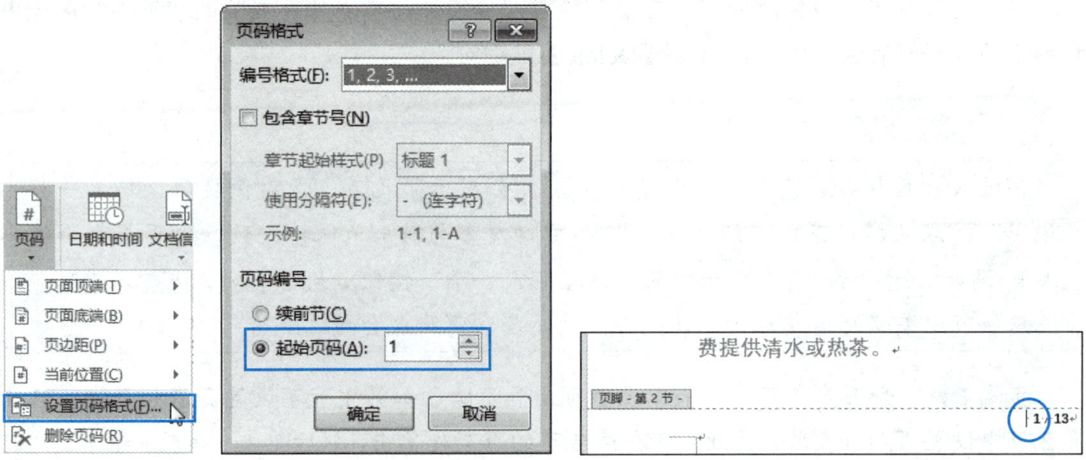

图 3-80 重新设置页码的起始编号

步骤 12▶ 单击“页眉和页脚工具/设计”选项卡“关闭”组中的“关闭页眉和页脚”

按钮☒，退出页眉和页脚编辑状态，返回正文编辑状态。可以看到为文档第 2 节添加的页眉和页脚。

提　示

在“页码格式”对话框中，若选中“包含章节号”复选框，则在页码格式中包含章节号（章、节标题必须使用样式）；如果文档被分成了若干节，选中“续前节”单选钮，可将所有节的页码设置成彼此连续的页码（如本书的页码就是这么设置的）。

用户也可以在正文编辑状态下为文档添加页码，方法是：在“插入”选项卡的“页眉和页脚”组单击“页码”按钮，在展开的列表中选择页码的放置位置，并在其子列表中选择一种页码样式即可。

三、应用、创建与删除样式

样式是一系列格式的集合，它是 Word 中强有力的工具之一，使用它可以快速统一或更新文档的格式。

例如，可将设置好格式的样式快速应用于文档的指定段落；一旦修改了某个样式，所有应用该样式的内容格式会自动更新。同时，利用样式还可辅助提取目录。

在 Word 2016 中，样式有 3 类，分别为字符样式、段落样式、链接段落和字符样式。

- **字符样式**只包含字符格式，如字体、字号、字形等，用来控制字符的外观。要应用字符样式，需要先选中要应用样式的文本，然后再选择需要应用的样式。
- **段落样式**既可包含字符格式，又可包含段落格式，用来控制段落的外观。当需要对一个段落应用段落样式时，只需将插入符置于该段落中，然后再选择需要应用的样式即可。用户可对一段文本应用段落样式，对其中的部分文字应用字符样式。
- **链接段落和字符样式**，这类样式包含了字符格式和段落格式设置，它既可用于段落，又可用于选定字符。

单击“开始”选项卡“样式”组右下角的对话框启动器按钮⧉，打开“样式”任务窗格，从中可以查看、创建、修改和应用样式，如图 3-81 所示。

提　示

可以对一段文本应用段落样式，对其中的部分文本应用字符样式，或应用链接段落和字符样式。

下面先对文档应用系统内置的标题 1 样式并修改该样式，然后创建一个“自定标题 2”样式并将其应用到文档中。

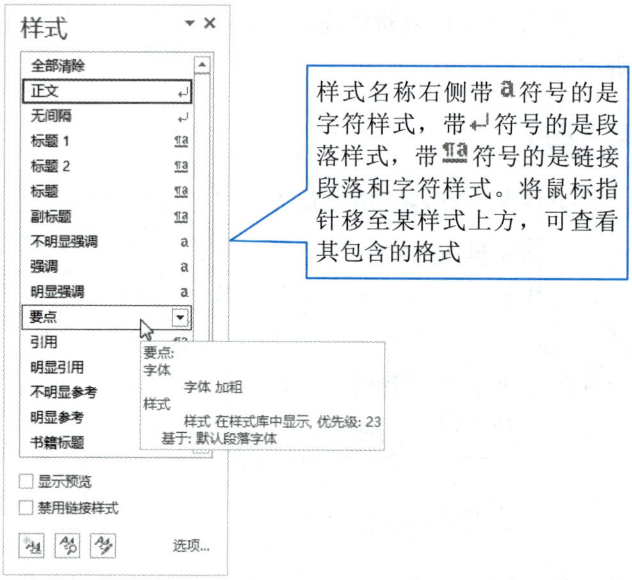

图 3-81 “样式”任务窗格

步骤 1▶ **应用样式**。配合 Ctrl 键选中文档中“一、……”～“八、……”所在的段落文本（注意将段落符号↵也选中），然后单击“开始”选项卡“样式”组中的“标题 1”样式，为所选段落应用系统内置的标题 1 样式，如图 3-82 所示。系统自动打开“导航”窗格，其中自动显示应用了样式的标题。

图 3-82 对段落应用“标题 1”样式

步骤 2▶ 右击“标题 1”样式，在弹出的快捷菜单中选择“修改”选项，如图 3-83 所示，打开“修改样式”对话框。

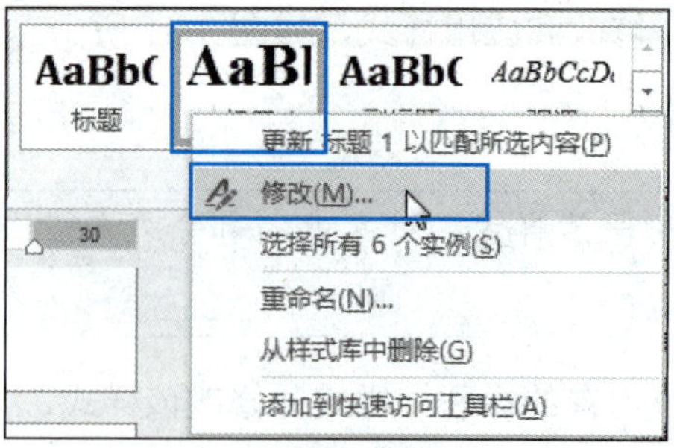

图 3-83 选择“修改”选项

步骤 3▶ 将“标题 1”的字符格式修改为黑体、三号，居中，并取消加粗，再单击“格式”按钮，在展开的列表中选择“段落”选项，如图 3-84 所示，打开“段落”对话框。

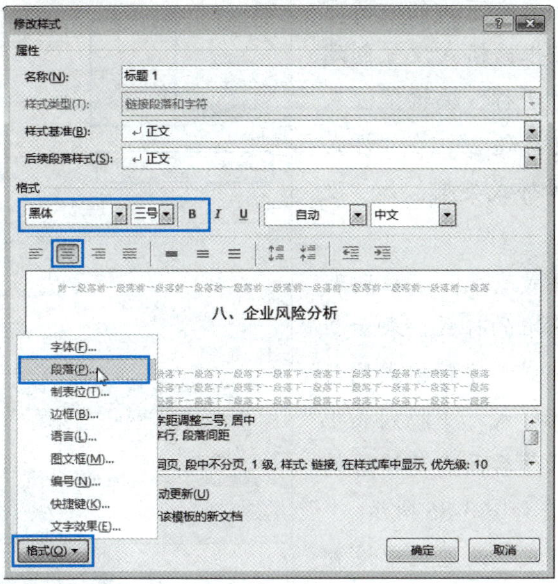

图 3-84 选择“段落”选项

步骤 4▶ 在“缩进和间距”选项卡的“间距”设置区设置段前、段后间距均为 6 磅，如图 3-85 所示。

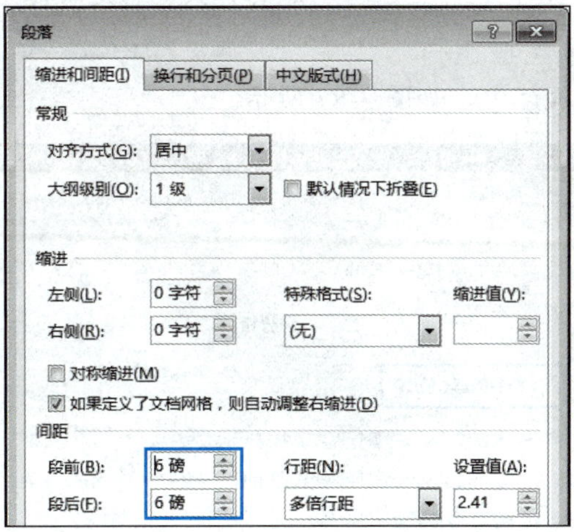

图 3-85 修改“标题 1”的段间距

步骤 5▶ 单击“确定”按钮返回“修改样式”对话框，再次单击“确定”按钮关闭“修改样式”对话框。可以看到所有应用“标题 1”样式的内容，其格式均已自动更新。

步骤 6▶ 创建样式。将插入符置于要应用该样式的任一段落中，如“二、……”下的“1. 行业的基本特点”段落中，然后单击“样式”组右下角的对话框启动器按钮，打开“样式”任务窗格。

步骤 7▶ 单击窗格左下角的“新建样式”按钮，打开“根据格式设置创建新样式”对话框。在“名称”编辑框输入新样式名称，如“自定标题 2”；在“样式类型”下拉列表中选择样式类型，如“段落”，如图 3-86 所示。

步骤 8▶ 在“样式基准”下拉列表中选择一个作为创建基准的样式，表示新样式中未定义的段落格式与字符格式均与其相同；在“后续段落样式”下拉列表框中设置应用该样式的段落后面新建段落的缺省样式，如“正文”，如图 3-86 所示。

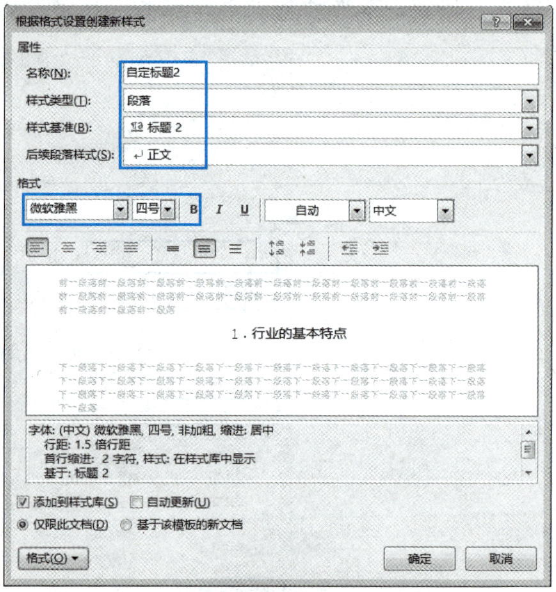

图 3-86 设置新样式的属性

步骤 9▶ 在“格式”设置区中设置样式的字符格式，例如，将“字体”设置为“微软雅黑”，字号设置为“四号”，如图 3-86 所示。

步骤 10▶ 单击“确定”按钮关闭“根据格式设置创建新样式”对话框，此时在“样式”任务窗格和“样式”组中都将显示新创建的样式“自定标题 2”，用户可参照应用系统内置样式的方法，将其应用于“二、……”～“五、……”、“七……”～“八、……”下带“1. ”等数字序号的段落中，如图 3-87 所示。

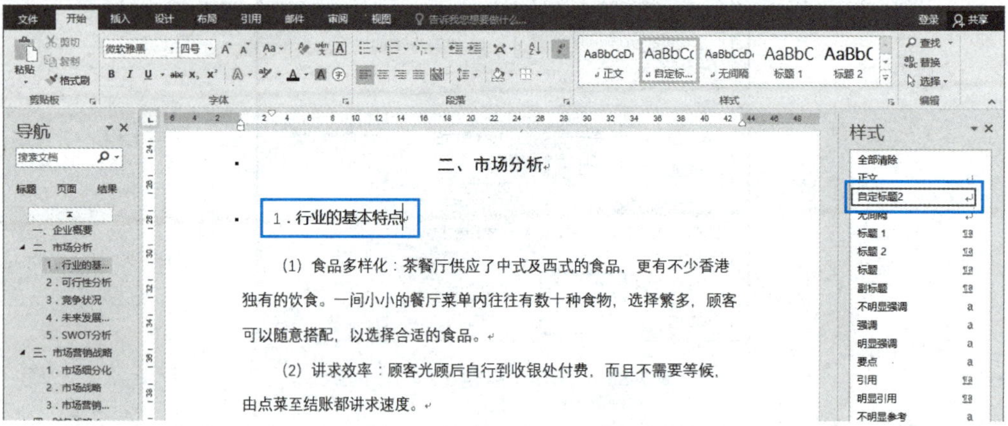

图 3-87 在文档中应用自定义的样式

如果在样式的“删除”列表中选择“删除×××”，会将所选样式删除（但不能删除系统内置的样式）；选择“清除×个实例的格式”，会将应用该样式的文本或段落的格式清除；选择“选择所有×个实例”选项，可选中文档中应用该样式的所有文本。其中，清除样式和删除样式后，所有应用该样式的文本将应用默认的正文样式。

四、提取目录

目录的作用是列出文档中的各级标题及其所在的页码，以方便读者查阅。在创建目录之前，需要为文档中提取目录的标题段落设置标题级别，并且为文档添加页码，确定放置目录的位置，确定目录样式。

提 示

> 设置段落标题级别的方法有两种，一种是在“段落”对话框的“大纲级别”下拉列表中选择标题级别；另一种是为该标题段落应用系统内置样式或用户自定义的样式。注意，正文级别的标题无法提到目录中。

文档的标题已经应用了样式，下面为该文档提取目录，操作步骤如下。

步骤 1▶ 将插入符定位在文档第 2 页的空行中。

步骤 2▶ 单击“引用”选项卡“目录”组中的“目录”按钮，在展开的列表中选择“自动目录 2”样式，如图 3-88 所示，即可在文档中插入目录，如图 3-89 所示。

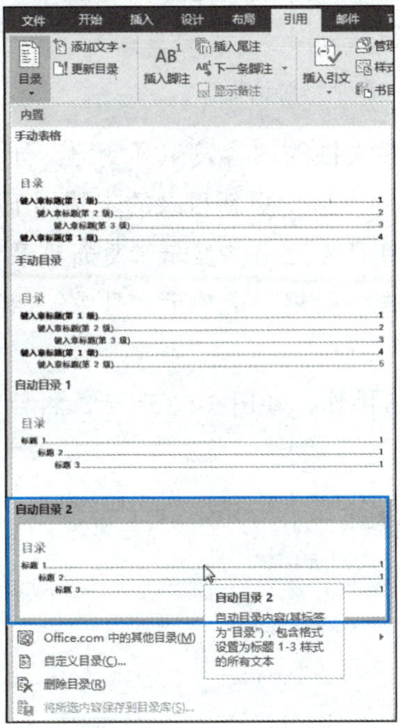

图 3-88 选择目录样式

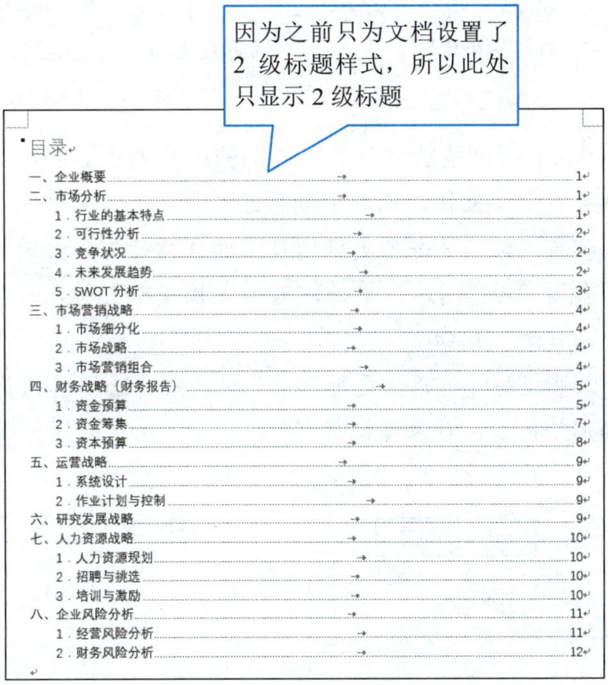

图 3-89 插入的目录

提 示

创建了目录后，如果想改变目录的格式或者显示的标题等，可以再执行一次创建目录的操作，重新选择格式和显示级别等选项。为此，可在“目录”列表中选择“自定义目录”选项，打开“目录”对话框，如图 3-90 所示，在其中自定义目录的样式。若要删除在文档中插入的目录，可单击“目录”列表底部的“删除目录”选项，或选中目录后按【Delete】键。

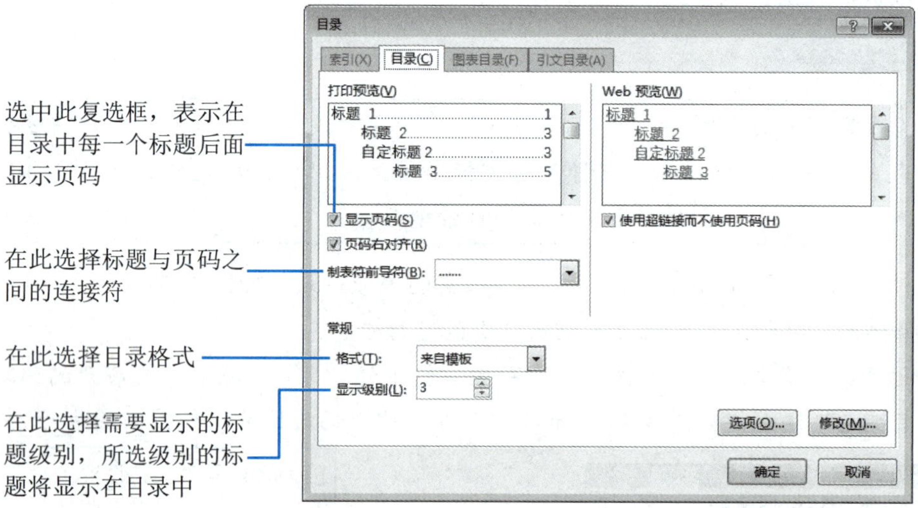

图 3-90 “目录”对话框

Word 所创建的目录是以文档的内容为依据的，如果文档的内容发生了变化，如页码或标题发生了变化，需要更新目录，使它与文档内容保持一致。更新目录的步骤如下。

步骤 1▶ 单击需更新的目录的任意位置，此时在目录左上角将显示“更新目录”选项，如图 3-91 所示，单击该选项或按【F9】键，或单击“引用”选项卡“目录”组中的“更新目录”按钮。

步骤 2▶ 打开“更新目录”对话框，选择要执行的操作，如图 3-92 所示，然后单击“确定”按钮，目录即被更新。

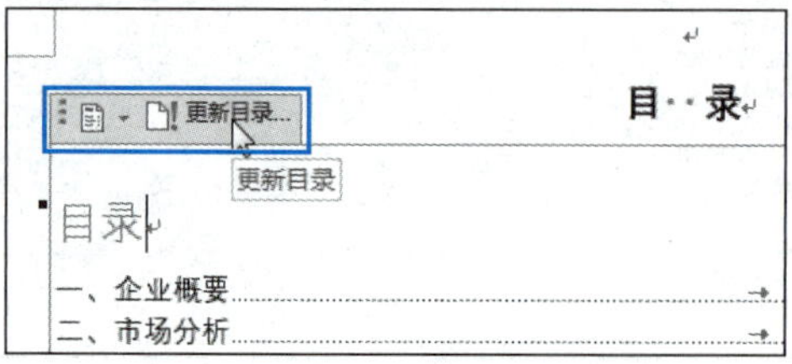

图 3-91 单击“更新目录”选项

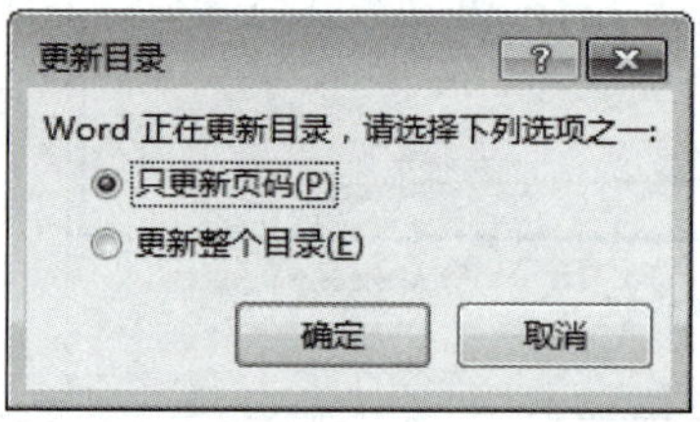

图 3-92 “更新目录”对话框

> **只更新页码**：表示只更新目录中的页码，其内容不变。
> **更新整个目录**：表示更新目录中的所有内容。

【高手秘籍】

1．使用 Word 2016 轻松输入生僻字

在实际工作中，用户有时会遇到一些生僻字，特别是在人名和地名中常常出现，如“禔”“翀”“喆”“懋”“碶”等，这些字用常规输入法一般无法输入，用造字程序比较麻烦，造出来的字也难免出现比例失调。此时用户可按如下步骤完成输入。

步骤 1▶ 输入生僻字的偏旁，然后选中该偏旁，如图 3-93（a）所示。

步骤 2▶ 单击“插入”选项卡“符号”组中的“符号”按钮，在展开的列表中选择“其他符号”选项，如图 3-93（b）所示。

步骤 3▶ 打开“符号”对话框，在“符号”列表中找到需要输入的生僻字，单击“插入”按钮或双击选中的生僻字，即可将其插入到文档，如图 3-93（c）所示。

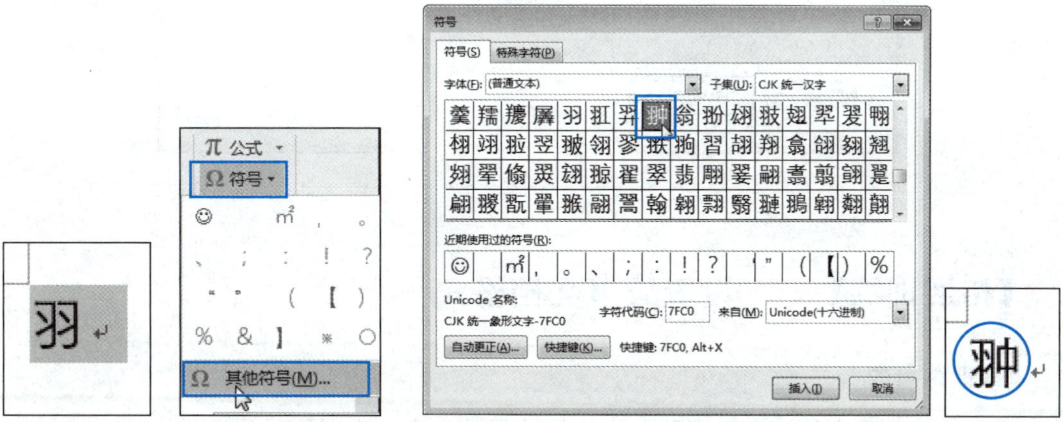

（a）　　（b）　　（c）

图 3-93　输入生僻字

2．批量删除文档中的多余空行

用户有时会将从网上看到的文章复制到 Word 文档中，但往往会出现很多空行。这种情况下，用户可利用查找替换功能快速将多余的空行删除，具体操作方法如下。

步骤 1▶ 在要进行查找操作的开始位置单击，打开“查找和替换”对话框，在“替换”选项卡中单击“更多”按钮。

步骤 2▶ 先在“查找内容”编辑框中单击，然后在“特殊格式”列表中选择“段落标记”选项，在该编辑框中插入两个段落标记，再在“替换为”编辑框中单击，在“特殊

格式”列表中选择“段落标记”选项，在该编辑框中插入一个段落标记，如图 3-94 所示，最后单击“全部替换”按钮，即可将多余的空行删除。

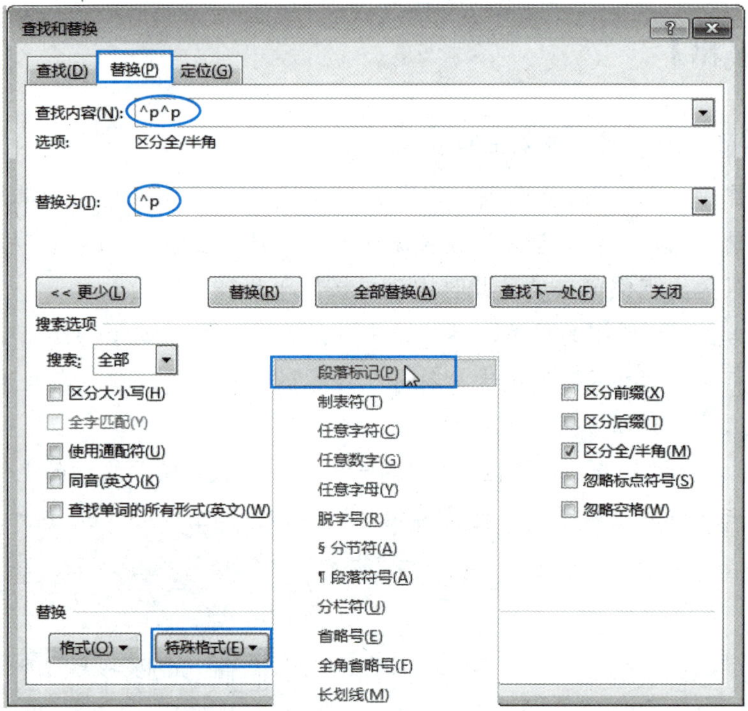

图 3-94　删除多余空行

【拓展训练】——设置故事文档格式

1. 训练目的

强化练习利用系统内置样式和自定义样式快速为文档设置格式的操作。

2. 训练内容

利用样式为本书配套素材“项目三”>“中国经典故事”文档中的序言和故事标题应用样式。

（1）将“序言”和故事标题应用“标题”样式。

（2）修改“副标题”样式的字号为四号，然后将其应用于故事的作者。

（3）修改正文样式：首行缩进 2 个字符，1.5 倍行距。

任务四　设计并制作舞蹈协会纳新海报

——图文混排

【任务背景】

海报，最初是用于戏剧、电影等演出或球赛等活动的招帖。“海报”这一名称，最早起源于上海。旧时，上海人通常把职业性的戏剧演出称为“海”，而把从事职业性戏剧的表演称为“下海”。作为剧目演出信息（剧目名称、主演、时间、地点等）的张贴物，也许是因为这个关系的缘故，人们便把它叫做“海报”。“海报”一词演变到现在，它的范围已不仅仅是职业性戏剧演出的专用张贴物了，它已经同广告一样，具有向群众介绍某一事物的特性。

【分析任务】

本任务主要完成的工作是制作一张舞蹈协会纳新海报，通过该任务让读者了解如何对文档进行页面设置，以及如何插入图片、艺术字、形状和文本框等知识。任务完成效果如图 3-95 所示。

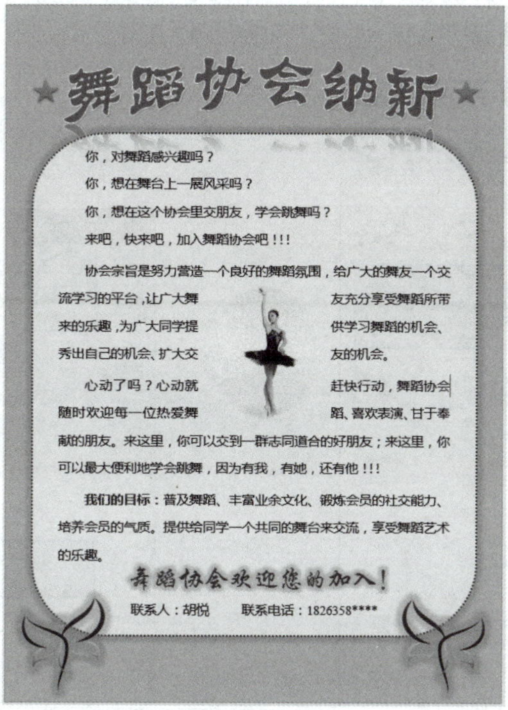

图 3-95　舞蹈协会纳新海报效果

【任务目标】

- 能设置文档的页面。
- 能在文档中插入图片、艺术字、形状和文本框。
- 能根据需要对插入的图片、艺术字、形状和文本框进行编辑与美化。

【任务实施】

一、设置文档页面

文档的页面设置包括设置文档的纸张大小、纸张方向和页边距等。可以利用“布局”选项卡“页面设置”组中的按钮或“页面设置”对话框进行设置。改变文档页边距和纸张大小的操作步骤如下。

步骤 1▶ 打开本书配套素材文件“项目三”>“海报(素材)”，将其另存为“海报(效果)”。

步骤 2▶ 单击“布局”选项卡“页面设置”组中的“页边距”按钮，在展开的列表中选择系统内置的页面边距，如选择“普通”选项，如图 3-96 所示。

步骤 3▶ 单击“页面设置”组中的“纸张大小”按钮，在展开的列表中选择系统内置的纸张大小，本例选择“A3”选项，如图 3-97 所示。

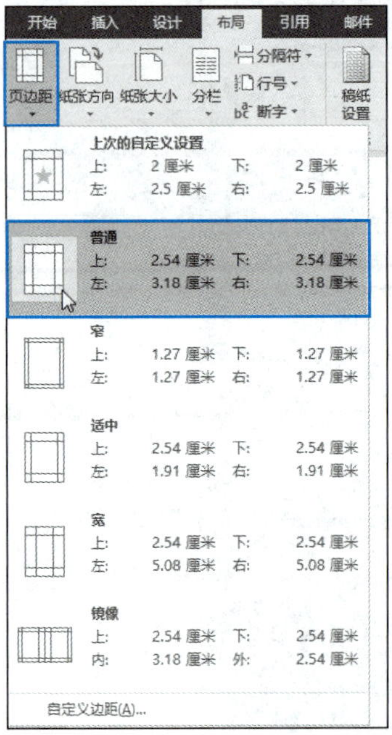

图 3-96 设置页边距

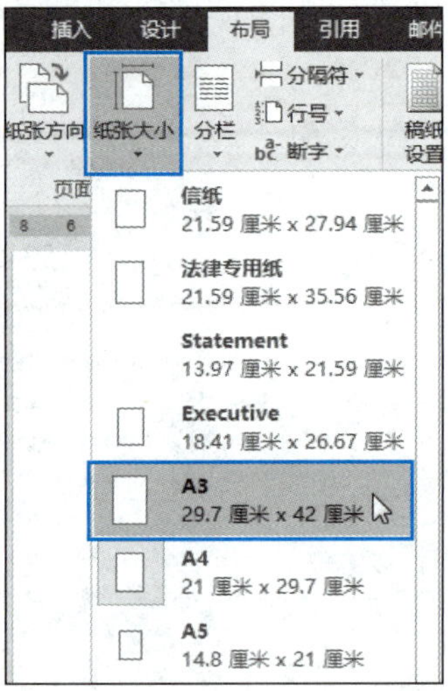

图 3-97 设置纸张大小

提　示

一般文档使用的纸张大小为A4或B5，也有用16开的（对应B5打印纸）；页边距设为“普通”或“适中”即可。

用户还可在“页面设置”组中选择纸张方向和文字方向。纸张方向一般保持默认的“纵向”，对于一些特殊版面可选择“横向”；文字方向一般保持默认的“水平”，对于一些特殊版面可选择“垂直”。

如果要精确设置页边距和纸张大小，可单击“页面设置”组右下角的对话框启动器按钮，打开“页面设置”对话框，在“页边距”选项卡中输入上、下、左、右页边距值；在“纸张”选项卡的“宽度”和“高度”编辑框中输入纸张大小。

二、使用艺术字

利用Word 2016可以轻松地在文档中创建漂亮的艺术字。创建艺术字后，还可以利用“绘图工具/格式”选项卡对艺术字进行各种编辑和美化操作。在Word 2016中，既可以选择艺术字样式后输入艺术字文本，也可以将现有的文本转换为艺术字。

下面将文档的标题文本转换为艺术字，然后设置艺术字的布局选项、字体、字号、对齐方式，以及文本效果等。操作步骤如下。

步骤1▶ 选中要转换为艺术字的标题“舞蹈协会纳新”，如图3-98所示。

步骤2▶ 单击“插入”选项卡“文本”组中的“艺术字”按钮，在展开的列表中选择需要的艺术字样式，如图3-99所示，即可将所选文本转换为艺术字。

图3-98　选择文本

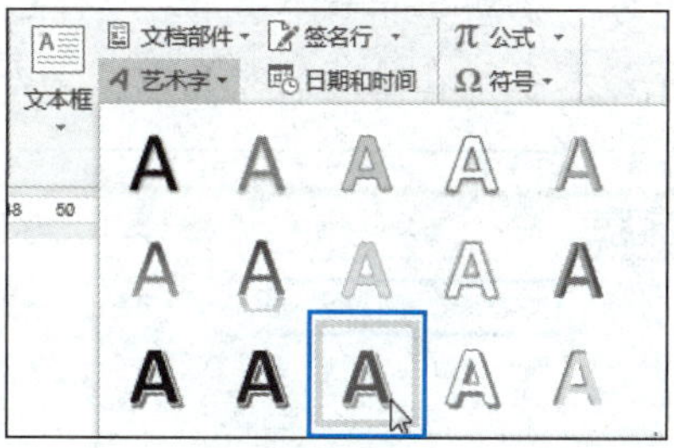

图3-99　选择艺术字样式

步骤3▶ 单击艺术字文本框右侧的“布局选项”按钮，在展开的列表中选择“嵌入型”选项，如图3-100所示。

提　示

布局选项用来设置该文本框与正文文字之间的位置关系。其中，“嵌入型”是指将文本框嵌入到正文中，其位置属性与正文文字相同；“文字环绕”类的文本框独立于正文，包括“四周型环绕”（正文文字位于文本框的四周）、“衬于文字下方”（文本框位于正文文字的下方）、“浮于文字上方”（文本框浮动在正文文字的上方）等环绕方式。图片、图形的布局方式与文本框相同。由于“文字环绕”类对象独立于正文，因此可以在页面中任意拖动。

选中对象，单击“绘图工具/格式”选项卡“排列”组中的“自动换行”按钮，在展开的下拉列表中也可选择对象的布局类型，如图 3-101 所示。

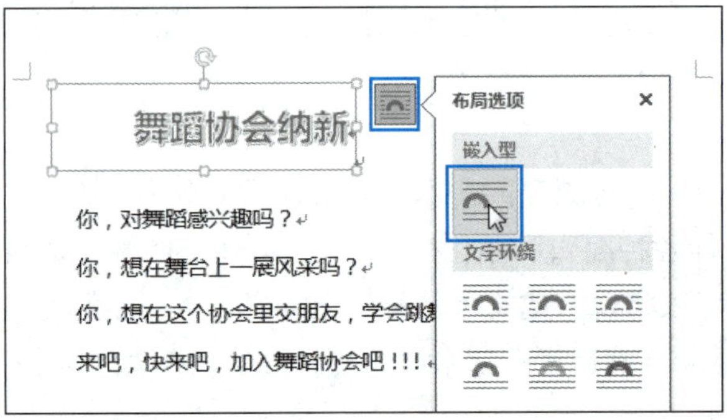

图 3-100　设置艺术字文本框的布局

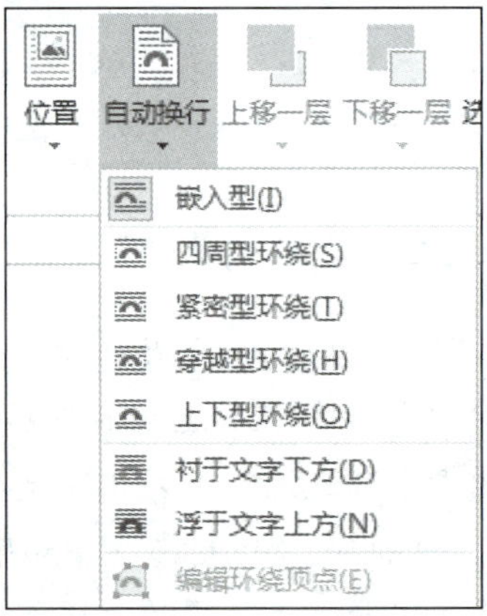

图 3-101　“自动换行”按钮列表

步骤 4▶ 单击艺术字文本框的边缘将其选中或选中文本框中的艺术字，然后利用“开始”选项卡设置其字体为“汉仪雁翎体简”（或其他合适的字体），字号为 90（直接在“字号”编辑框中输入数值），将艺术字所在文本框的大小设置成与页面宽度同宽，然后设置艺术字所在段落的对齐方式为居中，效果如图 3-102 所示。

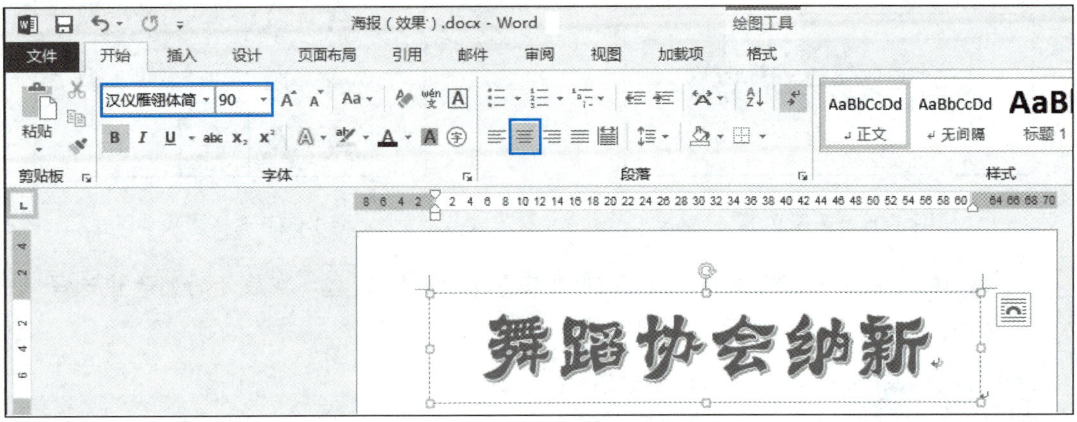

图 3-102　设置艺术字的字体、字号和对齐方式

步骤 5▶ 双击艺术字文本框的边缘，然后单击“绘图工具/格式”选项卡“艺术字样式”组中的“文本效果”按钮，在展开的列表中分别选择“映像”>“紧密映像，接触”和“转换”>“倒 V 形”选项，如图 3-103 所示。

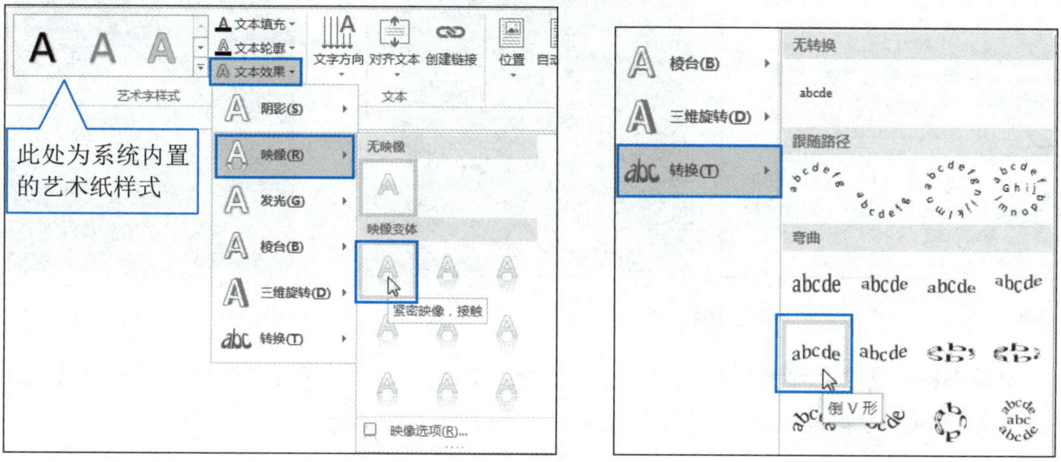

图 3-103　设置艺术字的映像和转换效果

提　示

若对艺术字的样式不满意，可选中艺术字文本框，然后在“绘图工具/格式”选项卡“艺术字样式”组中重新为艺术字选择系统内置的样式，或利用“艺术字样式”组中的选项自定义艺术字效果。

其中，利用“文本填充”按钮可设置艺术字的填充颜色；利用“文本轮廓”按钮可设置艺术字的轮廓线颜色、线型、粗细等；利用“文本效果”按钮可设置艺术字的特殊效果，包括阴影、发光、棱台、三维旋转等。

三、使用形状

利用 Word 2016 还可以在文档中绘制、插入各种形状（如矩形、圆形、星形、箭头等），并可以对形状进行编辑和美化。下面继续为海报文档添加各种形状，操作步骤如下。

步骤 1▶ 将页面显示比例设为 50%（此操作是为了方便绘图），然后将功能区切换到“插入”选项卡，单击“插图”组中的“形状”按钮，在展开的下拉列表中选择“矩形”分类下的“矩形”形状□，在文档页面左上角位置按住鼠标左键并向右下角拖动，到页面右下角位置后释放鼠标，从而绘制一个与页面等大的矩形，如图 3-104 所示。

步骤 2▶ 选择“形状”列表中“矩形”分类下的“圆角矩形”形状▢，在文档的中部绘制一个圆角矩形，如图 3-105 所示。

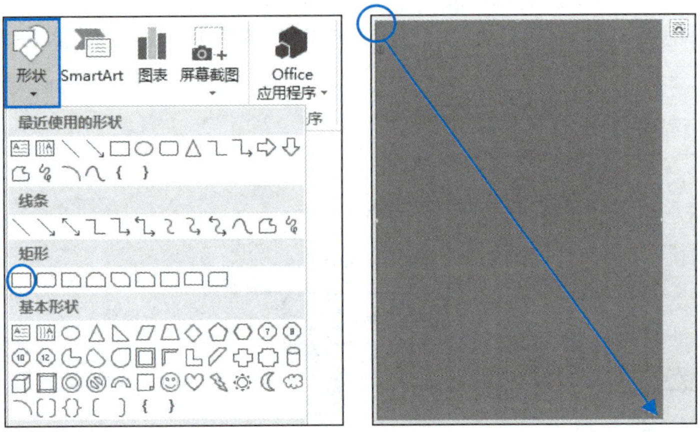

图 3-104　绘制矩形

图 3-105　绘制圆角矩形

步骤 3▶　选择“形状”列表中“星与旗帜”分类下的“五角星”形状☆，按住【Shift】键，在文档的上方拖动鼠标绘制一个五角星，如图 3-106 所示。

图 3-106　绘制五角星

步骤 4▶　选中要铺满页面的大矩形，单击“绘图工具/格式”选项卡“排列”组中的“自动换行”按钮，在展开的下拉列表中选择“衬于文字下方”选项，如图 3-107 所示。

- **利用单击方式选择：**将鼠标光标移到形状上，当鼠标光标转变为形状时单击鼠标即可选中该形状；要选择多个形状，可按住【Shift】或【Ctrl】键的同时依次单击形状。

提　示

在页面其他位置单击可取消形状的选择状态；当选择多个形状时，按住【Shift】或【Ctrl】键单击其中的某个形状，可单独取消该形状的选择。

- **利用“选择”窗格选择：**单击“页面布局”选项卡“排列”组中的“选择窗格”按钮，在 Word 2016 工作界面右侧将显示“选择”窗格，其中列出了当前文档中的文本框、形状、图片等对象名称，单击其中的某个对象名称可将其选中；按住【Ctrl】键依次单击可同时选中多个对象。

步骤 5▶ 选中页面中间的圆角矩形，在“自动换行”按钮列表中选择“衬于文字下方”选项，此时页面效果如图 3-108 所示。

步骤 6▶ 拖动圆角矩形的尺寸控制点□调整其大小，拖动形状控制点□调小其圆角，使其效果如图 3-109 所示。

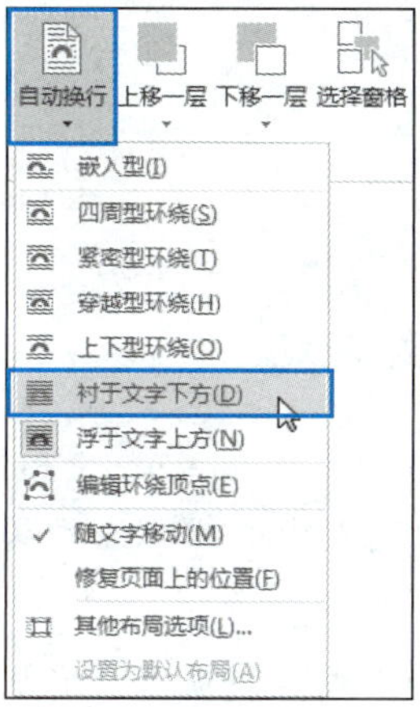

图 3-107　设置环绕方式

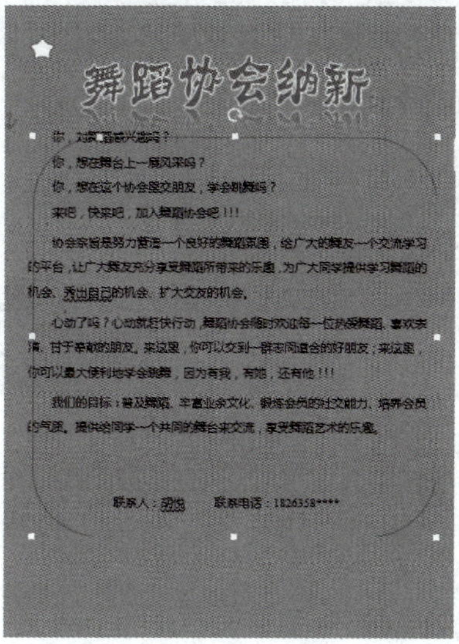

图 3-108　设置文字环绕方式的效果

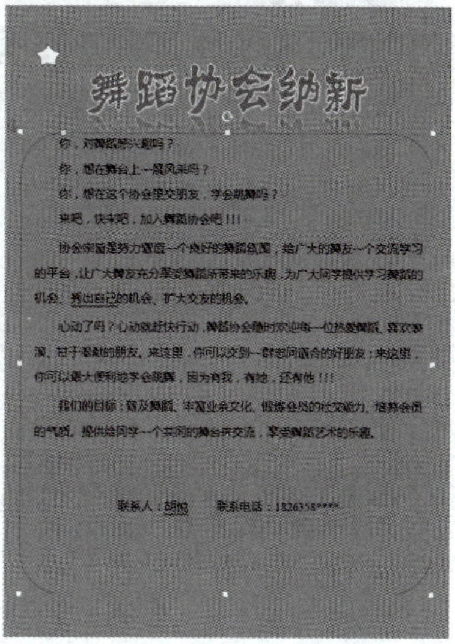

图 3-109　调整圆角矩形后的效果

步骤 7▶ 在“绘图工具/格式”选项卡的“大小”组中输入数值，可精确调整对象大小。例如，将前面画的五角星的高度设为 1.36 厘米，宽度设为 1.55 厘米，如图 3-110 所示。

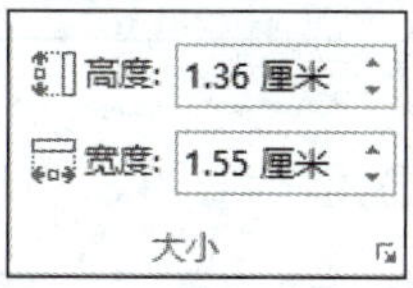

图 3-110　精确调整对象大小

提　示

> 将鼠标指针放在形状上方的旋转控制点上，当其变为↻时按住鼠标左键并拖动，可自由旋转形状。此外，单击“绘图工具/格式”选项卡的“排列”组中的“旋转”按钮，从弹出的下拉列表中可选择将对象向右旋转 90°、向左旋转 90°、垂直翻转和水平翻转。

步骤 8▶ 在 Word 2016 中，对于非嵌入型的形状、图片等对象，可以利用拖动方式将其移动到页面任意位置。本例选择五角星形状，将其拖到标题左侧，如图 3-111 所示。

步骤 9▶ 按住【Ctrl】键将五角星形状拖到标题右侧，然后依次释放鼠标左键和【Ctrl】键，将五角星形状复制一份，如图 3-112 所示。

图 3-111　移动五角星形状

图 3-112　复制五角星形状

步骤 10▶ 同时选中标题文本左右两侧的五角星形状，单击“绘图工具/格式”选项卡“排列”组中的“对齐”按钮，在展开的下拉列表中选择“上下居中”选项，将所选的两个对象上下居中对齐，如图 3-113 所示。

图 3-113　上下居中对齐五角星形状

步骤 11▶ 同时选中大矩形和圆角矩形，在“对齐”按钮下拉列表中选择“左右居中”，将所选的两个对象左右居中对齐。

步骤 12▶ 选中前面创建的两个五角星形状，单击“绘图工具/格式”选项卡“形状样式”组中的“其他”按钮，在展开的列表中选择一种系统内置的形状样式，可快速对形状进行美化，如图 3-114 所示。

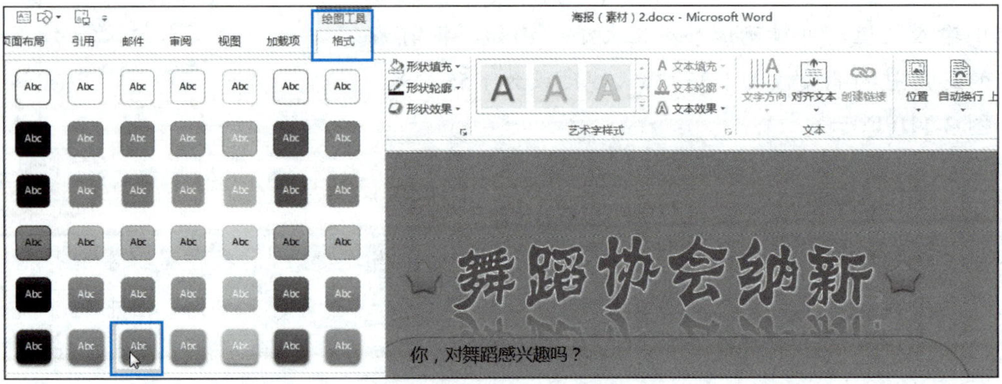

图 3-114　使用系统内置样式美化形状

步骤 13▶ 选中矩形，单击“绘图工具/格式”选项卡“形状样式”组“形状填充”按钮右侧的三角按钮，在展开的列表中选择标准色中的“浅绿”，为矩形填充该颜色。

步骤 14▶ 选中圆角矩形，在“形状填充”按钮列表中选择标准色中的“黄色”，为圆角矩形填充该颜色。

步骤 15▶ 单击“形状轮廓”按钮右侧的三角按钮，在展开的列表中选择标准色中的

“红色”，设置圆角矩形的轮廓线颜色，如图 3-115（a）所示。

步骤 16▶ 在“形状轮廓”按钮列表中选择“虚线”>“圆点”选项，设置圆角矩形的轮廓线样式，如图 3-115（b）所示。

步骤 17▶ 在“形状轮廓”按钮列表中选择“粗细”>“3 磅”，设置圆角矩形的轮廓线粗细，如图 3-115（c）所示。

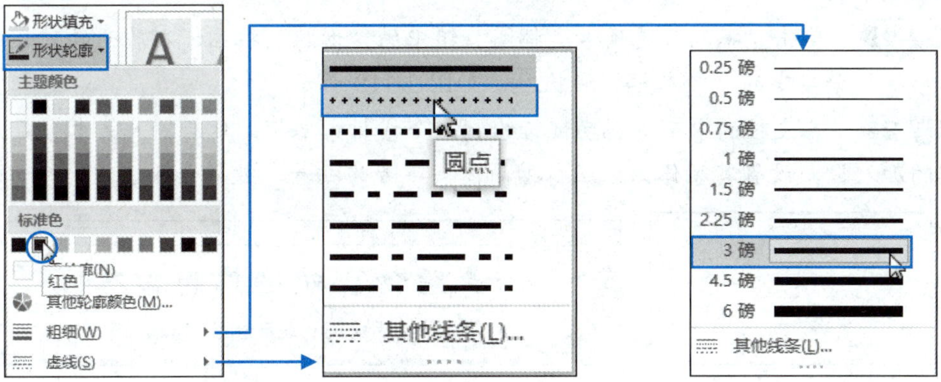

（a）　　　　（b）　　　　（c）

图 3-115　设置轮廓线颜色、样式和粗细

步骤 18▶ 单击“形状效果”按钮 形状效果 右侧的三角按钮，在展开的列表中为形状选择一种特殊效果，本例选择“发光”>“橙色，18pt 发光，着色 2”选项，如图 3-116 所示。此时文档效果如图 3-117 所示。

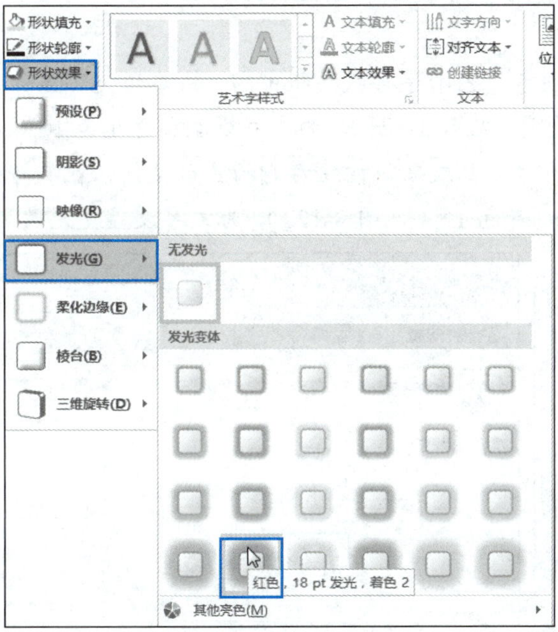

图 3-116　设置形状效果

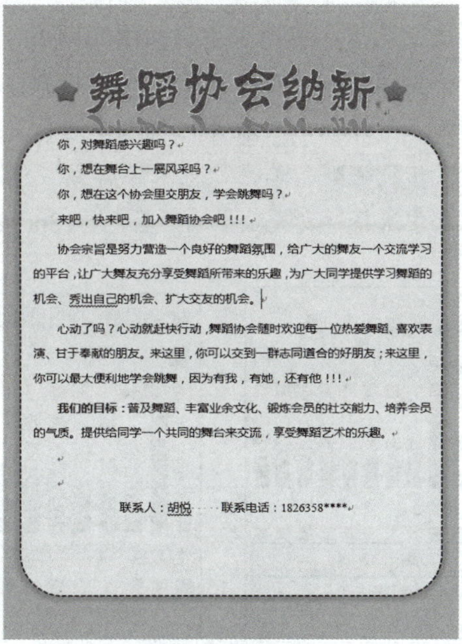

图 3-117　文档效果

四、使用文本框

文本框也是 Word 的一种图形对象，用户可在文本框中输入文字，放置图片、表格和艺术字等，并可将文本框放在页面上的任意位置，从而设计出较为特殊的文档版式。文本框分为横排文本框和竖排文本框两种。下面，在海报的下方利用文本框输入一句欢迎语，操作步骤如下。

步骤 1▶ 单击“插入”选项卡“插图”组中的“形状”按钮，在展开的列表中选择“基本形状”分类中的“文本框”形状，如图 3-118 所示。

步骤 2▶ 在文档的中下部拖动鼠标绘制一个横排文本框，然后输入文本“舞蹈协会欢迎您的加入!”，设置其字体为方正行楷简体，字号为初号，效果如图 3-119 所示。

图 3-118 选择“文本框”形状

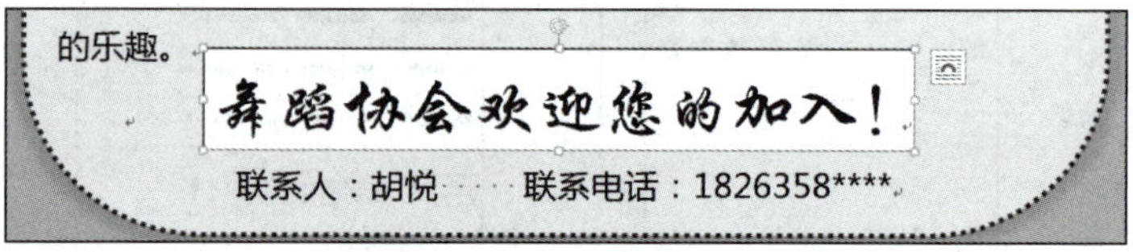

图 3-119 输入文本并设置其字符格式

步骤 3▶ 单击文本框的边缘将其选中，然后单击“绘图工具/格式”选项卡“形状样式”组中的“形状轮廓”按钮右侧的三角按钮，在展开的列表中选择“无轮廓”选项（见图 3-120），将文本框的轮廓线取消。

步骤 4▶ 单击“形状填充”按钮右侧的三角按钮，在展开的列表中选择“无填充颜色”选项，取消文本框的填充颜色。

步骤 5▶ 单击“绘图工具/格式”选项卡“艺术字样式”组中的“文本填充”按钮右侧的三角按钮，在展开的列表中选择“紫色”（见图 3-121），为文字设置紫色填充效果。

步骤 6▶ 单击“艺术字样式”组中的“文本效果”按钮右侧的三角按钮，在展开的列表中选择“发光”中的“蓝色，18pt 发光，着色 1”（见图 3-122），为文字设置发光效果。

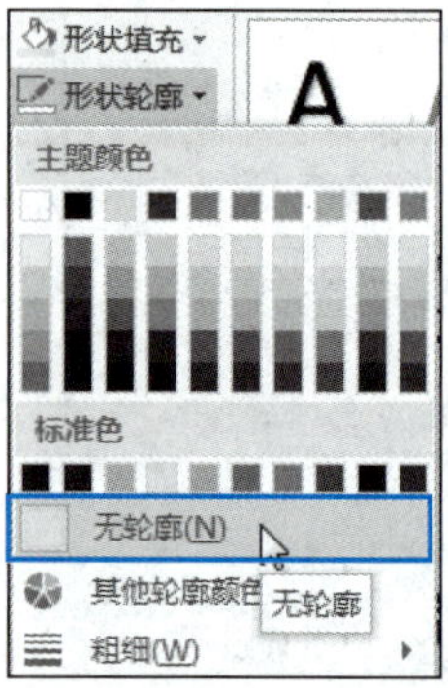

图 3-120 选择“无轮廓”

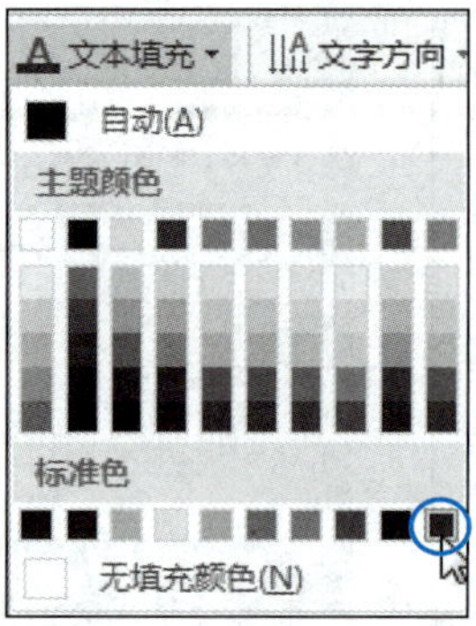

图 3-121 选择“紫色”

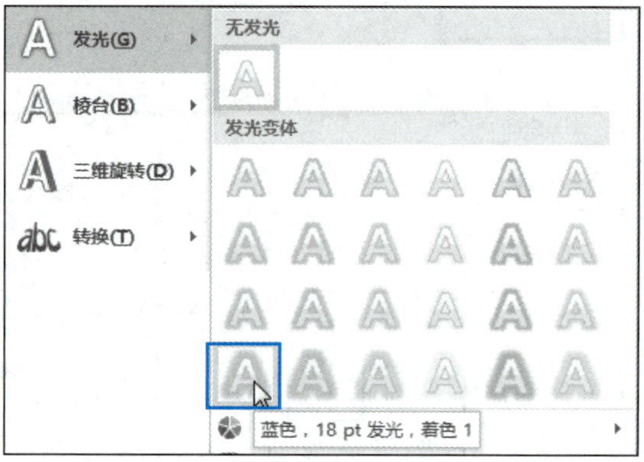

图 3-122 选择发光效果

五、使用图片

在制作 Word 文档时，可以向文档中插入符合主题要求的图片，使文档更加生动形象。插入图片后，在 Word 的功能区将自动出现“图片工具/格式”选项卡，利用该选项卡可以对插入的图片进行各种编辑和美化操作。下面，在海报文档中插入、编辑与美化素材图片和联机图片，操作步骤如下。

步骤 1▶ 单击“插入”选项卡“插图”组中的“图片”按钮，如图 3-123 所示，打开“插入图片”对话框。

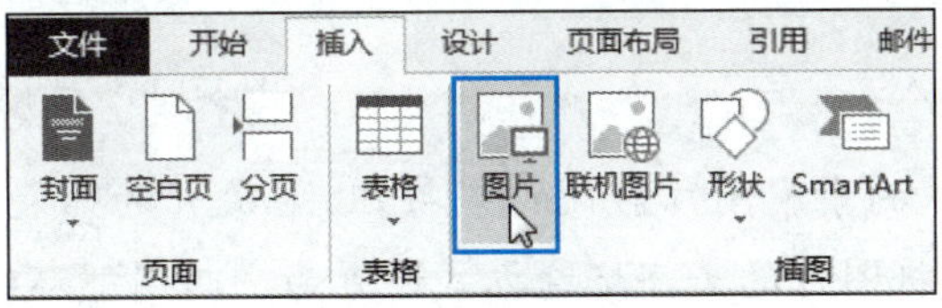

图 3-123　单击“图片”按钮

步骤 2▶ 找到本书配套素材“项目三”>“舞蹈”图片，如图 3-124 所示，单击“插入”按钮，将其插入到文档中插入符所在的位置。

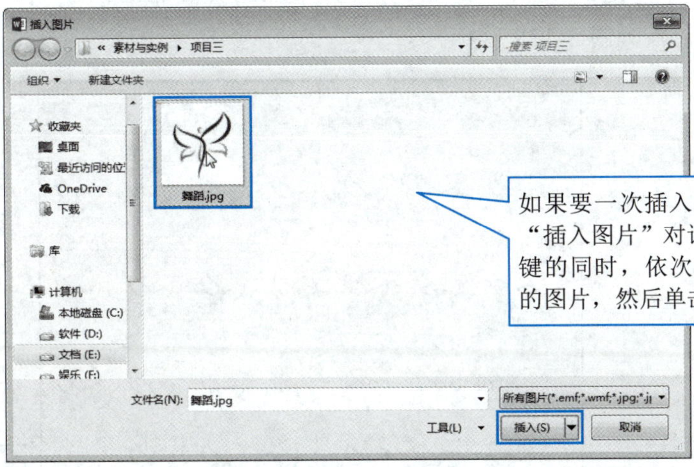

图 3-124　选择要插入的图片

步骤 3▶ 单击“插入”选项卡“插图”组中的“联机图片”按钮，进入“插入图片”界面，在“必应图像搜索”编辑框中输入要插入的图像的关键字，如“舞蹈”，如图 3-125 所示。

步骤 4▶ 单击“搜索”按钮，搜索出相关联机图片。单击“重置”按钮，再单击选中需要的图片，如图 3-126 所示，然后单击“插入”按钮，即可将所选图片插入到文档中插入符所在位置。

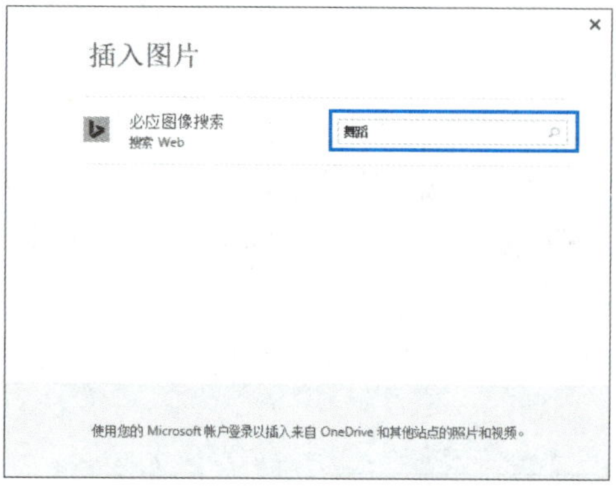

图 3-125　输入关键字

图 3-126　选择要插入的图片

步骤 5▶　单击插入的素材图片右侧的按钮，在展开的列表中选择“浮于文字上方”。用同样的方法将联机图片的文字环绕方式设置为“四周型环绕”。

步骤 6▶　选中素材图片，在“图片工具/格式”选项卡“大小”组的编辑框中修改图片的高度和宽度为 7 厘米，如图 3-127 所示。精确调整图片的大小后将其移到页面左下角。

步骤 7▶　保持图片的选中，然后单击“图片工具/格式”选项卡“调整”组中的“颜色”按钮，在展开的列表中选择“设置透明色”选项，然后在图片的白色区域单击，去掉图片上的白色背景，如图 3-128 所示。

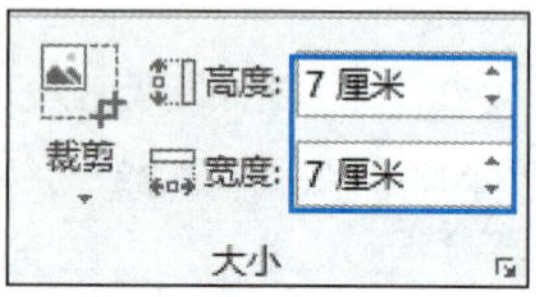

图 3-127　精确调整图片的大小

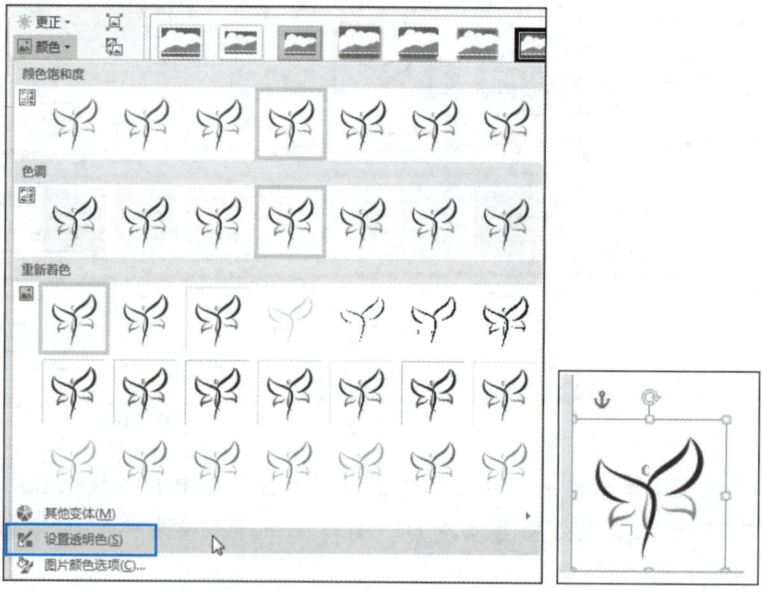

图 3-128　去掉图片的白色背景

步骤 8▶　保持图片的选中状态，然后按住【Shift+Ctrl】组合键，向右拖动图片到右下角位置，水平复制图片，效果如图 3-129 所示。

步骤 9▶ 在“图片工具/格式”选项卡“排列”组的“旋转”列表中选择“水平翻转”选项，如图 3-130 所示，将复制的图片水平翻转。

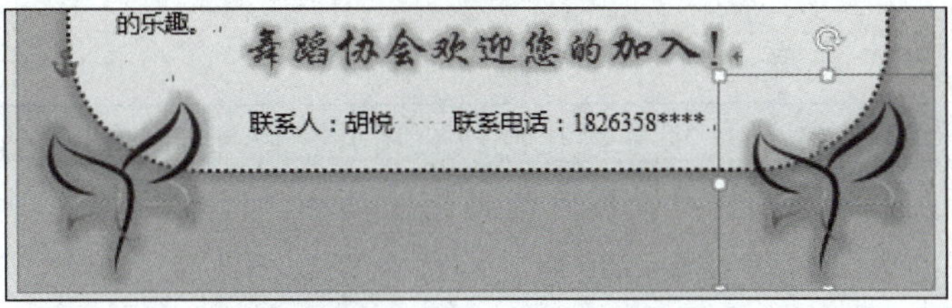

图 3-129　水平复制图片

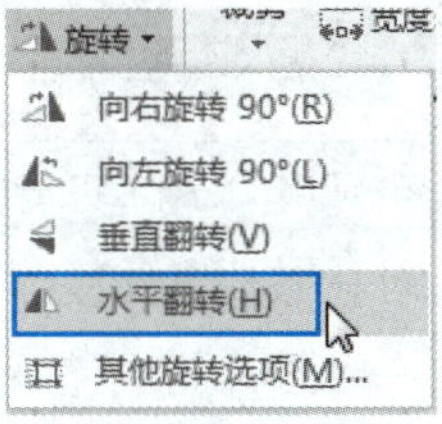

图 3-130　将复制的图片水平翻转

步骤 10▶ 选中插入的联机图片，单击“图片工具/格式”选项卡“大小”组中的“裁剪”按钮，此时图片周围出现黑色的裁剪控制点，将鼠标指针移到图片左侧中间的控制点上，此时鼠标指针变为 T 形，按住鼠标左键并向右拖动，将图片左侧的部分裁掉，使图片左侧和右侧的空白部分大致相同，如图 3-131 所示，然后松开鼠标左键，再单击图片外的其他区域，完成裁剪操作。将图片缩小放置在文档的合适位置。

图 3-131　裁剪图片

步骤 11▶ 选中裁剪后的图片，然后单击“图片工具/格式”选项卡“图片样式”组中的“其他”按钮，从展开的列表中选择系统内置的图片样式，本例选择“柔化边缘椭圆”样式，如图 3-132 所示。

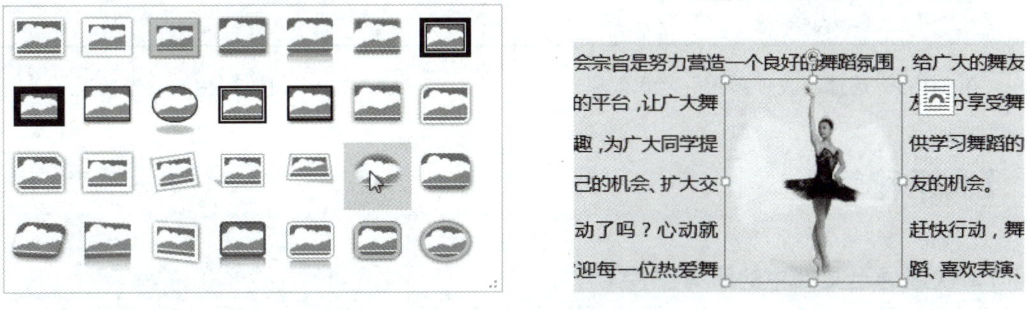

图 3-132　为图片应用系统内置的样式

步骤 12▶ 保持图片的选中状态，然后在“调整”组的“艺术效果”列表中选择“胶片颗粒”效果，如图 3-133 所示。

提 示

利用“调整”组“更正”列表中的选项可柔化或锐化图片，以及调整图片的亮度/对比度；利用“颜色”列表中的选项可更改图片的颜色。

对图片进行各种设置后，如果觉得效果不理想，可选中图片，单击“调整”组中“重设图片”按钮右侧的三角按钮，在展开的列表中选择“重设图片和大小”选项，将图片还原为初始状态；若选择“重设图片”选项，则只还原对图片进行的各种美化设置。

步骤 13▶ 同时选中文档左下角和右下角的图片，然后单击“图片样式”组“图片效果”右侧的三角按钮，在展开的列表中选择“发光”>“橙色，18pt 发光，着色 2”，如图 3-134 所示。最后视情况调整椭圆矩形及图片，得到文档的最终效果。

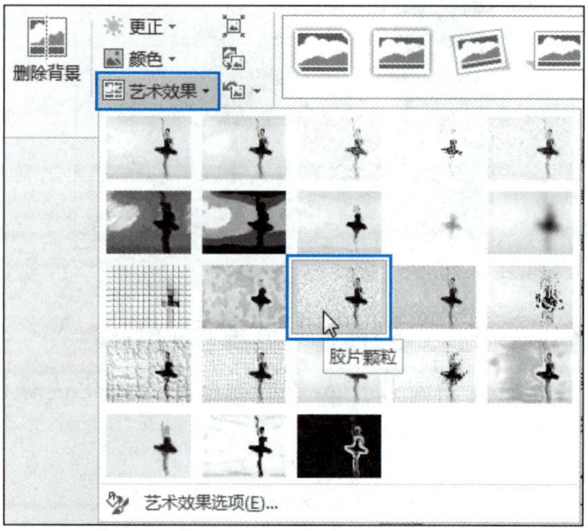

图 3-133 选择“胶片颗粒”艺术效果

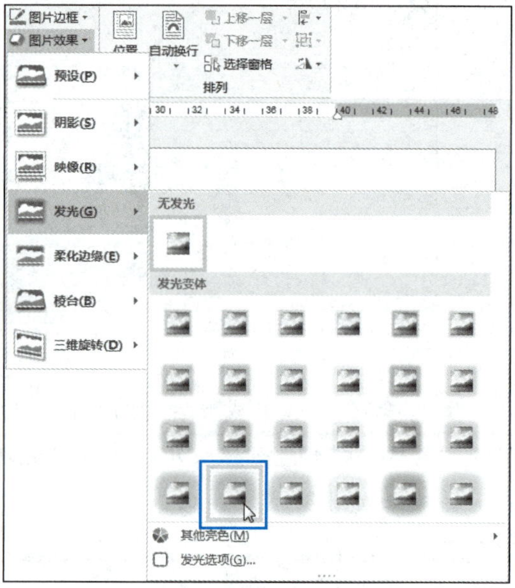

图 3-134 设置图片的发光效果

【高手秘籍】

1. 快速导出文档中的所有图片

打开要导出图片的 Word 文档，再打开“另存为”对话框，输入文件名（也就是保存图片的文件夹名），在“保存类型”列表中选择“网页”格式，单击“保存”按钮，此时会发现生成了一个“文件名.file”的文件夹，可以看到里面保存着Word文档中的所有图片。

2．使用【Shift】键绘制标准图形

如果要绘制以单击点为起点，长宽等大的形状，如正方形、圆形、正六边形、正太阳形等，可以按住【Shift】键的同时拖动鼠标。

【拓展训练】——制作房地产销售宣传海报

制作如图3-135所示的房地产销售宣传海报。

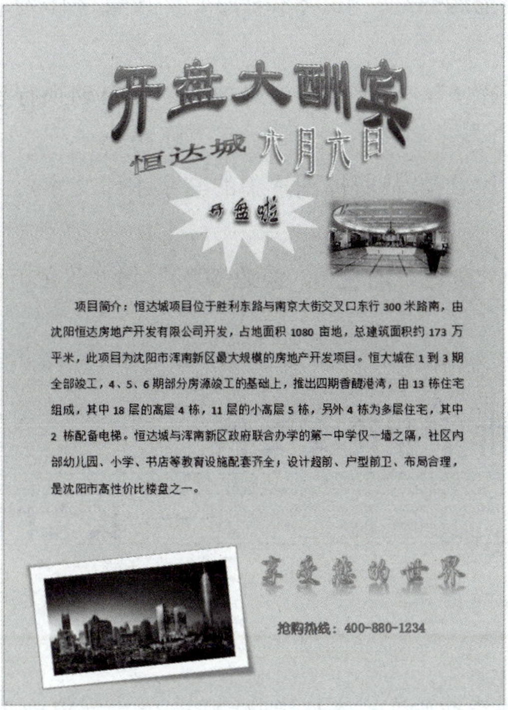

图3-135 房地产销售宣传海报

1．训练目的

强化练习设置文本的字符和段落格式，插入图片、形状和艺术字等，并对其进行编辑和美化的操作。

2．训练内容

（1）插入艺术字“开盘大酬宾”，设置字体为华文隶书，字号为72，字形为加粗，并设置艺术字样式以桥形弯曲显示；插入艺术字“恒达城”，设置字体为宋体，字号为小初，

设置艺术字样式为左领章；插入艺术字“六月六日”，设置字体为方正姚体，字号为小初，艺术字样式为倒三角，设置文本填充颜色为绿色，适当调整以上三个艺术字的位置。

（2）插入黄色爆炸形，添加文字“开盘啦”，设置其字体为方正舒体，字号为一号，艺术字样式为填充-红色，强调文字颜色 2，粗糙棱台，文本效果为左远右近。

（3）绘制一个横排文本框，将素材文件夹“项目三”>“开盘海报内容”中的文本复制到其中。为文本设置一种艺术字样式，并设置字号为四号，段前、段后间距均为 1 行，行距为 1.5 倍行距，首行缩进 2 字符，文本框无轮廓。

（4）插入艺术字“享受您的世界”，设置其格式为幼圆，小初，字符间距为加宽 3 磅，并套用一种艺术字样式。

（5）插入艺术字“抢购热线：400-880-1234”，设置字体为幼圆，字号为三号，并套用一种艺术字样式。

（6）插入素材“图片 1”，设置柔化边缘效果，将自动换行设置为衬于文字下方，适当调整图片大小。

（7）插入素材“图片 2”，裁剪掉图片中的文字水印文字，为图片添加一种样式，调整图片大小及位置。

（8）为文档添加从“橙色，着色 6，淡色 60%”到“蓝色，着色 1，淡色 60%”的双色渐变背景颜色。

任务五 编排毕业论文文档

——长文档的查看与编辑

【任务背景】

毕业论文，泛指专科毕业论文、本科毕业论文（学士学位论文）、硕士研究生毕业论文（硕士学位论文）、博士研究生毕业论文（博士学位论文）等，即在学业完成前需要写作并提交的论文，它是教学或科研活动的重要组成部分之一。其主要目的是培养学生理论联系实际，综合运用所学知识和技能，独立分析和解决实际问题的能力，使学生得以从事本专业工作和进行相关的基本训练。

【分析任务】

本任务主要完成的工作是编辑并排版一份毕业论文，通过该任务强化读者对文档进行页面设置、为文档添加页眉和页脚、在文档中应用样式设置文档标题、提取文档目录、插入图片和艺术字等知识的综合应用。任务完成效果如图 3-136 所示。

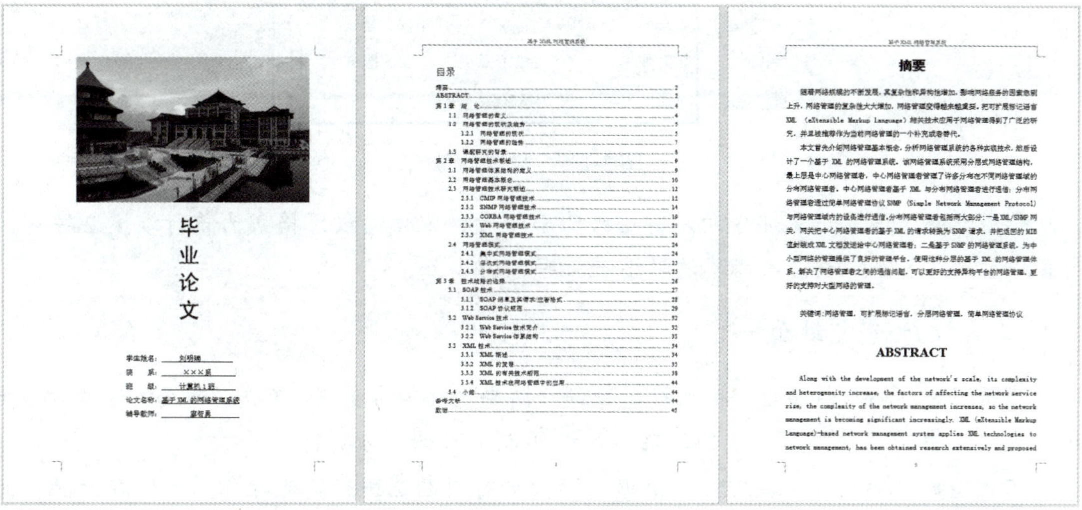

图 3-136　论文排版后的效果（部分）

【任务目标】

- 能对文档进行页面设置。
- 能设计论文封面。
- 能在文档中插入分隔符。
- 能用样式对文档内容格式进行设置。
- 能为文档设置页眉、页脚和页码。
- 能提取目录。

【任务实施】

一、设置页面和论文格式

步骤 1▶ 打开本书配套素材“项目三”>“毕业论文-基于 XML 的网络管理系统”文档，将其另存为“毕业论文-基于 XML 的网络管理系统（效果）”。

步骤 2▶ 设置纸张大小为 A4 纸，上边距为 3 厘米，下边距为 2.5 厘米，左右边距均为 2.5 厘米，装订线为 1 厘米，装订线位置靠左，如图 3-137 所示。

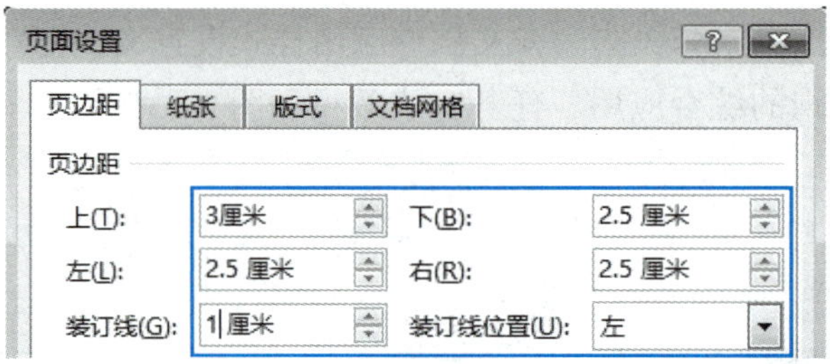

图 3-137　设置页面

步骤 3▶ 设置正文部分的字符格式为小四号、宋体，段落格式为首行缩进 2 字符，行距设置为 1.5 倍。表格内容不设置缩进，字号为小五。

二、设计论文封面

步骤 1▶ 插入封面页。将光标定位到“摘要”文本的左侧，单击“布局”选项卡“页面设置”组中的“分隔符”按钮，在展开的列表中选择“分页符”项。

步骤 2▶ 插入分页符后可以根据实际情况对封面页进行美化操作。本例在封面页的中上位置插入素材图片“项目三”>“学院建筑.jpg”。

步骤 3▶ 输入文本“毕业论文”，并适当设置文本的格式（可根据喜好设置），使图片与本页内容保持在同一页即可。

三、插入分页符和分节符

步骤 1▶ 将光标定位到“摘要”文本的左侧，然后在“分隔符”列表中选择“分节符”>“下一页”项。

步骤 2▶ 将光标定位到“ABSTRACT”文本的左侧，然后在“分隔符”列表中选择“分页符”项。

步骤 3▶ 将光标定位到“第 1 章　绪　论”文本的左侧，在“分隔符”列表中选择“分页符”项。

四、设置样式

步骤 1▶ 将“标题 1”样式应用于“摘要”段落，然后修改“标题 1”的样式为二号、黑体、深蓝，设置段落的首行缩进为无，段前、段后间距均为 1 行，单倍行距。再将“标题 1”样式应用于论文相应的章标题、参考文献和致谢所在段落，效果参考样文结果。

步骤 2▶ 选择节标题，将其应用“标题 2”样式，然后修改该样式的字符格式为四号、黑体。

步骤 3▶ 选择小节标题，将其应用“标题 3”样式。

五、设置页眉和页码

步骤 1▶ 插入页眉。内容为“基于 XML 网络管理系统”，居中对齐，页眉文本段落加下框线，页眉的顶端距离为 1.9 厘米，如图 3-138 所示。插入数字页码的页脚。

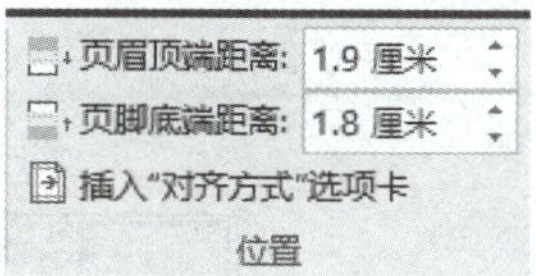

图 3-138　设置页眉的顶端距离

步骤 2▶ 将光标定位到文档的第 3 页，在页眉的右侧插入页码，起始页码为 1（注意封面不能有页眉文字和页码）。

六、查看文档结构并生成目录

步骤 1▶ 在“视图”选项卡“显示”组选中“导航窗格”复选框，在文档的左侧可查看目录结构，如图 3-139 所示。

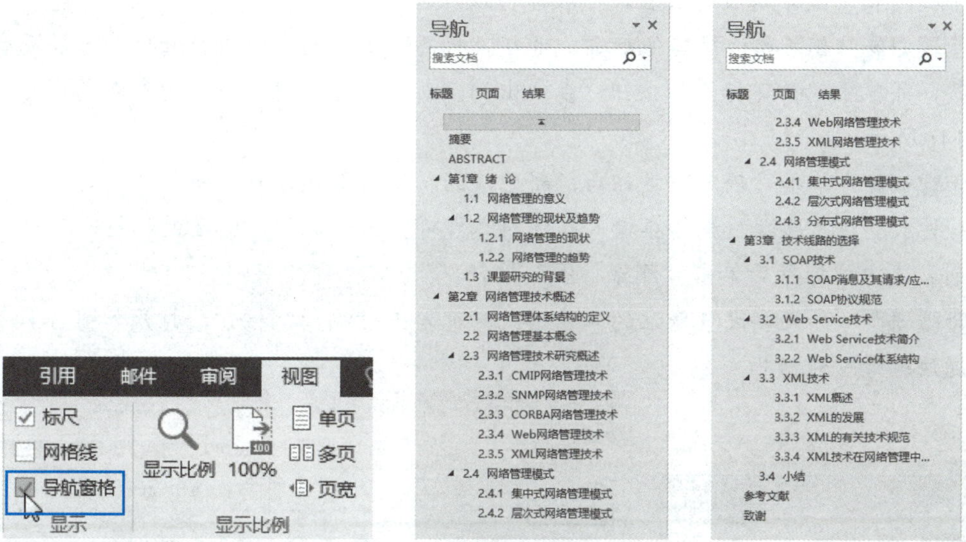

图 3-139　查看目录（大纲）

步骤 2▶ 在该文档的第 2 页插入目录，目录级别为 3 级。毕业论文的最终排版效果参见样文。

【高手秘籍】

1．为图片添加题注

要为文档中已有的图片加上题注，可以按如下步骤进行操作。

步骤 1▶ 选定要添加题注的图片，单击“引用”选项卡“题注”组中的“插入题注”

按钮，打开“题注”对话框，如图 3-140 所示。

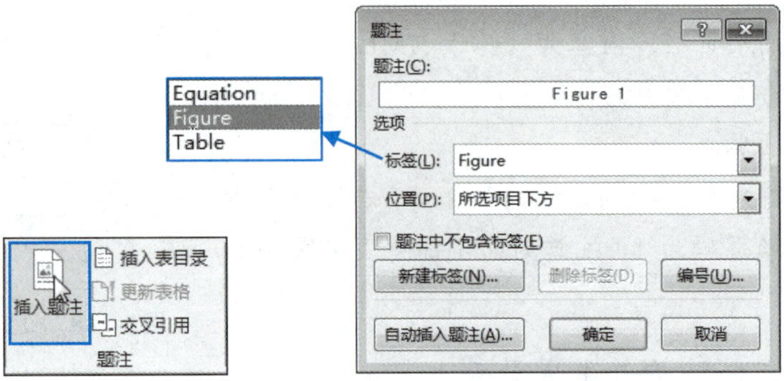

图 3-140　打开“题注”对话框

步骤 2▶　在“题注”编辑框标签右侧（如图中的 Figure 1）输入题注内容，在“位置”下拉列表中选择题注的位置，一般保持默认选项即可。

步骤 3▶　如果要选择其他标签，可在“标签”下拉列表框进行选择。如果没有合适的标签，可单击“新建标签”按钮，在弹出的“新建标签”对话框中输入新的标签名，如图 3-141 所示。

步骤 4▶　单击“确定”按钮后，新创建的标签自动显示在“标签”列表框中，如图 3-142 所示，在“题注”编辑框输入题注内容即可。若要删除不需要的标签，可“标签”下拉列表选中该标签后单击“删除标签”按钮。

步骤 5▶　如果要设置题注的编号格式，可单击“编号”按钮，打开如图 3-143 所示的“题注编号”对话框。

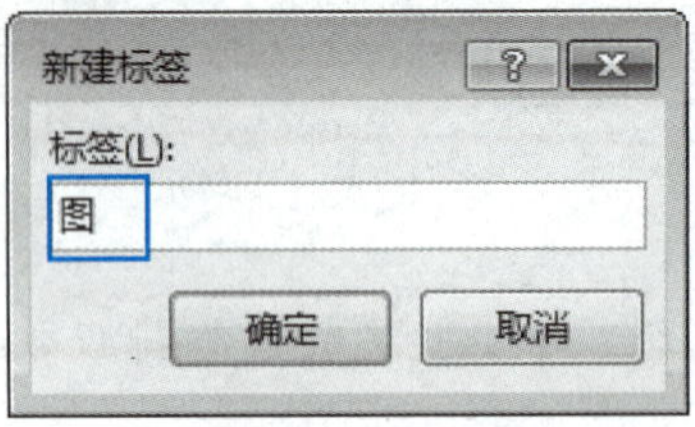

图 3-141　“新建标签”对话框

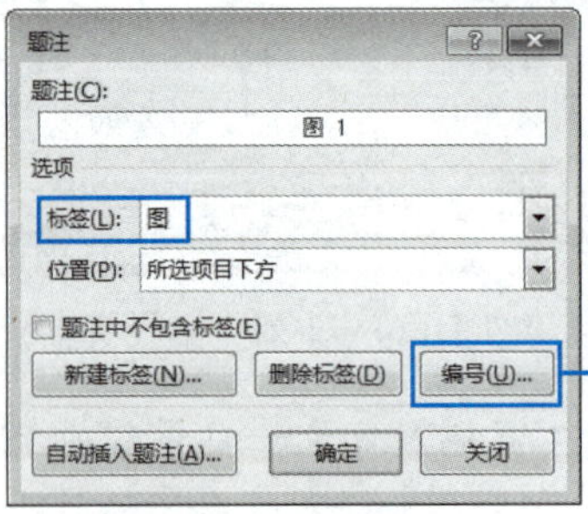

图 3-142　显示创建的标签名

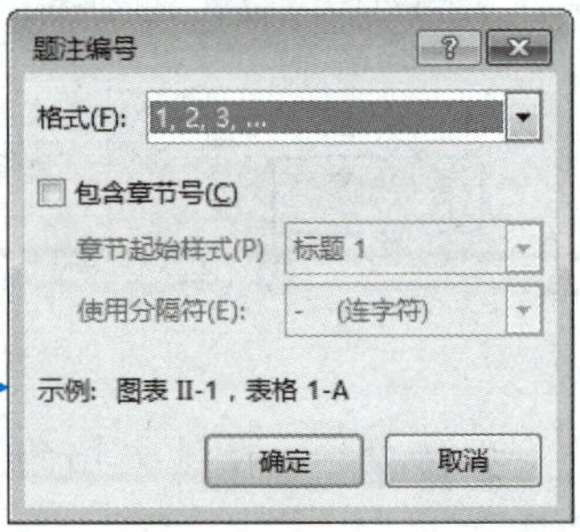

图 3-143　“题注编号”对话框

步骤 6▶　在“格式”下拉列表中选择合适的编号即可改变题注的编号。如果选中“包含章节号”复选框，可以在题注中包括章节号。章节所用的标题样式必须是独有的，例如：如果章标题使用了“标题 1”样式，那么“标题 1”样式就只能用于章标题，而不能用于该文档中的其他任何文本中。因为如果章标题为“标题 1”样式，Word 就会自动将第一个具有“标题 1”样式的标题所包含的内容作为第一章，将第二个具有“标题 1”样式的标题所包含的内容作为第二章。

步骤 7▶　在“章节起始样式”下拉列表中选择该章节标题所用的标题样式；在“使用分隔符”下拉列表中选择一种分隔符，然后单击“确定”按钮返回“题注”对话框。

步骤 8▶　在“位置”列表框选择题注的位置，可以选择在项目的上方或下方。完成后单击“确定”按钮即可。

2．使用交叉引用实现跳转

所谓交叉引用，是指在文档的一个位置告诉文档读者另一个位置的信息，例如“请参阅第一讲”等。用户可以在同一文档或不同文档的其他位置创建对某个项目的交叉引用。

在创建对某一个项目的交叉引用之前，必须先标记该项目，以便 Word 将项目与其交叉引用链接起来。常用的标记方法有使用书签、脚注、尾注和题注等。

如果要创建交叉引用，应先在需要插入交叉引用的地方输入交叉引用开始部分的介绍性文字，例如“相关信息请参阅”，然后单击“引用”选项卡“题注”组中的“交叉引用”按钮，打开如图 3-144 所示的“交叉引用”对话框。各选项的含义如下。

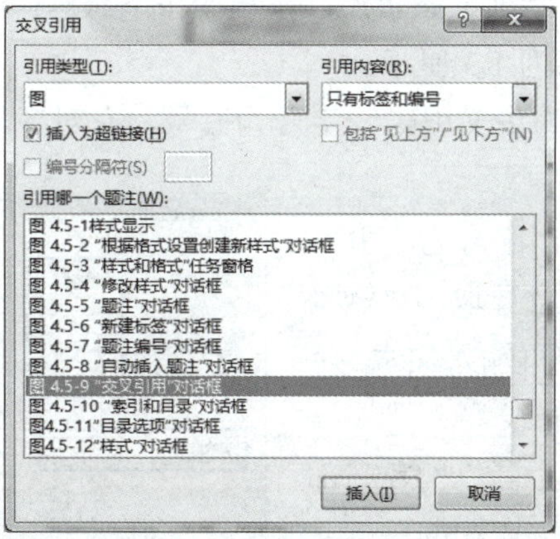

图 3-144　“交叉引用”对话框

- **引用类型：**在该下拉列表中可以选择需为其创建交叉引用的项目类型，通常包括编号项、标题、书签、脚注和尾注等。
- **引用内容：**在该下拉列表中可以选择交叉引用需包含的信息。该下拉列表中的项目对应于“引用类型”列表框中选择的内容。
- **插入为超级链接：**选中此复选框，表示将超级链接附于交叉引用，以便能跳到交叉引用的项目。
- **包括“见上方”/“见下方”：**选中此复选框，表示根据要引用项目的相对位置，将“见上方”或“见下方”添至交叉引用。例如，如果要引用的项目出现在交叉引用的下方，交叉引用则应读作类似“见图 1 下方”。

➢ 引用哪一个题注：可以在此列表框中单击选择交叉引用要包含的信息。
➢ 插入：单击该按钮，可以插入交叉引用，但不关闭“交叉引用”对话框。

【拓展训练】——编排企业文化管理手册

1．训练目的

巩固为文档插入分隔符，添加页眉和页脚，利用样式设置文档格式，为文档提取目录等知识和技能。

2．训练内容

（1）打开素材文件“项目三”>“员工手册（素材）”。在“引言”文本的左侧插入一个分页符。

（2）分别将第一部分～第五部分都从新的一页开始。

（3）为文档第 2 节添加页眉“凤凰科技员工手册”。注意选择“首页不同”复选框，在“导航”组中取消“链接到前一条页眉”按钮的按下状态，并在“位置”组中设置页眉顶端距离和页脚底端距离均为 1.3 厘米。

（4）设置页眉的字体为华文中宋，字号为五号，左对齐，最后删除页眉线和文字之间的空段落标记。

（5）页脚文本为页码，字号为小五，字体为黑体，居中对齐。注意要取消“链接到前一条页眉”按钮的选中再输入文本。

（6）取消引言页的页眉线。

（7）将文档中的“引言”“第一部分……”～“第五部分……”所在的段落文本（注意将段落符号↵也选中）应用“标题 1”样式，并修改样式的格式为黑体、三号，并取消加粗，居中对齐，设置段前、段后间距为 6 磅。

（8）修改“正文”样式的字号为四号。

（9）为“引言”内容文本段落创建新样式“引言内容”，参数如图 3-145 所示。

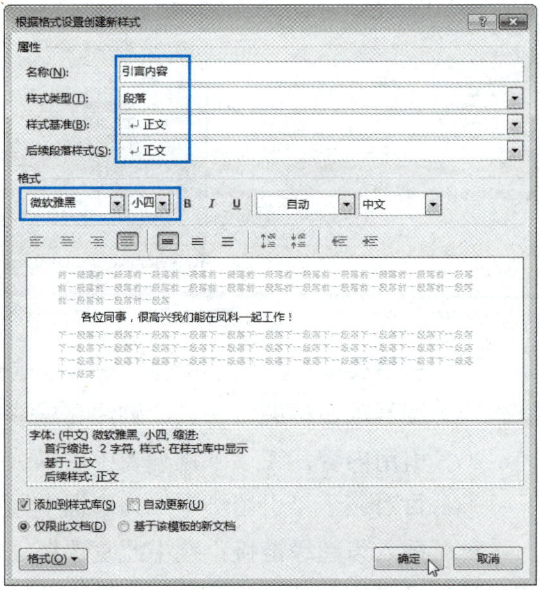

图 3-145　新建样式

（10）在文档的第 2 页中插入目录，样式为“自动目录 1”。

任务六　设计并制作求职简历

——表格的应用与美化

【任务背景】

求职简历是求职者提交给招聘单位的一份简要介绍，包括自己的基本信息（姓名、性别、年龄、民族、籍贯、政治面貌、学历、联系方式、自我评价、学习经历、工作经历、离职原因等）及本人对这份工作的理解。编写求职简历要遵循的原则是真实性、针对性、价值性、条理性，同时还需要注意编写时容易出现的问题，比如缺乏针对性、出现明显错误、信息不完整、表述过于简略等。

【分析任务】

本任务主要完成的工作是设计并制作一份求职简历，通过该任务让读者了解在 Word 2016 中插入表格、编辑表格和美化表格的方法。任务完成效果如图 3-146 所示。

求职简历					
个人概况	求职意向：电子商务相关				
	姓名：	小王	出生日期：	1995.6.12	
	性别：	男	户口所在地：	河北省保定市	
	民族：	汉	专业和学历：	电子商务	
	联系电话：	12345667787			
	通讯地址：	北京市大兴区日月小区 2-456			
	电子邮件地址：	Wangdaxin@qq.com			
工作经验	2014.8-2015.8	北京新新文化发展有限公司	北京		
	实习 公司产品的宣传和推广 公司网站后台的管理和维护				
	2015.9-至今	北京“佳美”商场	北京		
	行政助理 负责各部门之间的沟通和协调 维护办公室的计算机和网络				
教育背景	2013.9-2015.7	北京飞翔职业技术学院	电子商务		
	连续两年获校三好学生				
外语水平	B 级				
计算机水平	二级				
性格特点	喜欢阅读和写作，喜欢思考和钻研				
业余爱好	爬山、旅游				

图 3-146　求职简历效果

【任务目标】

- ➢ 能在文档中插入表格。
- ➢ 能对表格进行编辑。
- ➢ 能对表格进行美化。

【任务实施】

一、创建表格

首先应根据所创建表格需要的行、列数来创建表格，然后通过合并、拆分单元格，设置表格行高或列宽等操作来对表格进行调整。操作步骤如下。

步骤 1▶ 新建“求职简历”文档，然后单击“插入”选项卡“表格”组中的“表格”

按钮，在展开的列表中选择“插入表格”选项，如图 3-147 所示。

步骤 2▶ 打开“插入表格”对话框，分别在“列数”和“行数”编辑框输入行数和列数，单击“确定”按钮，如图 3-148 所示，按照设置创建表格，如图 3-149 所示。

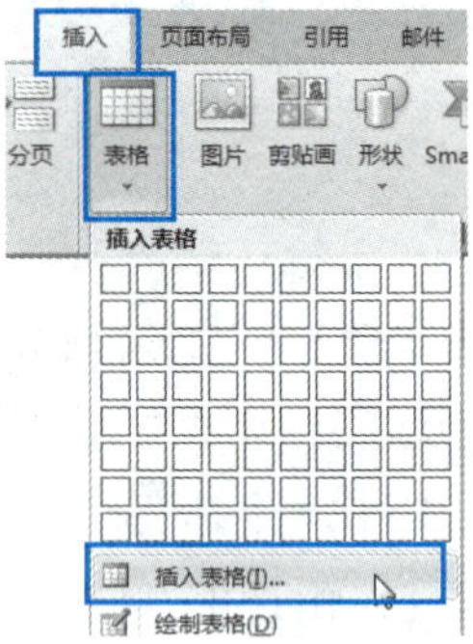

图 3-147 “表格”列表

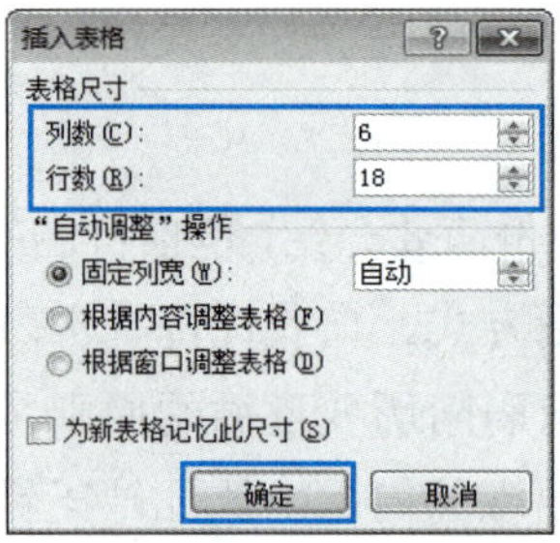

图 3-148 插入表格

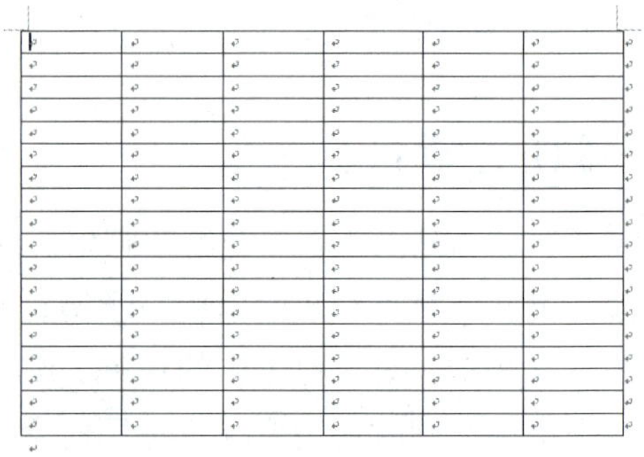

图 3-149 插入的表格效果

- **固定列宽：**选择该选项后，可在后面的编辑框中指定表格的列宽。
- **根据内容调整表格：**表格各列的列宽会随输入的内容自动调整。
- **根据窗口调整表格：**表格的宽度与文档正文的宽度一致。

若要创建简单表格，可在“表格”列表的网格中直接移动鼠标指针来确定表格的行、列数，然后单击鼠标即可，如图 3-150 所示。

若在“表格”列表中选择“绘制表格”选项，鼠标指针将变为笔形“✎”，此时可自由绘制表格，即：在文档编辑区按住鼠标左键拖动，到合适位置后释放鼠标，绘制出一个矩形作为表格外边框，然后按住鼠标左键在矩形框内水平或竖直拖动，绘制表格的行线或列线，如图 3-151 所示。按【Esc】键可结束表格绘制。

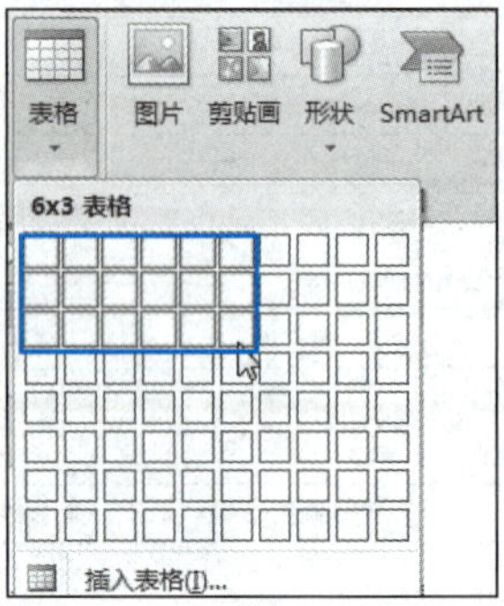

图 3-150 快速创建表格

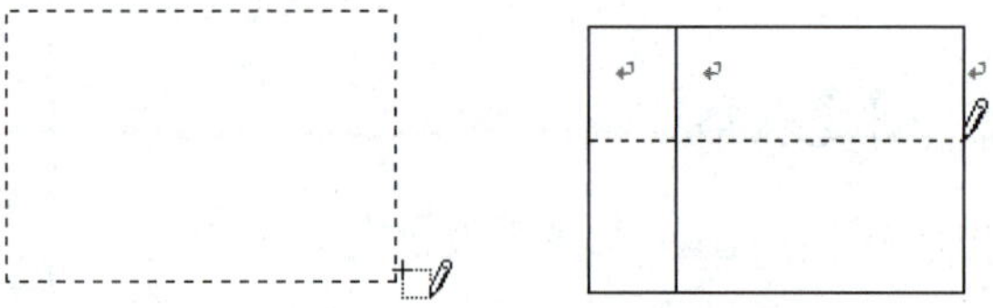

图 3-151 绘制表格

二、选择表格和单元格

若要对表格进行编辑操作，首先应选中要修改的单元格、行、列或整个表格。Word 2016 提供了多种选择方法，如表 3-1 所示。

表 3-1 选择表格、行、列与单元格的方法

选择对象	操 作 方 法
选择整个表格	将鼠标指针移至表格上方，此时表格左上角将显示“⊞”控制柄，单击该控制柄即可选中整个表格
选择行	将鼠标指针移至所选行左边界的外侧，待指针变成“↗”形状后单击鼠标左键，如图 3-152 所示；如果此时按住鼠标左键上下拖动，可选中多行
选择列	将鼠标指针移至所选列的顶端，待指针变成“⬇”形状后单击鼠标左键，如图 3-153 所示；如果此时按住鼠标左键并左右拖动，可选中多列
选择单个单元格	将鼠标指针移至单元格左边框，待指针变成“➚”形状后单击鼠标左键可选中该单元格，如图 3-154 所示；若此时双击可选中该单元格所在的一整行
选择连续的单元格区域	方法 1：在所选单元格区域的第一个单元格中单击，然后按住【Shift】键的同时单击所选单元格区域的最后一个单元格 方法 2：将鼠标指针移至所选单元格区域的第一个单元格中，然后按住鼠标左键不放向其他单元格拖动，则鼠标指针经过的单元格均被选中
选择不连续的单元格或单元格区域	按住【Ctrl】键，然后使用上述方法依次选择单元格或单元格区域

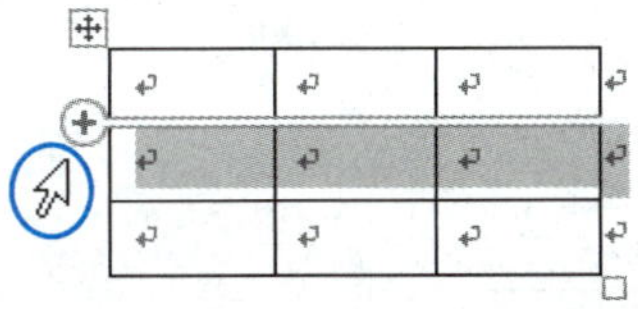
图 3-152 选择行

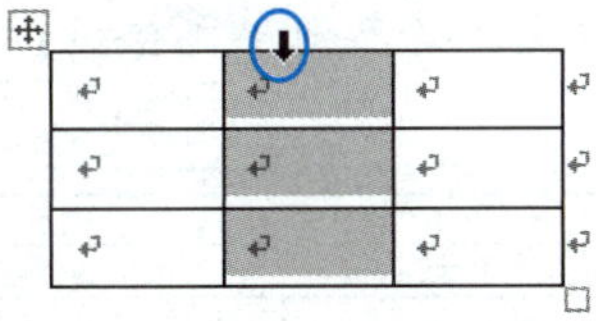
图 3-153 选择列

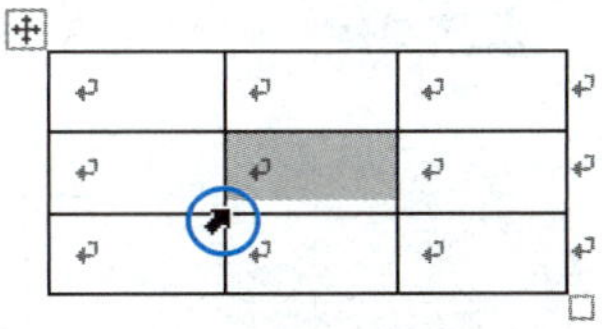
图 3-154 选择单元格

三、编辑表格

为满足用户实际工作的需要，Word 2016 提供了多种方法来修改已创建的表格。例如，插入行、列或单元格，删除多余的行、列或单元格，合并或拆分单元格，以及调整单元格的行高和列宽等。

创建好表格后，将光标放置在表格的任意一个单元格中，在 Word 2016 的功能区中将出现“表格工具/设计”和“表格工具/布局”选项卡，表格的大多数编辑和美化操作都是通过这两个选项卡来实现的，如图 3-155 和图 3-156 所示。

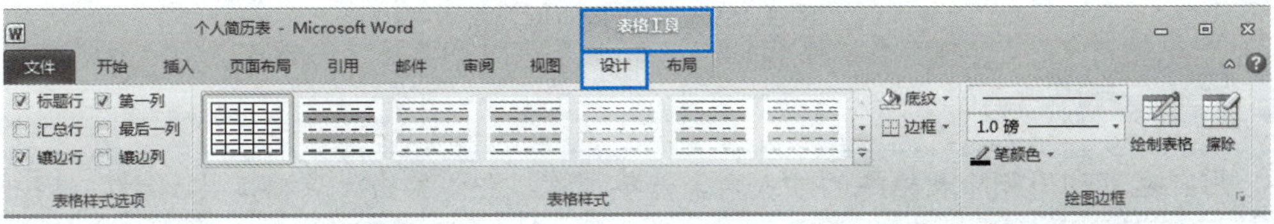

图 3-155 “表格工具/设计”选项卡

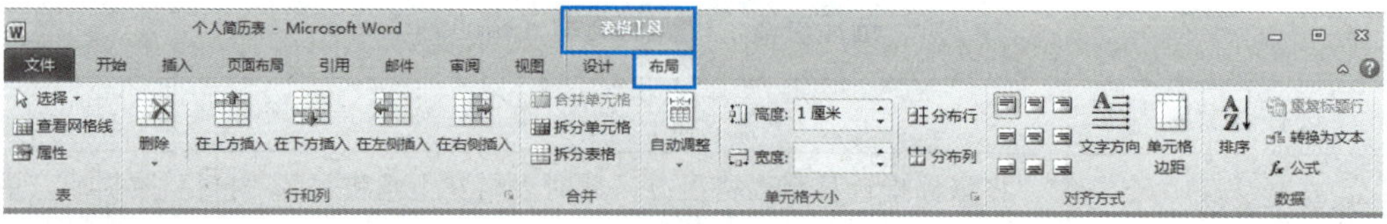

图 3-156 “表格工具/布局”选项卡

下面通过编辑表格来制作简历表的框架，操作步骤如下。

步骤 1▶ 选中表格第 1 行，在“表格工具/布局”选项卡单击“合并”组中的“合并单元格”按钮，将所选单元格合并，如图 3-157 所示。

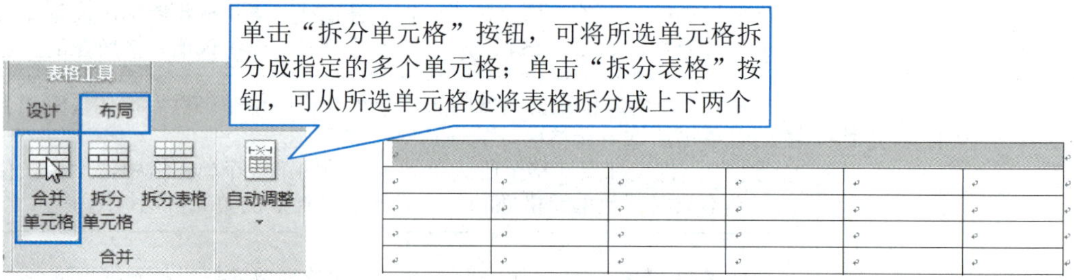

图 3-157 合并单元格

步骤 2▶ 对照图 3-158，分别选择其他单元格进行合并，从而获得表格的基本框架。

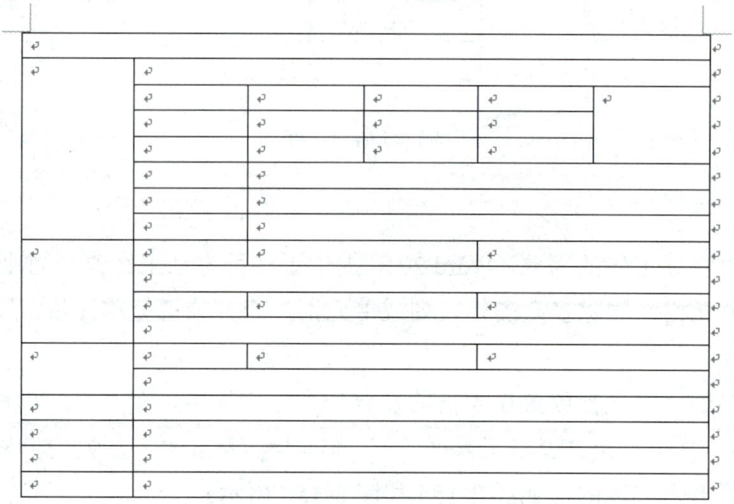

图 3-158 合并其他单元格

提 示

用户也可利用删除表格线的方式来合并单元格，即：单击“表格工具/设计”选项卡“绘图边框”组中的“擦除”按钮，再在要删除的行线或列线上单击；按【Esc】键或再次单击“擦除”按钮，可取消该按钮的选取。此外，选择“绘制表格”按钮，还可在表格中拖动鼠标来绘制行线或列线，从而拆分单元格。

步骤 3▶ 接下来设置表格行高。设置行高最简单的方法是将光标移至表格的行分界线处，待光标变为“÷”形状后按住鼠标左键上下拖动，如图 3-159 所示。

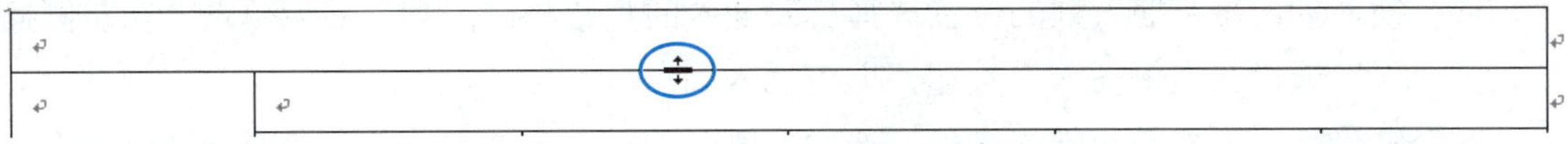

图 3-159 利用拖动方法调整行高

步骤 4▶ 要精确调整行高，可首先将光标置于该行任意单元格中，或同时选中要调整行高的多行，然后在“表格工具/布局”选项卡“单元格大小”组中的“高度”编辑框中输入行高值，按【Enter】键确认。例如，将第 1 行的行高设为 1.3 厘米，如图 3-160 所示。

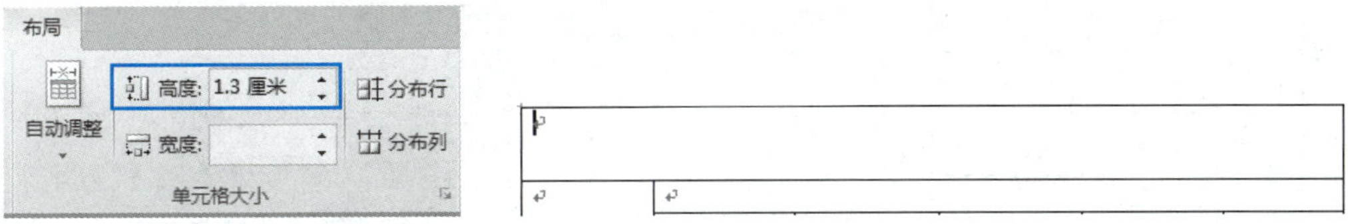

图 3-160 精确调整行高

步骤 5▶ 选中除第 1 行之外的所有行，然后在“单元格大小”组中的“高度”编辑框中输入 1，将这些行的高度全部设置为 1.0 厘米。

步骤 6▶ 调整列宽。同时选中第 3 行、第 4 行和第 5 行的第 2 列单元格，将光标移至所选列右分界线处，待光标变为“·||·”形状后按住鼠标左键并向左拖动，调整所选单元格的列宽，如图 3-161 所示。

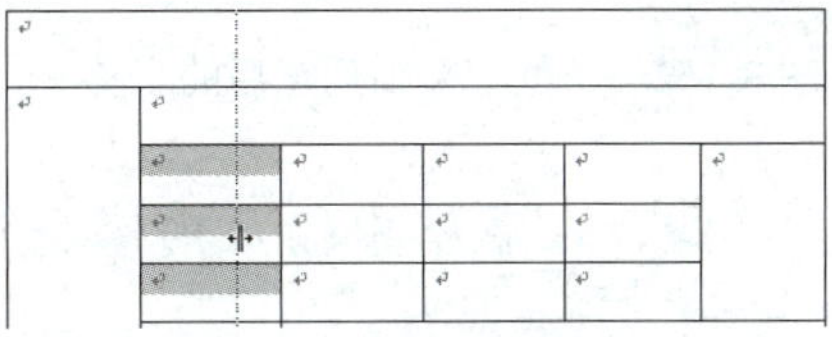

图 3-161 调整所选单元格的列宽

提 示

若需要精确调整列宽，可在选中需要调整列宽的列后，在“单元格大小”组的“宽度”编辑框中输入具体数值并按【Enter】键确认。

若不选择单元格，无论使用哪种方法，都表示调整光标所在列全部单元格的宽度。

若希望将多行或多列调整为等高或等宽，可首先选中这些行、列或相应的单元格，再单击“单元格大小”组中的“分布行”或“分布列”按钮。

步骤 7▶ 对照图 3-162，通过选择其他一些单元格调整相关列的宽度。也可在输入表格内容后，再根据表格内容调整单元格宽度和高度。

插入或删除行、列也是编辑表格时经常使用的操作。这些操作主要是通过“表格工具/布局”选项卡“行和列”组中的一系列按钮实现的。

- 插入行：在要插入行的位置选择与要插入的行数相同的行，然后单击“在上方插入”或“在下方插入”按钮，即可在所选行的上方或下方插入与所选行数相同的行，如图 3-163 所示。
- 插入列：在要插入列的位置选择与要插入的列数相同的列，然后单击“在左侧插入”或“在右侧插入”按钮，即可插入列。
- 删除行、列或单元格或表格：选中要删除的行、列或单元格，然后单击“删除”按钮，从弹出的下拉列表中选择相应选项，如图 3-164 所示。

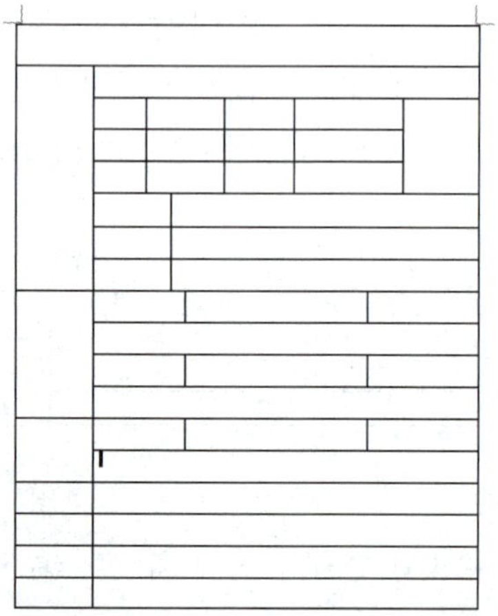

图 3-162　调整行高和列宽后的表格

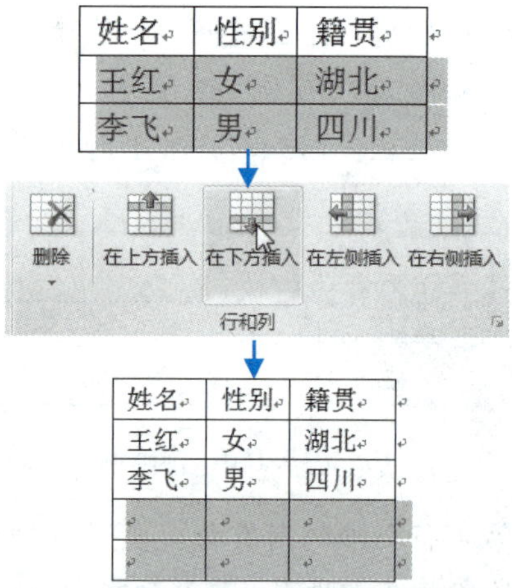

图 3-163　在下方插入行

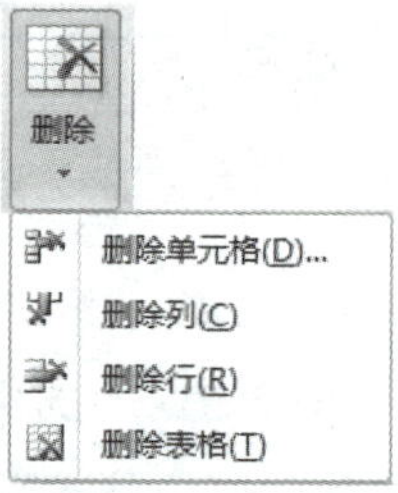

图 3-164　删除列或行等

四、在表格中输入内容并设置格式

创建好表格框架后，就可以根据需要在表格中输入文字了。输入内容后，还可以根据需要调整表格内容在单元格中的对齐方式，以及设置单元格内容的字体、字号等。

步骤 1▶ 对照图 3-165，分别将光标置于各单元格中，并输入相关文字。

步骤 2▶ 适当调整某些列的宽度和某些行的高度，使表格内容不显得拥挤。

步骤 3▶ 将光标置于表格第 3 行最右侧的单元格中，单击“插入”选项卡中的“图片”按钮，如图 3-166 所示。

步骤 4▶ 弹出“插入图片”对话框，在对话框左侧导航窗格中找到存放图片的文件夹（“项目三”文件夹），选择“相片”图片文件，单击“插入”按钮，将相片插入到光标所在的单元格中，如图 3-167 所示。

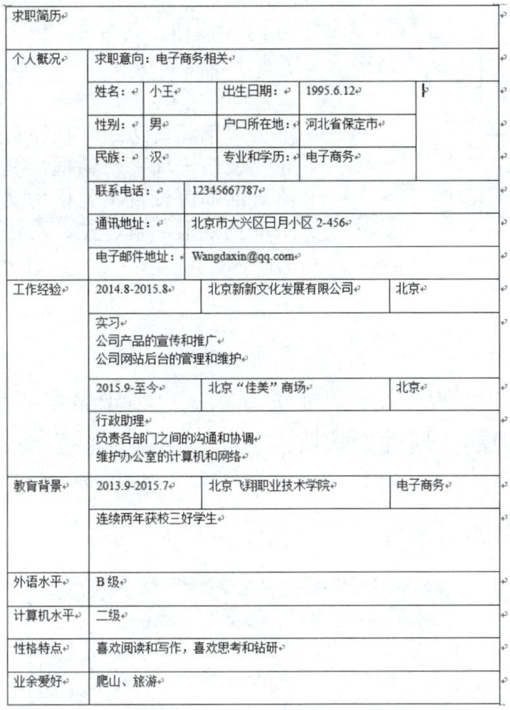

求职简历				
个人概况	求职意向：电子商务相关			
	姓名：小王	出生日期：	1995.6.12	
	性别：男	户口所在地：	河北省保定市	
	民族：汉	专业和学历：	电子商务	
	联系电话：	12345667787		
	通讯地址：	北京市大兴区日月小区 2-456		
	电子邮件地址：	Wangdaxin@qq.com		
工作经验	2014.8-2015.8	北京新新文化发展有限公司	北京	
	实习 公司产品的宣传和推广 公司网站后台的管理和维护			
	2015.9-至今	北京“佳美”商场	北京	
	行政助理 负责各部门之间的沟通和协调 维护办公室的计算机和网络			
教育背景	2013.9-2015.7	北京飞翔职业技术学院	电子商务	
	连续两年获校三好学生			
外语水平	B级			
计算机水平	二级			
性格特点	喜欢阅读和写作，喜欢思考和钻研			
业余爱好	爬山、旅游			

图 3-165　在表格中输入文字

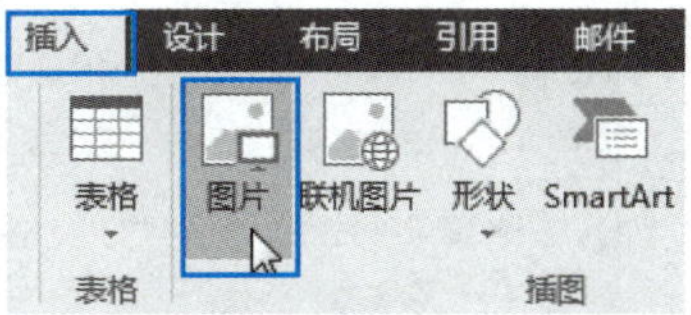

图 3-166　单击“图片”按钮

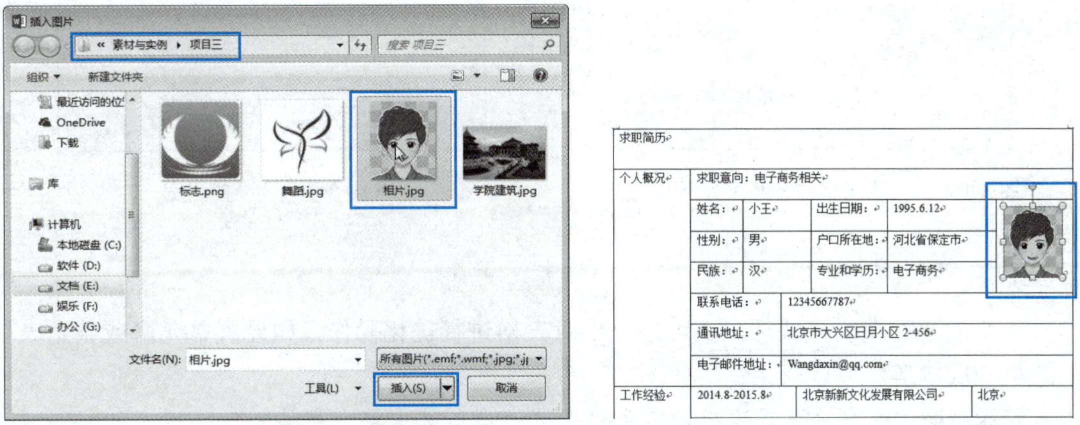

图 3-167　在单元格中插入图片

步骤 5▶　单击表格左上角的控制柄“⊞”选中整个表格，然后单击“表格工具 布局”选项卡“对齐方式”组中的“中部两端对齐”按钮，将各单元格中的文字相对于单元格垂直居中对齐、水平居左对齐，如图 3-168 所示。

步骤 6▶　选中第 1 行单元格，然后利用“开始”选项卡“字体”组将其字体设为黑体，字号设为三号，利用“段落”组将文字对齐方式设为“居中对齐”。

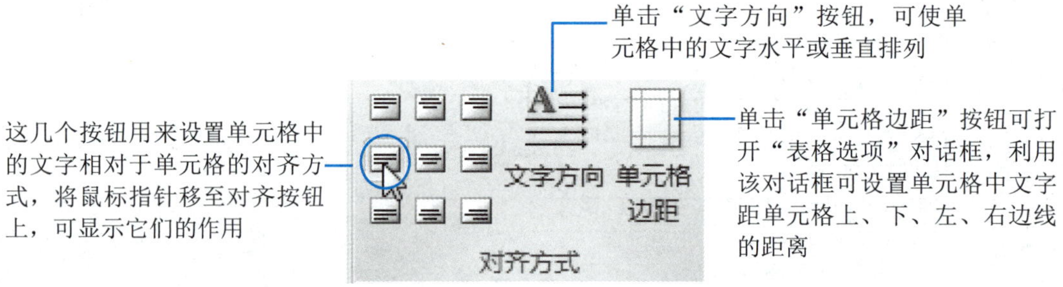

图 3-168　设置单元格对齐方式

要设置整个表格相对于页面的对齐方式、与周围文字的环绕方式，可选中整个表格，然后单击“表格工具/布局”选项卡“表”组中的“属性”按钮，打开“表格属性”对话框进行设置，如图 3-169 所示。如果将该对话框切换到“行”“列”或“单元格”选项卡，可设置所选单元格的行高、列宽或单元格中文字的对齐方式等，如图 3-170 所示。

图 3-169　设置表格对齐和文字环绕方式

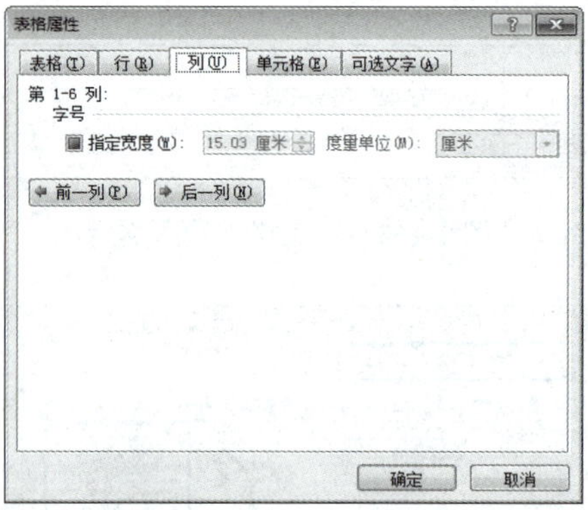

图 3-170　设置列宽

五、美化表格

表格创建和编辑完成后，还可进一步对表格进行美化操作，如设置单元格或整个表格的边框和底纹等。

步骤 1▶　选中要设置边框的单元格区域，本例选中整个表格。

步骤 2▶　在“表格工具/设计”选项卡“绘图边框”组中分别单击“笔样式”“笔画粗细”和“笔颜色”右侧的三角按钮，从弹出的列表中选择边框的样式、粗细和颜色，如图 3-171 所示。

步骤 3▶　单击“表格样式”组“边框”按钮右侧的三角按钮，在展开的列表中选择要设置的边框，本例选择“外侧框线”，为所选表格设置外边框，如图 3-172 所示。注意，如果所选的是单元格区域，则是为该单元格区域设置外边框。

步骤4▶ 选中表格第1行（标题行），单击“表格样式”组中的“底纹”按钮右侧的三角按钮，在展开的列表中选择一种底纹颜色，如橙色，如图3-173所示。至此，求职简历就制作完成了。

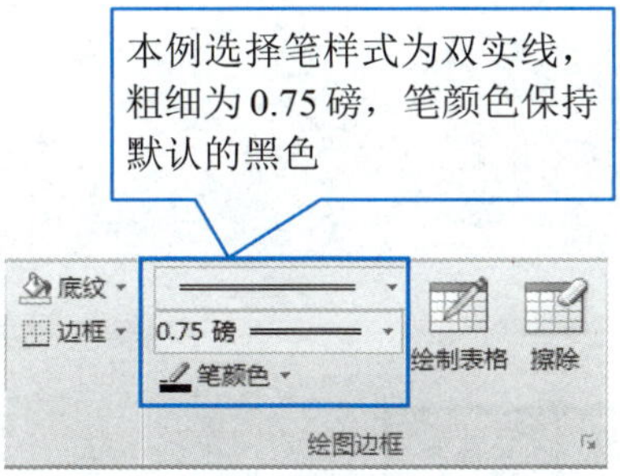

图3-171　选择笔样式、粗细和颜色

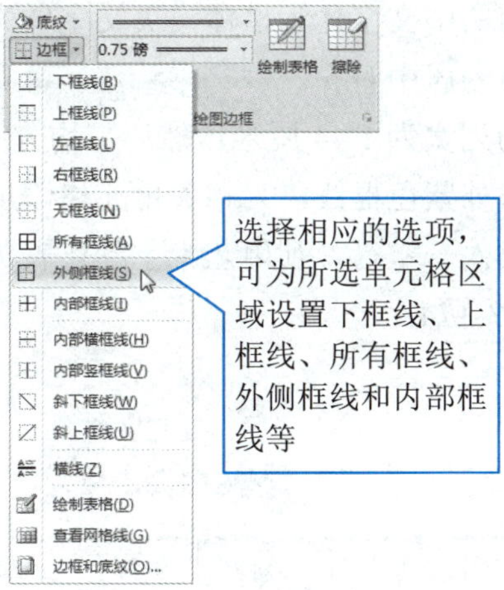

图3-172　选择边框

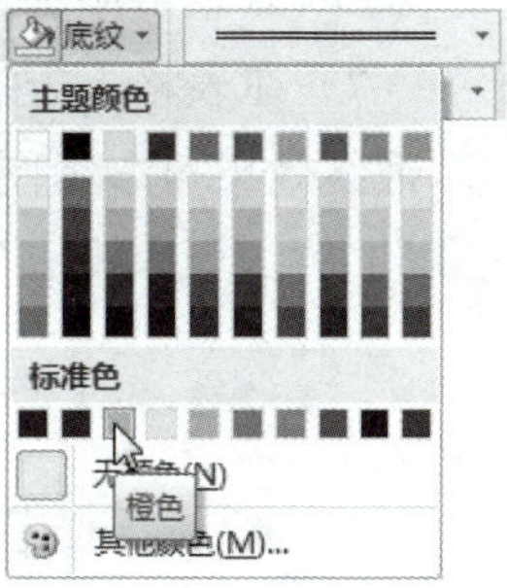

图3-173　设置表格底纹

要为表格设置复杂边框和底纹，也可单击“边框”下拉列表底部的“边框和底纹”选项，打开“边框和底纹”对话框进行设置。

要使用系统内置的漂亮样式快速改变表格的外观，可在选中表格后，在“表格工具/设计”选项卡中的“表格样式”组中单击需要应用的样式。

【高手秘籍】

1. 使用【Enter】键增加表格行

如果希望快速在表格的某行下方插入一行，可将插入符置于该表格行的外侧，然后按【Enter】键。

2. 改变部分单元格的高或宽

如果想改变部分单元格的列宽，可以先选定单元格，再用鼠标拖动表格线，此时可以发现，改变的只是所选定单元格的宽度，同列的其他单元格的宽度不受影响。

【拓展训练】——制作课程表

1. 训练目的

强化练习在Word文档中插入表格并进行编辑和美化的操作。

2. 训练内容

（1）创建一个 6 列 8 行的表格，输入所需数据并保存。

（2）在第 7 行的上方插入一空行并将该行中的所有单元格合并。

（3）设置表格内容的中文字体为楷体，英文字体为 Times New Roman。

（4）设置表格内容为居中对齐。

（5）调整第 1 列的列宽为 1.44 厘米，然后平均分布其他列。

（6）为表格添加双外紫色框线，为相关单元格添加底纹。

（7）在表格上方插入一空行，利用艺术字制作表头。

最终效果可参考图 3-174。

课程表

	星期一	星期二	星期三	星期四	星期五
1	数学	语文	数学	外语	外语
2	外语	数学	语文	语文	数学
3	自习	历史	生物	地理	自习
4	语文	外语	外语	数学	语文
5	美术	政治	体育	自习	语文
6	地理	计算机	数学	历史	政治
7	生物	自习	自习	外语	音乐

图 3-174　课程表效果示例

任务七　设计并制作公司招聘启事

——自选图形和 SmartArt 图的使用与文档的打印

【任务背景】

招聘启事是用人单位面向社会公开招聘有关人员时使用的一种应用类文书，其质量会直接影响招聘的效果和招聘单位的形象。招聘启事标题可简单地由事由和文种名称构成，如“招聘启事”或“招工启事”，有的写作“招贤榜”。

【分析任务】

本任务主要完成的工作是设计并制作一份招聘启事，通过该任务让读者了解如何向文档中插入并编辑和美化 SmartArt 图形、图片、艺术字和文本框等。任务完成效果如图 3-175 所示。

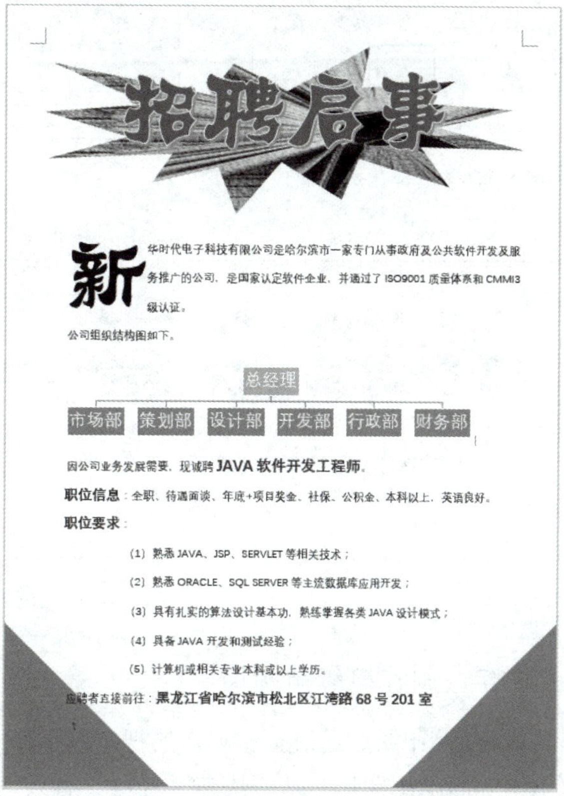
招聘启事

新华时代电子科技有限公司是哈尔滨市一家专门从事政府及公共软件开发及服务推广的公司，是国家认定软件企业，并通过了 ISO9001 质量体系和 CMMI3 级认证。

公司组织结构图如下。

总经理

市场部　策划部　设计部　开发部　行政部　财务部

因公司业务发展需要，现诚聘 **JAVA 软件开发工程师**。

职位信息：全职、待遇面谈、年底+项目奖金、社保、公积金、本科以上，英语良好。

职位要求：

(1) 熟悉 JAVA、JSP、SERVLET 等相关技术；

(2) 熟悉 ORACLE、SQL SERVER 等主流数据库应用开发；

(3) 具有扎实的算法设计基本功，熟练掌握各类 JAVA 设计模式；

(4) 具备 JAVA 开发和测试经验；

(5) 计算机或相关专业本科或以上学历。

应聘者直接前往：**黑龙江省哈尔滨市松北区江湾路 68 号 201 室**

图 3-175　公司招聘启事效果

【任务目标】

- 能插入并编辑艺术字、文本框和图形。
- 能为段落设置首字下沉效果。
- 能插入 SmartArt 图形并利用 SmartArt 图形表示信息。
- 能对 SmartArt 图形进行编辑和美化。

【任务实施】

一、制作标题和公司介绍

步骤 1▶ 新建“招聘启事”文档。

步骤 2▶ 设置文档的左、右、上、下页边距均为 1.5 厘米。

步骤 3▶ 在“插入”选项卡的“文本”组中单击“艺术字”按钮，在展开的列表中选择一种艺术字样式，如图 3-176 所示。

步骤 4▶ 输入艺术字文本“招聘启事”，利用“开始”选项卡设置其字体为“汉仪雁翎体简”（或其他字体），字号为 100。

步骤 5▶ 选中艺术字，然后单击“绘图工具/格式”选项卡“排列”组中的“环绕文字”按钮，在展开的列表中选择“嵌入型”选项，如图 3-177 所示，再将艺术字居中对齐。

步骤 6▶ 输入公司介绍文本并设置其格式，首行缩进 2 个字符，字号为 12。

步骤 7▶ 为公司介绍段落文本设置首字下沉，如图 3-178 所示。

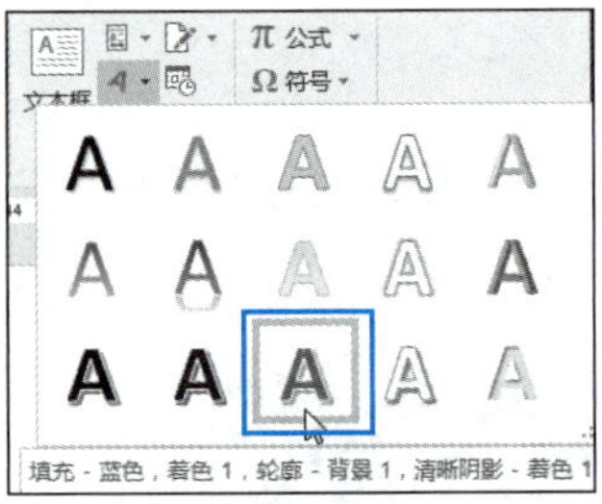

图 3-176　选择艺术字样式

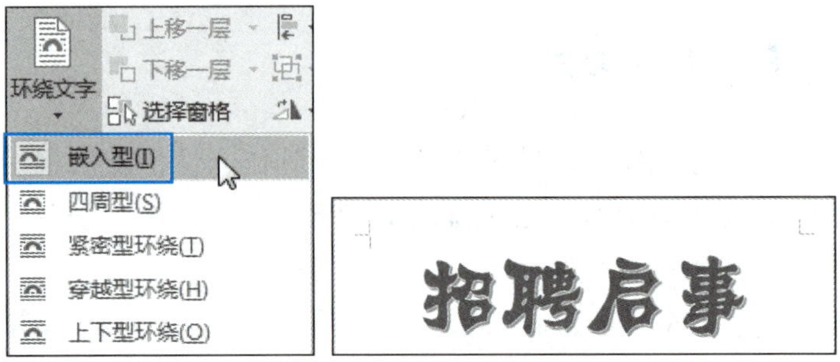

图 3-177　设置艺术字的环绕方式及效果

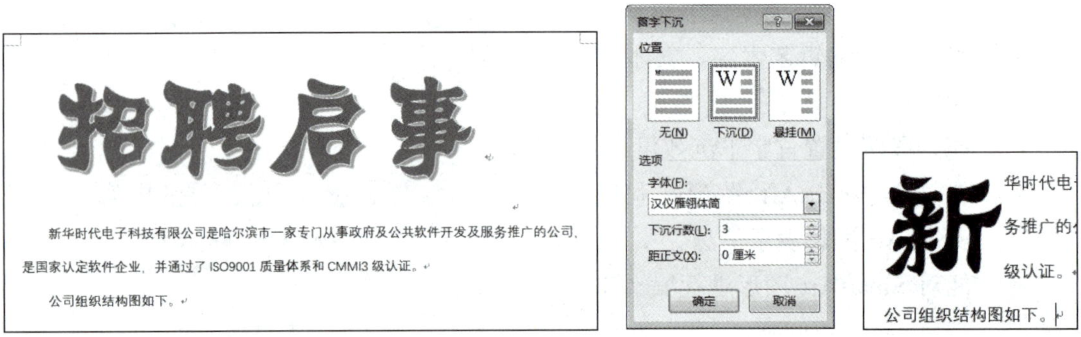

图 3-178　设置首字下沉

二、制作组织结构图

SmartArt 图形是信息和观点的视觉表示形式。可以通过从多种不同布局中进行选择来创建 SmartArt 图形，从而快速、轻松、有效地传达信息。创建 SmartArt 图形时，系统将提示用户选择一种 SmartArt 图形类型，例如“流程”“层次结构”“循环”或“关系”等。插入 SmartArt 图形的步骤如下。

1. 插入 SmartArt 图形

步骤 1▶ 在段落文本后插入一个空行，然后单击“插入”选项卡“插图”组中的“SmartArt”按钮，如图 3-179 所示。

步骤 2▶ 打开“选择 SmartArt 图形”对话框，选择“层次结构”类型中的“组织结构图”选项，如图 3-180 所示。

步骤 3▶ 单击“确定”按钮，在选定的位置插入组织结构图框架，并显示“在此处键入文字”窗格和“SmartArt 工具/设计”选项卡。如图 3-181 所示。从中可看到 SmartArt 图形由两部分组成：图形区域和形状。创建 SmartArt 图形后，默认将选中图形区域，并在其周围显示一个灰色的方框，用户也可以单击图形区域的任意处将其选中；图形区域中的图形被称为形状，它里面的“[文本]”字样被称为占位符，用于指示文字的输入位置。

图 3-179　单击“SmartArt”按钮

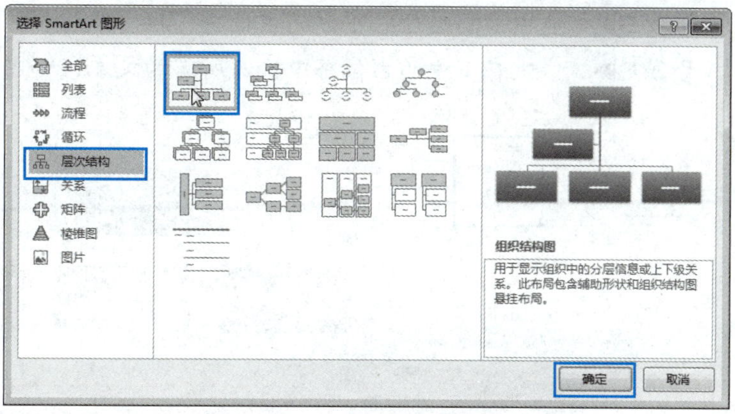

图 3-180　选择层次结构图

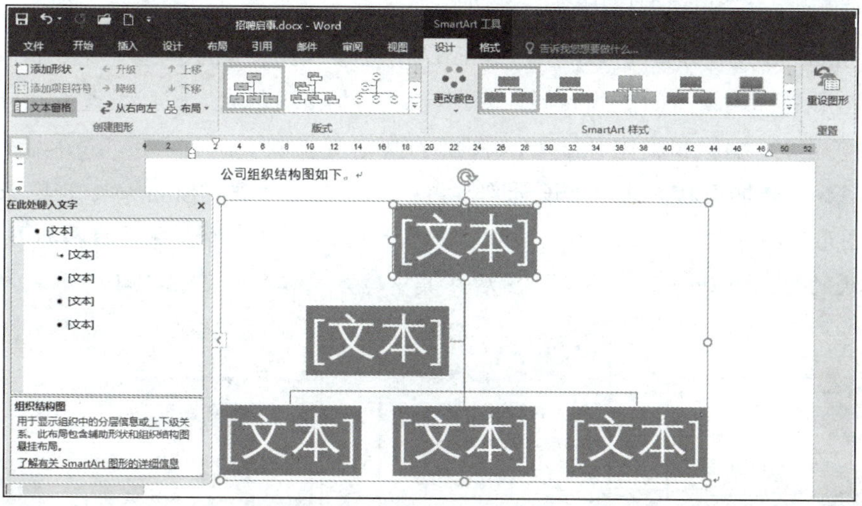

图 3-181　插入选择的 SmartArt 图形

步骤 4▶　此时插入符在左侧的“在此处键入文字”窗格中闪烁，输入所需文本，右侧形状中相应显示输入的文本，如图 3-182 所示。也可在右侧的形状内单击“文本”占位符中的“[文本]”，然后输入文本。

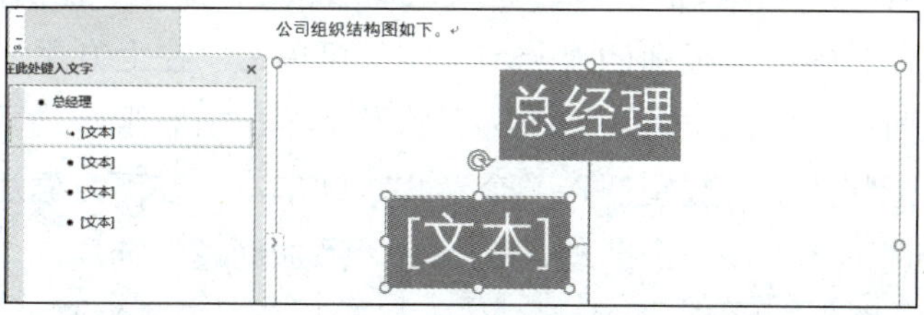

图 3-182　在第 1 个占位符中输入文本

步骤 5▶ 选中“总经理”下方的占位符，按【Delete】键，将其删除。

步骤 6▶ 依次在下方的占位符中输入所需的文本，如图 3-183 所示。

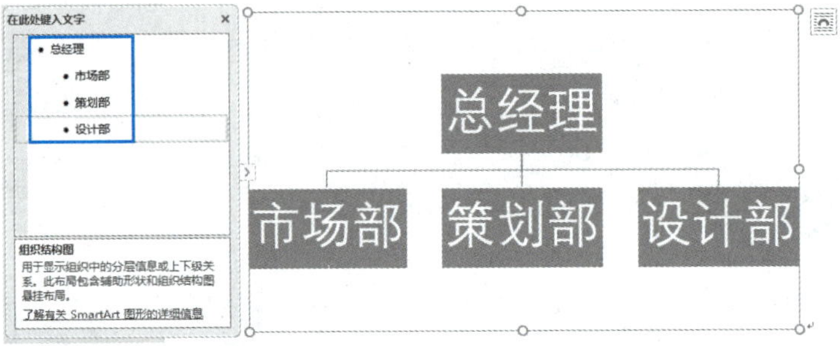

图 3-183 在其他占位符中输入文本

2. 编辑和美化 SmartArt 图形

插入 SmartArt 图形后，可以利用“SmartArt 工具”选项卡的子选项“设计”和“格式”对插入的图形进行编辑，如更改布局，套用样式，添加或删除形状，设置形状样式及形状内文本的样式等。编辑和美化 SmartArt 图形的操作步骤如下。

步骤 1▶ 添加形状。选中“设计部”占位符，然后单击“SmartArt 工具/设计”选项卡“创建图形”组中的“添加形状”按钮，在展开的列表中选择“在后面添加形状”选项，在所选形状的后面添加一个新形状，然后在其中输入文本，如图 3-184 所示。

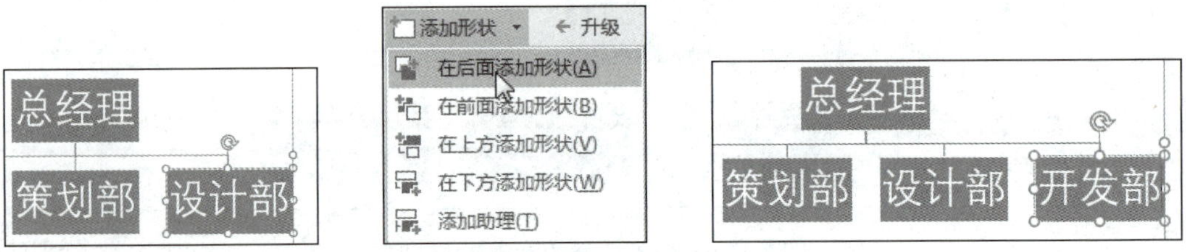

图 3-184 添加形状并输入文本

“添加形状”列表中各选项的含义如下。

- 要在所选形状所在的级别的后面插入一个形状，可在形状列表中单击“在后面添加形状”项；若要在该形状前面插入一个形状，则单击“在前面添加形状”选项。
- 要在所选形状的上一级别插入一个形状，可单击“在上方添加形状”选项。新形状将占据所选形状的位置，而所选形状及其下的所有形状均降一级。
- 要在所选形状的下一级别插入一个形状，则单击“在下方添加形状”选项。
- 若要为所选形状添加一个助理，则单击“添加助理”选项。

步骤 2▶ 用同样的方法在“开发部”的右侧添加两个同级形状并输入文本“行政部”和“财务部”。

提　示

要添加形状，也可右击选中的形状，在弹出的快捷菜单中选择“添加形状”列表中的选项；若想快速添加形状，可从“在此处键入文字”窗格的“文本”占位符中进行，即：将光标移至文本之前或之后要添加形状的位置，然后按【Enter】键。

当添加、删除形状或编辑文字时，形状的对齐方式和位置会根据形状的个数和形状中的文字数量自动更新。

步骤 3▶ 在 SmartArt 图形内单击，显示“SmartArt 工具”选项卡，单击“SmartArt 样式”组中的“更改颜色”按钮，在展开的列表中选择一种颜色，如图 3-185 所示。

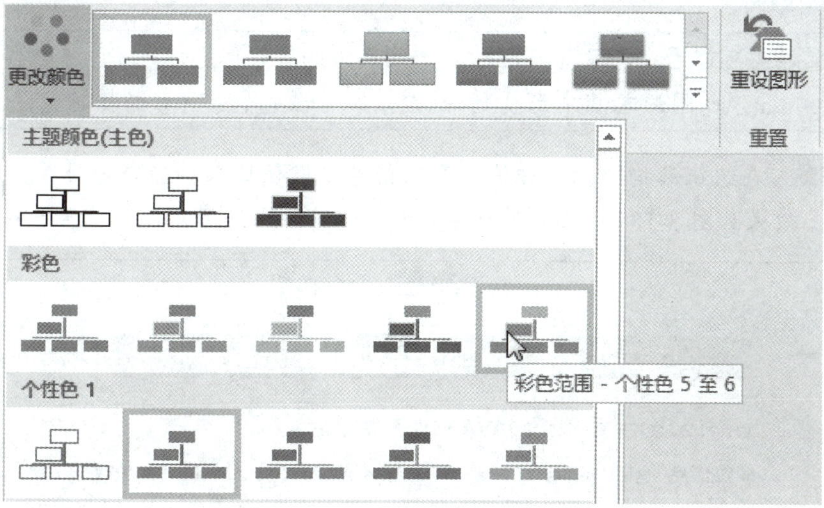

图 3-185　选择图形样式

提　示

在“设计”选项的“布局”组中可为图形重新选择一种布局；在“SmartArt 样式”组中可为图形重新选择一种样式。

因为 SmartArt 图形也是以嵌入的方式插入到文档中的，若要任意移动 SmartArt 图形，可选中 SmartArt 图形的淡蓝色边框，然后“格式”选项卡的“排列”组中“文字环绕”按钮，在展开的列表中选择除“嵌入式”外的任意环绕方式。

步骤 4▶ 将鼠标指针移到 SmartArt 图形的上边框线的控制点上，当鼠标指针变为上下箭头形状时，按住鼠标左键并向下拖动，可以将 SmartArt 图形的高度缩小，如图 3-186 所示。

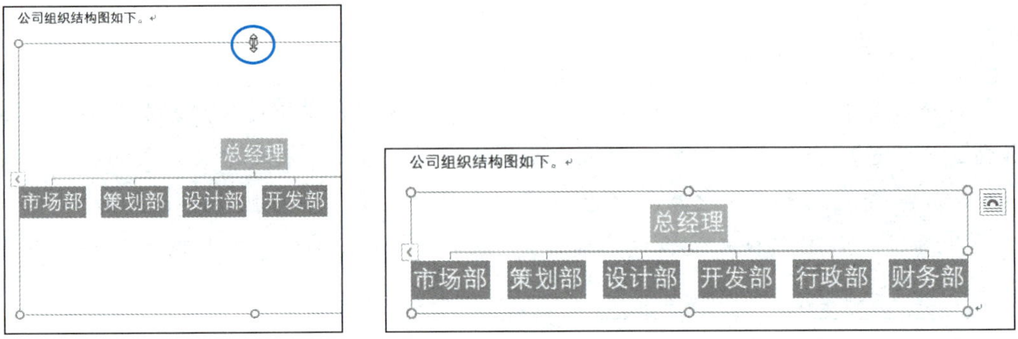

图 3-186　缩小整个 SmartArt 图形

提 示

从上述操作可以看出，设置 SmartArt 整个图形的文字环绕方式，以及选择、移动、缩放等对 SmartArt 图形或其中形状的操作方法，与对普通图形的操作方法相同。

步骤 5▶ 在组织结构图的下方输入职位信息、职位要求和应聘地址等，并进行相应的格式设置，效果如图 3-187 所示（可为要突出显示的内容设置不同的字号、字体颜色等）。

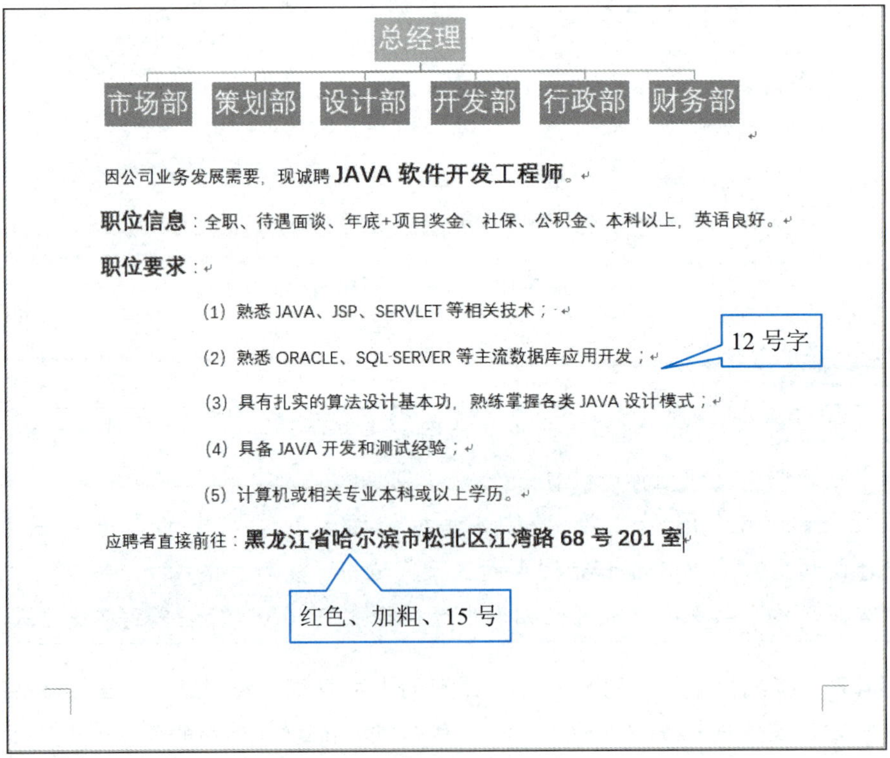

图 3-187　输入职位信息、职位要求和应聘地址内容

三、绘制并编辑图形

下面通过绘制图形对文档进行装饰。

步骤 1▶ 在“形状”列表中选择“爆炸形 1”形状，然后在文档的上方绘制一个扁形的爆炸形，如图 3-188 所示。

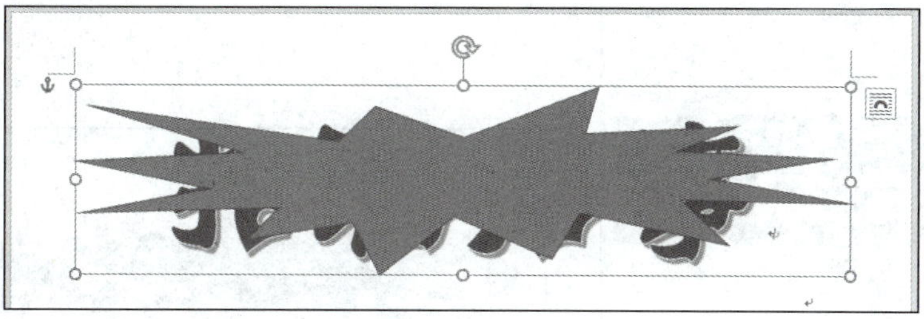

图 3-188 绘制爆炸形

步骤 2▶ 用素材图片“项目三”>“时尚背景”将爆炸形填充，如图 3-189 所示。

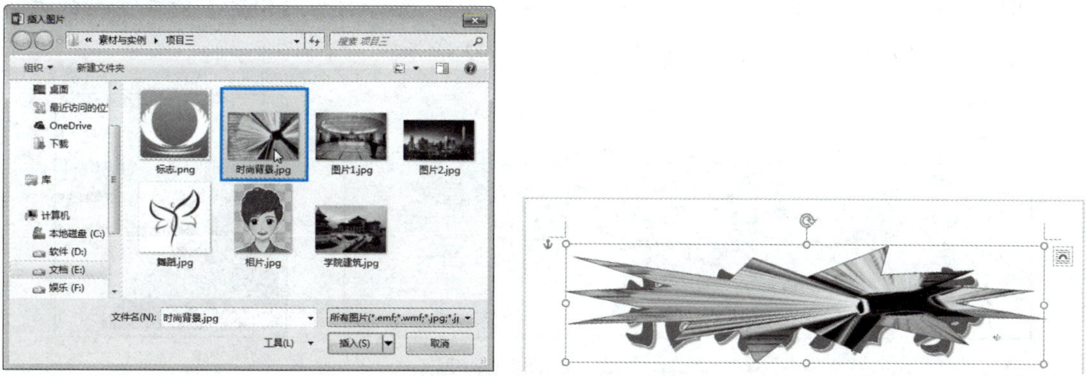

图 3-189 用图片填充图形

步骤 3▶ 将图形设置为无轮廓，并将其衬于文字下方，可看到图形下方的标题显示出来，如图 3-190 所示。

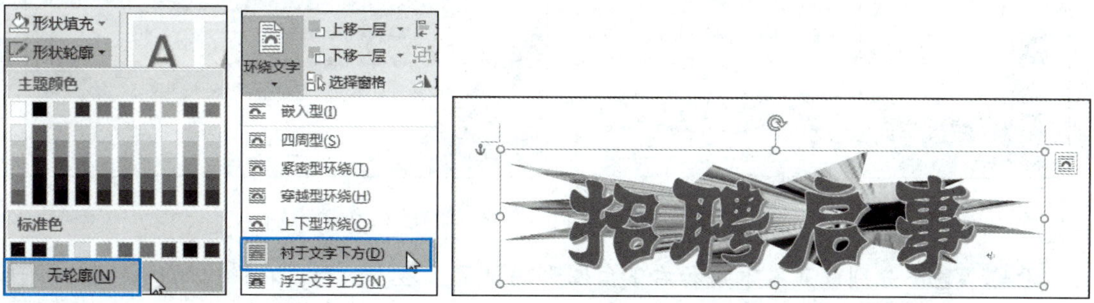

图 3-190 设置图形的轮廓和文字环绕方式

步骤 4▶ 选中图形，然后在“图片工具/格式”选项卡“调整”组的“艺术效果”列表中为填充的图片应用“混凝土”效果，如图 3-191 所示。

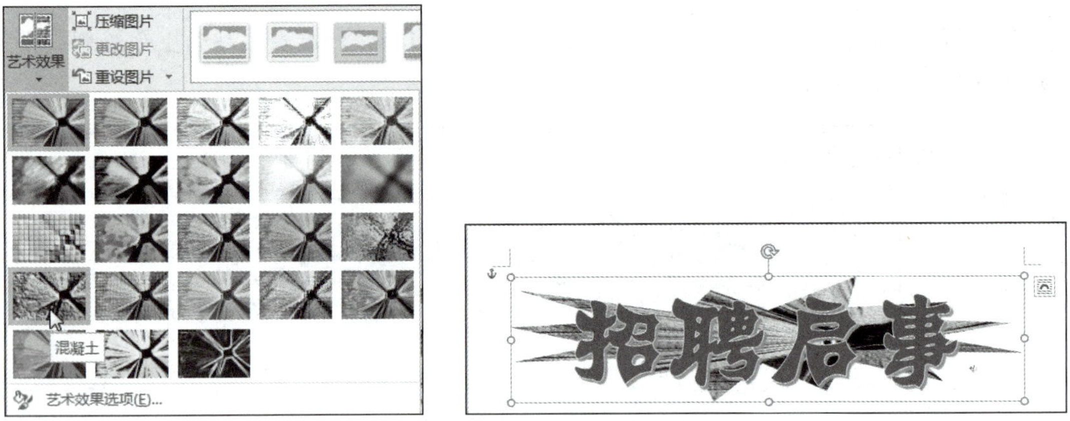

图 3-191　为图片设置艺术效果

步骤 5▶ 在“形状”列表中选择“直角三角形”，然后按住【Shift】键在文档的左下角绘制一个 6.3 厘米大小的等腰三角形，如图 3-192 所示。

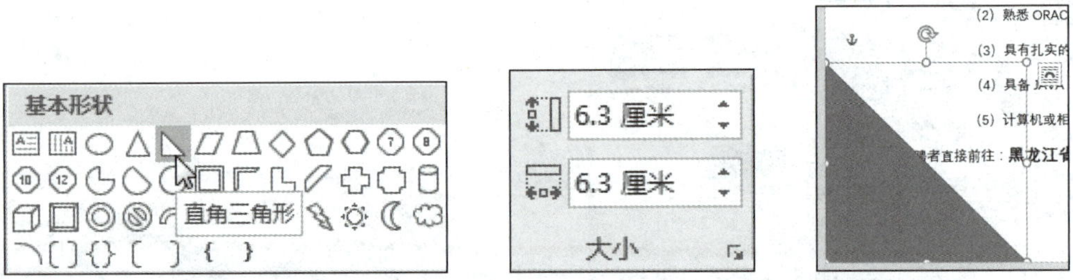

图 3-192　绘制等腰三角形

步骤 6▶ 设置绘制的等腰三角形的轮廓为无，“文字环绕”为“衬于文字下方”选项，然后复制一份，移到页面的右下角，将其水平翻转，如图 3-193 所示。

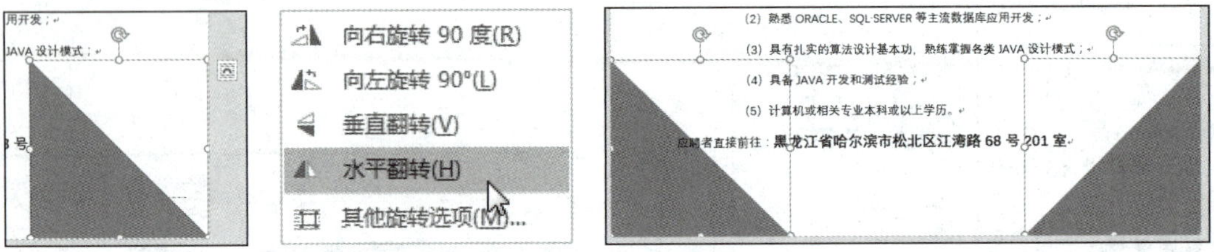

图 3-193　复制图形并水平翻转

步骤 7▶ 分别设置左下角和右下角图形的位置。右击图形，在弹出的快捷菜单中选择“其他布局选项”选项，打开“布局”对话框，参数设置如图 3-194 所示。至此，招聘启事文档制作完毕。

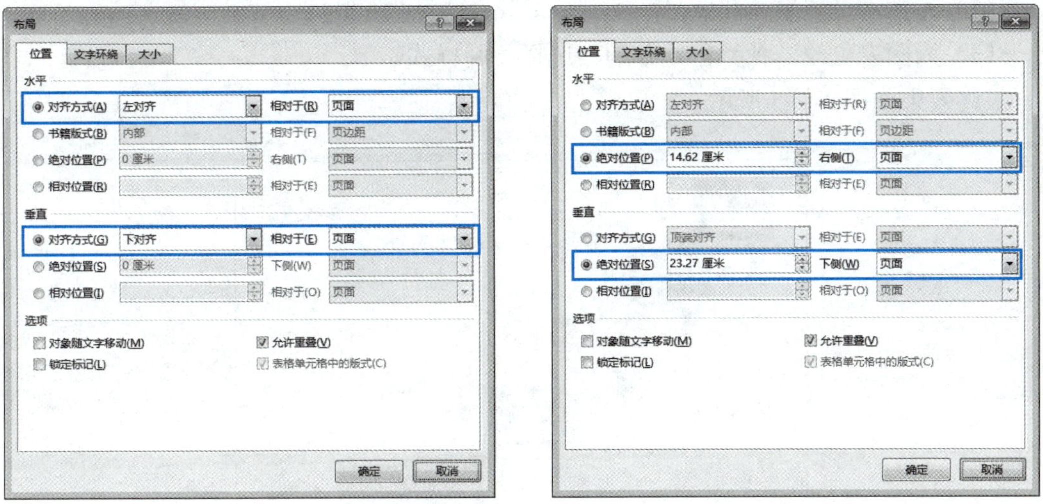

图 3-194 设置图形在页面的位置

【高手秘籍】

1. 设置页眉分隔线

默认情况下，在文档中插入页眉后，页眉线为单实线，如果想将其设置为其他的线条，可选中页眉中的段落标记，然后打开“边框和底纹”对话框，在其中设置边框样式、边框粗细、边框颜色并确定即可。

2. 将图片作为文档页眉

要将图片作为文档的页眉，如公司标志图片等，可进入页眉和页脚编辑状态后，确定要插入图片的位置，然后将需要的图片插入，再根据实际需要对插入的图片进行编辑，如调整其大小，为其套用样式，设置其与文字的环绕方式等。

【拓展训练】——制作污水处理流程图

1. 训练目的

加强练习在 Word 文档中插入、编辑和美化 SmartArt 图形的方法。

2. 训练内容

（1）新建文档，设置纸张方向为横向，然后插入“步骤下移流程”类型，最后在占位符中输入所需文本。

（2）添加形状，输入其他所需文本。

（3）为文本设置字体和字号。

（4）为图表更改一种颜色，并为其选择一种样式。

最终效果如图 3-195 所示。

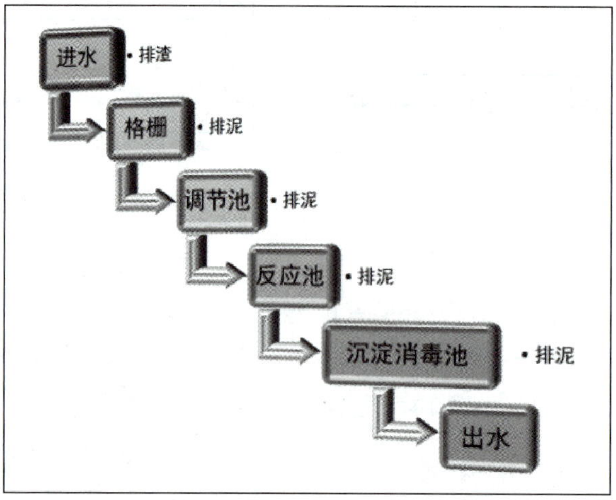

图 3-195　污水处理流程图效果

项目小结

本项目通过 7 个具体任务介绍了使用 Word 2016 设计与制作各种文档的方法。通过本项目的学习，希望读者掌握以下知识。

（1）熟练掌握文档的基本操作方法，以及输入与编辑文本的方法。

（2）熟练掌握对文档进行页面设置、字符格式和段落格式设置的方法，以便能熟练地编排文档。

（3）能熟练地在文档中插入、编辑和美化图片、文本框和艺术字等对象。

（4）能在文档中插入和编辑形状、SmartArt 图形等对象。

（5）能在文档中创建表格并对其进行编辑、美化。

（6）能为文档添加页眉、页脚和页码，并提取目录。

项目四

使用 Excel 2016 设计与制作电子表格

【项目导读】

Excel 2016 是 Office 2016 办公套装软件中的另一个重要成员，它是一款优秀的电子表格制作软件，具有强大的数据组织和处理功能。利用它可以快速制作出各种美观、实用的电子表格，以及对表格中的数据进行计算、统计、分析和预测等，并可按需要将表格打印出来。本项目主要学习 Excel 2016 的使用方法。

【学习目标】

- 掌握在工作表中输入、编辑数据并设置表格格式的方法。
- 掌握使用公式和函数对工作表数据进行计算的方法。
- 掌握使用排序、筛选、分类汇总和条件格式对工作表数据进行管理的方法。
- 掌握利用图表对工作表数据进行统计分析的方法。
- 掌握利用数据透视表和数据透视图对工作表数据进行统计分析的方法。

任务一　设计并制作家电销售表

——数据输入与表格格式设置

【任务背景】

销售报表是用以反映企业销售产品的升降变动情况，考核各项费用与销售成本计划执行结果的会计报表，它是会计报表体系的重要组成部分。产品销售表作为反映企业生产经营活动情况的综合性指标，是企业经营管理水平好坏的重要尺度。

通过对销售报表资料进行分析，可以揭示企业的实际营收情况，便于企业及时发现出现差异的原因和责任，从而有针对性地采取措施，处理那些不正常的销售情况，保证销售目标的顺利完成。

【分析任务】

本任务的主要工作是制作一份家电销售表，通过该任务让读者掌握利用 Excel 2016 制作电子表格的基本操作方法，如启动与退出 Excel 2016、创建与保存电子表格、在电子表格中输入数据以及设置表格格式等。任务完成效果如图 4-1 所示。

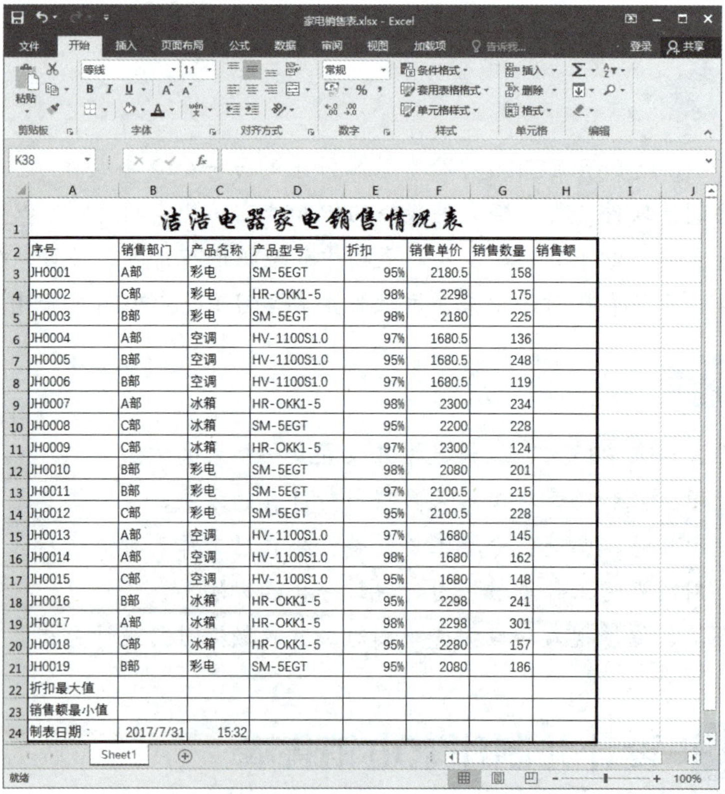

洁浩电器家电销售情况表

序号	销售部门	产品名称	产品型号	折扣	销售单价	销售数量	销售额
JH0001	A部	彩电	SM-5EGT	95%	2180.5	158	
JH0002	C部	彩电	HR-OKK1-5	98%	2298	175	
JH0003	B部	彩电	SM-5EGT	98%	2180	225	
JH0004	A部	空调	HV-1100S1.0	97%	1680.5	136	
JH0005	B部	空调	HV-1100S1.0	95%	1680.5	248	
JH0006	B部	空调	HV-1100S1.0	97%	1680.5	119	
JH0007	A部	冰箱	HR-OKK1-5	98%	2300	234	
JH0008	C部	冰箱	SM-5EGT	95%	2200	228	
JH0009	C部	冰箱	HR-OKK1-5	97%	2300	124	
JH0010	B部	彩电	SM-5EGT	98%	2080	201	
JH0011	B部	彩电	SM-5EGT	97%	2100.5	215	
JH0012	C部	彩电	SM-5EGT	95%	2100.5	228	
JH0013	A部	空调	HV-1100S1.0	97%	1680	145	
JH0014	A部	空调	HV-1100S1.0	98%	1680	162	
JH0015	C部	空调	HV-1100S1.0	95%	1680	148	
JH0016	B部	冰箱	HR-OKK1-5	95%	2298	241	
JH0017	A部	冰箱	HR-OKK1-5	98%	2298	301	
JH0018	C部	冰箱	HR-OKK1-5	95%	2280	157	
JH0019	B部	彩电	SM-5EGT	95%	2080	186	
折扣最大值							
销售额最小值							
制表日期：	2017/7/31	15:32					

图 4-1　家电销售表效果

【任务目标】

- 能启动与退出 Excel 2016。
- 能新建与保存工作簿。

- 能在工作表中输入数据并对其进行编辑。
- 能在工作表中选择单元格、单元格区域、行和列，以及调整行高和列宽。
- 能对表格的格式进行简单的设置。

【任务实施】

一、启动 Excel 2016 并认识其工作界面

启动 Excel 2016 的操作步骤如下。

步骤 1▶ 在“开始”菜单的“所有程序”列表中选择“Excel 2016”选项，如图 4-2 所示，进入其开始界面，左侧显示 Excel 最近使用过的文档，右侧显示一些常用的模板。

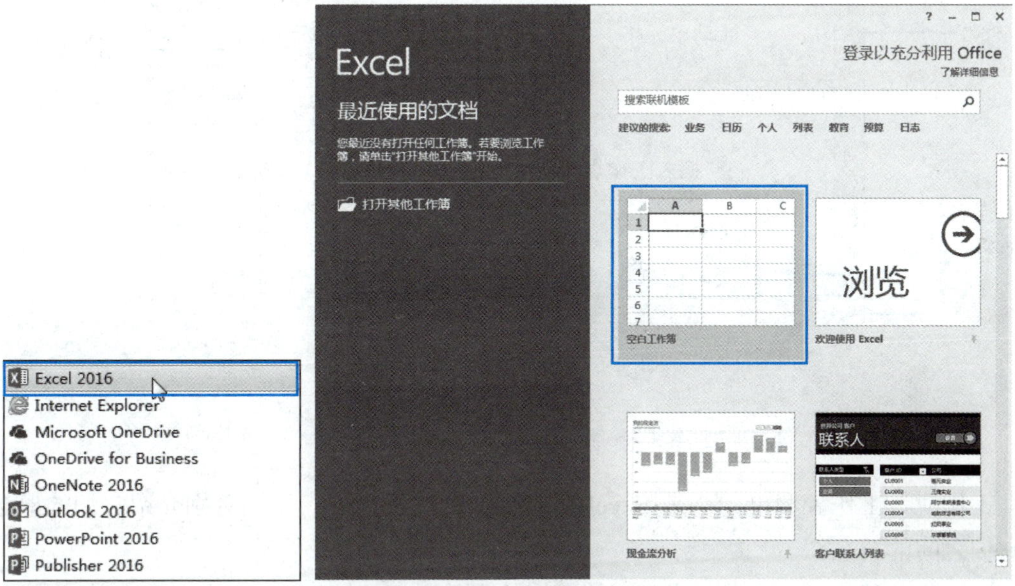

图 4-2　选择“Excel 2016”选项进入其开始界面

步骤 2▶ 单击“空白工作簿”选项，即可启动 Excel 2016 并进入其工作界面，主要由快速访问工具栏、标题栏、功能区、编辑栏、工作表编辑区、状态栏和滚动条等组成，如图 4-3 所示。有些组成元素的含义与 Word 2016 相似，下面只介绍不同部分元素的含义。

- **名称框：**显示当前活动单元格的地址。
- **编辑栏：**主要用于输入和修改活动单元格中的数据。当在工作表的某个单元格中输入数据时，编辑栏会同步显示输入的内容。
- **工作表编辑区：**功能和 Word 的编辑区相似，它是 Excel 处理数据的主要区域，包括单元格、行号和列标及工作表标签等。

➢ **工作表标签：**在 Excel 的一个工作簿中通常包含多个工作表，而不同的工作表用不同的标签标记。工作标签位于工作簿窗口的底部，如 Sheet1。

➢ **状态栏：**位于窗口的底部，用于显示当前操作的相关提示及状态信息。一般情况下，状态栏左侧显示“就绪”。在单元格输入数据时，状态栏左侧则显示“输入”。

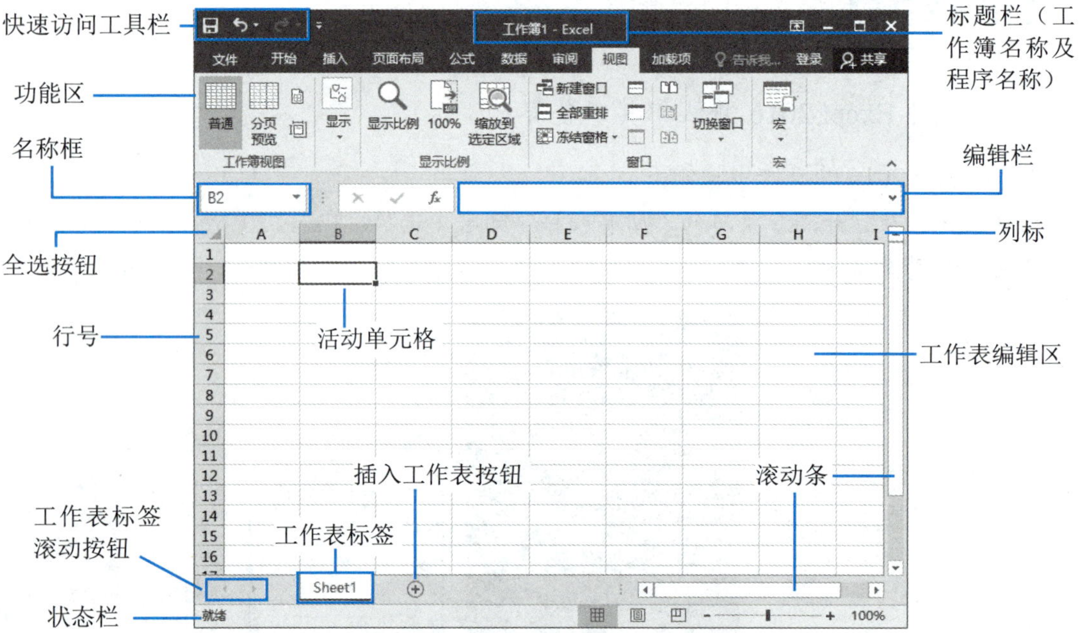

图 4-3 Excel 2016 工作界面

二、认识工作簿、工作表和单元格

工作簿、工作表和单元格是 Excel 存储数据的基本单位。下面分别介绍它们的概念以及它们之间的关系。

➢ **工作簿：**即 Excel 中用于存储数据的文件，Excel 2016 文件的扩展名为“.xlsx”。启动 Excel 后，系统会自动创建一个名为“工作簿 1”的工作簿。新建其他工作簿的方法与在 Word 中新建 Word 文档相同。

➢ **工作表：**即显示在工作簿中由单元格、行号、列标以及工作表标签等组成的表格，是处理数据的主要场所。其中，行由上至下用数字 1，2，3…编号；列从左到右用字母 A，B，C…编号。默认情况下，一个工作簿包含 1 个工作表，用户可以根据需要新建工作表。

➢ **单元格：**即工作表中行与列相交形成的长方形区域，它是 Excel 中最小的数据存储单位。单元格的名称由其所在的列标和行号来命名，如 C3 单元格表示位于第 C 列第 3 行的单元格。

工作簿与工作表的关系，如同账簿与账页的关系，而工作表又由多个单元格组成，三者关系如图 4-4 所示，即它们是包含与被包含的关系。

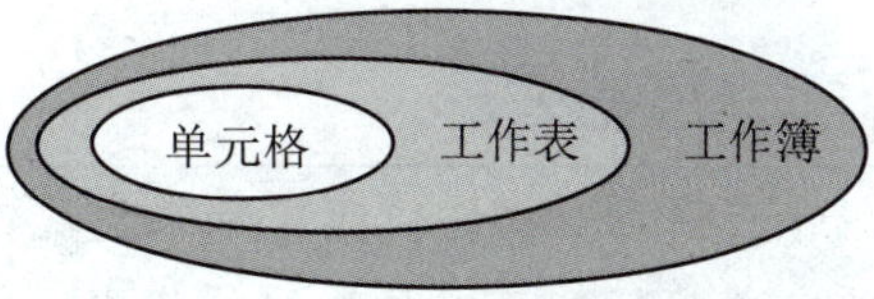

图 4-4 工作簿、工作表和单元格关系图

三、数据输入与编辑

数据输入是创建 Excel 电子表格的基本操作，也是进行工作表数据分析和处理的基础。Excel 中常用的数据类型包括文本、数值、日期和时间等。向“Sheet1”工作表中输入数据的操作步骤如下。

步骤 1▶ 在“工作簿 1”中单击工作表标签“Sheet1”，然后单击 A1 单元格，输入表头文本“洁豪电器家电销售情况表”，可以看到输入的内容会同时显示在编辑栏中，如图 4-5 所示。

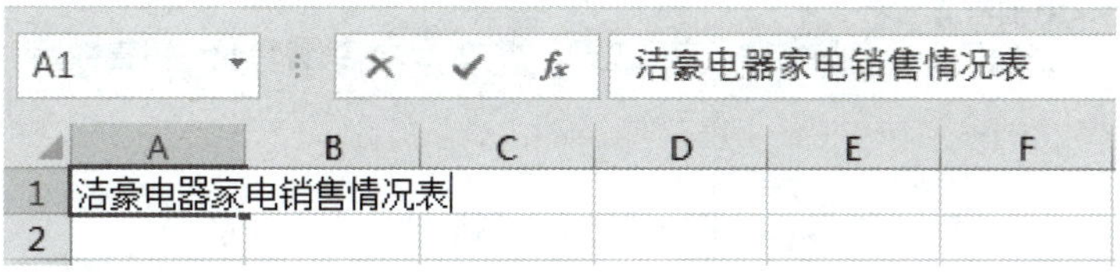

图 4-5 输入表头文本

提 示

> 如果输入的数据长度超出单元格的长度，并且当前单元格右侧的单元格为空，则文本会扩展显示到其右侧的单元格中；若右侧单元格中有内容，则超出部分被截断，不显示，但可在编辑栏中查看其全部内容。

Excel 中的数据类型如下。

- **文本型数据：** 文本是指汉字、英文，或由汉字、英文、数字组成的字符串。默认情况下，输入的文本会沿单元格左侧对齐。
- **数值型数据：** 在 Excel 中，数值型数据是使用最多，也是最为复杂的数据类型。数值型数据由数字 0～9、正号、负号、小数点、分数号“/”、百分号“%”、指数符号“E”或“e”、货币符号“￥”或“$”、千位分隔号“,”等组成。输入数值型数据时，Excel 自动将其沿单元格右侧对齐。
- Excel 是将**日期和时间**视为数字处理的，它能够识别出大部分用普通表示方法输入的日期和时间格式。

步骤 2▶ 输入完毕，按键盘上的【Enter】键确认，此时光标自动移到当前单元格的下一个单元格。用户也可单击编辑栏中的“输入”按钮✓确认输入，或直接单击下一个要输入内容的单元格。

提 示

在输入数据的过程中如果发现错误，可以使用【Backspace】键将输错的文本删除；或将插入符定位在编辑栏中，在编辑栏中进行修改；单击编辑栏中的“取消”按钮✕或按【Esc】键，可取消本次输入。

双击单元格后，按【Delete】键可删除插入符右侧的数据，按【Backspace】键可删除插入符左侧的数据。

步骤 3▶ 依次在 A2～H2 单元格中输入列标题。可以看到，在默认情况下，输入的文本会沿单元格左侧对齐，如图 4-6 所示。

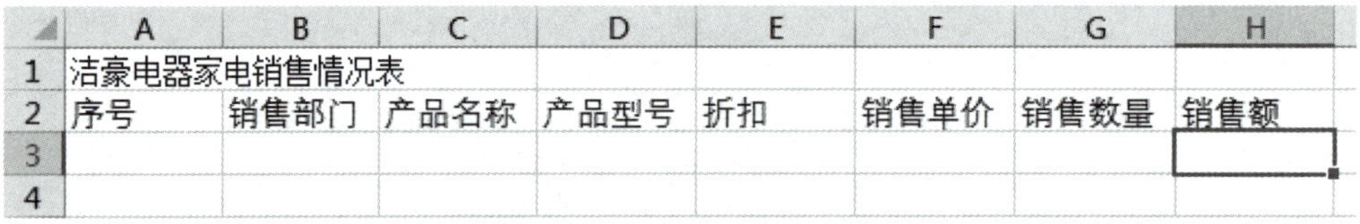

图 4-6 输入列标题

步骤 4▶ 除了可以直接在单元格中输入数据外，用户也可使用填充柄在相同列或行中快速输入有规律的数据。在“序号”列的 A3 单元格中输入“JH0001”。

步骤 5▶ 将鼠标指针移到 A3 单元格右下角的填充柄上，此时鼠标指针变为实心的十字形✚，如图 4-7（a）所示，按住鼠标左键拖动 A3 单元格右下角的填充柄到 A21 单元格，如图 4-7（b）所示，释放鼠标左键，结果如图 4-7（c）所示。

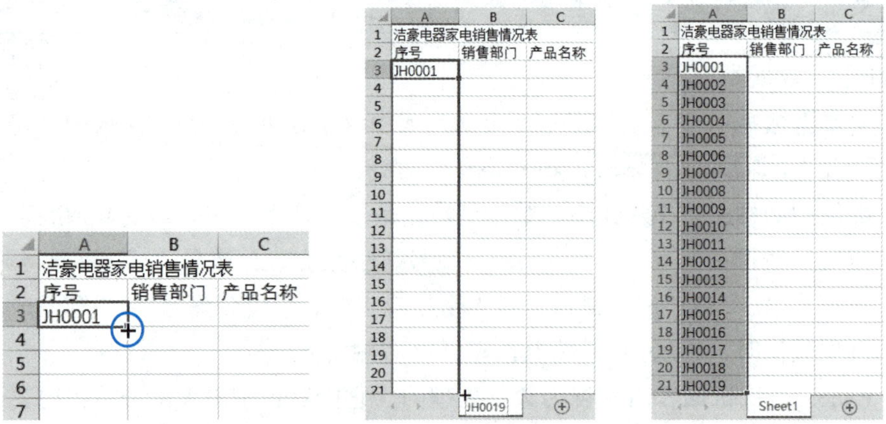

（a） （b） （c）

图 4-7 利用填充柄填充“序号”列数据

步骤 6▶ 除了上述输入数据的方法外，用户还可以使用快捷键在不同的单元格中快速输入相同的数据。在“销售部门”列中按住【Ctrl】键依次单击选中要填充相同数据的单元格，如图 4-8（a）所示，然后输入数据“A 部”，如图 4-8（b）所示，按【Ctrl+Enter】组合键，结果如图 4-8（c）所示。

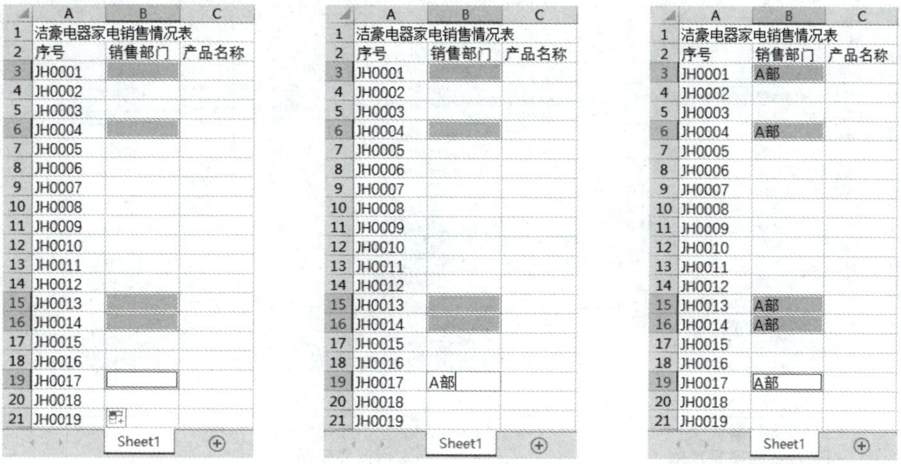

（a）　　　　（b）　　　　（c）

图 4-8　利用快捷键输入数据

要对工作表中的数据进行编辑，首先要选择数据所在的单元格或单元格区域，然后再进行相应的编辑操作。下面是选择单元格或单元格区域的几种方法。

- **选择单个单元格：**将鼠标指针移至要选择的单元格上方后单击，选中的单元格以黑色边框显示，此时该单元格行号上的数字和列标上的字母将突出显示。
- **选择相邻单元格：**按下鼠标左键拖过想要选择的单元格，然后释放鼠标即可；或单击要选择区域的第一个单元格，然后按住【Shift】键单击要选择区域的最后一个单元格。
- **选择不相邻单元格或单元格区域：**选择一个单元格或单元格区域后，按住【Ctrl】键选择其他单元格或单元格区域，可选择不相邻的多个单元格或单元格区域。
- **选取所有单元格：**要选取工作表中的所有单元格，可按【Ctrl＋A】组合键，或单击工作表左上角行号与列标交叉处的“全选”按钮。

步骤 7▶ 用同样的方法在该列的其他单元格和 C～D 列单元格中输入数据，效果如图 4-9（a）所示。

步骤 8▶ 在 E～G 列和 A22～A24 单元格区域输入数据，此时的工作表如图 4-9（b）所示。

步骤 9▶ 单击 B24 单元格，然后输入制表日期“2017-7-31”，按键盘上的向右方向键后输入制表时间“15:32”，如图 4-10 所示。

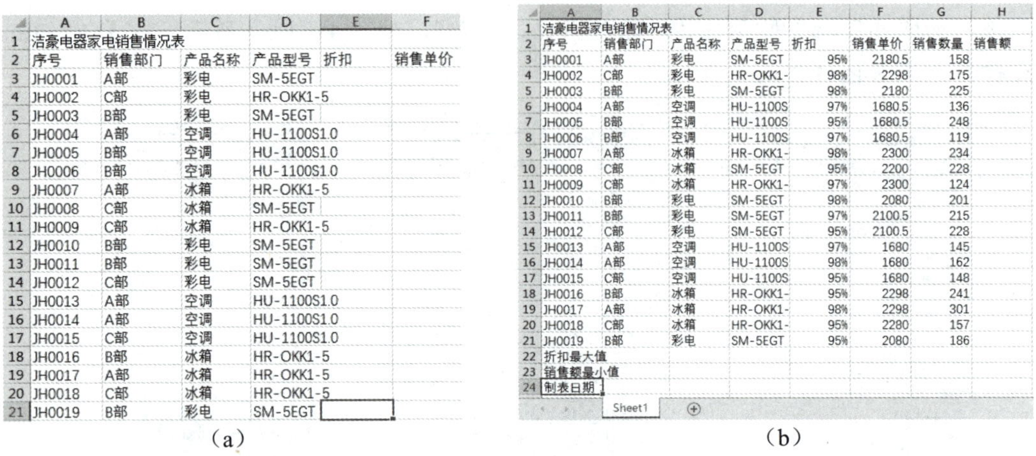

图 4-9　输入其他列的数据

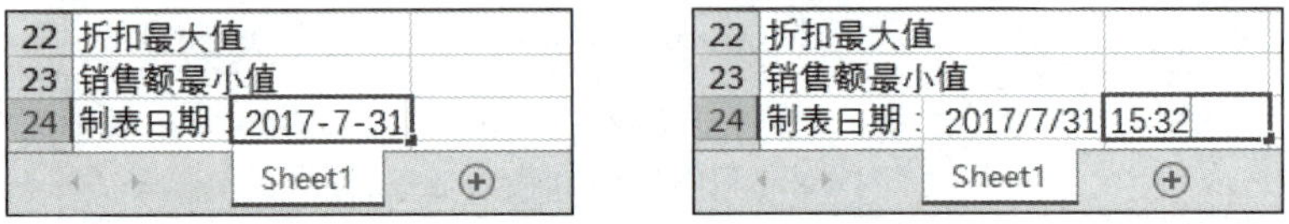

图 4-10　输入制表日期和时间

提　示

> 在 Excel 中，可以使用斜杠“/”或“-”来分隔日期中的年、月、日。
>
> 若要在单元格中插入系统当前日期，可以按【Ctrl+;】组合键；若要在单元格中插入系统当前时间，可按【Ctrl+Shift+;】组合键。

步骤 10▶ 在工作表中输入数据后，若发现某些单元格数据输入有误，可以对其进行修改。单击要修改数据的单元格，如 A1，然后单击编辑栏并将插入点移到要修改数据的左侧，如图 4-11（a）所示。

步骤 11▶ 按【Delete】键删除不需要的文本“豪”，然后输入新文本“浩”，如图 4-11（b）所示，最后按【Enter】键确认即可。

图 4-11　修改文本

提　示

> 双击单元格后，按【Delete】键可删除插入点右侧的数据，按【Backspace】键可删除插入点左侧的数据。

若单击某个单元格，然后输入数据，则单元格中原有的数据将完全被替换。

步骤 12▶ 下面利用 Excel 的查找和替换功能，将工作表中多处相同的错误进行替换。按【Ctrl+F】组合键打开“查找和替换”对话框，在“查找内容”编辑框中输入“HU”，在“替换为”编辑框中输入“HV”，然后单击“全部替换”按钮，如图 4-12 所示。

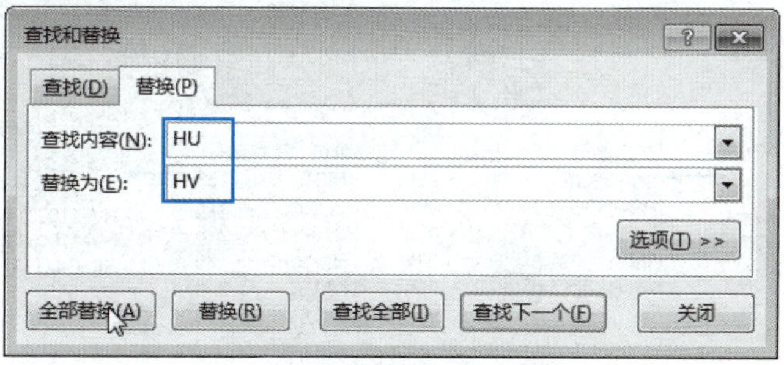

图 4-12　输入查找和替换内容

步骤 13▶ 在打开的提示对话框中单击“确定”按钮，如图 4-13（a）所示，返回“查找和替换”对话框，单击“关闭”按钮关闭“查找和替换”对话框。此时在工作表中可看到，符合查找条件的单元格中的数据已统一替换为新数据，如图 4-13（b）所示。

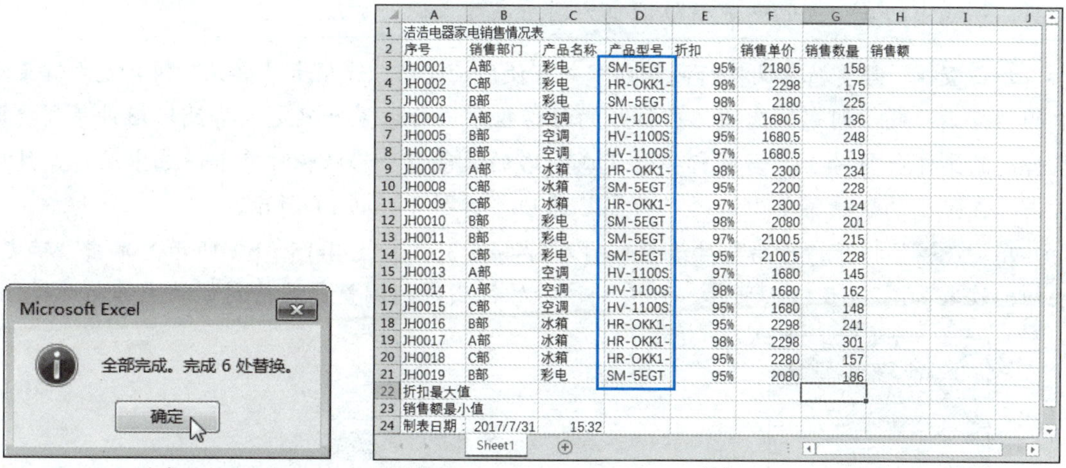

（a）　　　　　　　　　　（b）

图 4-13　替换数据及替换结果

四、调整行高与列宽

从图 4-13（b）可以看出，有的单元格中的文字只显示了一半，而编辑栏中却能看见对应单元格的数据。其原因在于单元格的宽度不够，此时只需调整工作表列宽即可完全显示单元格数据。

默认情况下，Excel 中所有行的高度和所有列的宽度都是相等的，用户可以根据实际情况使用鼠标拖动和“格式”菜单中的选项精确调整行高和列宽。操作步骤如下。

步骤 1▶ 将鼠标指针移到某行行号的下框线处或某列列标的右框线处，此时鼠标指针变成✢或✢形状，然后按住鼠标左键上下或左右拖动，到合适位置后释放鼠标即可调整行高或列宽。图 4-14 所示为调整列宽操作。

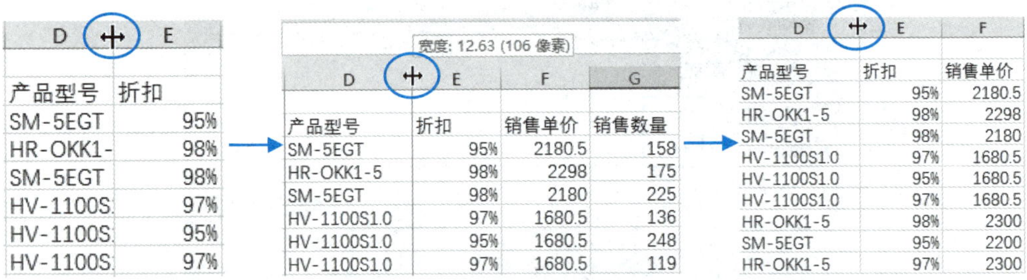

图 4-14 调整表格的列宽

提 示

若要同时调整多个行的行高或多个列的列宽，可以先选定要改变行高的多个行，或要改变列宽的多个列，然后按上述步骤调整即可。此时所选定的多个行的行高，或选中的多个列的列宽将被调整为同一高度或同一宽度。

步骤 2▶ 若要精确调整行高和列宽，可使用“开始”选项卡“格式”列表或右键菜单中的“行高”或“列宽”选项，在打开的对话框中进行设置并确定。将鼠标指针移到要调整行高的第 1 行行号上，当鼠标指针变成向右的黑色箭头形状➡时单击，选中该行，然后右击，在弹出的快捷菜单中选择“行高”选项，如图 4-15（a）所示。

步骤 3▶ 打开“行高”对话框，输入行高值 35，如图 4-15（b）所示，单击“确定”按钮，效果如图 4-15（c）所示，可看到该行的行高得到调整。调整列宽的操作与此类似。

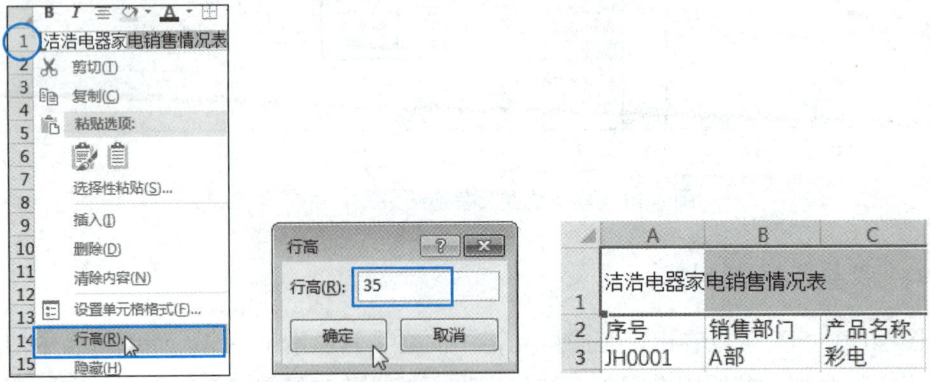

（a）　（b）　（c）

图 4-15 精确调整行高值

提　示

将鼠标指针移到列宽的右侧，当鼠标指针变成向下的黑色箭头形状时⬇单击，可选择一整列。

步骤 4▶ 若想将行高和列宽调整为最合适，可选择要调整的行或列后，将鼠标指针移到行号下方或列标右侧的框线上，待鼠标指针变成黑色双向箭头后双击框线，则 Excel 程序将自动将行高或列宽调整为最合适。例如，将鼠标指针移到第 1 列的右侧，然后双击，将该列列宽调整为最合适。

提　示

也可选中行或列后，利用“格式”列表中的“自动调整行高”或“自动调整列宽”选项，将所选行的行高和所选列的列宽调整为最合适。

步骤 5▶ 将鼠标指针移到第 2 行行号的左侧，待鼠标指针变为向右黑色箭头形状➡时按下鼠标左键并向下拖动，至第 24 行后释放鼠标，选中连续多行，如图 4-16（a）所示。

步骤 6▶ 将鼠标指针移到任意行行号的下框线处，此时鼠标指针变为上下双向箭头形状，然后向下拖动。在拖动过程中工作表中有一根横向虚线，同时会显示此时的行高值，待显示行高值为“25 像素”时释放鼠标，如图 4-16（b）所示，最终效果如图 4-16（c）所示。

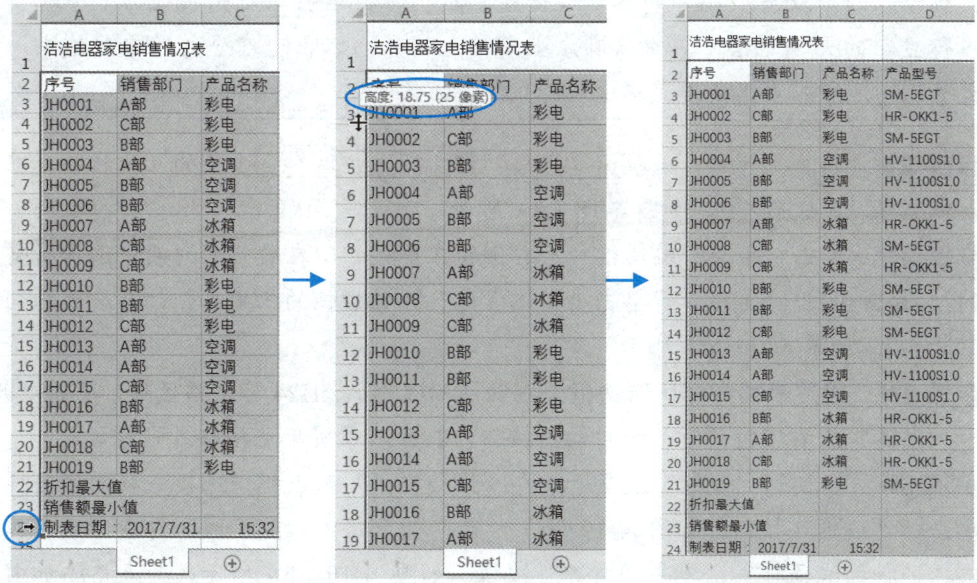

（a）　　（b）　　（c）

图 4-16　调整多行行高

五、设置单元格格式

默认情况下，在单元格中输入数据时，其字体为“宋体”、字号为“11”、颜色为黑色。为了使工作表中的某些数据醒目和突出，使整个版面更为丰富，通常需要对不同的单元格设置不同的格式，如设置字体、字号、对齐方式、数字格式、边框和底纹等。操作步骤如下。

步骤 1▶ 合并单元格制作表头。选中 A1～H1 单元格区域，然后单击“开始”选项卡“对齐方式”组中的“合并后居中”按钮，如图 4-17 所示，将所选单元格区域进行合并。

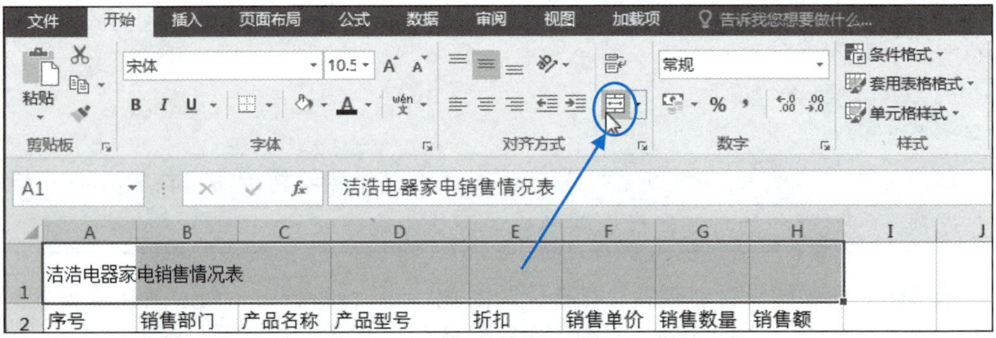

图 4-17　合并单元格区域

提示

当合并两个或多个相邻的水平或垂直单元格时，这些单元格将成为一个跨多列或多行显示的大单元格，其中只有左上角单元格的内容出现在合并的单元格中，并且大单元格地址以左上角单元格地址标识。

步骤 2▶ 单击“开始”选项卡“字体”组 宋体 右侧的三角按钮，在展开的列表中选择“华文行楷”，如图 4-18（a）所示。

步骤 3▶ 单击“字号”编辑框 11 右侧的三角按钮，在展开的列表中选择所需的字号“24”，如图 4-18（b）所示，单击“字体颜色”按钮右侧的三角按钮，在展开的列表中选择“蓝色”，如图 4-18（c）所示。

步骤 4▶ 设置表格数据区域边框。拖动鼠标选中 A2:H24 单元格区域，单击“开始”选项卡“字体”组右下角的对话框启动器按钮，打开“设置单元格格式”对话框。

步骤 5▶ 切换到“边框”选项卡，在“线条样式”列表框中选择一种粗线条样式，然后单击“外边框”按钮，如图 4-19（a）所示，为表格添加外框线；再在“线条样式”列表选择一种细线条样式，单击“内部”按钮，如图 4-19（b）所示，为表格添加内部框线。单击“确定”按钮，可看到添加的内细外粗边框线。

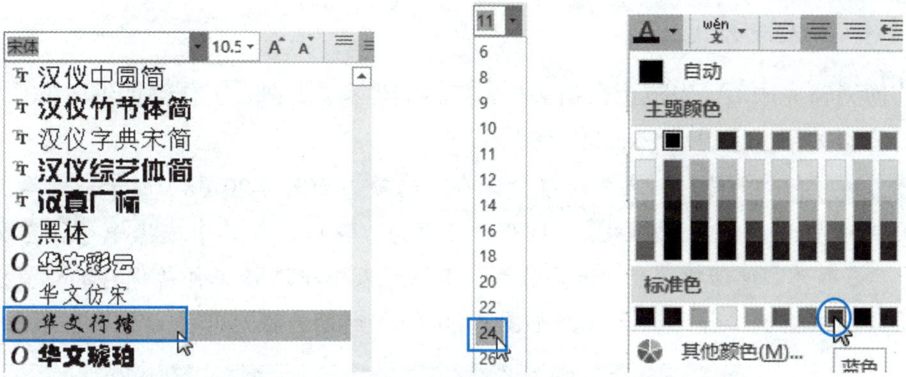

（a）　　（b）　　（c）

图 4-18　设置标题字体、字号和字体颜色

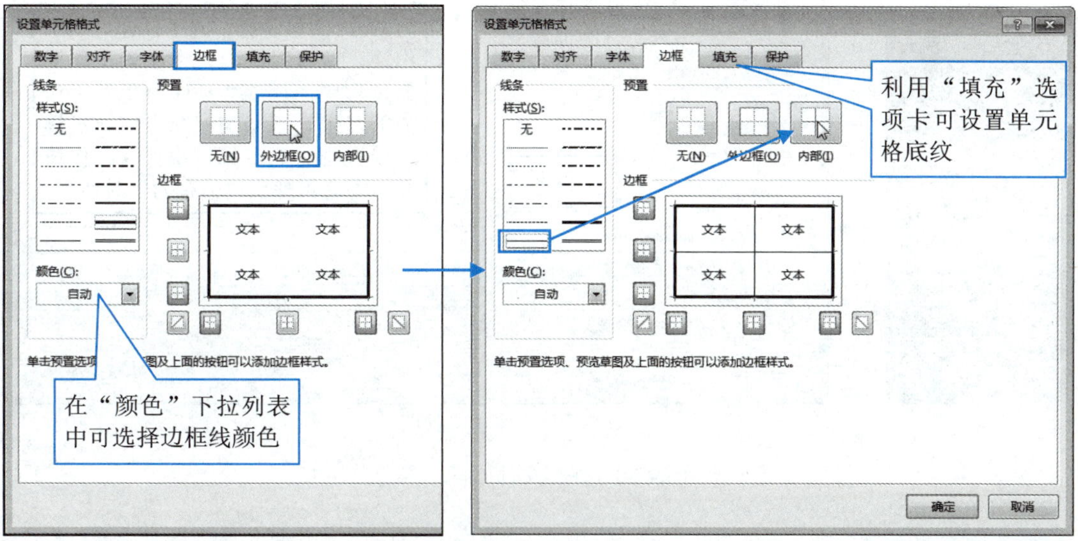

（a）　　（b）

图 4-19　设置表格内外边框

提　示

通过单击“边框”选项卡中“边框”设置区的某条边线按钮，可以添加或删除边框的上、下、左、右外边线，或内边线和斜线。

若单击“预置”区中的“无”按钮，可取消设置的边框效果。

对于简单的边框设置，可以单击“格式”工具栏中“边框”按钮右侧的三角按钮，在展开的列表中进行选择。

六、保存文件并退出

工作簿编辑完成后，为防止数据丢失，需将其保存。此外，工作簿的编辑操作完成后，还应及时将其关闭，或退出 Excel 2016。

步骤 1▶ 在“文件”列表中选择“保存”选项，如图 4-20（a）所示，或单击“快速访问工具栏”中的“保存”按钮，打开“另存为”窗口，在其中选择保存位置或文件夹后，打开“另存为”对话框。在“保存位置”下拉列表框中选择工作簿保存的位置；在“文件名”编辑框中输入工作簿的名称，如图 4-20（b）所示。最后单击“保存”按钮即可。

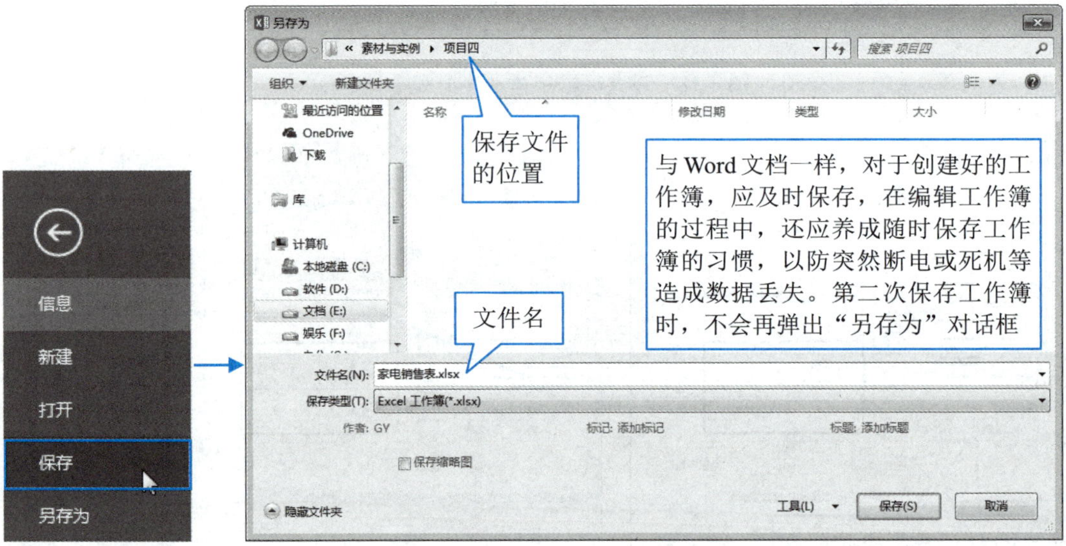

（a）　　　　　　　　（b）

图 4-20　保存文件

提　示

对于已经保存过的工作簿，如用户想改变其保存位置或文件名，则可以在“文件”列表中选择“另存为”选项，在打开的“另存为”窗口选择保存位置或文件夹后打开“另存为”对话框，在其中根据需要改变工作簿存储位置或修改其名字，最后保存工作簿即可。

步骤 2▶ 要关闭工作簿，可在“文件”列表中选择“关闭”选项。

步骤 3▶ 要退出 Excel 2016 程序，可单击程序窗口右上角的“关闭”按钮，或者按【Alt+F4】组合键。

【高手秘籍】

1. 让 Excel 程序自动保存文档

在用 Excel 进行日常办公时，为防止由于意外情况（如计算机突然死机、停电等）的发生，造成正在编辑的工作表数据丢失，用户可以通过设置让 Excel 程序自动保存文件（即设置保存的时间间隔和位置）。

在“文件”列表中选择“选项”选项，打开“Excel 选项”对话框，在“保存”选项的“保存工作簿”设置区选中“保存自动恢复信息时间间隔”复选框，然后在“自动恢复文件位置”设置自动保存恢复文件的位置并确定即可，如图 4-21 所示。

2. 对工作簿进行加密

为了避免其他用户对某个工作簿中的工作表进行改动，如移动、删除或者添加工作表，可以利用“保护结构和窗口”功能对其进行加密。

打开要进行加密的工作簿，然后在“审阅”选项卡的“更改”组中单击“保护工作簿”按钮，打开“保护结构和窗口”对话框，如图 4-22 所示。选中“结构”复选框，然后在“密码”编辑框中输入密码并确定即可。

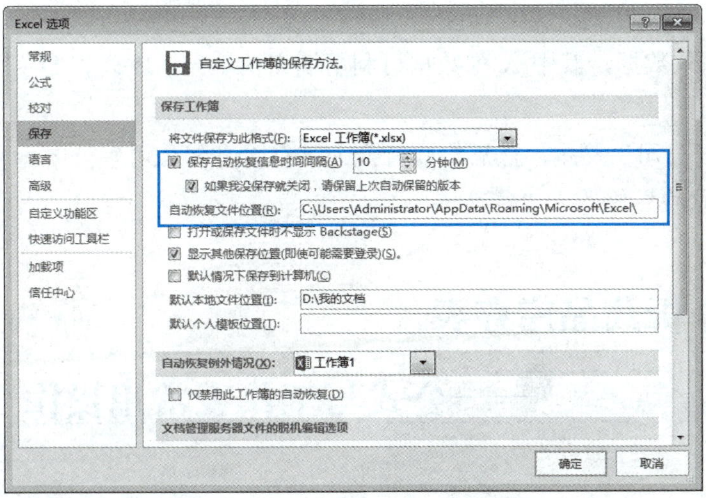

图 4-21 “Excel 选项”对话框

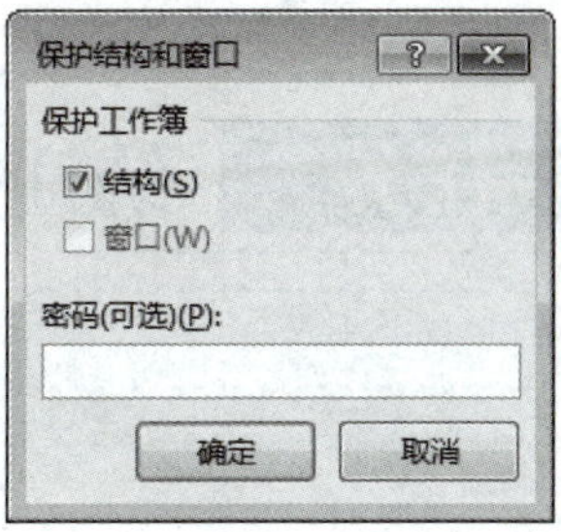

图 4-22 “保护结构和窗口”对话框

【拓展训练】——制作客户资料管理表

利用所学知识制作如图 4-23 所示的客户资料管理表，然后对其进行编辑操作。

	A	B	C	D	E	F	G	H
1	客户编号	客户类别	公司名称	所在地区	公司地址	联系人	联系电话	始交日期
2	A001	签约	华宝公司	华北	红外路3号	王先生	132****1220	2000年2月
3	A002	临时	和美药业有限公司	华东	解放路8号	李小姐	150****4567	2002年1月
4	A003	签约	智达有限公司	西南	城北13号	何先生	137****1210	2002年8月
5	A004	不签约	赣江工业公司	华南	中山路24号	吴小姐	136****7890	2003年10月
6	A005	临时	红旗旅行社	华北	爱华路5号	洪小姐	131****4562	2003年12月
7	A006	签约	南海运输公司	西北	人民医院东路	曾先生	132****1470	2004年4月
8	A007	不签约	美佳服饰	东北	站前大道8号	刘小姐	139****2580	2004年9月
9	A008	不签约	欧华达超市	华东	黄金广场西侧	谭先生	134****3690	2005年3月
10	A009	签约	四平家电超市	华北	汽车站广场6号	廖先生	131****4561	2005年6月
11	A010	不签约	安达洗涤用品	东南	三康庙11号	龚小姐	132****2520	2005年10月
12	A011	签约	天天鲜花店	西南	标准钟南路	郭小姐	138****8510	2006年7月
13	A012	临时	恒丰家具厂	华东	建春门	白先生	186****6390	2007年11月
14	A013	签约	康宝成衣市场	华东	滨江路9号	姜小姐	150****7533	2008年2月
15	A014	签约	盈丰照相器材	华中	新大地电脑城东侧	朱先生	136****3247	2008年6月
16	A015	不签约	海鲜批发市场	华北	南门口百货大楼	董小姐	139****4921	2008年11月
17	A016	临时	宝利达有限公司	西南	荷花市场北	黄先生	150****6870	2009年3月
18	A017	签约	大华科技有限公司	东北	达利市场北	方小姐	132****7125	2009年5月
19	A018	不签约	欣欣鞋厂	华东	五洲大道中路	陈先生	137****5231	2010年1月
20	A019	签约	永久太阳能	华南	贸易广场49号	袁先生	139****2252	2010年3月
21	A020	签约	世际花都有限公司	华中	北海路5号	万小姐	131****4890	2010年6月

Sheet1

图 4-23　输入客户资料管理表数据

1. 训练目的

强化练习在 Excel 中输入数据与编辑工作表的操作。

2. 训练内容

（1）新建“客户资料管理表”工作簿。

（2）在“Sheet1”工作表输入数据，其中 A 列数据可利用填充柄填充，B 列和 D 列数据可以利用快捷键输入。

（3）查找工作表中的“有限公司”文本，然后将其替换为“有限责任公司”。

（4）将 C19 单元格中的“欣欣”修改为“鑫鑫”。

任务二　统计并分析药品库存表

——公式与工作表常用操作

【任务背景】

库存表是企业的销售部门或财务管理人员用于记录商品流通过程中商品数量及金额的表格，它能及时反映各种物资的仓储、流通情况，为生产管理和成本核算提供依据。

通过库存分析，可为管理及决策人员提供库存资金占用、物资积压情况等不同的统计分析信息。

【分析任务】

本任务主要完成的工作是制作药品库存表，通过该任务让读者了解Excel 2016的常用操作方法、使用公式计算数据、设置数字格式、单元格的引用、插入艺术字、设置工作表的页眉和页脚等知识。任务完成效果如图4-24所示。

哈药集团制药六厂

药品库存表

药品代码	类别	药品名称	包装	单价	期初数量	本月入库量	本月出库量	库存数量	库存金额
BJ001	保健食品	新盖中盖牌高钙片	36片/瓶	28.1	45	6	7	44	1236.4
BJ002	保健食品	钙加锌口服液	10支/盒	14.3	23	8	11	20	286.0
BJ003	保健食品	新盖中盖牌乳酸钙口服液	10支/盒	17.6	78	7	30	55	968.0
BJ004	保健食品	朴雪乳酸亚铁口服液	10支/盒	14.7	2	8	5	5	73.5
BJ005	保健食品	女士高钙牌钙片	30片/盒	25.2	4	5	6	3	75.6
HX001	化学药品	严迪牌罗红霉素分散片	12片/盒	16.7	6	12	10	8	133.6
HX002	化学药品	护彤牌小儿氨酚黄那敏颗粒	10袋/盒	9.6	123	1	23	101	969.6
HX003	化学药品	泻利停牌颠茄磺苄啶片	10片/盒	3.8	4	78	42	40	152.0
HX004	化学药品	为消牌乳酸菌素片	60片/盒	13	7	68	58	17	221.0
ZY001	中药	哈药六牌清热解毒口服液	10支/盒	16	78	54	54	78	1248.0
ZY002	中药	哈药六牌丹王颗粒	12袋/盒	26.7	45	23	48	20	534.0
ZY003	中药	哈药六牌护肝片	100片/瓶	10	6	32	23	15	150.0
WY001	外用膏贴	麝香壮骨巴布膏	2贴/盒	48	97	54	111	40	1920.0
WY002	外用膏贴	伤湿祛痛膏	8贴/盒	15.2	33	22	23	32	486.4
WY003	外用膏贴	熊胆跌打膏	4贴/盒	58	65	78	78	65	3770.0
SP001	食品	哈药六牌蛋白质粉	30袋/盒	138	78	20	12	86	11868.0
SP002	食品	纯中纯冰红茶调味茶饮料	15瓶/箱	45	71	12	66	17	765.0
			总计		765	488	607	646	24857.1
			平均值		45.0	28.7	35.7	38.0	1462.2
			最大值		123	78	111	101	11868.0
			最小值		2	1	5	3	73.5

哈药六厂

2017/7/31

图4-24 药品库存表效果

【任务目标】

- 能插入、删除、复制、移动和重命名工作表。
- 能使用公式计算工作表数据。
- 能为工作表数据设置数字格式，以及在工作表中插入与删除行、列和单元格。
- 能在工作表中插入艺术字并设置页脚。

【任务实施】

一、工作表常用操作

在 Excel 中，一个工作簿可以包含多个工作表，用户可以根据实际需要随时切换、插入、删除、移动与复制工作表。此外，为方便查看数据，还可以重命名工作表。下面用户先打开素材文件，然后对工作表进行编辑，操作步骤如下。

步骤 1▶ 启动 Excel 2016，然后在“文件”列表中选择“打开”选项，在打开的界面中单击“计算机”选项，然后在右侧列表中找到工作簿所在的文件夹，如图 4-25 所示。

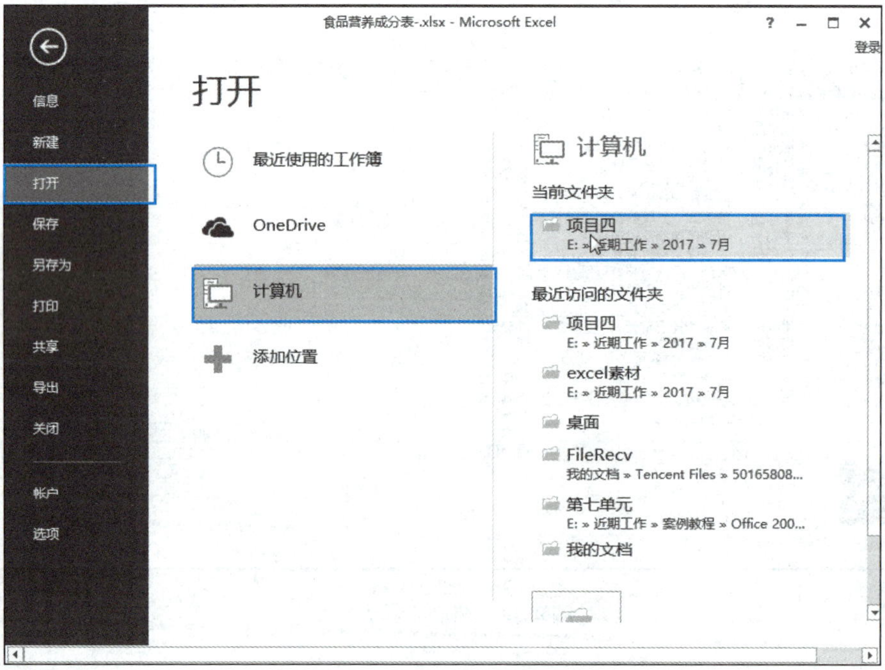

图 4-25　找到工作簿所在的文件夹

步骤 2▶ 在打开的对话框中选择要打开的工作簿“药品库存表素材”，如图 4-26 所示，然后单击“打开”按钮。

步骤 3▶ 对工作表进行重命名和删除操作。单击工作表标签 Sheet1 选中该工作表，然后右击，从弹出的快捷菜单中选择“重命名”选项，此时，工作表标签呈灰底黑字显示，处于编辑状态，输入新工作表名称“库存表”，按【Enter】键或单击工作表的其他位置，完成工作表的重命名，如图 4-27 所示。用同样的方法将 Sheet2 工作表重命名为“分类比例”。

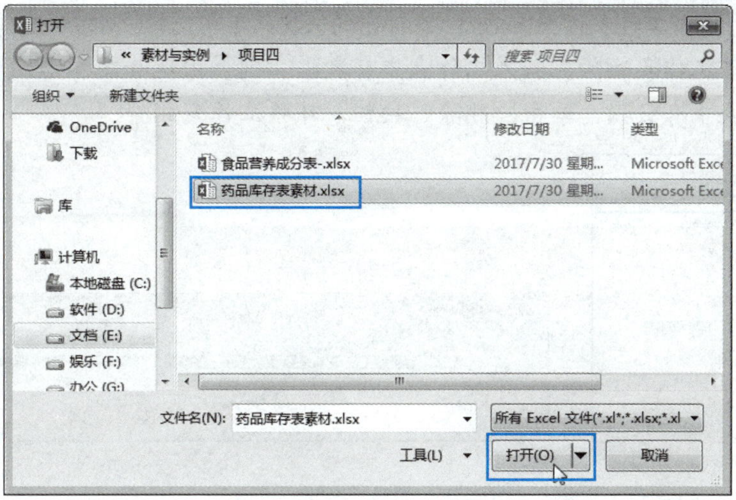

图 4-26 选择要打开的工作簿

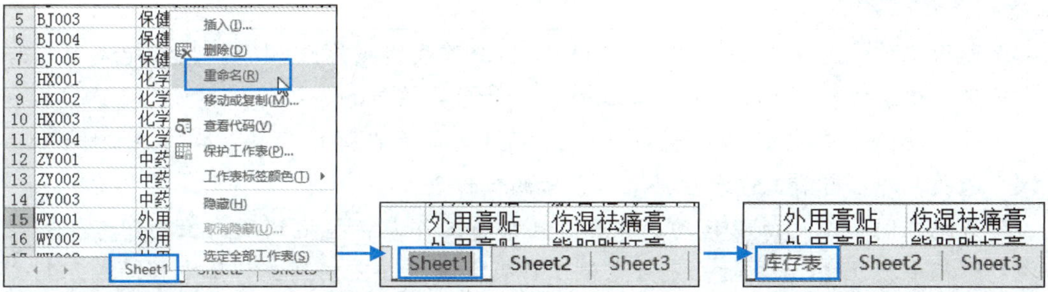

图 4-27 重命名工作表

提 示

双击工作表标签或选择工作表后选择“开始”选项卡“单元格”组“格式”列表中的“重命名”选项，均可重命名工作表。

若要**选取相邻的多个工作表**，可单击第一个工作表标签，然后按住【Shift】键并单击最后一个工作表的标签，选中的工作表标签都变为白色，此时当前工作簿的标题栏中出现“工作组”字样。

若要**选取不相邻的多个工作表**，只需先单击第一个工作表的标签，然后按住【Ctrl】键再单击所需的工作表标签即可。

选中多个工作表后，在所选工作表的任意一个工作表中输入数据，在其他工作表的相同位置也将同步输入该数据。当工作簿包含多个工作表时，单击工作表标签左侧的翻页按钮，可以查看没有显示的工作表标签，当看到所需工作表标签后再单击它，即可选择该工作表。

步骤 4▶ 右击工作表标签 Sheet3，在弹出的快捷菜单中选择“删除”选项，如图 4-28（a）所示，即可将该工作表删除。如果工作表中有数据，则会出现如图 4-28（b）所示的对话框，提示工作表中有数据，单击“删除”按钮，可将工作表删除。

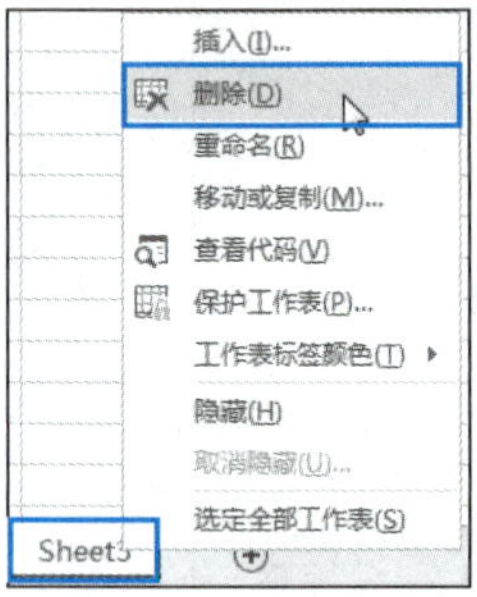

（a）

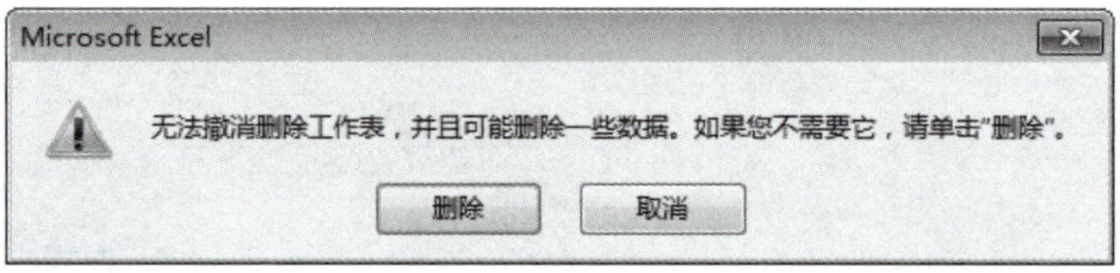

（b）

图 4-28　删除工作表

提　示

删除工作表时一定要慎重，因为删除的工作表将被永久删除，且不能恢复。若要删除一组工作表，可先选中这些工作表，然后再执行删除操作。

若想插入一个新的工作表，可右击工作表标签在弹出的快捷菜单中选择“插入”选项，即在当前工作表后插入一个新的工作表。

若想在同一工作簿中移动工作表，只需将工作表标签拖到所需位置即可。若在拖动过程中按住【Ctrl】键，则可复制工作表。若想在不同的工作簿中移动或复制工作表，首先打开源工作簿和目标工作簿，然后右击想要移动或复制的工作表标签，在弹出的快捷菜单中选择“移动或复制工作表”选项，在弹出的“移动或复制工作表”对话框中选择目标工作簿即可（若希望复制，必须选择建立副本选项）。

二、计算“库存表”工作表中的数据

1. 公式的概念和运算符

公式是工作表中用于对单元格数据进行各种运算的等式，它必须以等号“=”开头。一个完整的公式，通常由运算符和操作数组成。运算符可以是算术运算符、比较运算符等；操作数可以是常量、参与运算的单元格地址和函数等，如图 4-29 所示。

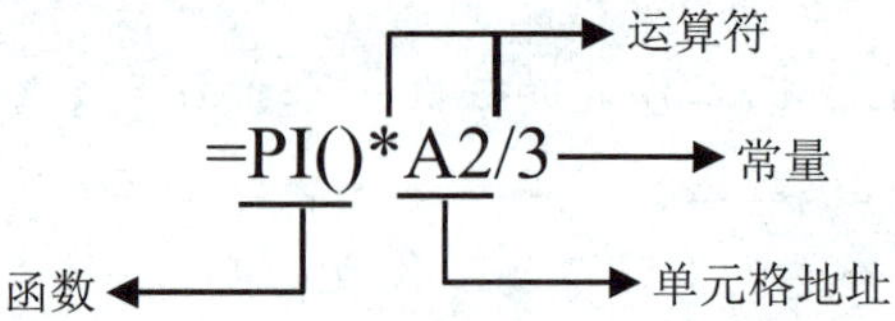

图 4-29　公式组成元素

运算符是用来对公式中的元素进行运算而规定的特殊符号。Excel 2016 包含 4 种类型的运算符，即算术运算符、比较运算符、引用运算符和文本运算符。

➢ **算术运算符**：其作用是完成基本的数学运算，并产生数字结果，如表 4-1 所示。

表 4-1 算术运算符及其含义

算术运算符	含义	示例
+（加号）	加法	A1+A2
-（减号）	减法或负数	A1-A2
*（星号）	乘法	A1*2
/（正斜杠）	除法	A1/3
%（百分号）	百分比	50%
^（脱字号）	乘方	2^3

➢ **比较运算符**：其作用是比较两个值，结果为一个逻辑值，不是“TRUE（真）”，就是“FALSE（假）”，如表 4-2 所示。

表 4-2 比较运算符及其含义

比较运算符	含义	示例
>（大于号）	大于	A1>B1
<（小于号）	小于	A1<B1
=（等于号）	等于	A1=B1
>=（大于等于号）	大于等于	A1>=B1
<=（小于等于号）	小于等于	A1<=B1
<>（不等于号）	不等于	A1<>B1

➢ **引用运算符**：其作用是对单元格区域进行合并计算，如表 4-3 所示。

表 4-3 引用运算符及其含义

引用运算符	含义	示例
:（冒号）	区域运算符，用于引用单元格区域	B5:D15
,（逗号）	联合运算符，用于引用多个单元格区域	B5:D15,F5:I15
（空格）	交叉运算符，用于引用两个单元格区域的交叉部分	B7:D7 C6:C8

- **文本运算符**：使用文本运算符“&”（与）可将两个或多个文本值串起来产生一个连续的文本值。如输入“八达岭”&“长城”可以生成“八达岭长城”。

2. 单元格引用

Excel 2016 为用户提供了相对引用、绝对引用和混合引用 3 种引用类型，以适应不同的应用场合。

- **相对引用**指的是单元格的相对地址，其引用形式为直接用列标和行号表示单元格，例如 B5，或用引用运算符表示单元格区域，如 B5:D15。如果公式所在单元格的位置改变，引用也随之改变。默认情况下，公式使用相对引用，如本任务随后通过复制公式计算其他数据时便会使用相对引用。
- **绝对引用**是指公式中总是引用指定位置的单元格。如果公式所在的单元格位置发生改变，公式中使用绝对引用的单元格不会变化。使用绝对引用时，需要在引用的单元格列标和行号前面都加上“$”号。例如，若在公式中引用$I$20 单元格，则不论将公式复制或移动到什么位置，引用的单元格都不会改变。
- 引用中既包含绝对引用又包含相对引用的称为**混合引用**，如 A$1 或$A1 等，用于表示列变行不变或列不变行变的引用。如果公式所在单元格的位置改变，则相对引用改变，而绝对引用不变。

3. 函数

函数是 Excel 程序预先定义好的表达式，它必须包含在公式中，每个函数都由函数名和参数组成。其中，函数名将执行操作，参数表示函数将作用的值的单元格地址，通常是一个单元格区域，也可以是更为复杂的内容。

用户可以利用函数快速完成相关数据的统计与分析，常用的函数有求和函数 SUM()、平均值函数 AVERAGE()、最大值函数 MAX()、最小值函数 MIN()等。

提 示

> 编辑公式时，输入单元格地址后，按【F4】键可在绝对引用、相对引用和混合引用之间进行切换。

下面计算“库存表”中的“库存数量”和“库存金额”等数据，操作步骤如下。

步骤 1▶ **计算“库存数量”**。单击 I3 单元格，然后输入等号“=”，再输入操作数和运算符“F3+G3-H3”，如图 4-30（a）所示。按【Enter】键或单击编辑栏中的“输入”按钮✔确认，得到第一个药品的库存数量，如图 4-30（b）所示。

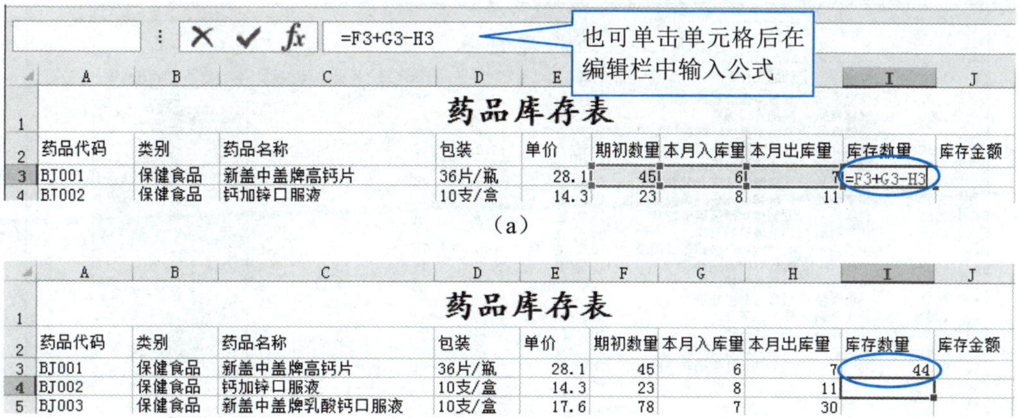

A	B	C	D	E	F	G	H	I	J
药品库存表									
药品代码	类别	药品名称	包装	单价	期初数量	本月入库量	本月出库量	库存数量	库存金额
BJ001	保健食品	新盖中盖牌高钙片	36片/瓶	28.1	45	6	7	=F3+G3-H3	
BJ002	保健食品	钙加锌口服液	10支/盒	14.3	23	8	11		

（a）

A	B	C	D	E	F	G	H	I	J
药品库存表									
药品代码	类别	药品名称	包装	单价	期初数量	本月入库量	本月出库量	库存数量	库存金额
BJ001	保健食品	新盖中盖牌高钙片	36片/瓶	28.1	45	6	7	44	
BJ002	保健食品	钙加锌口服液	10支/盒	14.3	23	8	11		
BJ003	保健食品	新盖中盖牌乳酸钙口服液	10支/盒	17.6	78	7	30		

（b）

图 4-30 计算“库存数量”

提 示

也可在输入等号后单击要进行计算的单元格，然后输入运算符，再单击要进行计算的单元格。在单元格中输入公式后，如果发现错误，可单击含有公式的单元格，然后在编辑栏中进行修改，最后按【Enter】键确认。

步骤 2▶ 计算“库存金额”。在 J3 单元格中输入公式“=E3*I3”，按【Enter】键确认，得到第一个药品的库存金额，如图 4-31 所示。

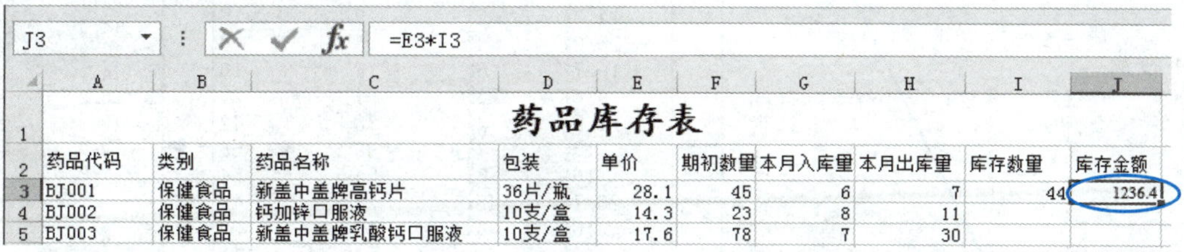

A	B	C	D	E	F	G	H	I	J
药品库存表									
药品代码	类别	药品名称	包装	单价	期初数量	本月入库量	本月出库量	库存数量	库存金额
BJ001	保健食品	新盖中盖牌高钙片	36片/瓶	28.1	45	6	7	44	1236.4
BJ002	保健食品	钙加锌口服液	10支/盒	14.3	23	8	11		
BJ003	保健食品	新盖中盖牌乳酸钙口服液	10支/盒	17.6	78	7	30		

图 4-31 计算“库存金额”

步骤 3▶ 计算其他药品的“库存数量”和“库存金额”。选中 I3:J3 单元格区域，然后向下拖动该单元格区域右下角的填充柄，到 J19 单元格后释放鼠标，完成公式的复制，同时得到计算结果，如图 4-32 所示。

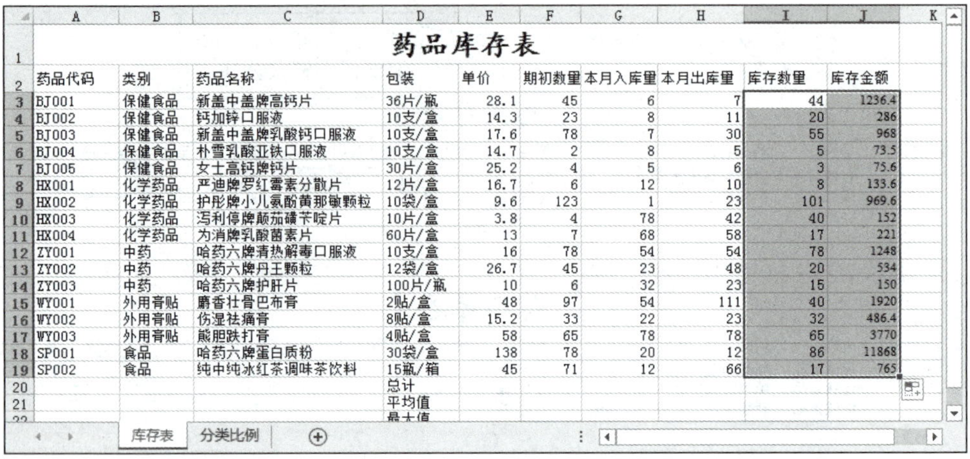

药品库存表

药品代码	类别	药品名称	包装	单价	期初数量	本月入库量	本月出库量	库存数量	库存金额
BJ001	保健食品	新盖中盖牌高钙片	36片/瓶	28.1	45	6	7	44	1236.4
BJ002	保健食品	钙加锌口服液	10支/盒	14.3	23	8	11	20	286
BJ003	保健食品	新盖中盖牌乳酸钙口服液	10支/盒	17.6	78	7	30	55	968
BJ004	保健食品	朴雪乳酸亚铁口服液	10支/盒	14.7	2	8	5	5	73.5
BJ005	保健食品	女士高钙牌钙片	30片/盒	25.2	4	5	6	3	75.6
HX001	化学药品	严迪牌罗红霉素分散片	12片/盒	16.7	6	12	10	8	133.6
HX002	化学药品	护彤牌小儿氨酚黄那敏颗粒	10袋/盒	9.6	123	1	23	101	969.6
HX003	化学药品	泻利停牌颠茄磺苄啶片	10片/盒	3.8	4	78	42	40	152
HX004	化学药品	为消牌乳酸菌素片	60片/盒	13	7	68	58	17	221
ZY001	中药	哈药六牌清热解毒口服液	10支/盒	16	78	54	54	78	1248
ZY002	中药	哈药六牌丹王颗粒	12袋/盒	26.7	45	23	48	20	534
ZY003	中药	哈药六牌护肝片	100片/瓶	10	6	32	23	15	150
WY001	外用膏贴	麝香壮骨巴布膏	2贴/盒	48	97	54	111	40	1920
WY002	外用膏贴	伤湿祛痛膏	8贴/盒	15.2	33	22	23	32	486.4
WY003	外用膏贴	熊胆跌打膏	4贴/盒	58	65	78	78	65	3770
SP001	食品	哈药六牌蛋白质粉	30袋/盒	138	78	20	12	86	11868
SP002	食品	纯中纯冰红茶调味茶饮料	15瓶/箱	45	71	12	66	17	765
			总计						
			平均值						
			最大值						

图 4-32 利用填充柄复制计算其他药品的库存数量和库存金额

步骤 4▶ 计算所有药品的“期初数量”总和。单击要放置求和结果的单元格 F20，然后单击“开始”选项卡“编辑”组中的“自动求和”按钮Σ，此时工作表中用动态边框显示要进行计算的单元格区域，确认单元格区域正确与否。如果不正确，可重新在工作表中拖动鼠标进行选择。本例直接按【Enter】键得到计算结果，如图 4-33 所示。

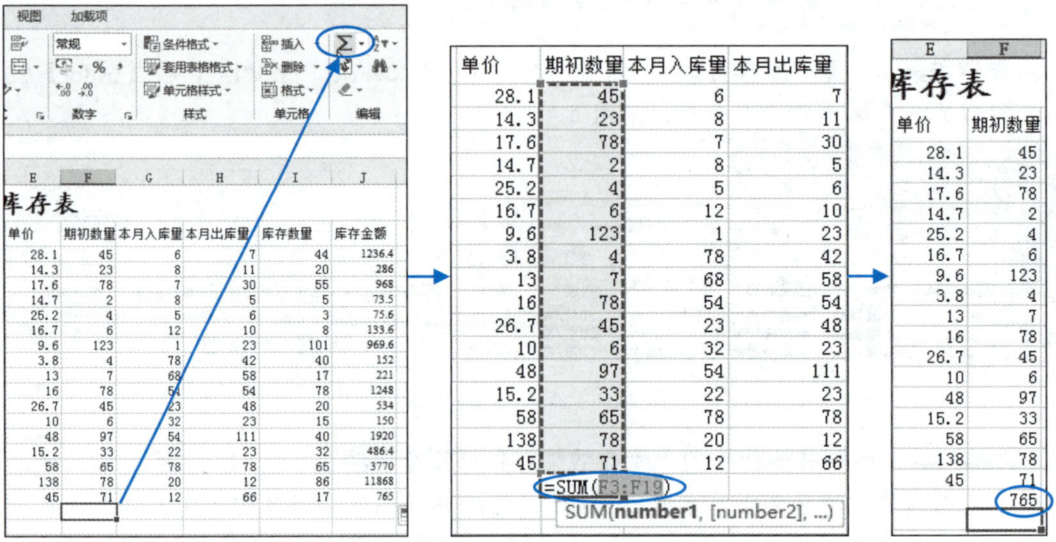

图 4-33 计算总计

步骤 5▶ 计算所有药品的“期初数量”平均值。单击 F21 单元格，然后单击“自动求和”按钮Σ右侧的三角按钮，在展开的列表中选择“平均值”项，此时工作表中也用动态边框显示要进行计算的单元格区域，拖动鼠标重新在工作表中选择要进行求平均值的单元格区域 F3:F19，然后按【Enter】键，如图 4-34 所示。

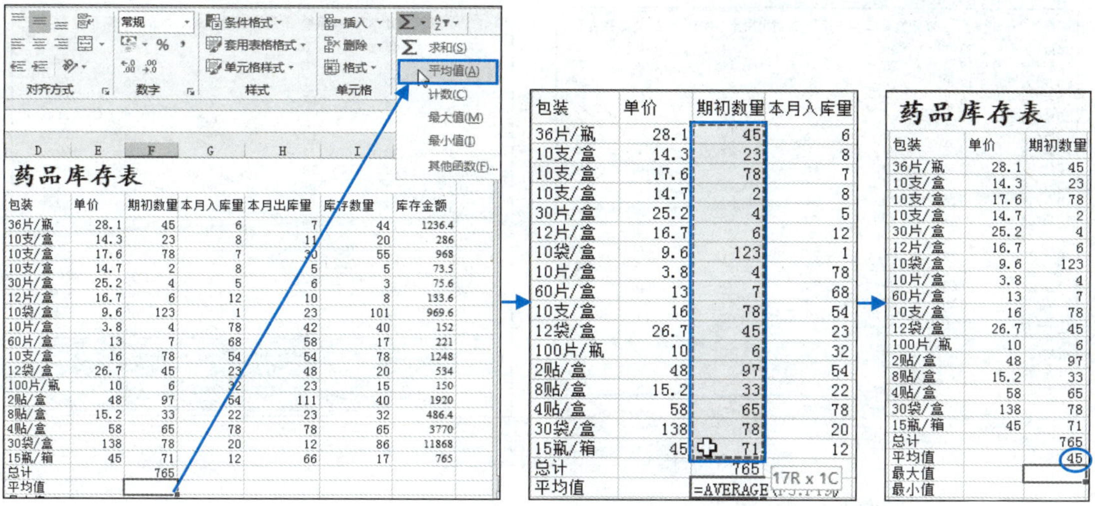

图 4-34　计算平均值

步骤 6▶　计算“最大值”和“最小值”。 参照步骤 4 和步骤 5，分别在“自动求和”列表中选择“最大值”和“最小值”项，计算所有药品的“期初数量”最大值和最小值，结果如图 4-35 所示。其中要进行计算的数据区域均为 F3:F19。

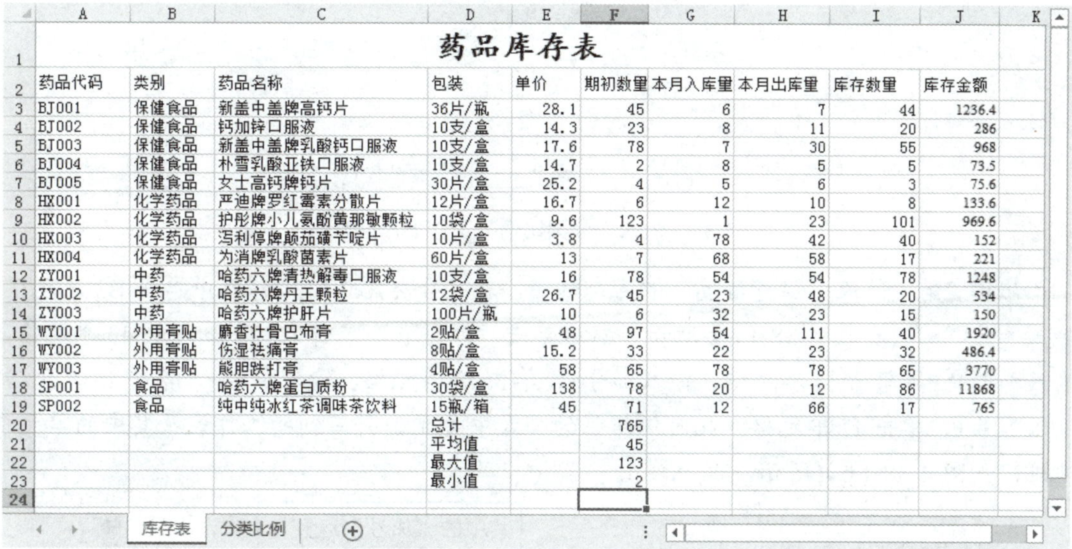

	A	B	C	D	E	F	G	H	I	J
1				药品库存表						
2	药品代码	类别	药品名称	包装	单价	期初数量	本月入库量	本月出库量	库存数量	库存金额
3	BJ001	保健食品	新盖中盖牌高钙片	36片/瓶	28.1	45	6	7	44	1236.4
4	BJ002	保健食品	钙加锌口服液	10支/盒	14.3	23	8	11	20	286
5	BJ003	保健食品	新盖中盖牌乳酸钙口服液	10支/盒	17.6	78	7	30	55	968
6	BJ004	保健食品	朴雪乳酸亚铁口服液	10支/盒	14.7	2	8	5	5	73.5
7	BJ005	保健食品	女士高钙牌钙片	30片/盒	25.2	4	5	6	3	75.6
8	HX001	化学药品	严迪牌罗红霉素分散片	12片/盒	16.7	6	12	10	8	133.6
9	HX002	化学药品	护彤牌小儿氨酚黄那敏颗粒	10袋/盒	9.6	123	1	23	101	969.6
10	HX003	化学药品	泻利停牌颠茄磺苄啶片	10片/盒	3.8	4	78	42	40	152
11	HX004	化学药品	为消牌乳酸菌素片	60片/盒	13	7	68	58	17	221
12	ZY001	中药	哈药六牌清热解毒口服液	10支/盒	16	78	54	54	78	1248
13	ZY002	中药	哈药六牌丹王颗粒	12袋/盒	26.7	45	23	48	20	534
14	ZY003	中药	哈药六牌护肝片	100片/瓶	10	6	32	23	15	150
15	WY001	外用膏贴	麝香壮骨巴布膏	2贴/盒	48	97	54	111	40	1920
16	WY002	外用膏贴	伤湿祛痛膏	8贴/盒	15.2	33	22	23	32	486.4
17	WY003	外用膏贴	熊胆跌打膏	4贴/盒	58	65	78	78	65	3770
18	SP001	食品	哈药六牌蛋白质粉	30袋/盒	138	78	20	12	86	11868
19	SP002	食品	纯中纯冰红茶调味茶饮料	15瓶/箱	45	71	12	66	17	765
20				总计		765				
21				平均值		45				
22				最大值		123				
23				最小值		2				
24										

图 4-35　计算最大值和最小值效果

步骤 7▶　通过复制公式计算其余列的“总计”“平均值”“最大值”和“最小值”。 选中单元格区域 F20:F23，然后将鼠标指针移到所选区域右下角的填充柄上，按住鼠标左键向右拖动，到 J23 单元格后释放鼠标，如图 4-36 所示。

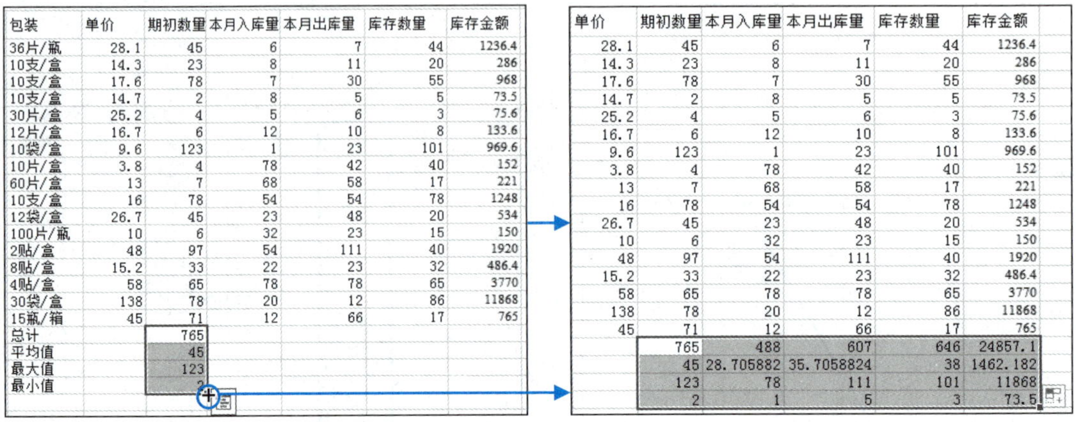

包装	单价	期初数量	本月入库量	本月出库量	库存数量	库存金额
36片/瓶	28.1	45	6	7	44	1236.4
10支/盒	14.3	23	8	11	20	286
10支/盒	17.6	78	7	30	55	968
10支/盒	14.7	2	8	5	5	73.5
30片/盒	25.2	4	5	6	3	75.6
12片/盒	16.7	6	12	10	8	133.6
10袋/盒	9.6	123	1	23	101	969.6
10片/盒	3.8	4	78	42	40	152
60片/盒	13	7	68	58	17	221
10支/盒	16	78	54	54	78	1248
12袋/盒	26.7	45	23	48	20	534
100片/瓶	10	6	32	23	15	150
2贴/盒	48	97	54	111	40	1920
8贴/盒	15.2	33	22	23	32	486.4
4贴/盒	58	65	78	78	65	3770
30袋/盒	138	78	20	12	86	11868
15瓶/箱	45	71	12	66	17	765
总计		765				
平均值		45				
最大值		123				
最小值		2				

单价	期初数量	本月入库量	本月出库量	库存数量	库存金额
28.1	45	6	7	44	1236.4
14.3	23	8	11	20	286
17.6	78	7	30	55	968
14.7	2	8	5	5	73.5
25.2	4	5	6	3	75.6
16.7	6	12	10	8	133.6
9.6	123	1	23	101	969.6
3.8	4	78	42	40	152
13	7	68	58	17	221
16	78	54	54	78	1248
26.7	45	23	48	20	534
10	6	32	23	15	150
48	97	54	111	40	1920
15.2	33	22	23	32	486.4
58	65	78	78	65	3770
138	78	20	12	86	11868
45	71	12	66	17	765
	765	488	607	646	24857.1
	45	28.705882	35.7058824	38	1462.182
	123	78	111	101	11868
	2	1	5	3	73.5

图 4-36　通过复制公式完成计算

三、计算“分类比例”工作表中的数据

首先在“分类比例”工作表中输入要进行计算的项目，然后再计算各类别占库存总数量的比例值，操作步骤如下。

步骤 1▶ 单击“分类比例”工作表标签，切换到该工作表，输入图 4-37 所示的数据。

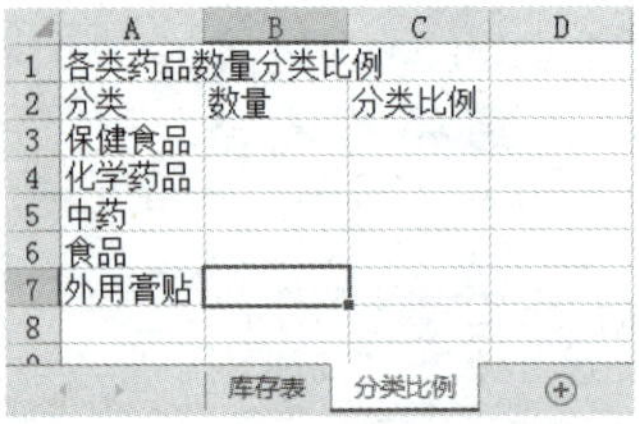

图 4-37　录入“分类比例”工作表原始数据

步骤 2▶ **计算“保健食品”的库存数量。**在“分类比例”工作表中单击 B3 单元格，输入等号“=”，如图 4-38（a）所示，然后单击“库存表”工作表标签，单击 I3 单元格，输入加号+，再单击 I4 单元格，输入加号+，单击 I5 单元格，输入加号+，单击 I6 单元格，输入加号+，单击 I7 单元格，此时编辑栏的公式中会显示引用到的工作表及其中的单元格地址，如图 4-38（b）所示。

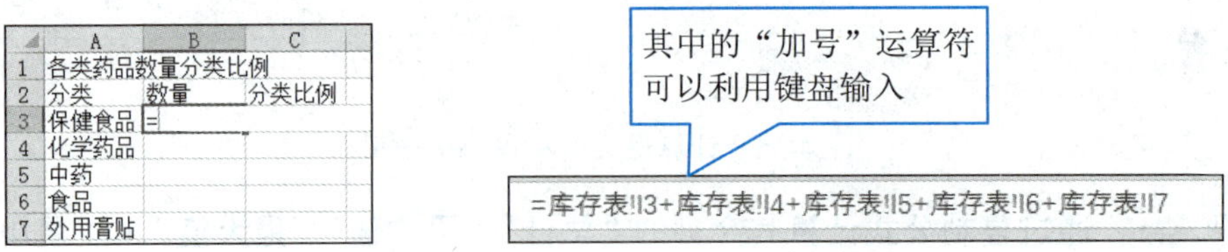

（a）　（b）

图 4-38　引用不同工作表间的单元格进行计算

提　示

在同一工作簿中，不同工作表中的单元格可以相互引用并进行计算，表示方法为：工作表名称!单元格或单元格区域地址，如图 4-38（b）所示。在步骤 2 中，用户也可以直接输入引用的工作表和单元格地址。

此外，除了可以在同一工作表、同一工作簿的不同工作表中引用单元格外，还可以在当前工作表中引用不同工作簿中的单元格，其表示方法为：[工作簿名称. xls] 工作表名称！单元格或单元格地址。

步骤 3▶ 按【Enter】键确认并返回“分类比例”工作表，B3 单元格显示计算结果，如图 4-39（a）所示。用同样的方法，可计算出化学药品、中药、食品、外用膏贴等的库存数量，结果如图 4-39（b）所示。

	A	B	C
1	各类药品数量分类比例		
2	分类	数量	分类比例
3	保健食品	127	
4	化学药品		
5	中药		
6	食品		
7	外用膏贴		

（a）

	A	B	C
1	各类药品数量分类比例		
2	分类	数量	分类比例
3	保健食品	127	
4	化学药品	166	
5	中药	113	
6	食品	103	
7	外用膏贴	137	
8			

（b）

图 4-39　计算药品的数量

步骤 4▶ **计算“保健食品”的分类比例。**在“分类比例”工作表的 C3 单元格输入“=B3/”，然后单击“库存表”工作表标签，再单击 I20 单元格，此时在编辑栏中显示 C3 单元格中的公式为“=B3/库存表!I20”，按【Enter】键返回“分类比例”工作表，并在 C3 单元格显示计算结果，如图 4-40 所示。

C3　　fx　=B3/库存表!I20

	A	B	C	D	E
1	各类药品数量分类比例				
2	分类	数量	分类比例		
3	保健食品	127	0.1965944		
4	化学药品	166			
5	中药	113			
6	食品	103			
7	外用膏贴	137			

图 4-40　计算“保健食品”的分类比例

步骤 5▶ **其他类别分类比例的计算。**计算其他类别的分类比例，除了可以使用前面的操作方法外，还可使用绝对引用并复制公式得到，即把 C3 单元格公式由“=B3/库存表!I20”修改为“=B3/库存表!$I$20”，即把公式中的相对引用“库存表!I20”改为绝对引用“库存表!$I$20”，如图 4-41 所示。

步骤 6▶ 按【Ctrl+C】组合键复制 C3 单元格中的公式，再选中 C4:C7 单元格区域，按【Ctrl+V】组合键，或直接向下拖动 C3 单元格右下角的填充柄，即可完成公式的复制，如图 4-42 所示。可看到公式中相对引用的单元格改变，绝对引用的单元格保持不变。

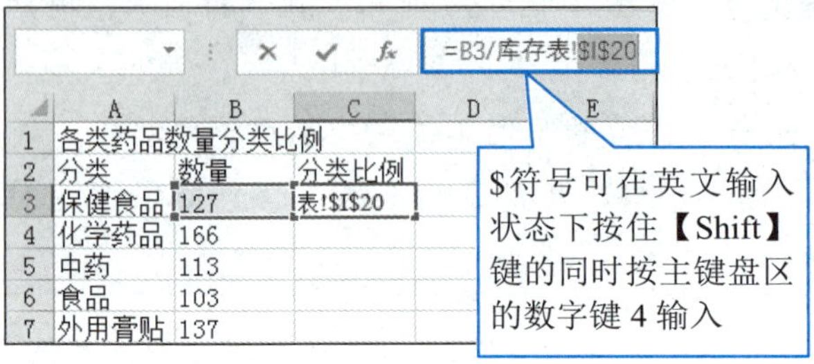

图 4-41 修改引用类型

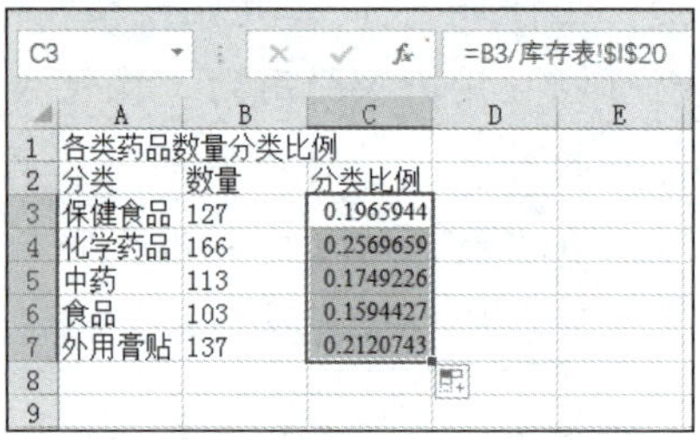

图 4-42 复制公式计算其他类别的比例值

四、设置单元格格式

在 Excel 2016 中输入内容之后，往往要对它进行美化操作，为此，可以使用功能区中的工具按钮，或通过“设置单元格格式”对话框来进行设置。操作步骤如下。

步骤 1▶ **自动套用格式**。在“库存表”工作表中选择 A2:J23 单元格区域，然后单击“开始”选项卡“样式”组中的“套用表格格式”按钮，在展开的列表中选择一种样式，如“表格样式浅色 10”，如图 4-43（a）所示，在打开的对话框中单击“确定”按钮，得到效果，如图 4-43（b）所示。

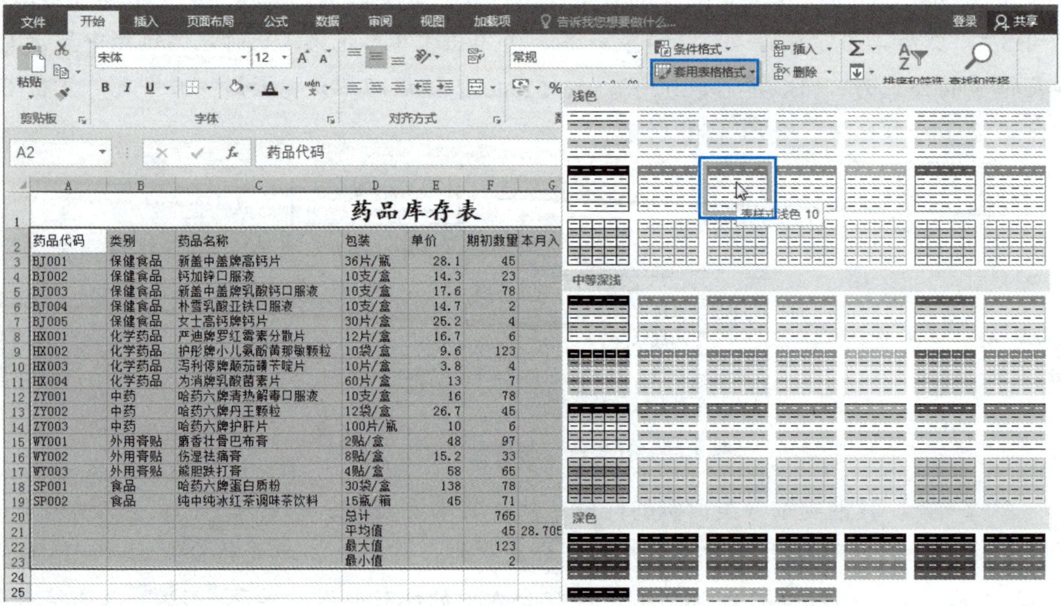

（a）

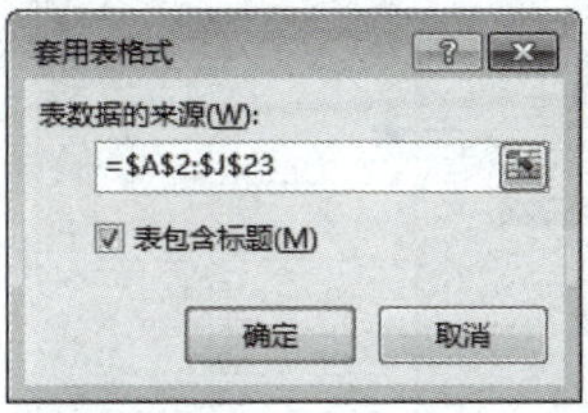

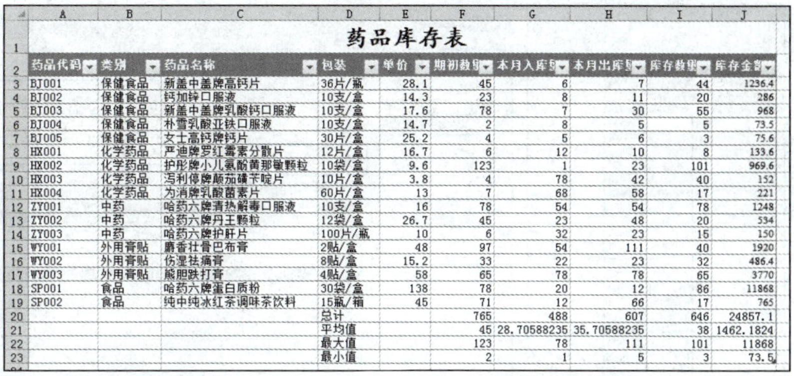

	A	B	C	D	E	F	G	H	I	J
1	药品库存表									
2	药品代码	类别	药品名称	包装	单价	期初数量	本月入库量	本月出库量	库存数量	库存金额
3	BJ001	保健食品	新盖中盖牌高钙片	36片/瓶	28.1	45	6	7	44	1236.4
4	BJ002	保健食品	钙加锌口服液	10支/盒	14.3	23	8	11	20	286
5	BJ003	保健食品	新盖中盖牌乳酸钙口服液	10支/盒	17.6	78	7	30	55	968
6	BJ004	保健食品	朴雪乳酸亚铁口服液	10支/盒	14.7	2	8	5	5	73.5
7	BJ005	保健食品	女士高钙牌钙片	30片/盒	25.2	4	5	6	3	75.6
8	HX001	化学药品	严迪牌罗红霉素分散片	12片/盒	16.7	6	12	10	8	133.6
9	HX002	化学药品	护彤牌小儿氨酚黄那敏颗粒	10袋/盒	9.6	123	1	23	101	969.6
10	HX003	化学药品	泻利停牌颠茄磺苄啶片	10片/盒	3.8	4	78	42	40	152
11	HX004	化学药品	为消牌乳酸菌素片	60片/盒	13	7	68	58	17	221
12	ZY001	中药	哈药六牌清热解毒口服液	10支/盒	16	78	54	54	78	1248
13	ZY002	中药	哈药六牌丹王颗粒	12袋/盒	26.7	45	23	48	20	534
14	ZY003	中药	哈药六牌护肝片	100片/瓶	10	6	32	23	15	150
15	WY001	外用膏贴	麝香壮骨巴布膏	2贴/盒	48	97	54	111	40	1920
16	WY002	外用膏贴	伤湿祛痛膏	8贴/盒	15.2	33	22	23	32	486.4
17	WY003	外用膏贴	熊胆跌打膏	4贴/盒	58	65	78	78	65	3770
18	SP001	食品	哈药六牌蛋白质粉	30袋/盒	138	78	20	12	86	11868
19	SP002	食品	纯中纯冰红茶调味茶饮料	15瓶/箱	45	71	12	66	17	765
20				总计		765	488	607	646	24857.1
21				平均值		45	28.70588235	35.70588235	38	1462.1824
22				最大值		123	78	111	101	11868
23				最小值		2	1	5	3	73.5

（b）

图 4-43　自动套用格式

步骤 2▶　选择 A2:J2 单元格区域，在“开始”选项卡的“对齐方式”组单击“居中”和“自动换行”按钮，如图 4-44（a）所示，然后调整 F～H 列中的文本以 2 行显示，并调整第 2 行的行高，效果如图 4-44（b）所示。

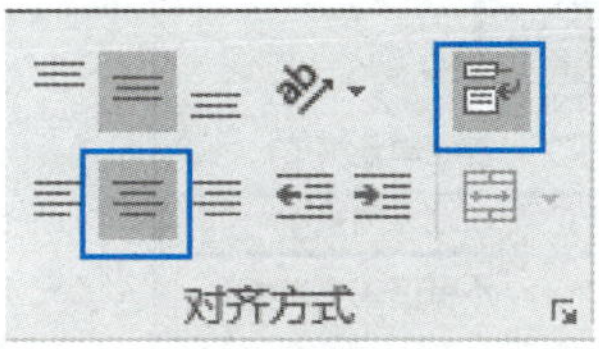

（a）

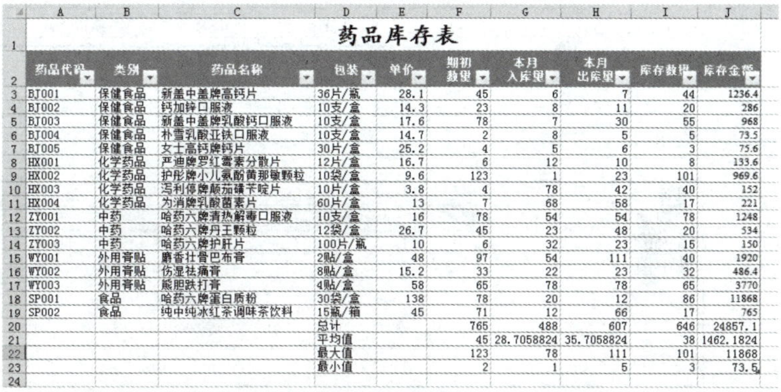

	A	B	C	D	E	F	G	H	I	J
1	药品库存表									
2	药品代码	类别	药品名称	包装	单价	期初数量	本月入库量	本月出库量	库存数量	库存金额
3	BJ001	保健食品	新盖中盖牌高钙片	36片/瓶	28.1	45	6	7	44	1236.4
4	BJ002	保健食品	钙加锌口服液	10支/盒	14.3	23	8	11	20	286
5	BJ003	保健食品	新盖中盖牌乳酸钙口服液	10支/盒	17.6	78	7	30	55	968
6	BJ004	保健食品	朴雪乳酸亚铁口服液	10支/盒	14.7	2	8	5	5	73.5
7	BJ005	保健食品	女士高钙牌钙片	30片/盒	25.2	4	5	6	3	75.6
8	HX001	化学药品	严迪牌罗红霉素分散片	12片/盒	16.7	6	12	10	8	133.6
9	HX002	化学药品	护彤牌小儿氨酚黄那敏颗粒	10袋/盒	9.6	123	1	23	101	969.6
10	HX003	化学药品	泻利停牌颠茄磺苄啶片	10片/盒	3.8	4	78	42	40	152
11	HX004	化学药品	为消牌乳酸菌素片	60片/盒	13	7	68	58	17	221
12	ZY001	中药	哈药六牌清热解毒口服液	10支/盒	16	78	54	54	78	1248
13	ZY002	中药	哈药六牌丹王颗粒	12袋/盒	26.7	45	23	48	20	534
14	ZY003	中药	哈药六牌护肝片	100片/瓶	10	6	32	23	15	150
15	WY001	外用膏贴	麝香壮骨巴布膏	2贴/盒	48	97	54	111	40	1920
16	WY002	外用膏贴	伤湿祛痛膏	8贴/盒	15.2	33	22	23	32	486.4
17	WY003	外用膏贴	熊胆跌打膏	4贴/盒	58	65	78	78	65	3770
18	SP001	食品	哈药六牌蛋白质粉	30袋/盒	138	78	20	12	86	11868
19	SP002	食品	纯中纯冰红茶调味茶饮料	15瓶/箱	45	71	12	66	17	765
20				总计		765	488	607	646	24857.1
21				平均值		45	28.7058824	35.7058824	38	1462.1824
22				最大值		123	78	111	101	11868
23				最小值		2	1	5	3	73.5
24										

（b）

图 4-44　设置单元格对齐方式和调整列宽

步骤 3▶　**将 J 列单元格数据的小数位数设为 1 位。**选中 J3:J23 单元格区域，然后单击“开始”选项卡“数字”组右下角的对话框启动器按钮，打开“设置单元格格式”对话框，在“分类”下拉列表中选择“数值”选项，在右侧的“小数位数”编辑框输入“1”，单击“确定”按钮，如图 4-45 所示。

步骤 4▶　**设置平均值的数字格式为 1 位小数。**用户既可以采用步骤 3 的方法进行设置，也可采用复制单元格格式的方法得到：向左拖动 J21 单元格右下角的填充柄到 F21 单元格，如图 4-46（a）所示，然后松开鼠标，再单击“自动填充选项”按钮，在展开的列表中选择“仅填充格式”选项，如图 4-46（b）所示，即可完成所选单元格的数字格式设置。

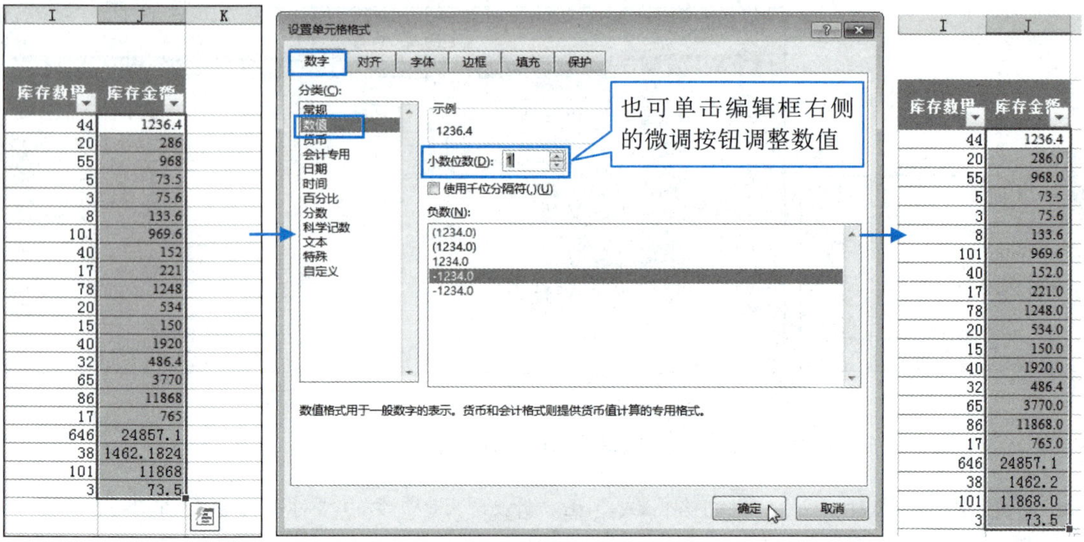

图 4-45　设置数字格式

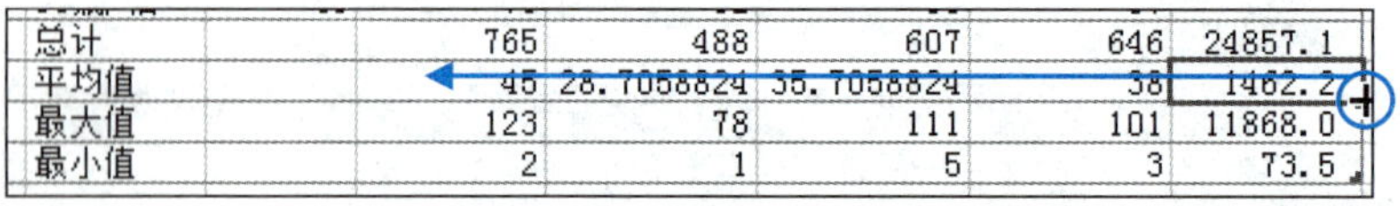

（a）

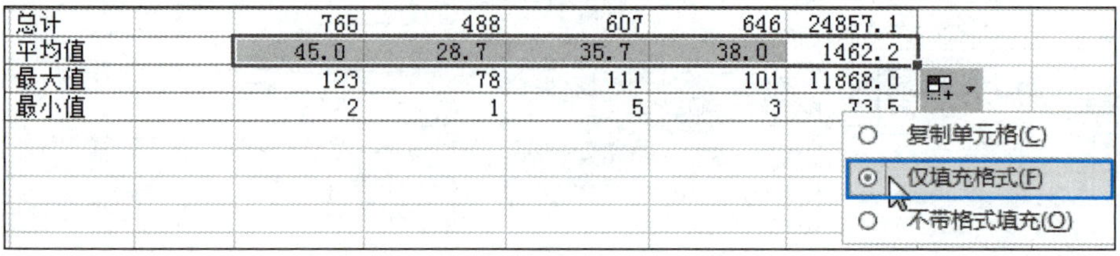

（b）

图 4-46　复制数字格式

步骤 5▶　**设置“分类比例”的数字格式。**切换到“分类比例”工作表，选中 C3:C7 单元格区域，同样打开“设置单元格格式”对话框，在“数字”选项卡的“分类”列表中选择“百分比”选项，在右侧的小数位数中设置小数位数为 2，单击“确定”按钮，如图 4-47 所示。

提　示

为单元格中的数值设置不同的数字格式，只是更改它的显示形式，不影响其实际值。用户也可利用“数字”组中的相应按钮来设置数字格式，如图 4-48 所示。

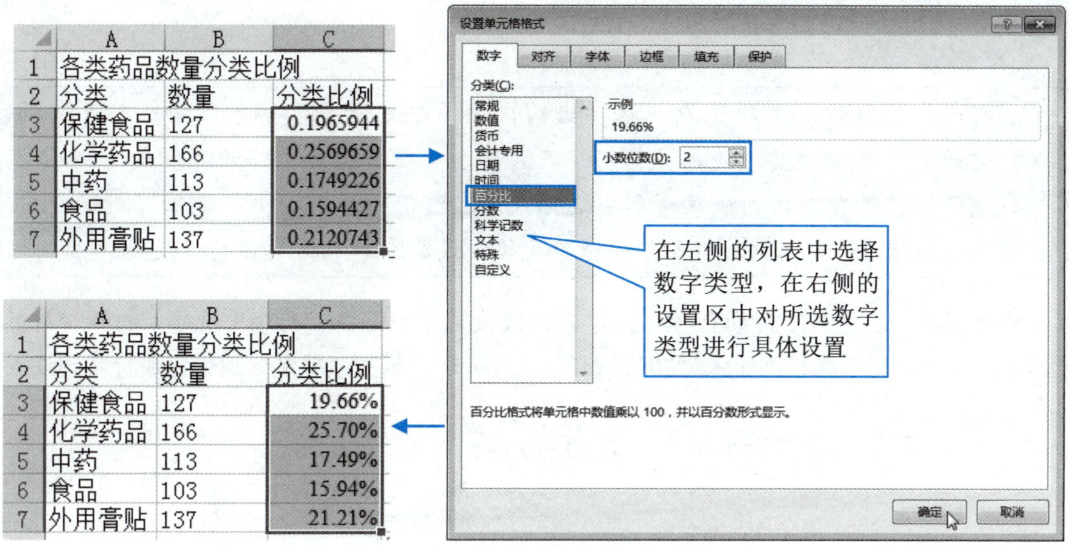

图 4-47 设置数据的小数位数

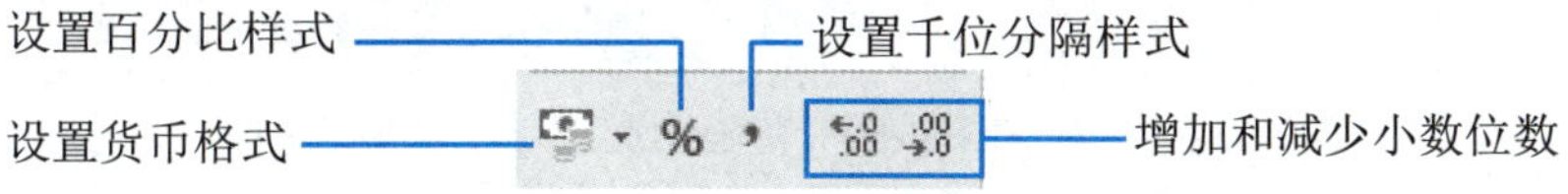

图 4-48 数字格式按钮的含义

五、插入艺术字和页脚

下面在“库存表”的标题上方插入艺术字并为其添加自定义的页脚。操作步骤如下。

步骤 1▶ 在表格的标题行上方插入一行，并在该行中插入艺术字。单击第 1 行的行号以选中第 1 行，再右击，在弹出的快捷菜单中选择“插入”选项，即可在所选行的上方插入一个新行，如图 4-49 所示。

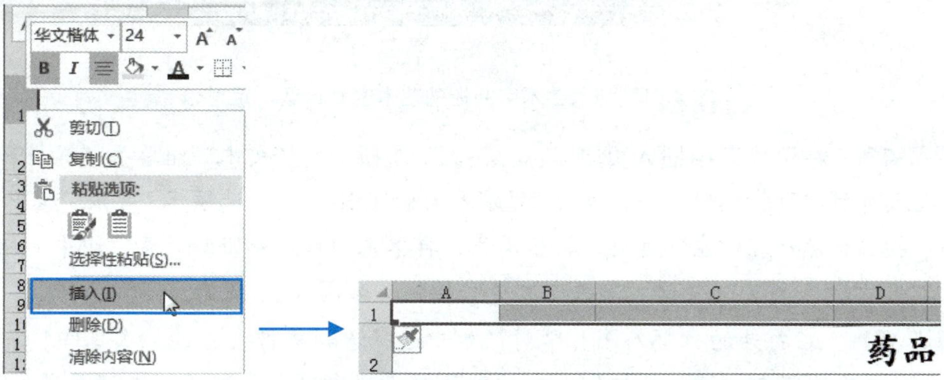

图 4-49 插入行

提 示

右击要插入行或列的位置，在弹出的快捷菜单中选择“插入”项，打开“插入”对话框，选择“整行”或“整列”单选钮，可在所选单元格的上方或左侧插入一行或一列。若在弹出的快捷菜单中选择“删除”选项，可打开“删除”对话框，在其中选择相应的单选钮，可删除所选单元格，或删除单元格所在的行或列。

步骤 2▶ 右击第 1 行的行号，在弹出的快捷菜单中选择“行高”选项，打开“行高”对话框，在“行高”编辑框输入“70”，如图 4-50 所示，单击“确定”按钮完成行高的设置。

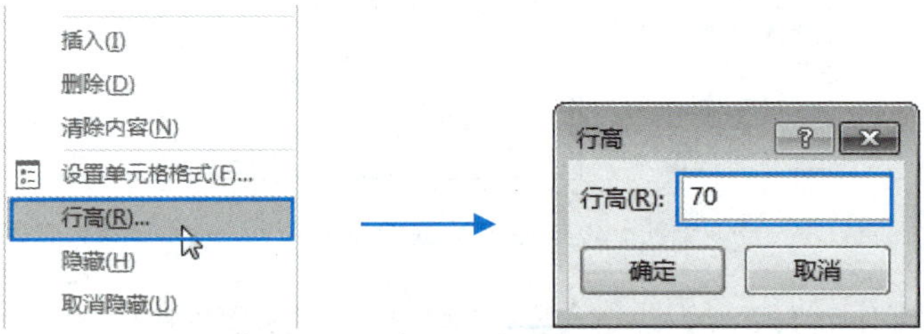

图 4-50 精确设置行高

步骤 3▶ 单击“插入”选项卡“文本”组中的“艺术字”按钮，在展开的列表中选择一种艺术字样式，如图 4-51（a）所示，输入艺术字文本“哈药集团制药六厂”并将其拖到第一行的中间位置，如图 4-51（b）所示。

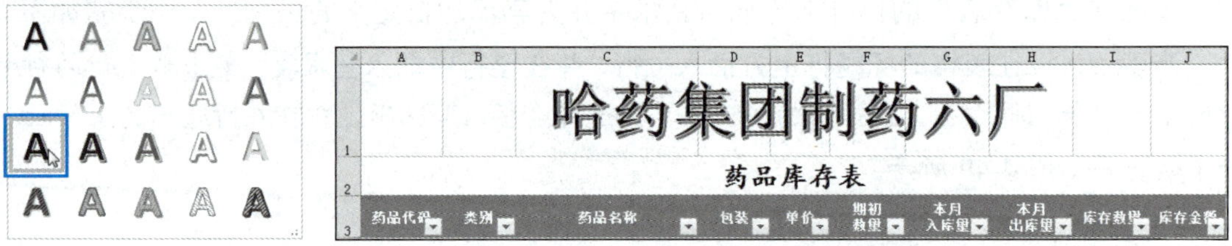

（a） （b）

图 4-51 插入艺术字并拖动艺术字到合适位置

步骤 4▶ 在工作表中插入页脚。在“插入”选项卡的“文本”组单击“页眉和页脚”按钮，进入页眉和页脚编辑状态。单击“页眉和页脚工具/设计”选项卡“导航”组中的“转至页脚”按钮，然后在“左”页脚编辑框单击，再单击“页眉和页脚元素”组中的“图片”按钮，打开“插入图片”窗口，单击“浏览”按钮，如图 4-52 所示。

步骤 5▶ 在打开的“插入图片”对话框中选择素材文件夹中的“项目四”>“哈药六厂.jpg”图片，单击“插入”按钮；在“中”编辑框中单击，然后单击“页眉和页脚元素”组中的“当前日期”按钮，此时可在工作表中看到添加的页脚，如图 4-53 所示。

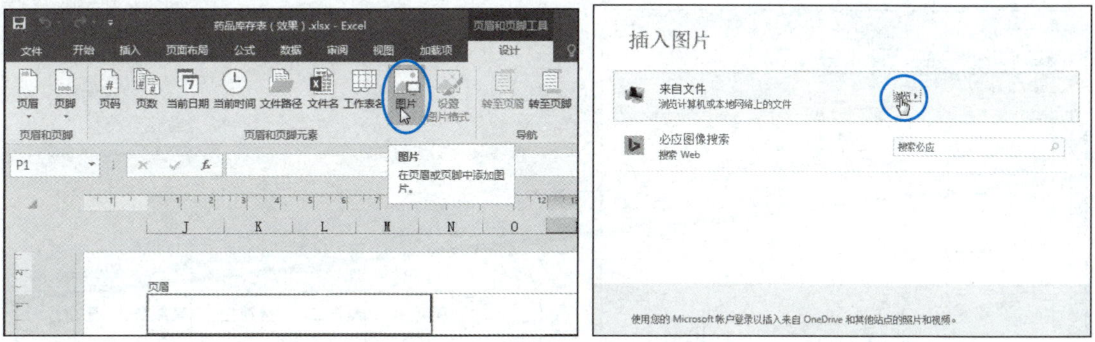

图 4-52　单击“浏览”按钮

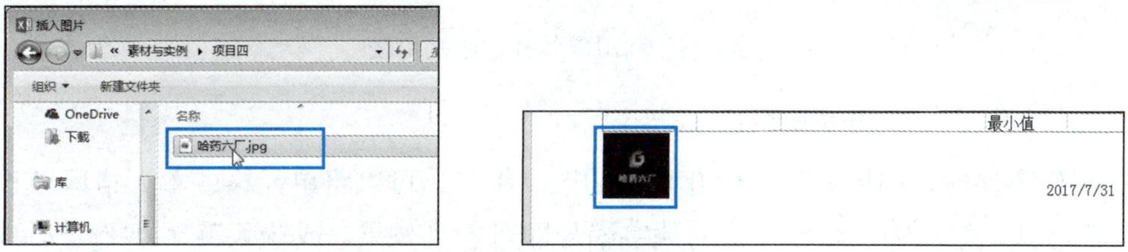

图 4-53　选择要作为页脚的图片并插入

步骤 6▶ 单击程序窗口右下角的“普通”按钮▦，返回工作表正常编辑状态。

步骤 7▶ 为方便查看制作的表格，用户也可以将网格线去掉。单击“视图”选项卡“显示”组中的“网格线”复选框，取消其选中状态，如图 4-54 所示。至此，工作表制作完成，最后另存文件为“药品库存表（效果）”。

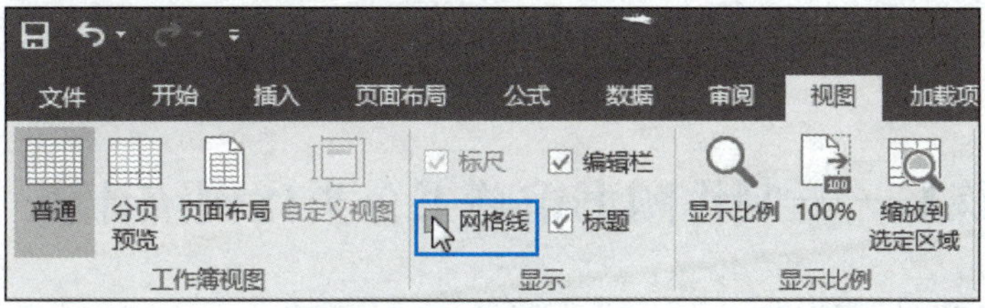

图 4-54　关闭网格线

【高手秘籍】

1. 设置斜线表头

在电子表格的单元格中绘制斜线，可以在其中添加表格项目名称，便于查看单元格中的数据分类。要为单元格设置斜线表头，可在选中单元格后，在“设置单元格格式”对话框“边框”选项卡的“边框”设置区单击“斜线”按钮，如图 4-55 所示，或利用“直线”工具在单元格中绘制斜线，然后利用文本框输入分类名称。

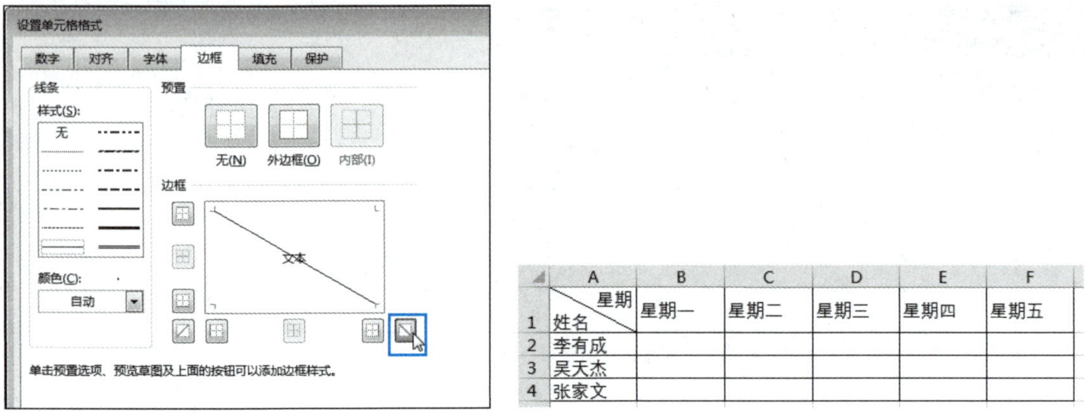

图 4-55　利用斜线按钮绘制斜线

2．轻松设置“0”开头的数字编号

在制作表格时，如果要输入以 0 开头的数字编号，可以将单元格或单元格区域设置为“文本”格式，然后输入以 0 开头的数字编号即可看到效果，或输入英文“'”号后再输入以 0 开头的数字编号，如图 4-56 所示。

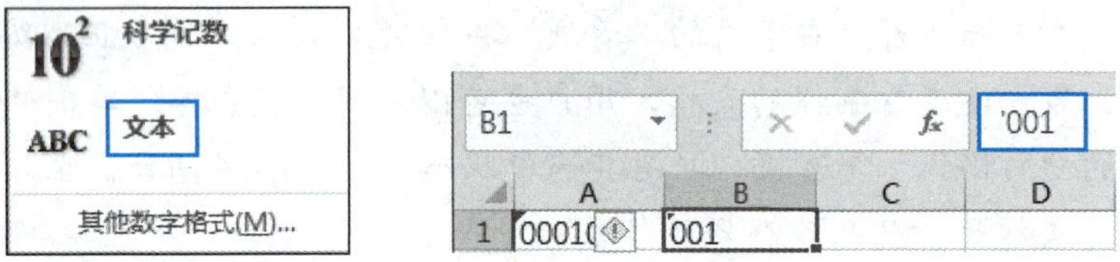

图 4-56　输入以“0”开头的数字编号

【拓展训练】——制作图书馆藏书分类比例统计表

利用所学知识制作图书馆藏书分类比例统计表，效果如图 4-57 所示。

1．训练目的

强化练习单元格引用、利用公式和函数对工作表数据进行计算等操作。

2．训练内容

（1）打开素材文件“项目四”>“图书馆藏书分类比例统计表.xlsx”工作簿，然后将“Sheet1”重命名为“分类比例”。

（2）根据说明文本，利用公式计算“应配备总数”和“尚需”列数据。

（3）利用公式计算“金额”“总计”“最小值”和“最大值”数据。

	A	B	C	D	E	F	G
1	图书馆藏书分类比例统计表						
2	部	类	分类比例	应配备总数	实际藏书总数	尚需	金额
3	五大部类	22个基本部类					
4	第一大类	A马列主义毛泽东思想	1.5%	450	450	0	0
5	第二大类	B哲学、宗教	1.5%	450	446	4	80
6	第三大类	C社会科学纵论	3.0%	900	850	50	1000
7		D政治法律	9.5%	2850	2766	84	1680
8		E军事	2.0%	600	600	0	0
9		F经济	3.5%	1050	1050	0	0
10		G文化科学、教育、体育	7.0%	2100	2100	0	0
11		H语言文学	8.5%	2550	2550	0	0
12		I文学	7.5%	2250	2210	40	800
13		J艺术	5.5%	1650	1620	30	600
14		K历史地理	8.0%	2400	2100	300	6000
15	第四大类	N自然科学总论	9.5%	2850	2850	0	0
16		O数理科学和化学	5.0%	1500	1500	0	0
17		P天文学地球科学	6.5%	1950	1950	0	0
18		Q生物科学	2.5%	750	740	10	200
19		R医药卫生	3.0%	900	888	12	240
20		S农业科学	1.5%	450	450	0	0
21		T工业技术	5.5%	1650	1550	100	2000
22		U交通运输	2.0%	600	550	50	1000
23		V航空、航天	1.0%	300	280	20	400
24		X环境科学、劳动保护科学	1.0%	300	300	0	0
25	第五大类	Z综合性图书	5.0%	1500	1136	364	7280
26		总计	100%	30000	28936	1064	21280
27		平均值	5%	1364	1315	48	967
28		最小值	1%	300	280	0	0
29		最大值	10%	2850	2850	364	7280
30		分类应配备总数：	30000		现有学生数（人）		4000
31		实际藏书总册数	28936		生均册数（册/人）		7.5
32	图书平均单价（元/册）		20				
33	说明：						
34	1. 尚需图书单价均按20元/册预算						
35	2. 应配备总数=分类应配备总数*分类比例						
36	3. 尚需数=应配备总数-实际藏书总数						

分类比例

图 4-57　图书馆藏书分类比例统计表

任务三　统计并分析学生成绩表

——数据排序与函数的高级应用

【任务背景】

学生成绩是学籍管理中必不可少的数据信息。在学校的教学工作中，对学生的成绩进行统计分析是一项非常重要的工作。每个学期结束后，教师都会统计学生本学期的成绩，一份合理的学生成绩表可以帮助教师了解每个学生及整个班级的学习情况。

【分析任务】

本任务主要完成的工作是制作“学生成绩表”，通过该任务让读者了解 Excel 2016 的数据有效性、数据排序和复杂函数的高级应用等知识。任务完成效果如图 4-58 所示。

【任务目标】

➢ 能利用公式对工作表数据进行计算。

- 能对工作表中的数据进行单条件和多条件排序。
- 能利用函数对工作表数据进行统计和分析。

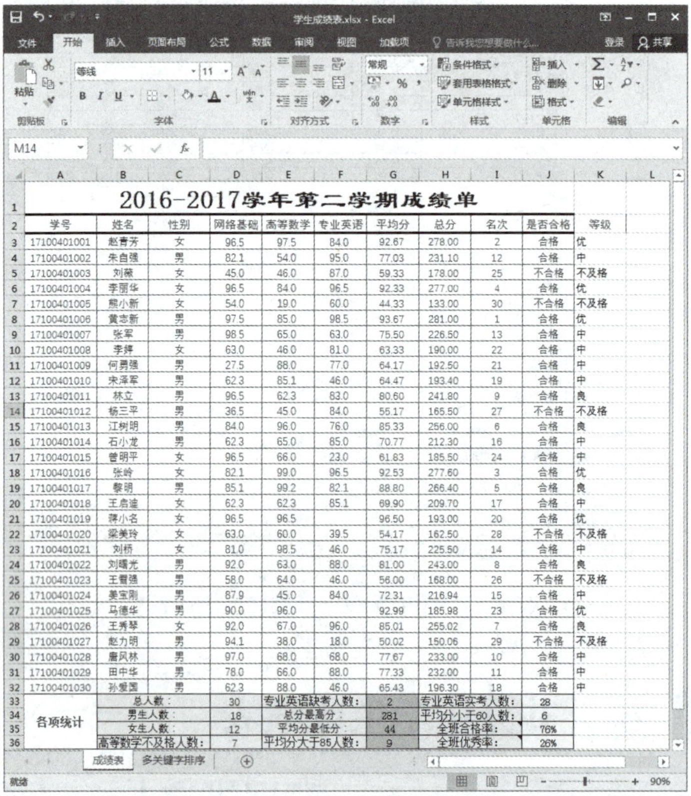

2016-2017学年第二学期成绩单

学号	姓名	性别	网络基础	高等数学	专业英语	平均分	总分	名次	是否合格	等级
17100401001	赵青芳	女	96.5	97.5	84.0	92.67	278.00	2	合格	优
17100401002	朱自强	男	82.1	54.0	95.0	77.03	231.10	12	合格	中
17100401003	刘薇	女	45.0	46.0	87.0	59.33	178.00	25	不合格	不及格
17100401004	李丽华	女	96.5	84.0	96.5	92.33	277.00	4	合格	优
17100401005	熊小新	女	54.0	19.0	60.0	44.33	133.00	30	不合格	不及格
17100401006	黄志新	男	97.5	85.0	98.5	93.67	281.00	1	合格	优
17100401007	张军	男	98.5	65.0	63.0	75.50	226.50	13	合格	中
17100401008	李婷	女	63.0	46.0	81.0	63.33	190.00	22	合格	中
17100401009	何勇强	男	27.5	88.0	77.0	64.17	192.50	21	合格	中
17100401010	宋泽军	男	62.3	85.1	46.0	64.47	193.40	19	合格	中
17100401011	林立	男	96.5	62.3	83.0	80.60	241.80	9	合格	良
17100401012	杨三平	男	36.5	45.0	84.0	55.17	165.50	27	不合格	不及格
17100401013	江树明	男	84.0	96.0	76.0	85.33	256.00	6	合格	良
17100401014	石小龙	男	62.3	65.0	85.0	70.77	212.30	16	合格	中
17100401015	曾明平	女	96.5	66.0	23.0	61.83	185.50	24	合格	中
17100401016	张岭	女	82.1	99.0	96.5	92.53	277.60	3	合格	优
17100401017	黎明	男	85.1	99.2	82.1	88.80	266.40	5	合格	良
17100401018	王启逵	女	62.3	62.3	85.1	69.90	209.70	17	合格	中
17100401019	蒋小名	女	96.5	96.5		96.50	193.00	20	合格	优
17100401020	梁美玲	女	63.0	60.0	39.5	54.17	162.50	28	不合格	不及格
17100401021	刘桥	女	81.0	98.5	46.0	75.17	225.50	14	合格	中
17100401022	刘曙光	男	92.0	63.0	88.0	81.00	243.00	8	合格	良
17100401023	王晋强	男	58.0	64.0	46.0	56.00	168.00	26	不合格	不及格
17100401024	姜宝刚	男	87.9	45.0	84.0	72.31	216.94	15	合格	中
17100401025	马德华	男	90.0	96.0		92.99	185.98	23	合格	优
17100401026	王秀琴	女	92.0	67.0	96.0	85.01	255.02	7	合格	良
17100401027	赵力明	男	94.1	38.0	18.0	50.02	150.06	29	不合格	不及格
17100401028	唐风林	男	97.0	68.0	68.0	77.67	233.00	10	合格	中
17100401029	田中华	男	78.0	66.0	88.0	77.33	232.00	11	合格	中
17100401030	孙爱国	男	62.3	88.0	46.0	65.43	196.30	18	合格	中
各项统计	总人数：		30	专业英语缺考人数：		2	专业英语实考人数：		28	
	男生人数：		18	总分最高分：		281	平均分小于60人数：		6	
	女生人数：		12	平均分最低分：		44	全班合格率：		76%	
	高等数学不及格人数：		7	平均分大于85人数：		9	全班优秀率：		26%	

图 4-58　计算后的学生成绩表

【任务实施】

一、设置数据有效性

在建立工作表的过程中，为了保证输入的数据都在其有效范围内，用户可以使用 Excel 提供的“有效性”命令为单元格设置条件，以便在出错时得到提醒，从而快速、准确地输入数据。操作步骤如下。

步骤 1▶ 新建“学生成绩表”工作簿，并将其“Sheet1”工作表重命名为“成绩表”。

步骤 2▶ 假设在学生成绩表中各门课程对应的成绩范围在 0～100 之间，下面在工作表中设置数据有效性。先在工作表中选定需要设置数据有效性的单元格区域 D3:F32，然后在“数据”选项卡“数据工具”组中单击“数据验证”按钮，打开“数据验证”对话框。

步骤 3▶ 在“设置”选项卡的“允许”下拉列表中选择的类型不同，其有效检验的数据类型就不同。这里选择“小数”项，然后在“数据”下拉列表中选择“介于”，并分别在“最小值”和“最大值”编辑框中输入 0 和 100，如图 4-59（a）所示。

步骤 4▶ 单击“输入信息”选项卡，选中“选定单元格时显示输入信息”复选框。在“标题”编辑框中输入文本标题“输入成绩”，在“输入信息”编辑框中输入提示内容“请输入对应课程成绩（0～100 之间）”，如图 4-59（b）所示。

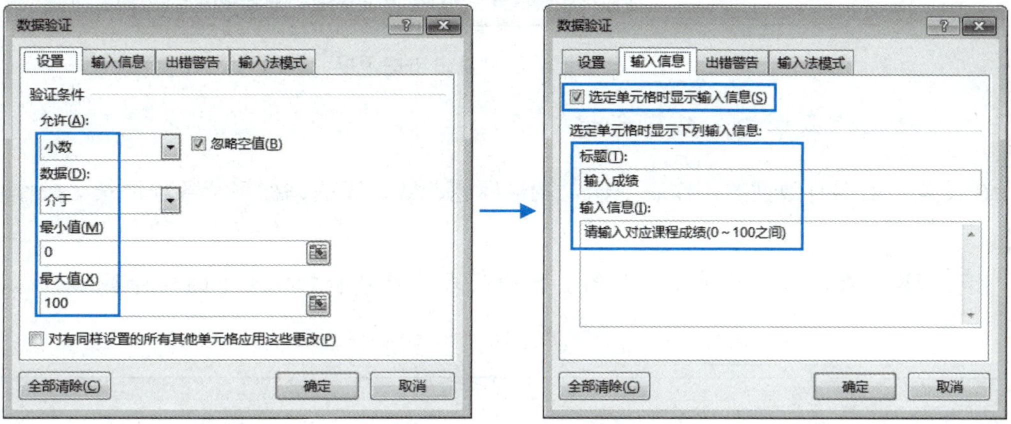

（a）　　　　　　　　　　（b）

图 4-59　设置数据有效性、输入提示信息

步骤 5▶ 单击“出错警告”选项卡，选中“输入无效数据时显示出错警告”复选框，在“样式”下拉列表中选择“停止”选项。在“标题”和“错误信息”编辑框中输入相应的出错信息文字，如图 4-60 所示。

步骤 6▶ 单击“输入法模式”选项卡，在“模式”下拉列表中选择“关闭（英文模式）”选项，如图 4-61 所示，单击“确定”按钮完成数据有效性的设置。

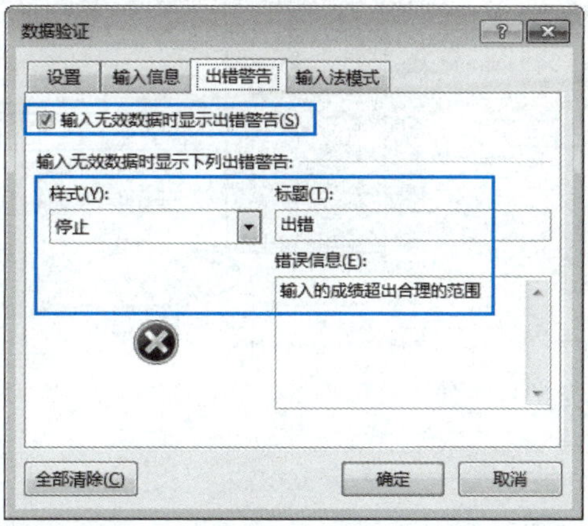

图 4-60　输入出错警告

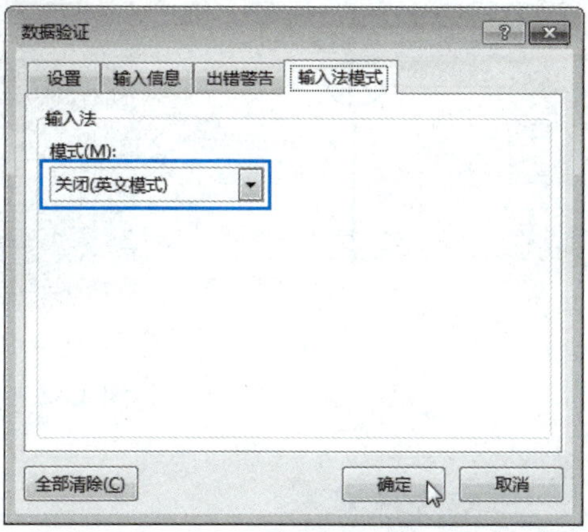

图 4-61　选择输入法模式

步骤 7▶ 单击设置了数据有效性的单元格时，会显示输入信息提示；当输入的数据

超出许可范围时，出现错误提示如图 4-62 所示。

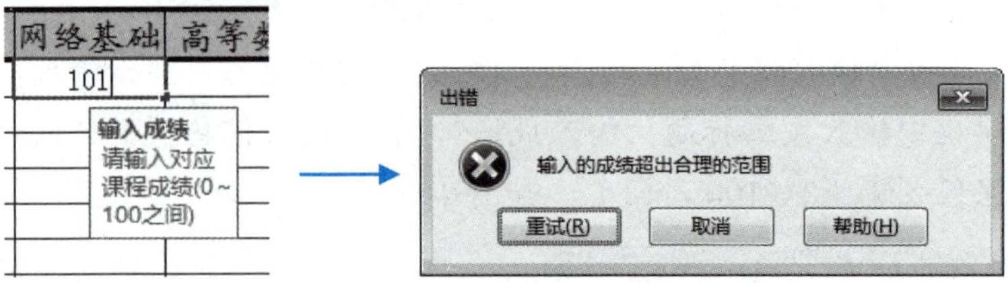

图 4-62 提示信息及出错提示框

二、在工作表中输入基础数据

在设置了数据有效性的工作表中输入表格标题、数据表的列标签及各项记录，操作步骤如下。

步骤 1▶ 在工作表的第 1 行和第 2 行输入表格标题和数据清单的列标签，如图 4-63 所示。

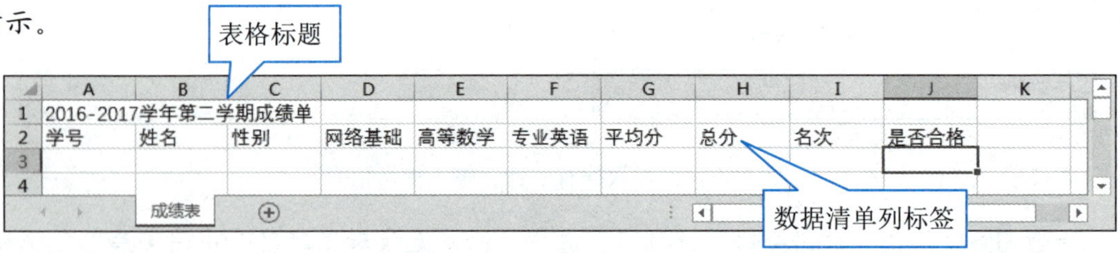

图 4-63 输入表格标题和列标签

步骤 2▶ 在 A3 单元格输入学号，然后将鼠标指针移至该单元格右下角的填充柄上，向下拖动至 A32 单元格，释放鼠标后，单击按钮，在展开的列表中选择“填充序列”选项，如图 4-64 所示。

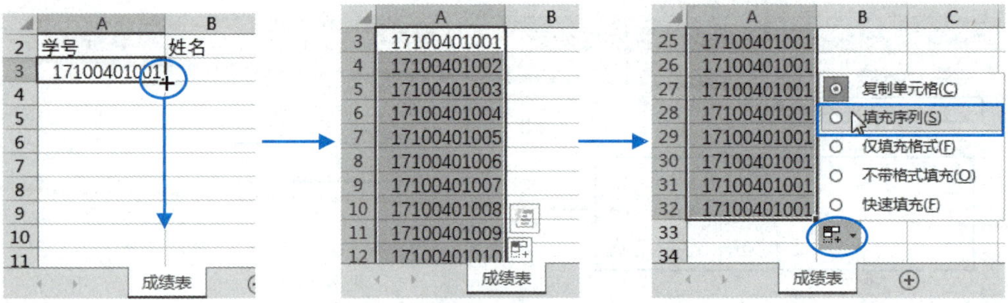

图 4-64 自动填充学号序列

提 示

以上使用 Excel 内置的序列快速输入了学号。若要自定义序列，可在“文件”列表中选择“选项”选项，打开“Excel 选项”对话框，在“高级”选项的“常规”列表中单击“编辑自定义列表”按钮，打开“自定义序列”对话框，在“自定义序列”列表中选择“新序列”，再在“输入序列”编辑框中输入要自定义的序列，如“第1日”、“第 2 日”、“第 3 日”（按【Enter】键在各日之间换行），最后单击“添加”按钮。之后即可使用填充柄快速输入自定义的序列了。

步骤 3▶ 分别输入除总分、平均分和名次之外的其他记录，以及在表格下方制作统计表格，如图 4-65 所示。

	A	B	C	D	E	F	G	H	I	J
1	2016-2017学年第二学期成绩单									
2	学号	姓名	性别	网络基础	高等数学	专业英语	平均分	总分	名次	是否合格
3	17100401001	赵青芳	女	96.5	97.5	84				
4	17100401002	朱自强	男	82.1	54	95				
5	17100401003	刘薇	女	45	46	87				
6	17100401004	李丽华	女	96.5	84	96.5				
7	17100401005	熊小新	女	54	19	60				
8	17100401006	黄志新	男	97.5	85	98.5				
9	17100401007	张军	男	98.5	65	63				
10	17100401008	李婷	女	63	46	81				
11	17100401009	何勇强	男	27.5	88	77				
12	17100401010	宋泽军	男	62.3	85.1	46				
13	17100401011	林立	男	96.5	62.3	83				
14	17100401012	杨三平	男	36.5	45	84				
15	17100401013	江树明	男	84	96	76				
16	17100401014	石小龙	男	62.3	65	85				
17	17100401015	曾明平	女	96.5	66	23				
18	17100401016	张岭	女	82.1	99	96.5				
19	17100401017	黎明	男	85.1	99.2	82.1				
20	17100401018	王启迪	女	62.3	62.3	85.1				
21	17100401019	蒋小名	女	96.5	96.5					
22	17100401020	梁美玲	女	63	60	39.5				
23	17100401021	刘桥	女	81	98.5	46				
24	17100401022	刘曙光	男	92	63	88				
25	17100401023	王雪强	男	58	64	46				
26	17100401024	姜宝刚	男	87.94	45	84				
27	17100401025	马德华	男	89.98	96					
28	17100401026	王秀琴	女	92.02	67	96				
29	17100401027	赵力明	男	94.06	38	18				
30	17100401028	唐风林	男	97	68	68				
31	17100401029	田中华	男	78	66	88				
32	17100401030	孙爱国	男	62.3	88	46				
33	各项统计	总人数：			专业英语缺考人数：			专业英语实考人数：		
34		男生人数：			总分最高分：			平均分小于60人数：		
35		女生人数：			平均分最低分：			全班合格率：		
36		高等数学不及格人数：			平均分大于85人数：			全班优秀率：		

成绩表

图 4-65　输入其他记录

三、计算平均分、总分、名次和是否合格数据

前面已经简单介绍了函数的定义和作用，这里将深入学习有关函数的相关知识。

1．函数结构

函数以等号（=）开始，后面紧跟函数名称、括号和函数参数，如图 4-66 所示。

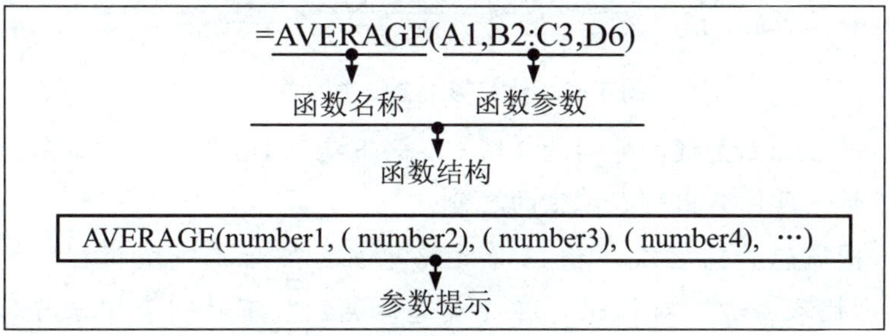

图 4-66　函数的结构

2．函数参数

参数可以是数字、文本、逻辑值（例如 TRUE 或 FALSE）、数组、错误值（例如 #N/A）或单元格引用。指定的参数都必须为有效参数值。参数也可以是常量、公式或其他函数。

插入函数的常用方法有两种：在单元格或“编辑栏”中直接输入函数及公式，此法多用于已熟悉的函数；通过“插入函数”和“函数参数”对话框插入函数，此法简单易用。

在 Excel 中，系统已经将常用的求和、平均值、计数、最大值和最小值 5 个函数直接放入功能区命令列表，方便用户快速调用。统计平均分、总分、名次和是否合格等各项数据的操作步骤如下。

步骤 1▶ **计算平均分。**单击 G3 单元格，然后单击“开始”选项卡“编辑”组中“自动求和”按钮右侧的三角按钮Σ，在展开的列表中选择“平均值”选项，系统自动对所选单元格左侧有数据的连续单元格进行求平均值计算，如图 4-67 所示。

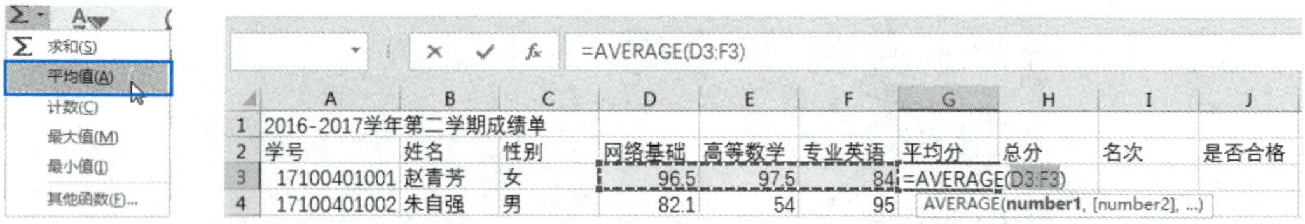

图 4-67　计算第 1 个学生的平均分

步骤 2▶ 确认要进行计算的数据区域是否正确，本例保持默认值不变，按【Enter】键，得到计算结果。向下拖动 G3 单元格右下角的填充柄到 G32 单元格后释放鼠标，可计算出所有学生的平均分。

步骤 3▶ **计算总分。**单击 H3 单元格，然后单击“自动求和”按钮，同样可看到系统自动对所选单元格左侧有数据的连续单元格进行求和计算。因为该单元格区域引用不正确，所以重新在工作表中选择 D3:F3 单元格区域，如图 4-68 所示。

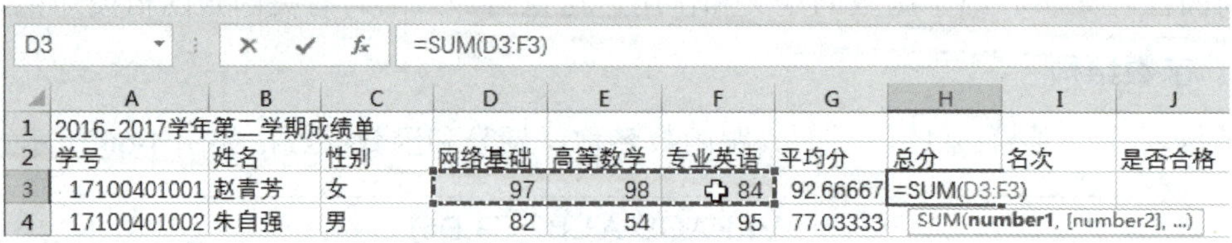

图 4-68　计算第 1 个学生的总分

步骤 4▶ 按【Enter】键，得到计算结果。向下拖动 H3 单元格右下角的填充柄到 H32 单元格后释放鼠标，可计算出所有学生的总分。

步骤 5▶ **根据总分排名次。**在 I3 单元格单击，然后单击编辑栏中的“插入函数”按钮 fx，打开“插入函数”对话框，在“或选择类别”下拉列表中选择“统计”类别，然后在下方的“选择函数”列表中选择“RANK.EQ”函数，如图 4-69 所示。

步骤 6▶ 单击“确定”按钮，打开“函数参数”对话框，在第 1 个参数编辑框中单击，然后在工作表中单击要进行排名的单元格 H3；在第 2 个参数编辑框中单击，然后在工作表中选择要参与排名的单元格区域 H3:H32，返回工作表后按【F4】键，将相对引用转换为绝对引用；在第 3 个编辑框中输入 0，如图 4-70 所示。

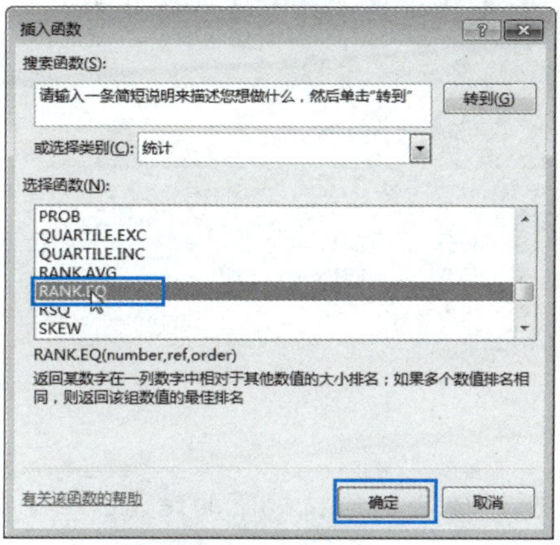

图 4-69　选择函数

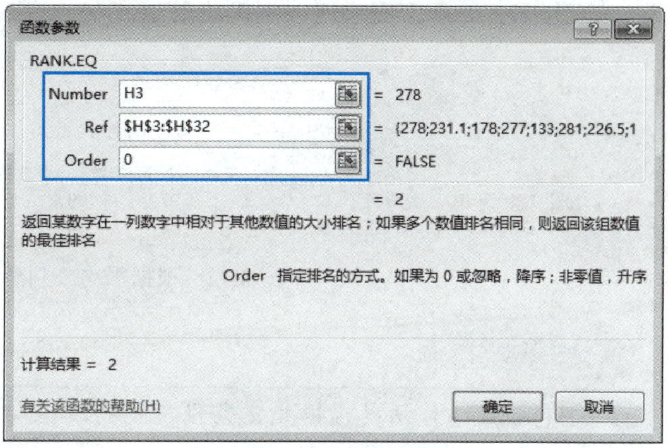

图 4-70　设置函数参数

步骤 7▶ 单击“确定”按钮，得到排名结果，如图 4-71 所示。

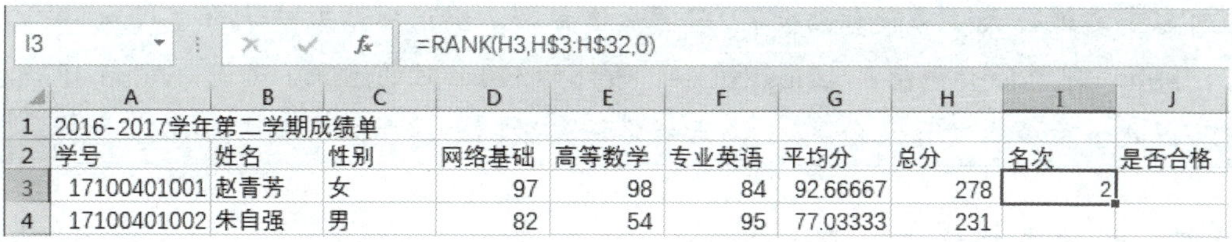

图 4-71　根据总分排名次

提　示

RANK.EQ()函数的作用是计算一个数字在数字列表中的排位。数字的排位是依据其与列表中其他值的大小进行比较得到的。若有多个值具有相同的排位，则其排位相同。

语法：RANK.EQ(number, ref, order)

number: 需要查找排位的数字。

ref: 排位数字列表或对数字列表的引用区域。ref 中的非数值型参数将被忽略。

order: 为一数字，指明排位的方式。如果 order 为 0（零）或省略，则排位是对 ref 按照降序排列排位；如果 order 不为零，则排位是对 ref 按照升序排列排位。

函数 RANK.EQ()对相同的数排位相同，但将影响后续数值的排位。例如，在一列按升序排列的整数中，如果整数 25 出现两次，其排位为 7，则 26 的排位为 9（顺序上第 8 位被第二个排位 7 占用）。

步骤 8▶ 向下拖动 I3 单元格右下角的填充柄到 I32 单元格后释放鼠标，可根据总分排出学生的名次。

步骤 9▶ 根据平均分判断成绩合格与否。假设平均分大于等于 60 分为合格，否则不合格。在 J3 单元格输入公式“=IF(G3>=60,"合格","不合格")”，按【Enter】键得到计算结果，如图 4-72 所示。同样地，利用拖动填充柄的方法判断出其他学生的成绩合格与否。

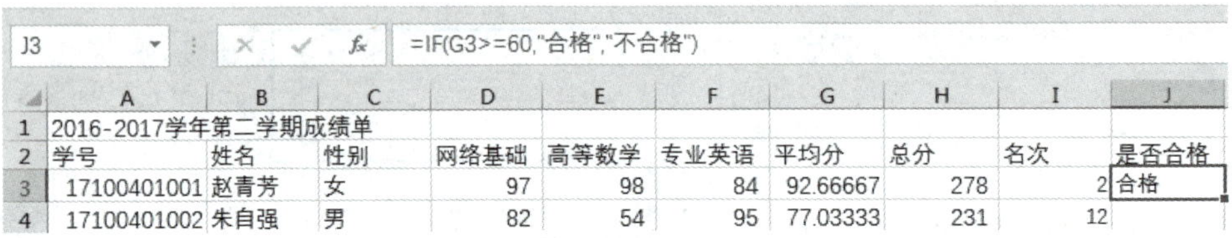
J3 =IF(G3>=60,"合格","不合格")

	A	B	C	D	E	F	G	H	I	J
1	2016-2017学年第二学期成绩单									
2	学号	姓名	性别	网络基础	高等数学	专业英语	平均分	总分	名次	是否合格
3	17100401001	赵青芳	女	97	98	84	92.66667	278	2	合格
4	17100401002	朱自强	男	82	54	95	77.03333	231	12	

图 4-72 根据平均分判断合格与否

提 示

IF()函数的作用是根据指定条件，执行真假值判断，返回真假情况下的结果。

语法：IF(logical_test, value_if_true, value_if_false)

logical_test: 判断条件，为计算结果是 True 或 False 的任意值或表达式。

value_if_true: 真值，当 logical_test 条件为 True 时的结果（值）。value_if_true 也可以是其他公式（含嵌套函数）。若省略该参数，则该项结果默认为 0。

value_if_false: 假值，当 logical_test 条件为 False 时的结果（值）。value_if_false 也可以是其他公式（含嵌套函数）。若省略该参数，则该项结果默认为 0。

四、设置表格格式

下面设置表格的格式，如合并单元格，设置表格内容的字符格式、数字格式等。操作步骤如下。

步骤 1▶ 选中 A1:J1 单元格区域，单击“开始”选项卡“对齐方式”组中的“合并及居中”按钮，合并居中表格标题，然后设置标题字符的字体为隶书，字号为 26，字形为加粗，字体颜色为深红。

步骤 2▶ 选中 A2:J2 单元格区域即数据清单列标题，设置其字体为黑体，字号为 13，单元格填充颜色为蓝色；再设置该行行高为 20。

步骤 3▶ 选中 A3:J32 单元格区域，设置其字体颜色为紫色。

步骤 4▶ 选中 A3:A32 数据区域即学号所在的列，在“数字格式”列表中选择“文本”选项，将此区域的数字作为文本处理。

步骤 5▶　选中 D3:G32 数据区域即三科成绩，在“设置单元格格式”对话框的“数字”选项卡的“分类”列表中选择“数值”选项，然后设置小数点位数为“1”，负数为“-1234.0”，如图 4-73 所示。

步骤 6▶　选中 H3:I32 数据区域即平均分和总分，在“单元格格式”对话框的“数字”选项卡的“分类”列表中选择“数值”选项，然后设置小数点位数为“2”，负数为“-1234.10”，如图 4-74 所示。

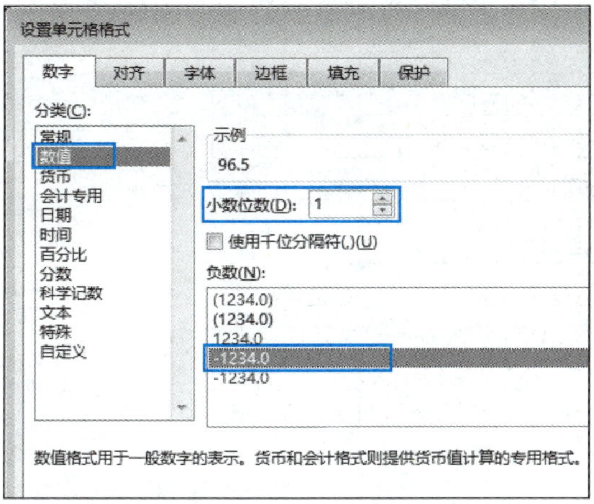

图 4-73　设置成绩的数值格式

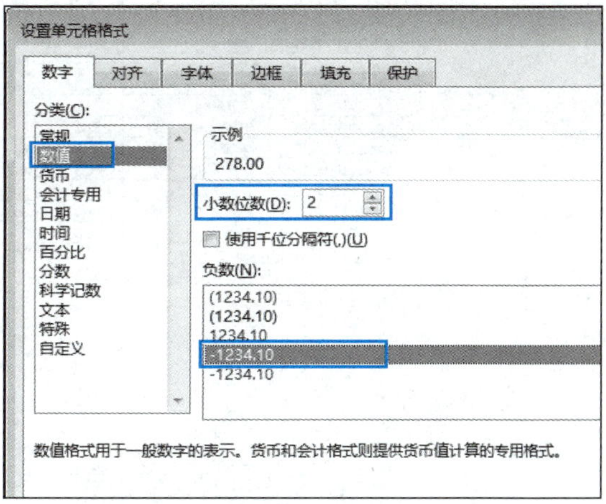

图 4-74　设置平均分和总分的数值格式

步骤 7▶　选中 A2:J36 单元格区域，即除标题外的所有单元格区域，在“设置单元格格式”对话框中设置内外边框为蓝色单实线，参数设置如图 4-75 所示。

步骤 8▶　选中 A2:J2 单元格区域，即列标题项数据，设置该区域的上下边框为黑色粗实线，参数设置如图 4-76 所示。

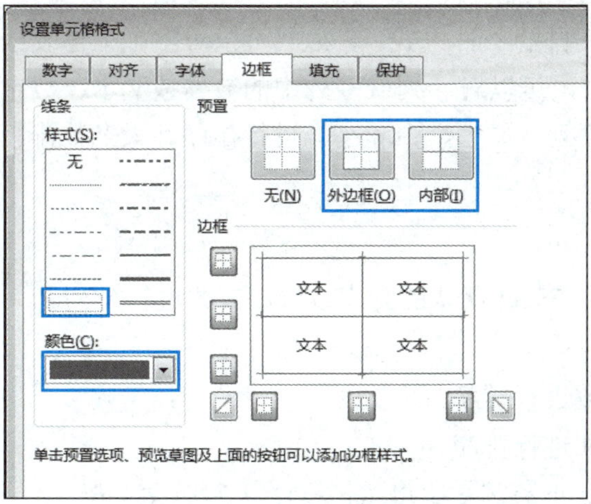

图 4-75　设置蓝色内外单边框线

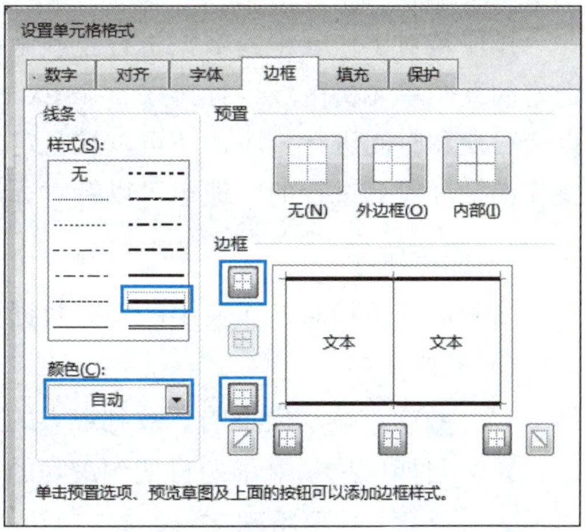

图 4-76　设置黑色上下边框线

步骤 9▶ 将各项统计表格中的相关单元格进行合并，然后为其设置填充颜色，调整各列列宽，使列标题和记录完全显示，最后将 A2:J36 单元格区域的数据居中显示，格式化后的工作表如图 4-77 所示。

	A	B	C	D	E	F	G	H	I	J
1	2016-2017学年第二学期成绩单									
2	学号	姓名	性别	网络基础	高等数学	专业英语	平均分	总分	名次	是否合格
3	17100401001	赵青芳	女	96.5	97.5	84.0	92.67	278.00	2	合格
4	17100401002	朱自强	男	82.1	54.0	95.0	77.03	231.10	12	合格
5	17100401003	刘薇	女	45.0	46.0	87.0	59.33	178.00	25	不合格
6	17100401004	李丽华	女	96.5	84.0	96.5	92.33	277.00	4	合格
7	17100401005	熊小新	女	54.0	19.0	60.0	44.33	133.00	30	不合格
8	17100401006	黄志新	男	97.5	85.0	98.5	93.67	281.00	1	合格
9	17100401007	张军	男	98.5	65.0	63.0	75.50	226.50	13	合格
10	17100401008	李婷	女	63.0	46.0	81.0	63.33	190.00	22	合格
11	17100401009	何勇强	男	27.5	88.0	77.0	64.17	192.50	21	合格
12	17100401010	宋泽军	男	62.3	85.1	46.0	64.47	193.40	19	合格
13	17100401011	林立	男	96.5	62.3	83.0	80.60	241.80	9	合格
14	17100401012	杨三平	男	36.5	45.0	84.0	55.17	165.50	27	不合格
15	17100401013	江树明	男	84.0	96.0	76.0	85.33	256.00	6	合格
16	17100401014	石小龙	男	62.3	65.0	85.0	70.77	212.30	16	合格
17	17100401015	曾明平	女	96.5	66.0	23.0	61.83	185.50	24	合格
18	17100401016	张岭	女	82.1	99.0	96.5	92.53	277.60	3	合格
19	17100401017	黎明	男	85.1	99.2	82.1	88.80	266.40	5	合格
20	17100401018	王启迪	女	62.3	62.3	85.1	69.90	209.70	17	合格
21	17100401019	蒋小名	女	96.5	96.5		96.50	193.00	20	合格
22	17100401020	梁美玲	女	63.0	60.0	39.5	54.17	162.50	28	不合格
23	17100401021	刘桥	女	81.0	98.5	46.0	75.17	225.50	14	合格
24	17100401022	刘曙光	男	92.0	63.0	88.0	81.00	243.00	8	合格
25	17100401023	王雪强	男	58.0	64.0	46.0	56.00	168.00	26	不合格
26	17100401024	姜宝刚	男	87.9	45.0	84.0	72.31	216.94	15	合格
27	17100401025	马德华	男	90.0	96.0		92.99	185.98	23	合格
28	17100401026	王秀琴	女	92.0	67.0	96.0	85.01	255.02	7	合格
29	17100401027	赵力明	男	94.1	38.0	18.0	50.02	150.06	29	不合格
30	17100401028	唐风林	男	97.0	68.0	68.0	77.67	233.00	10	合格
31	17100401029	田中华	男	78.0	66.0	88.0	77.33	232.00	11	合格
32	17100401030	孙爱国	男	62.3	88.0	46.0	65.43	196.30	18	合格
33	各项统计	总人数：			专业英语缺考人数：			专业英语实考人数：		
34		男生人数：			总分最高分：			平均分小于60人数：		
35		女生人数：			平均分最低分：			全班合格率：		
36		高等数学不及格人数：			平均分大于85人数：			全班优秀率：		

成绩表

图 4-77　格式化工作表效果

五、数据排序

排序是对工作表中的数据进行重新组织安排的一种方式。Excel 可以对整个工作表或选定的某个单元格区域进行排序。在 Excel 中，可以对一列或多列中的数据按文本、数字以及日期和时间进行排序，还可以按自定义序列（如大、中和小）进行排序。大多数排序操作都是针对列进行的，但也可以针对行进行。

1. 简单排序

简单排序是指对工作表中的单列数据按照 Excel 默认的升序或降序方式进行排列。

1）升序排序

- **数字：** 按从最小的负数到最大的正数进行排序。
- **日期：** 按从最早的日期到最晚的日期进行排序。
- **文本：** 按照特殊字符、数字（0…9）、小写英文字母（a…z）、大写英文字母（A…Z）、汉字（以拼音排序）进行排序。

➢ **逻辑值：** FALSE 排在 TRUE 之前。

➢ **错误值：** 所有错误值（如#NUM!和#REF!）的优先级相同。

➢ **空白单元格：** 总是放在最后。

2）降序排序

与升序排序的顺序相反。

在 Excel 中，如果只是对一列数据进行排序，即进行简单排序，可选中该列中的任意单元格，如成绩表中的“总分”列数据，再单击“数据”选项卡“排序和筛选”组中的“升序”按钮或“降序”按钮，如图 4-78 所示。此时，同一行其他单元格的位置也将随之变化。

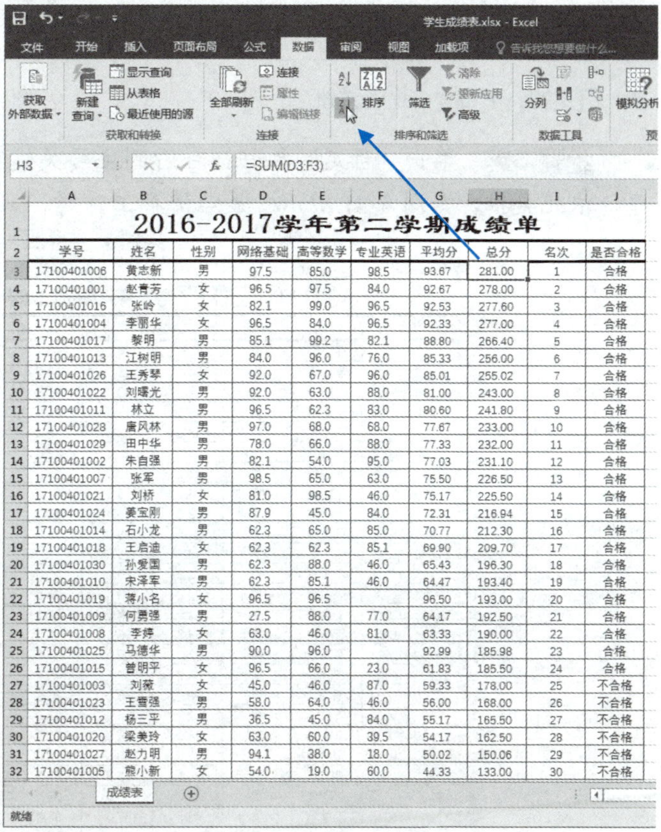

	A	B	C	D	E	F	G	H	I	J
1	2016-2017学年第二学期成绩单									
2	学号	姓名	性别	网络基础	高等数学	专业英语	平均分	总分	名次	是否合格
3	17100401006	黄志新	男	97.5	85.0	98.5	93.67	281.00	1	合格
4	17100401001	赵青芳	女	96.5	97.5	84.0	92.67	278.00	2	合格
5	17100401016	张岭	女	82.1	99.0	96.5	92.53	277.60	3	合格
6	17100401004	李丽华	女	96.5	84.0	96.5	92.33	277.00	4	合格
7	17100401017	黎明	男	85.1	99.2	82.1	88.80	266.40	5	合格
8	17100401013	江树明	男	84.0	96.0	76.0	85.33	256.00	6	合格
9	17100401026	王秀琴	女	92.0	67.0	96.0	85.01	255.02	7	合格
10	17100401022	刘曙光	男	92.0	63.0	88.0	81.00	243.00	8	合格
11	17100401011	林立	男	96.5	62.3	83.0	80.60	241.80	9	合格
12	17100401028	唐风林	男	97.0	68.0	68.0	77.67	233.00	10	合格
13	17100401029	田中华	男	78.0	66.0	88.0	77.33	232.00	11	合格
14	17100401002	朱自强	男	82.1	54.0	95.0	77.03	231.10	12	合格
15	17100401007	张军	男	98.5	65.0	63.0	75.50	226.50	13	合格
16	17100401021	刘桥	女	81.0	98.5	46.0	75.17	225.50	14	合格
17	17100401024	姜宝刚	男	87.9	45.0	84.0	72.31	216.94	15	合格
18	17100401014	石小龙	男	62.3	65.0	85.0	70.77	212.30	16	合格
19	17100401018	王启迪	女	62.3	62.3	85.1	69.90	209.70	17	合格
20	17100401030	孙爱国	男	62.3	88.0	46.0	65.43	196.30	18	合格
21	17100401010	宋泽军	男	62.3	85.1	46.0	64.47	193.40	19	合格
22	17100401019	蒋小名	女	96.5	96.5		96.50	193.00	20	合格
23	17100401009	何勇强	男	27.5	88.0	77.0	64.17	192.50	21	合格
24	17100401008	李婷	女	63.0	46.0	81.0	63.33	190.00	22	合格
25	17100401025	马德华	男	90.0	96.0		92.99	185.98	23	合格
26	17100401015	曾明平	女	96.5	66.0	23.0	61.83	185.50	24	合格
27	17100401003	刘薇	女	45.0	46.0	87.0	59.33	178.00	25	不合格
28	17100401023	王雪强	男	58.0	64.0	46.0	56.00	168.00	26	不合格
29	17100401012	杨三平	男	36.5	45.0	84.0	55.17	165.50	27	不合格
30	17100401020	梁美玲	女	63.0	60.0	39.5	54.17	162.50	28	不合格
31	17100401027	赵力明	男	94.1	38.0	18.0	50.02	150.06	29	不合格
32	17100401005	熊小新	女	54.0	19.0	60.0	44.33	133.00	30	不合格

图 4-78　对“总分”列进行降序排序

2. 多关键字排序

Excel 2016 允许数据按多个关键字进行排序。对多个关键字进行排序时，在主要关键字完全相同的情况下，会根据指定的次要关键字进行排序；在次要关键字完全相同的情况下，会根据指定的下一个次要关键字进行排序，依次类推。另外，为了获得最佳结果，要排序的单元格区域应包含列标题。

例如，要将成绩表按总分、性别和网络基础进行降序排序，操作步骤如下。

步骤 1▶ 复制“成绩表”副本，然后将其重命名为“多关键字排序”，然后删除下方的统计表格。单击要进行排序操作的工作表中有数据的任意单元格，再单击“数据”选项卡“排序和筛选”组中的“排序”按钮，如图 4-79 所示。

步骤 2▶ 在打开的“排序”对话框中分别设置主要关键字、次要关键字和第二次要关键字条件。本例分别在“主要关键字”“次要关键字”和第二“次要关键字”下拉列表中选择总分、性别和网络基础，并设置相应的排序方式，如图 4-80 所示。

图 4-79　单击“排序”按钮

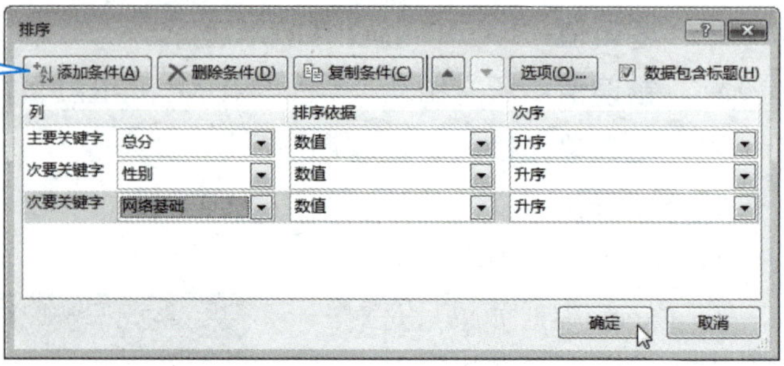

图 4-80　设置排序关键字

步骤 3▶　单击“确定”按钮，可看到主要关键字相同的，会根据次要关键字进行排序，依此类推，如图 4-81 所示。最后保存工作簿。

2016-2017学年第二学期成绩单

学号	姓名	性别	网络基础	高等数学	专业英语	平均分	总分	名次	是否合格
17100401005	熊小新	女	54.0	19.0	60.0	44.33	133.00	30	不合格
17100401027	赵力明	男	94.1	38.0	18.0	50.02	150.06	29	不合格
17100401020	梁美玲	女	63.0	60.0	39.5	54.17	162.50	28	不合格
17100401012	杨三平	男	36.5	45.0	84.0	55.17	165.50	27	不合格
17100401023	王雪强	男	58.0	64.0	46.0	56.00	168.00	26	不合格
17100401003	刘薇	女	45.0	46.0	87.0	59.33	178.00	25	不合格
17100401015	曾明平	女	96.5	66.0	23.0	61.83	185.50	24	合格
17100401025	马德华	男	90.0	96.0		92.99	185.98	23	合格
17100401008	李婷	女	63.0	46.0	81.0	63.33	190.00	22	合格
17100401009	何勇强	男	27.5	88.0	77.0	64.17	192.50	21	合格
17100401019	蒋小名	女	96.5	96.5		96.50	193.00	20	合格
17100401010	宋泽军	男	62.3	85.1	46.0	64.47	193.40	19	合格
17100401030	孙爱国	男	62.3	88.0	46.0	65.43	196.30	18	合格
17100401018	王启迪	女	62.3	62.3	85.1	69.90	209.70	17	合格
17100401014	石小龙	男	62.3	65.0	85.0	70.77	212.30	16	合格
17100401024	姜宝刚	男	87.9	45.0	84.0	72.31	216.94	15	合格
17100401021	刘桥	女	81.0	98.5	46.0	75.17	225.50	14	合格
17100401007	张军	男	98.5	65.0	63.0	75.50	226.50	13	合格
17100401002	朱自强	男	82.1	54.0	95.0	77.03	231.10	12	合格
17100401029	田中华	男	78.0	66.0	88.0	77.33	232.00	11	合格
17100401028	唐风林	男	97.0	68.0	68.0	77.67	233.00	10	合格
17100401011	林立	男	96.5	62.3	83.0	80.60	241.80	9	合格
17100401022	刘曙光	男	92.0	63.0	88.0	81.00	243.00	8	合格
17100401026	王秀琴	女	92.0	67.0	96.0	85.01	255.02	7	合格
17100401013	江树明	男	84.0	96.0	76.0	85.33	256.00	6	合格
17100401017	黎明	男	85.1	99.2	82.1	88.80	266.40	5	合格
17100401004	李丽华	女	96.5	84.0	96.5	92.33	277.00	4	合格
17100401016	张岭	女	82.1	99.0	96.5	92.53	277.60	3	合格
17100401001	赵青芳	女	96.5	97.5	84.0	92.67	278.00	2	合格
17100401006	黄志新	男	97.5	85.0	98.5	93.67	281.00	1	合格

成绩表　多关键字排序

图 4-81　排序结果

提　示

选中“排序”对话框中的“数据包含标题”复选框，表示选定区域的第一行作为标题，不参加排序，始终放在原来的行位置；如果取消该复选框，表示将选定区域第一行作为普通数据看待，参与排序。

六、批注及函数的高级应用

下面先为单元格添加批注，然后利用函数计算统计表格中的各项数据，操作步骤如下。

步骤 1▶ **添加批注**。在“全班合格率”单元格单击，然后单击“审阅”选项卡“批注”组中的“新建批注”按钮，在出现的批注框中输入批注文本，如图 4-82 所示。用同样的方法可为“全班优秀率”单元格添加批注。

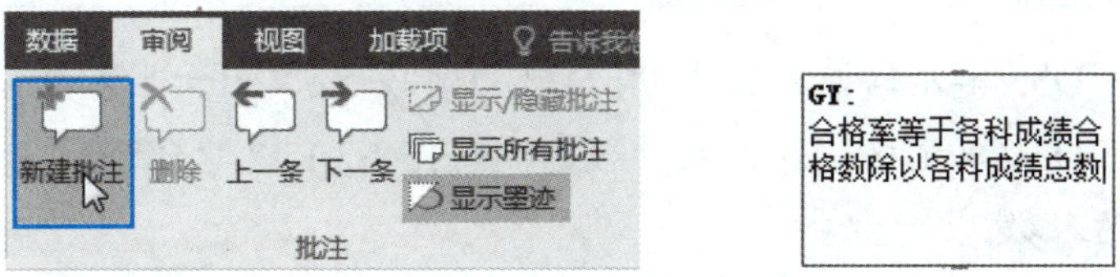

图 4-82　添加批注

步骤 2▶ 在 D33 单元格单击，然后输入带函数的公式，得到计算结果，如图 4-83 所示。

图 4-83　输入函数

提　示

> COUNT()函数的作用是返回包含数字以及包含参数列表中的数字的单元格的个数，还可以统计单元格区域或数字数组中数字字段的输入项的个数。
>
> 语法：COUNT(value1, value2, …)
>
> **value1，value2** 等为包含或引用各种类型数据的参数（1～255 个），但只有数字类型的数据才被计算。至少要有一个参数。
>
> 若需计算单元格区域中不为空的单元格的个数，则用 COUNTA()函数。

步骤 3▶ 在 D34 单元格单击，然后输入带函数的公式，计算出男生人数，如图 4-84 所示。

图 4-84　输入公式计算出男生人数

提 示

COUNTIF()函数的作用是统计某个单元格区域中符合指定条件的单元格个数。

语法：COUNTIF(range, criteria)

range: 为要统计单元格个数的单元格区域。

criteria: 为指定的条件表达式。

步骤 4▶ 在 D35 单元格输入公式“=D33-D34”，计算出女生人数。

步骤 5▶ 在 D36 单元格输入公式“=COUNTIF(E3:E32,"<60")”，如图 4-85 所示，计算出数学不及格的人数。

总人数：	30
男生人数：	18
女生人数：	12
高等数学不及格人数：	7

图 4-85 输入公式计算出数学不及格的人数

步骤 6▶ 在 G33 单元格输入公式，如图 4-86 所示，计算出专业英语缺考人数。

图 4-86 输入公式计算专业英语缺考人数

提 示

COUNTBLANK()函数的作用是计算指定单元格区域中空白单元格的个数。

语法：COUNTBLANK(range)

range: 指定的单元格区域。

步骤 7▶ 分别在 G34、G35 和 G36 单元格输入公式，计算出总分最高分、平均分最低分和平均分大于 85 的人数，如图 4-87 所示。

专业英语缺考人数：	2
总分最高分：	281
平均分最低分：	44
平均分大于85人数：	9

图 4-87 计算出总分最高分、平均分最低分和平均分大于 85 的人数

提 示

MAX()函数的作用是返回一组值中的最大值。

语法：MAX(number1, number2, …)

number1, number2 等为要从中找出最大值的1～255个数字参数，至少要有一个参数。

MIN()函数的作用是返回一组值中的最小值。

语法：MIN(number1, number2, …)

number1, number2 等为要从中找出最小值的1～255个数字参数，至少要有一个参数。

步骤8▶ 分别在J33、J34、J35和J36单元格输入公式，计算出专业英语实考人数、平均分小于60的人数、全班合格率和全班优秀率，然后选中后两项数据所在单元格，单击“开始”选项卡“数字”组中的“百分比样式”按钮%，设置其数字格式为百分比，如图4-88所示。

图4-88 计算专业英语实考人数、平均分小于60的人数、全班合格率和全班优秀率

【高手秘籍】

1. 如何输入数组公式

数组公式是指可以同时对一组或两组以上的数据进行计算的公式，计算的结果可能是一个，也可能是多个。

数组公式中使用的数据称为数组参数。数组参数可以是一个区域数组，也可以是一个常量数组。

提 示

区域数组是一个矩形的单元格区域，如$A$1:$D$5；常量数组是一组给定的常量，如{1,2,3}或{1,2,3;1,2,3}。

数组公式中的参数必须为矩形区域，否则无法引用。例如，无法引用{1,2,3;1,2}。

要输入数组公式，首先必须选择用来存放结果的单元格区域（也可以是一个单元格），然后输入公式，最后按【Ctrl+Shift+Enter】组合键锁定数组公式，Excel 将在公式两边自动加上花括号“{}”。

例如，当需要计算两个相同矩形区域对应单元格的数据之积时，可以用数组公式一次性计算出所有的乘积值，并保存在另一个大小相同的矩形区域中。

步骤 1▶ 选择要放置计算结果的单元格区域 E3:E11，输入数组公式“=C3:C11*D3:D11”，如图 4-89 所示。

	A	B	C	D	E
1	华爱电子商店				
2	商品序号	商品名称	价格	销售数量	销售额
3	A001	诺基亚N81	3341	5	
4	A002	三星E598	1477	3	
5	A003	诺基亚5500	1650	2	
6	A004	摩托罗拉Z3	1422	4	
7	A005	诺基亚N77	3426	3	
8	A006	摩托罗拉W335	852	10	
9	A007	索尼爱立信K770	2138	8	
10	A008	三星C210	3180	6	
11	A009	索尼爱立信Z328C	1580	11	

	A	B	C	D	E	F
1	华爱电子商店					
2	商品序号	商品名称	价格	销售数量	销售额	
3	A001	诺基亚N81	3341	5	=C3:C11*D3:D11	
4	A002	三星E598	1477	3		
5	A003	诺基亚5500	1650	2		
6	A004	摩托罗拉Z3	1422	4		
7	A005	诺基亚N77	3426	3		
8	A006	摩托罗拉W335	852	10		
9	A007	索尼爱立信K770	2138	8		
10	A008	三星C210	3180	6		
11	A009	索尼爱立信Z328C	1580	11		

图 4-89　选择单元格区域并输入数组公式

步骤 2▶ 按【Ctrl+Shift+Enter】组合键，得到所有商品的销售额，如图 4-90 所示。

	A	B	C	D	E
1	华爱电子商店				
2	商品序号	商品名称	价格	销售数量	销售额
3	A001	诺基亚N81	3341	5	16705
4	A002	三星E598	1477	3	4431
5	A003	诺基亚5500	1650	2	3300
6	A004	摩托罗拉Z3	1422	4	5688
7	A005	诺基亚N77	3426	3	10278
8	A006	摩托罗拉W335	852	10	8520
9	A007	索尼爱立信K770	2138	8	17104
10	A008	三星C210	3180	6	19080
11	A009	索尼爱立信Z328C	1580	11	17380

图 4-90　计算结果

提　示

如果在步骤 2 中按下【Enter】键，则输入的只是一个简单公式，Excel 只会在选中的单元格区域的第一个单元格（选定区域的左上角单元格）中显示一个计算结果。

2．使用 IF 嵌套函数划分学生成绩等级

假设成绩评定条件（以平均分为依据）为：90～100 分为优，80～90 分为良，60～80 分为中，60 分以下为不合格。

以学生成绩表中的数据为例，在“是否合格”列的右侧添加“等级”列，然后根据评定条件在 K3 单元格输入公式“=IF(G3>90,"优",IF(G3>80,"良",IF(G3>60,"中","不及格")))”，即可根据评定条件划分学生成绩等级，如图 4-91 所示。向下复制公式可将所有学生的成绩

根据平均分进行等级划分。

K3　=IF(G3>90,"优",IF(G3>80,"良",IF(G3>60,"中","不及格")))

	A	B	C	D	E	F	G	H	I	J	K
1	2016-2017学年第二学期成绩单										
2	学号	姓名	性别	网络基础	高等数学	专业英语	平均分	总分	名次	是否合格	等级
3	17100401001	赵青芳	女	96.5	97.5	84.0	92.67	278.00	2	合格	优

图 4-91　利用 IF 函数划分学生成绩等级

【拓展训练】——统计和分析会计班成绩

打开本书配套素材“项目四”>“13 会计班成绩表素材”工作簿，如图 4-92 所示。利用所学知识，对其进行计算、统计和分析。

	A	B	C	D	E	F	G	H	I	J	K	L	M	N	O
1	班级	姓名	财经法规与职业道德	大学体育（二）	大学英语（二）	电算会计实训	会计（一）	会计从业资格证考证实训	会计电算化	经济法概论	职业生涯与发展规划	平均分	总分	等级	名次
2	13会计2班	沈平	85	85	94	95	74	85	94	85	85				
3	13会计2班	周维雪	85	95	92	95	72	85	86	73	95				
4	13会计2班	胡星君	95	95	78	85	74	95	81	84	85				
5	13会计1班	徐宇	85	95	86	95	66	95	94	68	85				
6	13会计1班	潘丹	95	95	84	95	63	95	75	80	85				
7	13会计1班	袁琦	85	85	85	95	75	95	88	81	75				
8	13会计1班	江葩	85	85	90	75	75	85	93	82	85				
9	13会计2班	周赛芳	75	95	83	85	72	95	91	70	85				
10	13会计2班	殷梦倩	85	95	85	95	64	95	78	68	85				
11	13会计1班	李良准	85	85	84	95	80	85	86	73	75				
12	13会计1班	张茜	75	85	87	95	71	75	90	83	85				
13	13会计1班	陈姣婷	85	85	83	95	68	85	90	68	85				
14	13会计2班	曾鹏	85	85	86	95	75	75	87	70	85				
15	13会计1班	袁静	75	85	89	85	65	85	95	78	85				
16	13会计2班	乐春兰	85	75	83	85	65	95	97	71	85				
17	13会计2班	刘伟	85	75	75	95	76	85	89	84	75				
18	13会计2班	曾园园	85	75	81	85	81	85	74	85	85				
19	13会计2班	黄金艳	95	95	79	85	60	85	78	83	75				
20	13会计2班	梁善敏	75	85	80	85	76	85	89	74	85				
21	13会计2班	唐婧如	85	95	65	85	68	95	84	82	75				
22	13会计2班	蔡苗	95	95	81	75	71	95	63	83	75				
23	13会计2班	张明明	95	75	89	85	66	85	78	.73	85				
24	13会计2班	刘雅丽	95	85	78	75	61	85	98	68	85				
25	13会计1班	唐清丽	75	95	86	85	54	85	89	81	75				
26	成绩统计与分析														
27	课程	财经法规与职业道德	大学体育（二）	大学英语（二）	电算会计实训	会计（一）	会计从业资格证考证实训	会计电算化	经济法概论	职业生涯与发展规划	总评平均分				
28	平均分														
29	最高分														
30	最低分														
31	90分及以上的人数														
32	80-90分的人数														
33	70-80分的人数														
34	60-70分的人数														
35	不及格的人数														

1-2班成绩表

图 4-92　素材文件效果图

1．训练目的

练习公式、RANK.EQ、IF、COUNTIF、AVERAGE、COUNTIFS 函数的使用方法。

2．训练内容

（1）求出每个同学的平均分（要求保留 1 位小数）、总分和名次。

（2）求出每个学生的等级。平均分大于等于 90，为“优”；平均分大于等于 80 而小于 90，为“良”；平均分大于等于 70 而小于 80，为“中”；平均分大于等于 60 而小于 70，为“及格”；平均分小于 60，为“差”。

（3）求出每门课程和平均分的最高分和最低分、大于等于 90 分的人数、大于等于 80 而小于 90 分的人数、大于等于 70 而小于 80 分的人数、大于等于 60 而小于 70 分的人数、不及格的人数。

任务四 统计并分析建筑材料销售表

——数据筛选与分类汇总

【任务背景】

某建筑材料销售公司为了统计和分析销售成果，需要设计一份销售报表。这份报表要能够准确统计各商品的销售情况，反映经营利润，并且可以实现按条件对数据进行筛选、汇总等统计分析。

【分析任务】

本任务主要完成的工作是制作建筑材料销售表，通过该任务让读者了解 Excel 2016 的数据筛选、分类汇总等知识。任务完成效果如图 4-93 所示。

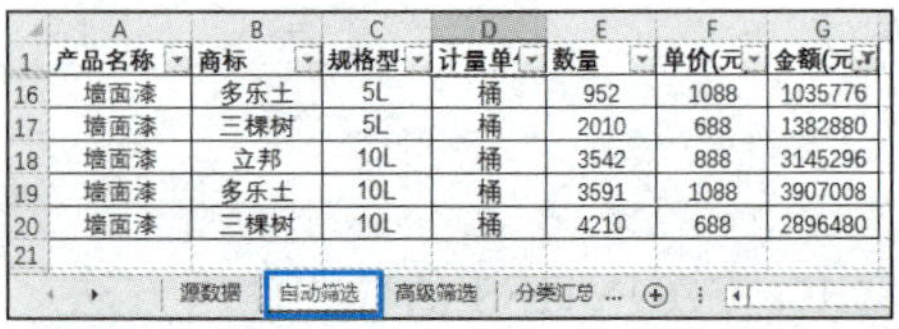

	A	B	C	D	E	F	G
1	产品名称	商标	规格型	计量单	数量	单价(元	金额(元
16	墙面漆	多乐土	5L	桶	952	1088	1035776
17	墙面漆	三棵树	5L	桶	2010	688	1382880
18	墙面漆	立邦	10L	桶	3542	888	3145296
19	墙面漆	多乐土	10L	桶	3591	1088	3907008
20	墙面漆	三棵树	10L	桶	4210	688	2896480
21							

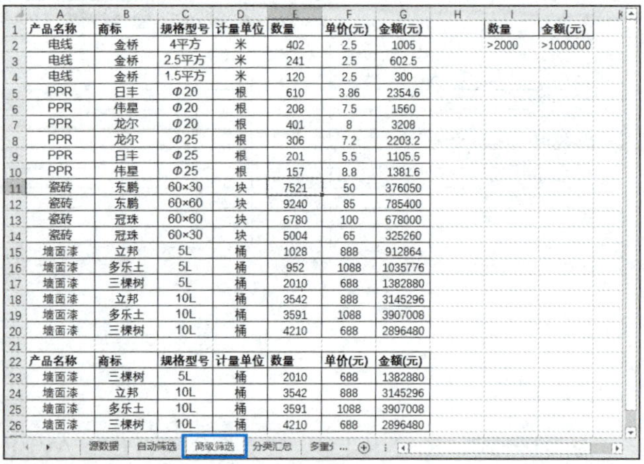

	A	B	C	D	E	F	G	H	I	J
1	产品名称	商标	规格型号	计量单位	数量	单价(元)	金额(元)		数量	金额(元)
2	电线	金桥	4平方	米	402	2.5	1005		>2000	>1000000
3	电线	金桥	2.5平方	米	241	2.5	602.5			
4	电线	金桥	1.5平方	米	120	2.5	300			
5	PPR	日丰	Φ20	根	610	3.86	2354.6			
6	PPR	伟星	Φ20	根	208	7.5	1560			
7	PPR	龙尔	Φ20	根	401	8	3208			
8	PPR	龙尔	Φ25	根	306	7.2	2203.2			
9	PPR	日丰	Φ25	根	201	5.5	1105.5			
10	PPR	伟星	Φ25	根	157	8.8	1381.6			
11	瓷砖	东鹏	60×30	块	7521	50	376050			
12	瓷砖	东鹏	60×60	块	9240	85	785400			
13	瓷砖	冠珠	60×60	块	6780	100	678000			
14	瓷砖	冠珠	60×30	块	5004	65	325260			
15	墙面漆	立邦	5L	桶	1028	888	912864			
16	墙面漆	多乐土	5L	桶	952	1088	1035776			
17	墙面漆	三棵树	5L	桶	2010	688	1382880			
18	墙面漆	立邦	10L	桶	3542	888	3145296			
19	墙面漆	多乐土	10L	桶	3591	1088	3907008			
20	墙面漆	三棵树	10L	桶	4210	688	2896480			
21										
22	产品名称	商标	规格型号	计量单位	数量	单价(元)	金额(元)			
23	墙面漆	三棵树	5L	桶	2010	688	1382880			
24	墙面漆	立邦	10L	桶	3542	888	3145296			
25	墙面漆	多乐土	10L	桶	3591	1088	3907008			
26	墙面漆	三棵树	10L	桶	4210	688	2896480			

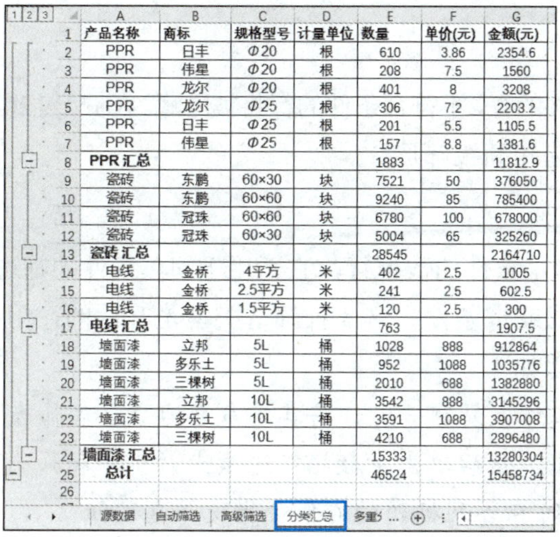

	A	B	C	D	E	F	G
1	产品名称	商标	规格型号	计量单位	数量	单价(元)	金额(元)
2	PPR	日丰	Φ20	根	610	3.86	2354.6
3	PPR	伟星	Φ20	根	208	7.5	1560
4	PPR	龙尔	Φ20	根	401	8	3208
5	PPR	龙尔	Φ25	根	306	7.2	2203.2
6	PPR	日丰	Φ25	根	201	5.5	1105.5
7	PPR	伟星	Φ25	根	157	8.8	1381.6
8	PPR 汇总				1883		11812.9
9	瓷砖	东鹏	60×30	块	7521	50	376050
10	瓷砖	东鹏	60×60	块	9240	85	785400
11	瓷砖	冠珠	60×60	块	6780	100	678000
12	瓷砖	冠珠	60×30	块	5004	65	325260
13	瓷砖 汇总				28545		2164710
14	电线	金桥	4平方	米	402	2.5	1005
15	电线	金桥	2.5平方	米	241	2.5	602.5
16	电线	金桥	1.5平方	米	120	2.5	300
17	电线 汇总				763		1907.5
18	墙面漆	立邦	5L	桶	1028	888	912864
19	墙面漆	多乐士	5L	桶	952	1088	1035776
20	墙面漆	三棵树	5L	桶	2010	688	1382880
21	墙面漆	立邦	10L	桶	3542	888	3145296
22	墙面漆	多乐士	10L	桶	3591	1088	3907008
23	墙面漆	三棵树	10L	桶	4210	688	2896480
24	墙面漆 汇总				15333		13280304
25	总计				46524		15458734
26							

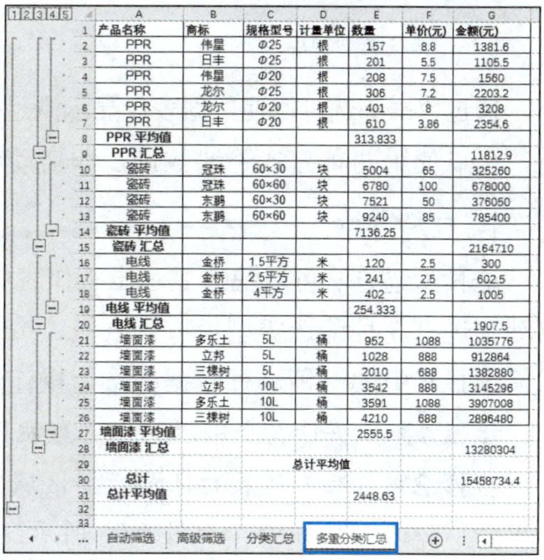

	A	B	C	D	E	F	G
1	产品名称	商标	规格型号	计量单位	数量	单价(元)	金额(元)
2	PPR	伟星	Φ25	根	157	8.8	1381.6
3	PPR	日丰	Φ25	根	201	5.5	1105.5
4	PPR	伟星	Φ20	根	208	7.5	1560
5	PPR	龙尔	Φ25	根	306	7.2	2203.2
6	PPR	龙尔	Φ20	根	401	8	3208
7	PPR	日丰	Φ20	根	610	3.86	2354.6
8	PPR 平均值				313.833		
9	PPR 汇总						11812.9
10	瓷砖	冠珠	60×30	块	5004	65	325260
11	瓷砖	冠珠	60×60	块	6780	100	678000
12	瓷砖	东鹏	60×30	块	7521	50	376050
13	瓷砖	东鹏	60×60	块	9240	85	785400
14	瓷砖 平均值				7136.25		
15	瓷砖 汇总						2164710
16	电线	金桥	1.5平方	米	120	2.5	300
17	电线	金桥	2.5平方	米	241	2.5	602.5
18	电线	金桥	4平方	米	402	2.5	1005
19	电线 平均值				254.333		
20	电线 汇总						1907.5
21	墙面漆	多乐士	5L	桶	952	1088	1035776
22	墙面漆	立邦	5L	桶	1028	888	912864
23	墙面漆	三棵树	5L	桶	2010	688	1382880
24	墙面漆	立邦	10L	桶	3542	888	3145296
25	墙面漆	多乐士	10L	桶	3591	1088	3907008
26	墙面漆	三棵树	10L	桶	4210	688	2896480
27	墙面漆 平均值				2555.5		
28	墙面漆 汇总						13280304
29			总计平均值				
30	总计						15458734.4
31	总计平均值				2448.63		
32							
33							

图 4-93　建筑材料销售表效果

【任务目标】

- 能对工作表数据按要求进行自动筛选和高级筛选。
- 能对工作表数据按要求进行分类汇总。

【任务实施】

一、制作建筑材料销售表

操作步骤如下。

步骤 1▶ 新建“建筑材料销售表”工作簿，将“Sheet1”工作表重命名为“源数据”，然后在其中输入各列标题：产品名称、商标、规格型号、计量单位、数量、单价（元）、金额（元）。

步骤 2▶ 在 A2:F20 单元格区域根据实际情况输入销售数据，再对工作表进行简单的格式设置，如设置表格的框线和对齐方式，效果如图 4-94 所示。

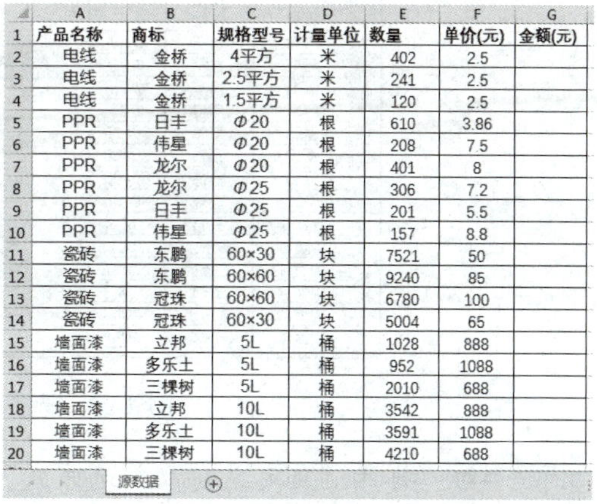

	A	B	C	D	E	F	G
1	产品名称	商标	规格型号	计量单位	数量	单价(元)	金额(元)
2	电线	金桥	4平方	米	402	2.5	
3	电线	金桥	2.5平方	米	241	2.5	
4	电线	金桥	1.5平方	米	120	2.5	
5	PPR	日丰	Φ20	根	610	3.86	
6	PPR	伟星	Φ20	根	208	7.5	
7	PPR	龙尔	Φ20	根	401	8	
8	PPR	龙尔	Φ25	根	306	7.2	
9	PPR	日丰	Φ25	根	201	5.5	
10	PPR	伟星	Φ25	根	157	8.8	
11	瓷砖	东鹏	60×30	块	7521	50	
12	瓷砖	东鹏	60×60	块	9240	85	
13	瓷砖	冠珠	60×60	块	6780	100	
14	瓷砖	冠珠	60×30	块	5004	65	
15	墙面漆	立邦	5L	桶	1028	888	
16	墙面漆	多乐士	5L	桶	952	1088	
17	墙面漆	三棵树	5L	桶	2010	688	
18	墙面漆	立邦	10L	桶	3542	888	
19	墙面漆	多乐士	10L	桶	3591	1088	
20	墙面漆	三棵树	10L	桶	4210	688	

图 4-94　输入数据

步骤 3▶ 在 G2 单元格中输入公式“=E2*F2”，然后向下拖动 G2 单元格右下角的填充柄至 G20 单元格后释放鼠标，计算出所有产品的销售金额。

二、数据筛选

通过数据筛选可以使数据表仅显示满足条件的行，不符合条件的行将被隐藏。在 Excel 2016 中，可以使用两种方式筛选数据，即自动筛选和高级筛选。

1．自动筛选

这种筛选方法可以快速显示出工作表中满足条件的数据行，它适用于简单条件的筛选。自动筛选有 3 种筛选类型：按列表值、按格式或按条件。这 3 种筛选类型是互斥的，用户只能选择其中的一种进行数据筛选。操作步骤如下。

步骤 1▶ 将计算金额后的“源数据”工作表复制一份，将其重命名为“自动筛选”。

步骤 2▶ 在工作表的任意数据区域单击，然后单击“数据”选项卡“排序和筛选”组中的“筛选”按钮，如图 4-95 所示。此时在各列标题的右侧会出现筛选按钮。

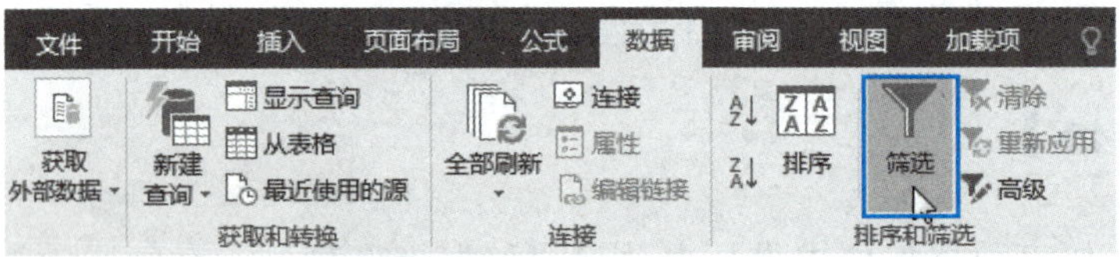

图 4-95　单击“筛选”按钮

步骤 3▶ 单击“金额”列右侧的筛选按钮，在展开的列表中选择“数字筛选”>“大小”选项，如图 4-96 所示。

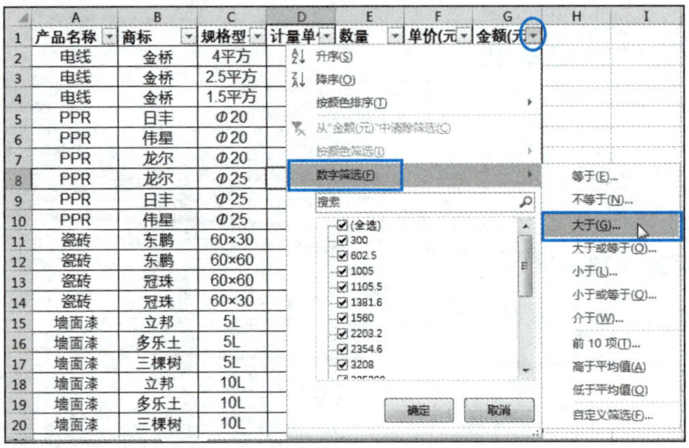

图 4-96　选择“大于”选项

步骤 4▶ 打开“自定义自动筛选方式”对话框，设置筛选条件为大于 1000000，如图 4-97 所示。

步骤 5▶ 单击“确定”按钮，即可看到筛选结果，不符合条件的记录自动隐藏起来，如图 4-98 所示。

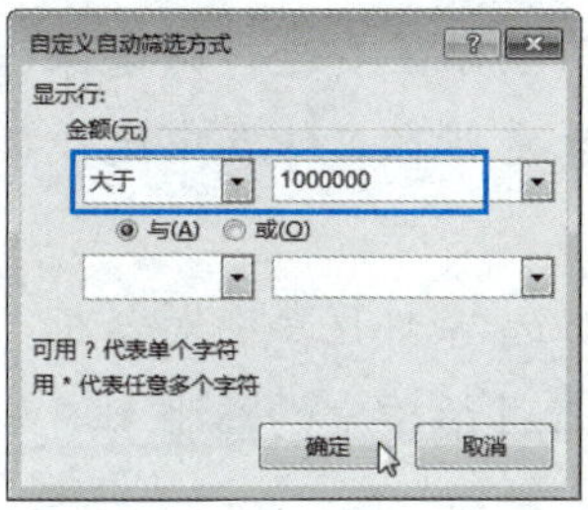

图 4-97　设置筛选条件

	A	B	C	D	E	F	G
1	产品名称	商标	规格型	计量单	数量	单价(元	金额(元
16	墙面漆	多乐土	5L	桶	952	1088	1035776
17	墙面漆	三棵树	5L	桶	2010	688	1382880
18	墙面漆	立邦	10L	桶	3542	888	3145296
19	墙面漆	多乐土	10L	桶	3591	1088	3907008
20	墙面漆	三棵树	10L	桶	4210	688	2896480

图 4-98　筛选结果

2. 高级筛选

这种筛选方法适用于复杂的条件筛选，至少 2 种或 2 种以上的条件。使用时，首先在选定工作表中的指定区域创建筛选条件，然后选择参与筛选的数据区域和筛选条件来进行筛选。在高级筛选中，筛选条件又可分为多条件筛选和多选一条件筛选。

1）多条件筛选

步骤 1▶ 将计算金额后的“源数据”工作表复制一份，将其重命名为“高级筛选”。

步骤 2▶ 将“数量”和“金额（元）”列标签复制到 I1:J1 单元格区域，然后在其下方的单元格中输入筛选条件数量大于 2000 并且金额要大于 1000000，如图 4-99 所示。

步骤 3▶ 在工作表的数据区域单击，然后单击“数据”选项卡“排序和筛选”组中的“高级”按钮，如图 4-99 所示。

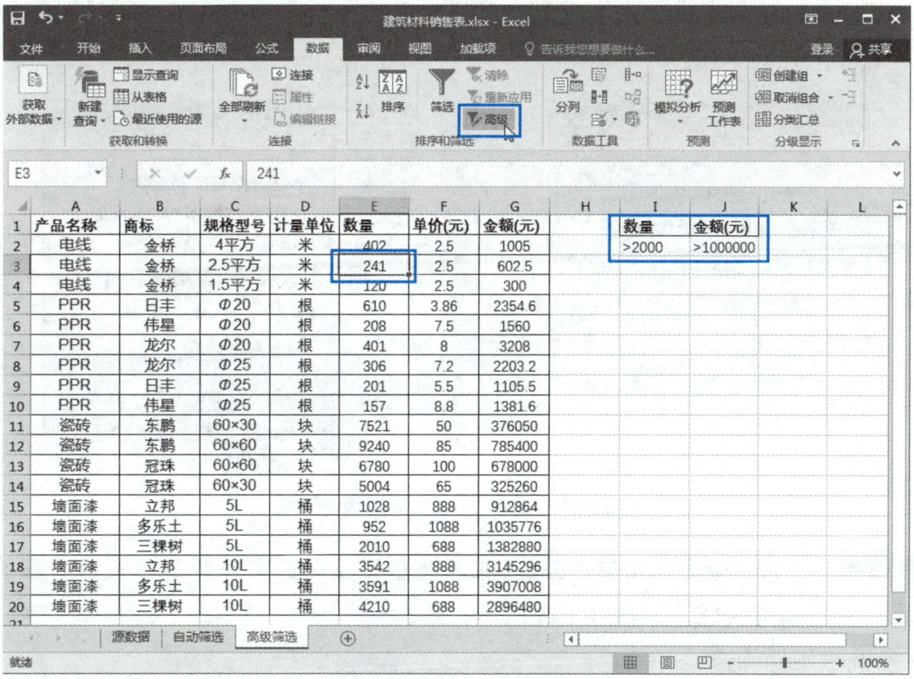

	A	B	C	D	E	F	G
1	产品名称	商标	规格型号	计量单位	数量	单价(元)	金额(元)
2	电线	金桥	4平方	米	402	2.5	1005
3	电线	金桥	2.5平方	米	241	2.5	602.5
4	电线	金桥	1.5平方	米	120	2.5	300
5	PPR	日丰	Φ20	根	610	3.86	2354.6
6	PPR	伟星	Φ20	根	208	7.5	1560
7	PPR	龙尔	Φ20	根	401	8	3208
8	PPR	龙尔	Φ25	根	306	7.2	2203.2
9	PPR	日丰	Φ25	根	201	5.5	1105.5
10	PPR	伟星	Φ25	根	157	8.8	1381.6
11	瓷砖	东鹏	60×30	块	7521	50	376050
12	瓷砖	东鹏	60×60	块	9240	85	785400
13	瓷砖	冠珠	60×60	块	6780	100	678000
14	瓷砖	冠珠	60×30	块	5004	65	325260
15	墙面漆	立邦	5L	桶	1028	888	912864
16	墙面漆	多乐土	5L	桶	952	1088	1035776
17	墙面漆	三棵树	5L	桶	2010	688	1382880
18	墙面漆	立邦	10L	桶	3542	888	3145296
19	墙面漆	多乐土	10L	桶	3591	1088	3907008
20	墙面漆	三棵树	10L	桶	4210	688	2896480

图 4-99　输入筛选条件

步骤 4▶ 打开“高级筛选”对话框，可看到“列表区域”显示了要进行筛选操作的数据区域，若该区域的单元格引用地址无误，可保持默认。这里重新在工作表中选择数据区域 A1:G20，如图 4-100 所示。

步骤 5▶ 单击“条件区域”右侧的按钮，打开“高级筛选-条件区域”对话框，然后在工作表中拖动鼠标选择步骤 2 设置的条件区域 I1:J2，再单击对话框中的按钮，如图 4-101 所示，返回“高级筛选”对话框。

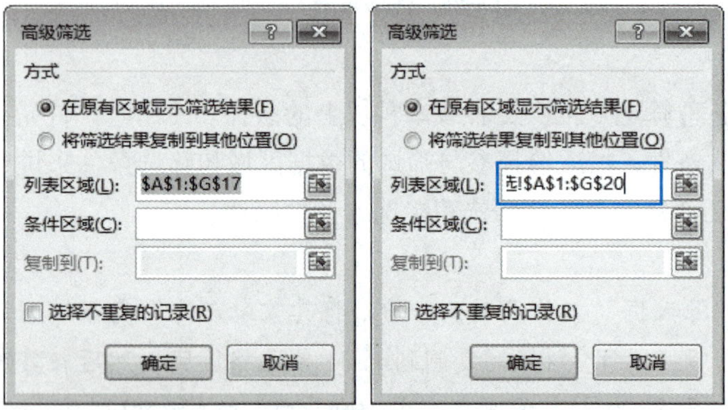

图 4-100　重新选择要进行筛选操作的数据区域

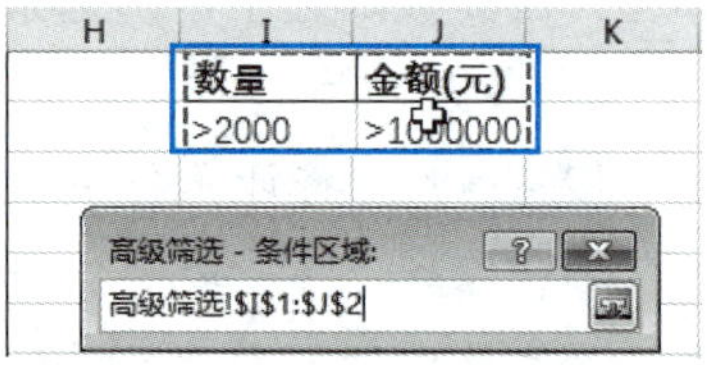

图 4-101　选择条件区域

步骤 6▶ 设置筛选结果的显示方式，如选择“将筛选结果复制到其他位置”单选钮，然后在“复制到”编辑框中单击，再到工作表中单击 A22，将其设置为筛选结果放置区左上角的单元格，如图 4-102 所示。

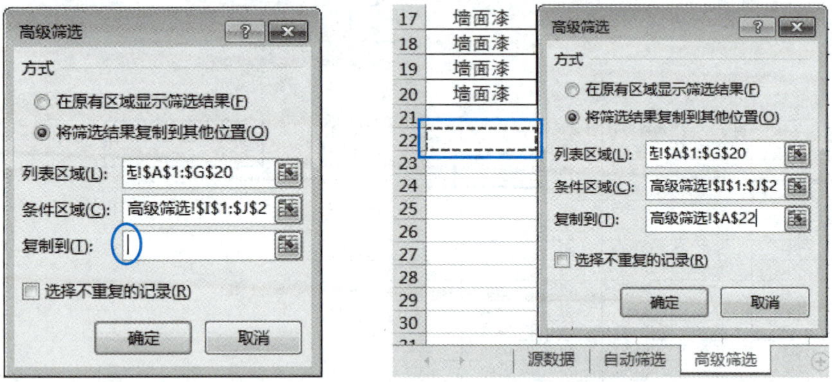

图 4-102　选择筛选结果的放置位置

步骤 7▶ 单击“确定”按钮，Excel 程序将根据指定的条件对工作表进行筛选，并将筛选结果放置到指定区域，如图 4-103 所示。

2）**多选一条件筛选**

这种筛选只要满足几个条件中的一个，记录就会显示出来。例如筛选数量大于 1000

或单价小于 10 的数据。在输入筛选条件的时候要注意，列标题可以在同一行，但是“条件”不能在同一行。也就是“>1000”和“<10”要换行显示，只有这样才能将满足一个条件的行筛选出来。剩下的操作步骤同多条件筛选相同，这里不再赘述，请读者自己完成剩下的工作。

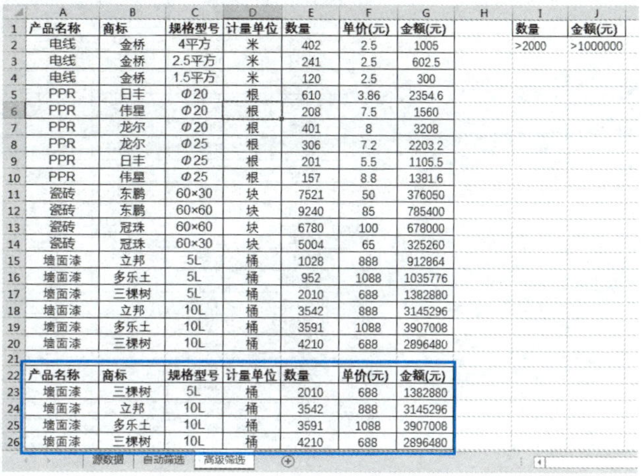

	A	B	C	D	E	F	G	H	I	J
1	产品名称	商标	规格型号	计量单位	数量	单价(元)	金额(元)		数量	金额(元)
2	电线	金桥	4平方	米	402	2.5	1005		>2000	>1000000
3	电线	金桥	2.5平方	米	241	2.5	602.5			
4	电线	金桥	1.5平方	米	120	2.5	300			
5	PPR	日丰	Φ20	根	610	3.86	2354.6			
6	PPR	伟星	Φ20	根	208	7.5	1560			
7	PPR	龙尔	Φ20	根	401	8	3208			
8	PPR	龙尔	Φ25	根	306	7.2	2203.2			
9	PPR	日丰	Φ25	根	201	5.5	1105.5			
10	PPR	伟星	Φ25	根	157	8.8	1381.6			
11	瓷砖	东鹏	60×30	块	7521	50	376050			
12	瓷砖	东鹏	60×60	块	9240	85	785400			
13	瓷砖	冠珠	60×60	块	6780	100	678000			
14	瓷砖	冠珠	60×30	块	5004	65	325260			
15	墙面漆	立邦	5L	桶	1028	888	912864			
16	墙面漆	多乐士	5L	桶	952	1088	1035776			
17	墙面漆	三棵树	5L	桶	2010	688	1382880			
18	墙面漆	立邦	10L	桶	3542	888	3145296			
19	墙面漆	多乐士	10L	桶	3591	1088	3907008			
20	墙面漆	三棵树	10L	桶	4210	688	2896480			
21										
22	产品名称	商标	规格型号	计量单位	数量	单价(元)	金额(元)			
23	墙面漆	三棵树	5L	桶	2010	688	1382880			
24	墙面漆	立邦	10L	桶	3542	888	3145296			
25	墙面漆	多乐士	10L	桶	3591	1088	3907008			
26	墙面漆	三棵树	10L	桶	4210	688	2896480			

源数据　自动筛选　高级筛选

图 4-103　高级筛选结果

三、数据分类汇总

分类汇总是把工作表中的数据按指定的关键字（字段）进行各种汇总。它不需要建立公式，Excel 会自动对各类别的数据进行求和、求平均值等计算，并且分级显示汇总的结果，从而增加了工作表的可读性，使用户能更快捷地获得需要的数据并做出判断。

对工作表的数据进行分类汇总时，应注意如下事项。

（1）因为分类汇总是按字段名进行的，所以要进行分类汇总的数据表的第一行必须有列标签，并且数据区域中没有空行或空列。

（2）在分类汇总之前必须先对数据进行排序，将要进行分类汇总的数据信息组合在一起，然后再进行分类汇总操作。

（3）进行分类汇总前，应选择数据区域中的任意一个单元格。

（4）进行分类汇总的字段必须是已经排序的字段，如果选择其他字段，则分类汇总结果不正确。

提 示

如果只对工作表中的某项数据进行汇总，可以使用公式或函数对其求和而不需要使用分类汇总。

下面对计算后的建筑材料销售表进行分类汇总操作，如按“产品名称”字段对“数量”和“金额”进行求和分类汇总。操作步骤如下。

步骤 1▶ 排序工作表。复制“源数据”工作表副本，将其重命名为“分类汇总”。单击工作表的“产品名称”列，再单击“数据”选项卡“排序和筛选”组中的“升序”按钮，将工作表数据按“产品名称”字段进行升序排序，效果如图 4-104 所示。

	A	B	C	D	E	F	G
1	产品名称	商标	规格型号	计量单位	数量	单价(元)	金额(元)
2	PPR	日丰	Φ20	根	610	3.86	2354.6
3	PPR	伟星	Φ20	根	208	7.5	1560
4	PPR	龙尔	Φ20	根	401	8	3208
5	PPR	龙尔	Φ25	根	306	7.2	2203.2
6	PPR	日丰	Φ25	根	201	5.5	1105.5
7	PPR	伟星	Φ25	根	157	8.8	1381.6
8	瓷砖	东鹏	60×30	块	7521	50	376050
9	瓷砖	东鹏	60×60	块	9240	85	785400
10	瓷砖	冠珠	60×60	块	6780	100	678000
11	瓷砖	冠珠	60×30	块	5004	65	325260
12	电线	金桥	4平方	米	402	2.5	1005
13	电线	金桥	2.5平方	米	241	2.5	602.5
14	电线	金桥	1.5平方	米	120	2.5	300
15	墙面漆	立邦	5L	桶	1028	888	912864
16	墙面漆	多乐士	5L	桶	952	1088	1035776
17	墙面漆	三棵树	5L	桶	2010	688	1382880
18	墙面漆	立邦	10L	桶	3542	888	3145296
19	墙面漆	多乐士	10L	桶	3591	1088	3907008
20	墙面漆	三棵树	10L	桶	4210	688	2896480
21							

源数据 | 自动筛选 | 高级筛选 | 分类汇总

图 4-104　排序结果

步骤 2▶　对工作表进行分类汇总。单击“数据”选项卡“分级显示”组中的“分类汇总”按钮，打开“分类汇总”对话框，在“分类字段”下拉列表中选择要分类的字段“产品名称”，在“汇总方式”下拉列表中选择汇总方式“求和”，在“选定汇总项”列表中选择要汇总的项目“数量”和“金额”选项，如图 4-105 所示。

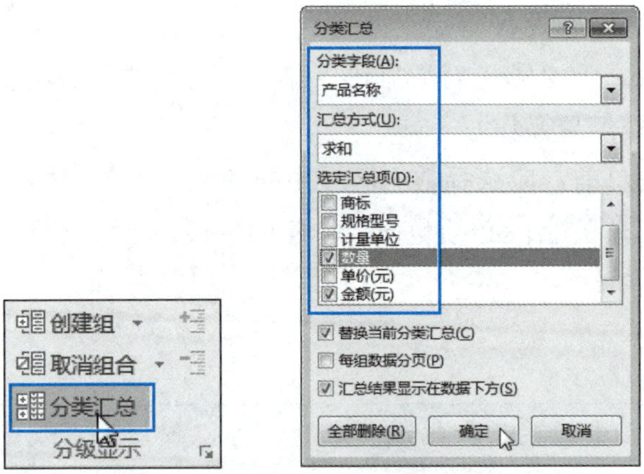

图 4-105　设置分类汇总选项

提　示

在“分类汇总”对话框中做相关设置时，注意在“选定汇总项”列表中选择的汇总项，要与“汇总方式”下拉列表中选择的汇总方式相符合。例如，文本是不能进行平均值计算的。

步骤 3▶ 在“分类汇总”对话框下方选择汇总数据的保存方式，此处保持默认。单击“确定”按钮，Excel 为每一个产品名称增加一行，以存放分类汇总的结果，并注明分类汇总的名称。此外，还在工作表左侧插入分级显示符号，如图 4-106 所示。

- **选中“替换当前分类汇总”复选框：** 表示最后一次的分类汇总会取代以前的分类汇总。
- **选中“汇总结果显示在数据下方”复选框：** 表示在原工作表数据的下方会显示出汇总计算的结果。
- **选中“每组数据分页”复选框：** 表示将分页保存各种不同的分类数据，这样更有利于保存和查阅，还可以将其分别打印出来。

	A	B	C	D	E	F	G
1	产品名称	商标	规格型号	计量单位	数量	单价(元)	金额(元)
2	PPR	日丰	Φ20	根	610	3.86	2354.6
3	PPR	伟星	Φ20	根	208	7.5	1560
4	PPR	龙尔	Φ20	根	401	8	3208
5	PPR	龙尔	Φ25	根	306	7.2	2203.2
6	PPR	日丰	Φ25	根	201	5.5	1105.5
7	PPR	伟星	Φ25	根	157	8.8	1381.6
8	PPR 汇总				1883		11812.9
9	瓷砖	东鹏	60×30	块	7521	50	376050
10	瓷砖	东鹏	60×60	块	9240	85	785400
11	瓷砖	冠珠	60×60	块	6780	100	678000
12	瓷砖	冠珠	60×30	块	5004	65	325260
13	瓷砖 汇总				28545		2164710
14	电线	金桥	4平方	米	402	2.5	1005
15	电线	金桥	2.5平方	米	241	2.5	602.5
16	电线	金桥	1.5平方	米	120	2.5	300
17	电线 汇总				763		1907.5
18	墙面漆	立邦	5L	桶	1028	888	912864
19	墙面漆	多乐士	5L	桶	952	1088	1035776
20	墙面漆	三棵树	5L	桶	2010	688	1382880
21	墙面漆	立邦	10L	桶	3542	888	3145296
22	墙面漆	多乐士	10L	桶	3591	1088	3907008
23	墙面漆	三棵树	10L	桶	4210	688	2896480
24	墙面漆 汇总				15333		13280304
25	总计				46524		15458734

源数据 | 自动筛选 | 高级筛选 | 分类汇总

图 4-106　分类汇总结果

提　示

用户可以对数据清单中的数据进行多次分类汇总，从而选择不同的分类字段或汇总方式进行汇总。进行多次分类汇总时要注意，除第 1 次分类汇总外，其他分类汇总需要在“分类汇总”对话框取消“替换当前分类汇总”复选框的选中状态。此外，若使用多个分类字段进行汇总，需先对这些分类汇总字段进行相应的排序。

例如，要将建筑材料销售表按“产品名称”对“金额”求和，对“数量”求平均值，分类汇总参数设置和结果如图 4-107 所示。

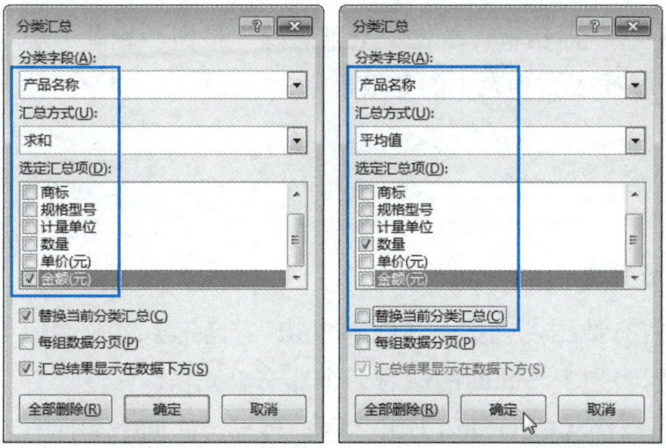

	A	B	C	D	E	F	G
1	产品名称	商标	规格型号	计量单位	数量	单价(元)	金额(元)
2	PPR	伟星	Φ25	根	157	8.8	1381.6
3	PPR	日丰	Φ25	根	201	5.5	1105.5
4	PPR	伟星	Φ20	根	208	7.5	1560
5	PPR	龙尔	Φ25	根	306	7.2	2203.2
6	PPR	龙尔	Φ20	根	401	8	3208
7	PPR	日丰	Φ20	根	610	3.86	2354.6
8	PPR 平均值				313.833		
9	PPR 汇总						11812.9
10	瓷砖	冠珠	60×30	块	5004	65	325260
11	瓷砖	冠珠	60×60	块	6780	100	678000
12	瓷砖	东鹏	60×30	块	7521	50	376050
13	瓷砖	东鹏	60×60	块	9240	85	785400
14	瓷砖 平均值				7136.25		
15	瓷砖 汇总						2164710
16	电线	金桥	1.5平方	米	120	2.5	300
17	电线	金桥	2.5平方	米	241	2.5	602.5
18	电线	金桥	4平方	米	402	2.5	1005
19	电线 平均值				254.333		
20	电线 汇总						1907.5
21	墙面漆	多乐士	5L	桶	952	1088	1035776
22	墙面漆	立邦	5L	桶	1028	888	912864
23	墙面漆	三棵树	5L	桶	2010	688	1382880
24	墙面漆	立邦	10L	桶	3542	888	3145296
25	墙面漆	多乐士	10L	桶	3591	1088	3907008
26	墙面漆	三棵树	10L	桶	4210	688	2896480
27	墙面漆 平均值				2555.5		
28	墙面漆 汇总						13280304
29				总计平均值			
30	总计						15458734.4
31	总计平均值				2448.63		

自动筛选 | 高级筛选 | 分类汇总 | 多重分类汇总

图 4-107　多重分类汇总结果

四、查看并删除分类汇总

对工作表中的数据进行分类汇总后，在工作表行号的左侧会显示一些分级显示符号，如 1 2 3 和 −，利用这些符号可按照所需的明细程度分级显示汇总结果。

在 1 2 3 分级显示符号中，单击所需级别的数字，较低级别的明细数据会隐藏起来。其中数值越大的显示符号表示显示的汇总结果就越详细，单击符号 1 可隐藏分类汇总结果的所有明细数据，如图 4-108 所示。

	A	B	C	D	E	F	G
1	产品名称	商标	规格型号	计量单位	数量	单价(元)	金额(元)
28	墙面漆 汇总				15333		13280304
29	总计				46524		15458734
30	总计平均值				2448.632		
31							

图 4-108　分级显示数据

要隐藏工作表中的某组明细数据行，可单击该组行号左侧的 − 按钮，此时 − 按钮变为 + 按钮，如图 4-109 所示，单击该按钮可重新显示本组中的明细数据。

	A	B	C	D	E	F	G
1	产品名称	商标	规格型号	计量单位	数量	单价(元)	金额(元)
2	PPR	日丰	Φ20	根	610	3.86	2354.6
3	PPR	伟星	Φ20	根	208	7.5	1560
4	PPR	龙尔	Φ20	根	401	8	3208
5	PPR	龙尔	Φ25	根	306	7.2	2203.2
6	PPR	日丰	Φ25	根	201	5.5	1105.5
7	PPR	伟星	Φ25	根	157	8.8	1381.6
8	PPR 平均值				313.8333		
9	PPR 汇总				1883		11812.9
10	瓷砖	东鹏	60×30	块	7521	50	376050
11	瓷砖	东鹏	60×60	块	9240	85	785400
12	瓷砖	冠珠	60×60	块	6780	100	678000
13	瓷砖	冠珠	60×30	块	5004	65	325260
14	瓷砖 平均值				7136.25		
15	瓷砖 汇总				28545		2164710

	A	B	C	D	E	F	G
1	产品名称	商标	规格型号	计量单位	数量	单价(元)	金额(元)
8	PPR 平均值				313.8333		
9	PPR 汇总				1883		11812.9
10	瓷砖	东鹏	60×30	块	7521	50	376050
11	瓷砖	东鹏	60×60	块	9240	85	785400
12	瓷砖	冠珠	60×60	块	6780	100	678000
13	瓷砖	冠珠	60×30	块	5004	65	325260
14	瓷砖 平均值				7136.25		
15	瓷砖 汇总				28545		2164710

图 4-109　隐藏明细数据

要取消分类汇总，可打开“分类汇总”对话框，单击“全部删除”按钮。删除分类汇总的同时，Excel 会删除与分类汇总一起插入到列表中的分级显示。

【高手秘籍】

1. 使用【Ctrl+Shift+方向键】选取数据

如果选中的单元格和相邻单元格内有数据，则按下【Ctrl+Shift+方向键】组合键后可以将当前选中的区域扩展到同一行或同一列中不间断的最后一个非空单元格。

图 4-110 所示为单击 B5 单元格后按住【Ctrl+Shift】组合键，再按一次向下和向右方向键的选择效果。

	A	B	C	D	E	F	G
1	产品名称	商标	规格型号	计量单位	数量	单价(元)	金额(元)
2	电线	金桥	4平方	米	402	2.5	1005
3	电线	金桥	2.5平方	米	241	2.5	602.5
4	电线	金桥	1.5平方	米	120	2.5	300
5	PPR	日丰	Φ20	根	610	3.86	2354.6
6	PPR	伟星	Φ20	根	208	7.5	1560
7	PPR	龙尔	Φ20	根	401	8	3208
8	PPR	龙尔	Φ25	根	306	7.2	2203.2
9	PPR	日丰	Φ25	根	201	5.5	1105.5
10	PPR	伟星	Φ25	根	157	8.8	1381.6
11	瓷砖	东鹏	60×30	块	7521	50	376050
12	瓷砖	东鹏	60×60	块	9240	85	785400
13	瓷砖	冠珠	60×60	块	6780	100	678000
14	瓷砖	冠珠	60×30	块	5004	65	325260
15	墙面漆	立邦	5L	桶	1028	888	912864
16	墙面漆	多乐士	5L	桶	952	1088	1035776
17	墙面漆	三棵树	5L	桶	2010	688	1382880
18	墙面漆	立邦	10L	桶	3542	888	3145296
19	墙面漆	多乐士	10L	桶	3591	1088	3907008
20	墙面漆	三棵树	10L	桶	4210	688	2896480
21							

图 4-110　使用【Ctrl+Shift+方向键】选取数据

如果选中的单元格邻侧是空单元格，则按下【Ctrl+Shift+方向键】后会将选区扩展到同一行或同一列的第一个非空单元格。

如果整行或整列都是空单元格，会把选区扩展到这行或这列的首或尾（取决于方向键的方向）。该功能常被用于大面积选取空白区域。

2. 筛选不同颜色的数据

如果工作表中用不同的颜色对单元格进行填充过，那么在进行筛选操作时，单击列标签右侧的筛选按钮后，在展开的列表中可看到“按颜色筛选”选项变为可用，并且在其子选项中会显示该列中所有单元格的填充颜色，如图 4-111 所示。从中选择一种颜色，即可筛选出工作表中填充该颜色的数据。

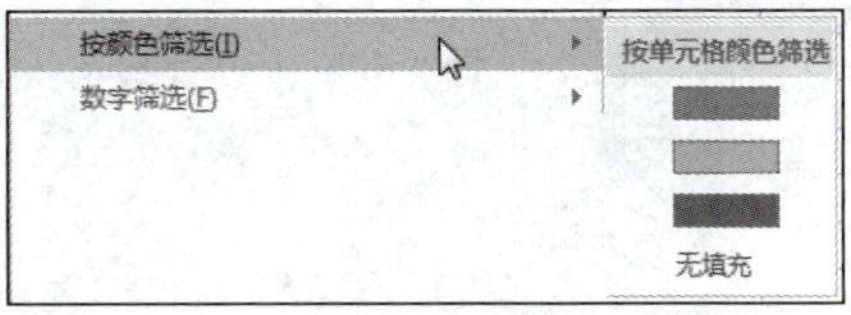

图 4-111　按颜色筛选

【拓展训练】——统计和分析家电销售表

1. 训练目的

强化练习对工作表数据进行自动筛选、高级筛选和分类汇总的操作。

2. 训练内容

（1）打开任务一制作完成的家电销售表，将其另存为“家电销售表（统计与分析）”。

（2）计算出销售额、折扣最大值和销售额最小值。

（3）筛选出 A 部的销售记录。

（4）按产品名称汇总产品的销售数量和销售金额。

任务五 统计并分析职员学历表
——图表的应用

【任务背景】

图表是以图形化方式直观地表示 Excel 工作表中的数据，它具有较好的视觉效果，方便用户查看数据的差异和预测趋势。此外，使用图表还可以让平面的数据立体化，更易于分析和比较数据。

【分析任务】

本任务主要完成的工作是制作职员学历表，并利用图表对工作表中的数据进行统计和分析，任务完成效果如图 4-112 所示。

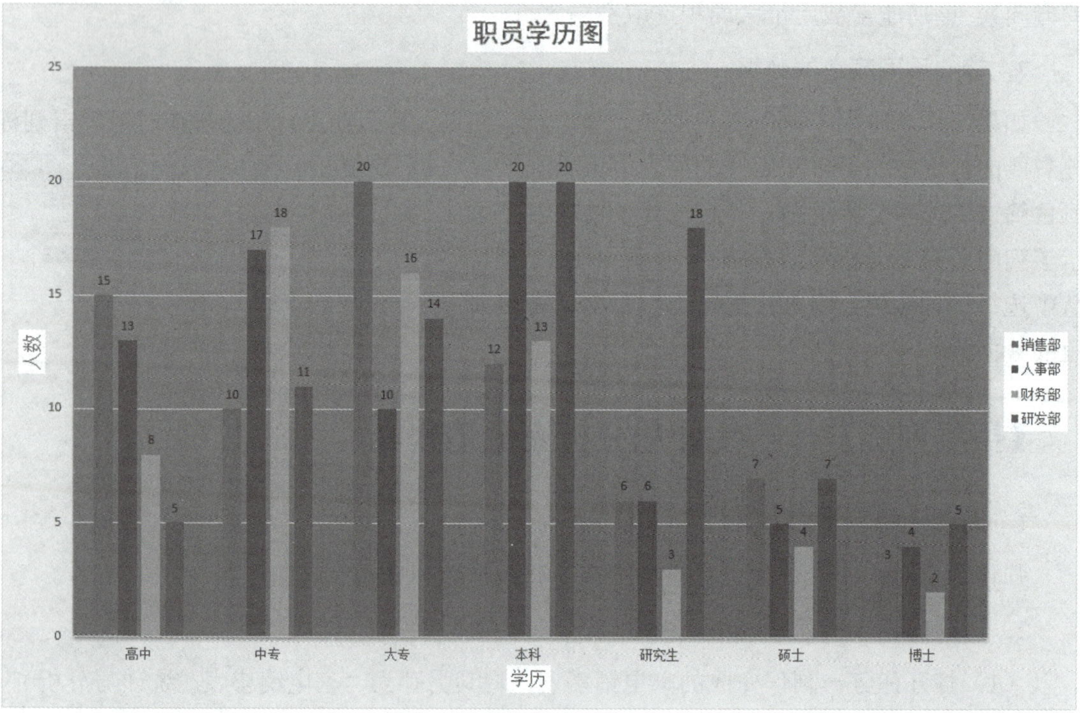

图 4-112　职员学历图表效果

【任务目标】

- 能根据需要在工作表中选择数据区域创建图表。
- 能根据要求编辑图表。
- 能根据要求美化图表。

【任务实施】

一、创建图表

1. 认识图表

在创建图表前，先来了解一下图表的组成元素。图表由许多部分组成，每一部分就是一个图表项，如图表区、绘图区、标题、坐标轴、数据系列等，如图 4-113 所示。

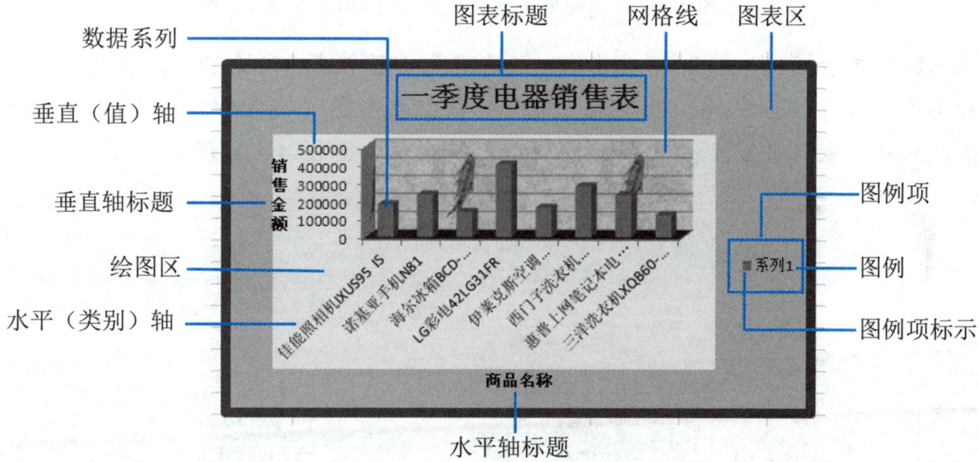

图 4-113 图表组成元素

Excel 2016 支持创建各种类型的图表，如柱形图、折线图、饼图、条形图、面积图、散点图、组合图等，如图 4-114 所示。用户可以使用不同类型的图表表示工作表中的数据。例如，可以用柱形图比较数据间的多少关系；用折线图反映数据的变化趋势；用饼图表现数据间的比例分配关系。

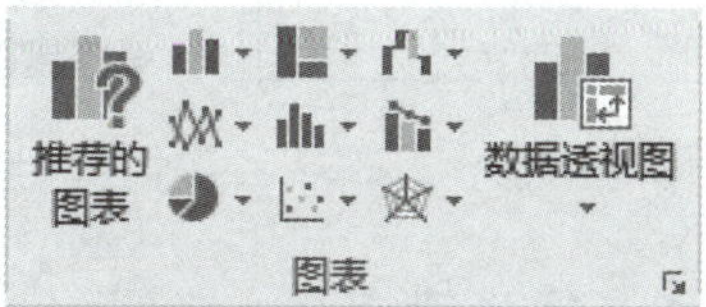

图 4-114 在 Excel 2016 可以创建的图表类型

利用“推荐的图表”功能，系统会自动为用户选定的表格制定不同形式的图表，用户只需要从中选择合适的一种图表类型即可。

对于大多数图表，如柱形图和条形图，可以将工作表的行或列中排列的数据绘制在图表中，而有些图表类型，如饼图和气泡图，则需要特定的数据排列方式。

2. 创建图表

操作步骤如下。

步骤 1▶ 打开本书配套素材“项目四”>“职员学历表”工作簿文件。

步骤 2▶ 选择要创建图表的数据区域 A1:E7，如图 4-115 所示。

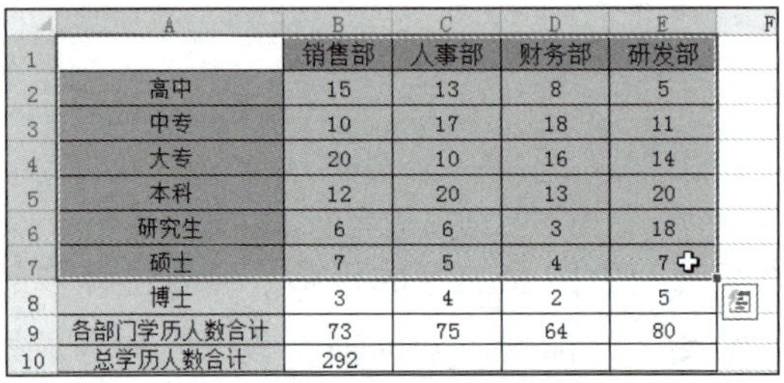

	A	B	C	D	E	F
1		销售部	人事部	财务部	研发部	
2	高中	15	13	8	5	
3	中专	10	17	18	11	
4	大专	20	10	16	14	
5	本科	12	20	13	20	
6	研究生	6	6	3	18	
7	硕士	7	5	4	7	
8	博士	3	4	2	5	
9	各部门学历人数合计	73	75	64	80	
10	总学历人数合计	292				

图 4-115　选择要创建图表的数据区域

步骤 3▶ 在“插入”选项卡“图表”组的图表类型中选择所需的图表类型，如单击“插入柱形图”按钮，从弹出的列表中选择“簇状柱形图”，系统自动快速在工作表中插入一张嵌入式图表，并显示“图表工具/设计”选项卡，如图 4-116 所示。

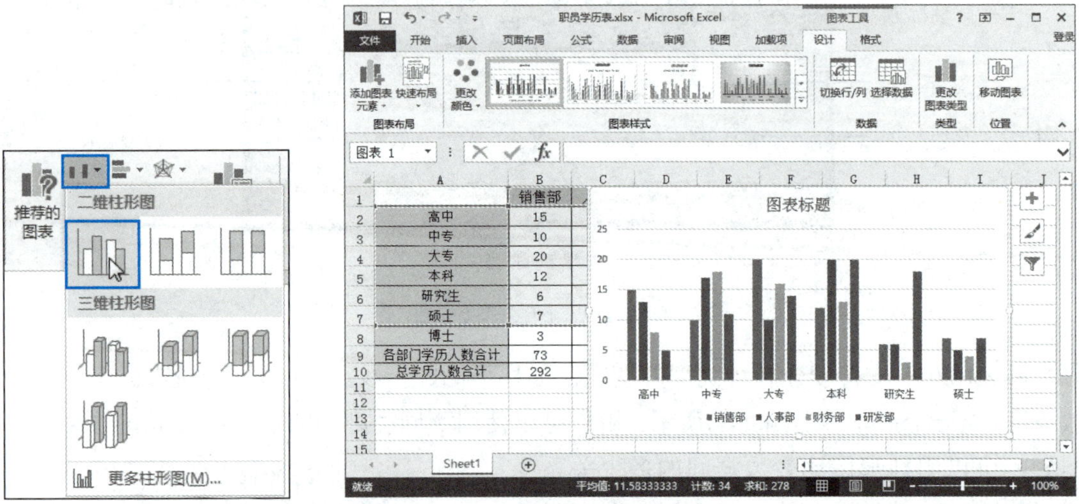

图 4-116　选择图表类型并创建图表

二、编辑图表

图表创建后将自动被选中，此时在 Excel 2016 的功能区将出现“图表工具”选项卡，其包括两个子选项卡：设计和格式。用户可利用这两个子选项卡对创建的图表进行编辑和美化。“图表工具/设计”选项卡主要用来添加或取消图表的组成元素，以及设置图表布局等。操作步骤如下。

步骤 1▶ 将创建的嵌入式图表转换为独立图表。单击图表将其选中，然后单击“图表工具/设计”选项卡“位置”组中的“移动图表”按钮，打开“移动图表”对话框，选中“新工作表”单选按钮，然后输入工作表名称，如图 4-117 所示。

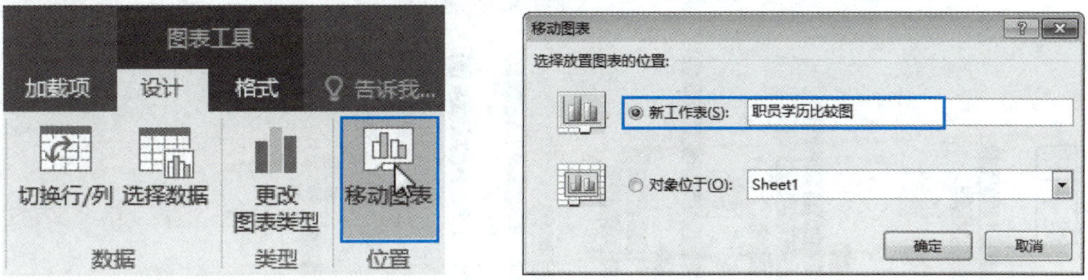

图 4-117　移动图表到新工作表

步骤 2▶ 单击“确定”按钮，即可看到图表被移动到新工作表中，如图 4-118 所示。

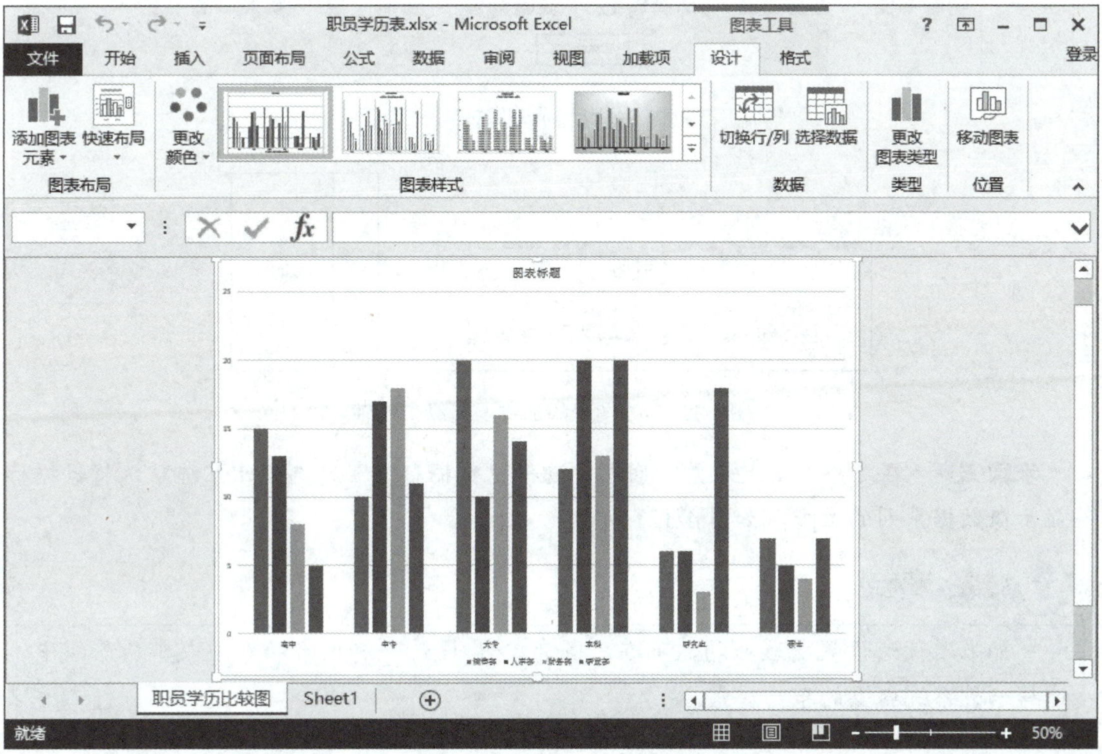

图 4-118　移动图表到新工作表

步骤 3▶ 将“图表标题”文本更改为“职员学历图”。

步骤 4▶ 在图表右侧单击“添加图表元素”按钮➕，在展开的列表中选择“坐标轴”复选框，系统自动在图表中添加“主要横坐标轴”和“主要纵坐标轴”选项，如图 4-119 所示，分别输入坐标轴标题“学历”和“人数”，如图 4-120 所示。

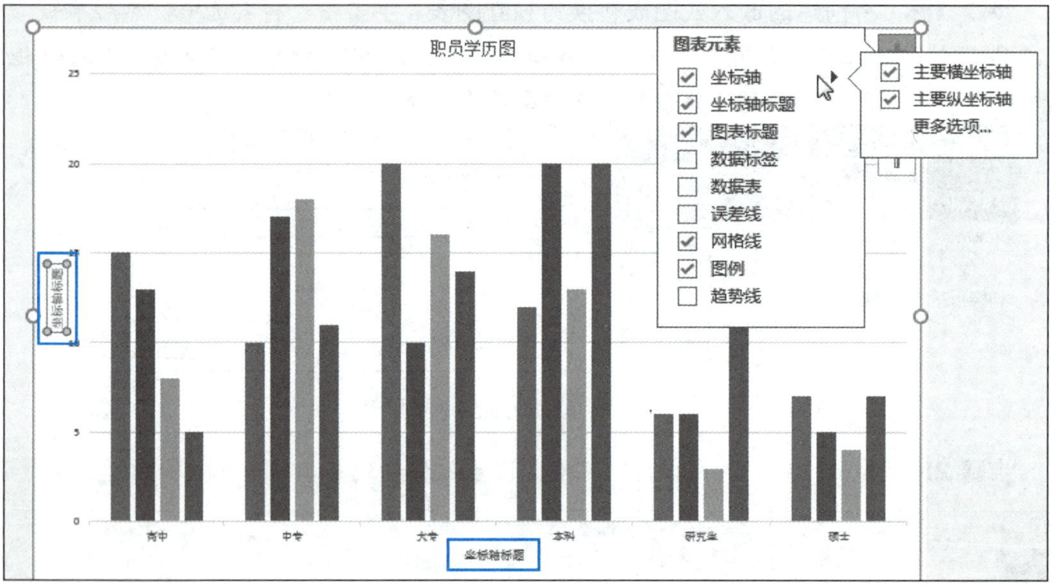

图 4-119 添加坐标轴

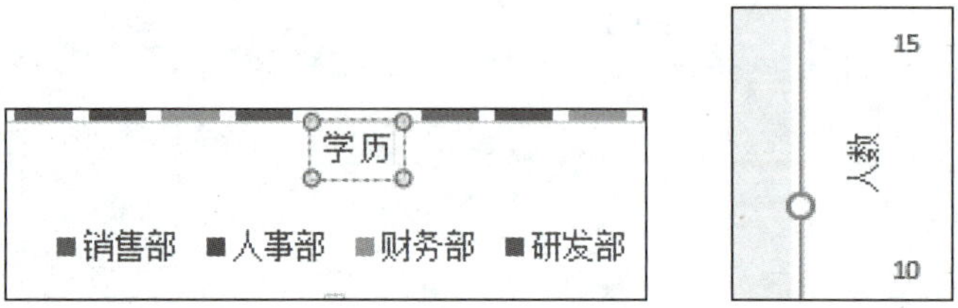

图 4-120 为图表添加主要横纵坐标轴

步骤 5▶ 在“添加图表元素”列表中选择“数据标签”复选框，系统默认将数据标签显示在数据系列的上方，如图 4-121 所示。

提 示

如果要快速设置图表布局，可在“图表工具/设计”选项卡的“图表布局”组中选择一种系统内置的布局样式。

步骤 6▶ 在“添加图表元素”列表中选择“图例”>“右”选项，可将图例调整到图表的右侧，如图 4-122 所示。

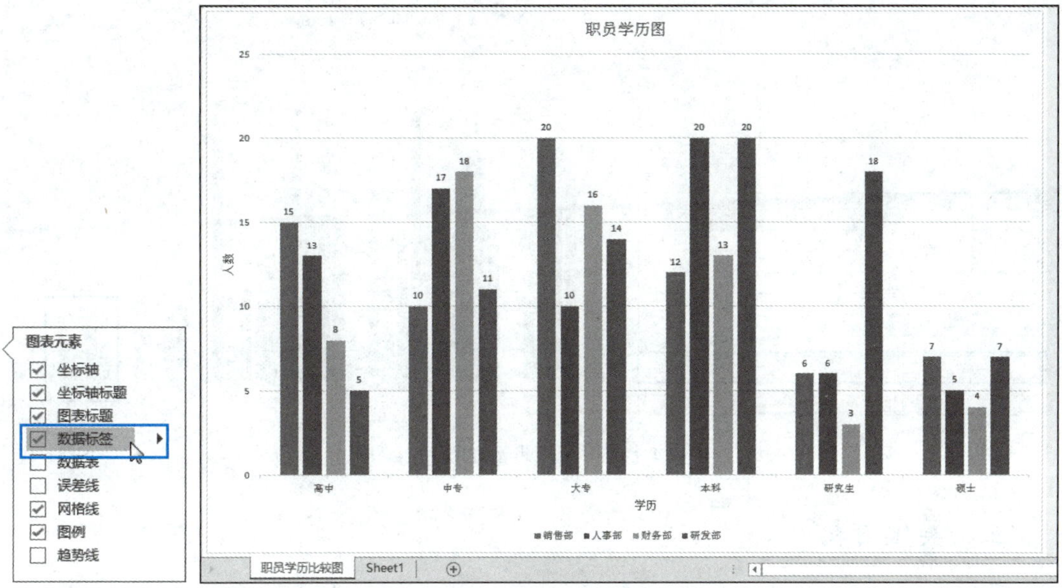

图 4-121　显示数据标签

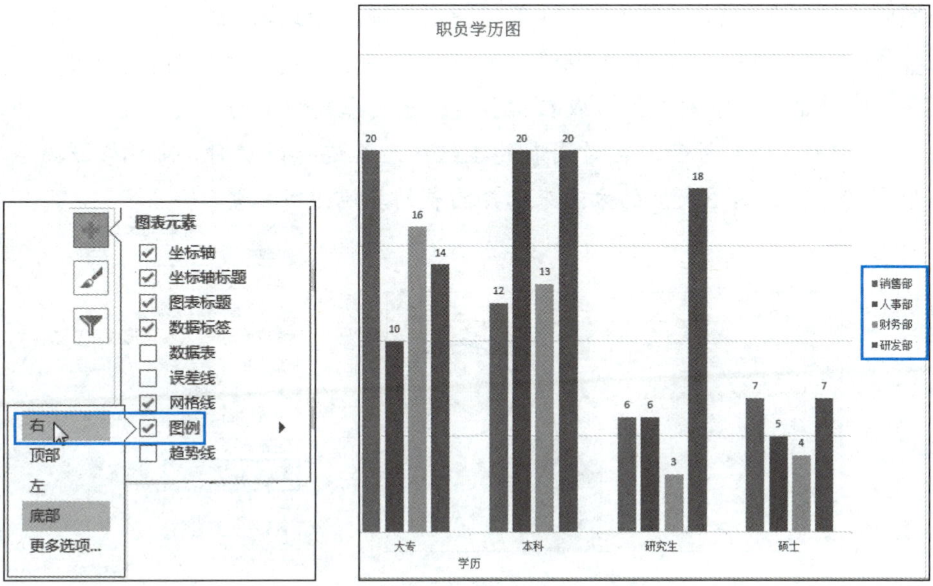

图 4-122　将图例调整到图表的右侧

步骤 7▶　若想在图表中添加数据系列，可在工作表中选中要添加的数据并复制，然后在图表中单击，并按【Ctrl+V】组合键将数据粘贴到图表中，即可看到添加的数据系列，如图 4-123 所示。

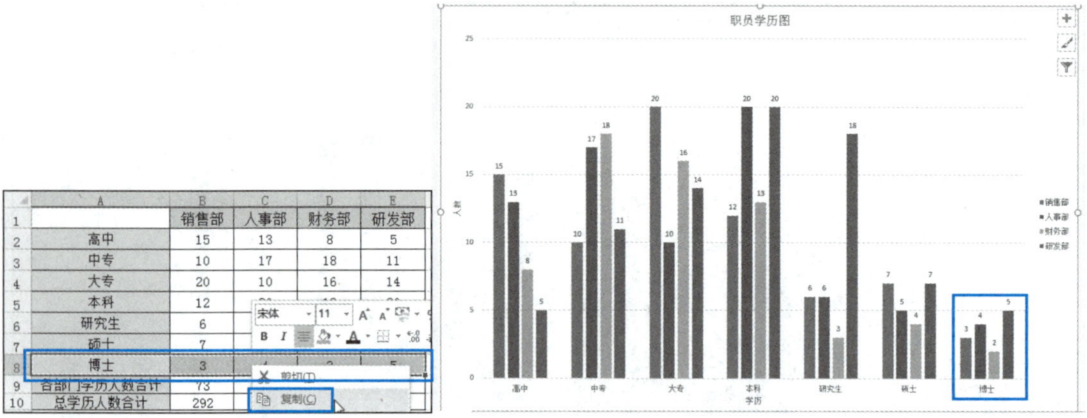

图 4-123　为图表添加数据系列

三、美化图表

利用“图表工具/格式”选项卡可分别对图表的图表区、绘图区、标题、坐标轴、图例项、数据系列等组成元素进行格式设置，如使用系统提供的形状样式快速设置，或单独设置填充颜色、边框颜色和字体等，从而美化图表。操作步骤如下。

步骤 1▶ 切换到“图表工具/格式”选项卡，将鼠标指针移到图表空白处，待显示“图表区”时单击，选中图表区，或在“当前所选内容”组中的“图表元素”下拉列表中进行选择，如图 4-124 所示。在对图表的各组成元素进行设置时，都需要选中要设置的元素，用户可参考选择图表区的方法来选择图表的其他组成元素。

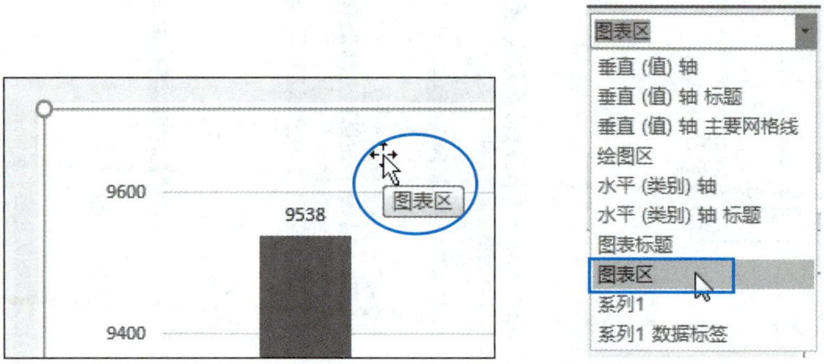

图 4-124　选择图表元素“图表区”

步骤 2▶ 单击“形状样式”组中“形状填充”按钮右侧的三角按钮，在弹出的颜色列表中为图表区设置颜色，如黄色，如图 4-125（a）所示。

步骤 3▶ 在“当前所选内容”组中的“图表元素”下拉列表中选择“绘图区”，选中图表的绘图区，然后在“形状样式”组的列表中选择一种样式，如图 4-125（b）所示。

步骤 4▶ 分别选中“水平轴”和“垂直轴”标题，将其字号设置为 12，填充颜色为白色；将图表标题的填充设置为白色，设置其字体为黑体，字号为 18；图例的填充颜色设置为白色。此时的图表效果如图 4-112 所示。

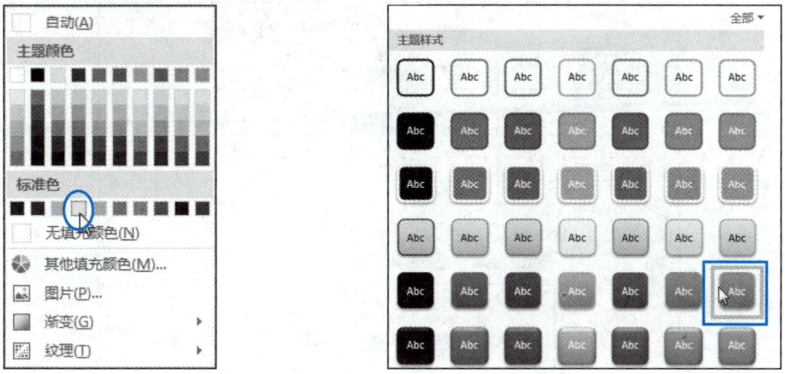

（a）　　（b）

图 4-125　美化图表

如果要快速美化图表，可在“图表工具/设计”选项卡的“图表样式”组中选择一种系统内置的图表样式。

【高手秘籍】

1．快速分析图表

在使用 Excel 的过程中，如果想快速把数据处理成图表，操作步骤如下。

步骤 1▶ 在“文件”选项卡中选择“选项”选项，打开“Excel 选项”对话框，在“常规”分类的“用户界面选项”设置区选中“选择时显示快速分析选项”复选框，如图 4-126 所示。

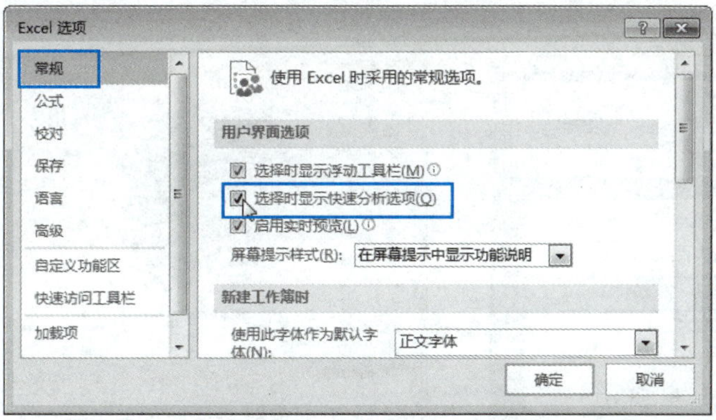

图 4-126　选中“选择时显示快速分析选项”复选框

步骤 2▶ 在 Excel 工作表中选中数据区域，此时会出现“快速分析”按钮，单击该按钮，出现快捷菜单，在其中选择相应选项，即可对数据进行快速分析。图 4-127 所示为选择了 C3:C8 单元格区域后选择“数据条”的效果。

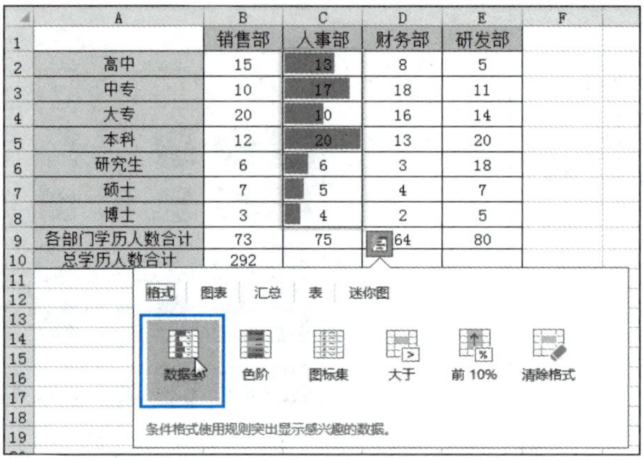

图 4-127　对数据进行快速分析示例

2. 设置不同类型的双轴图表

双坐标图表通常是指两个 Y 坐标轴，且要表现的数据有 2 个系列或 2 个以上，如前面制作的“职员学历图”就属于这种。

若要将双轴图表以不同的图表类型表达，可先将两个数据系列用同一种图表类型做出来，然后改变其中某个数据列的图表类型。为此，可右击要更改图表类型的数据系列，在弹出的快捷菜单中选择“更改系列图表类型”选项，打开“更改图表类型”对话框，选中系列名后，单击其右侧的三角按钮，在展开的列表中选择一种图表类型并单击“确定”按钮即可，如图 4-128 所示。

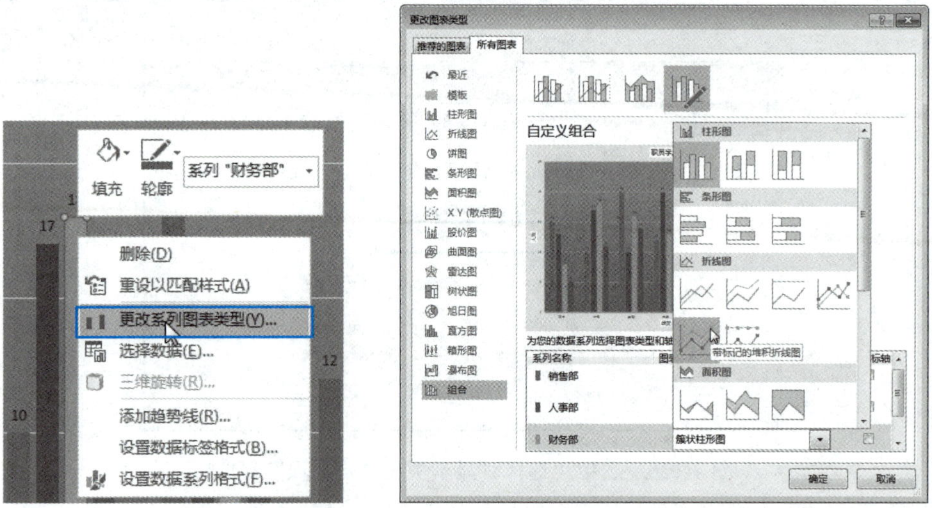

图 4-128　更改双轴图表为不同的图表类型

【拓展训练】——制作产品销售对比图表

1. 训练目的

强化练习对工作表数据创建、编辑和美化图表的操作。

2. 训练内容

（1）新建“产品销售对比图”工作簿，在工作表中输入所需数据并进行简单的格式化，如图 4-129 所示。

（2）选择 B2:D7 单元格区域，为其创建柱形图表，并添加图表标题、坐标轴标题和数据表（数据表的添加方法与添加其他图表组成元素相同）。

（3）为图表区和绘图区设置填充颜色和字符格式，以及设置图例的位置等。使其最终效果如图 4-130 所示。

	A	B	C	D
1				
2		产品计划与实际销售额对比图		
3		季度	计划销售额	实际销售额
4		第一季度	250	270
5		第二季度	210	240
6		第三季度	330	300
7		第四季度	300	210

图 4-129　输入制作图表的数据

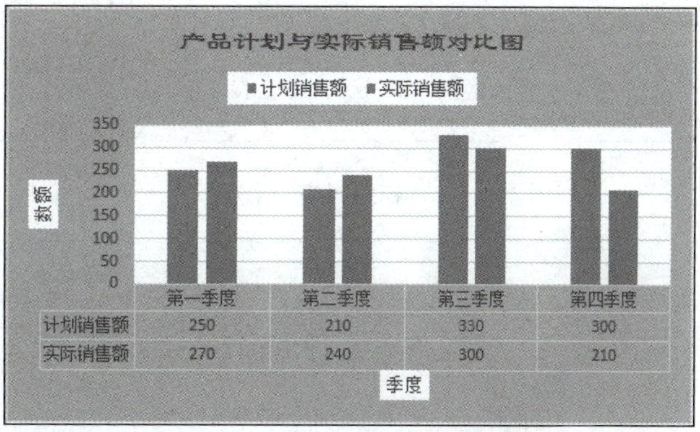

图 4-130　创建图表

任务六　统计并分析鞋店业务员销售业绩表
——数据透视表与透视图

【任务背景】

数据透视表是一种交互式表格，是对数据表中的数据进行分类汇总而建立的行列交叉表。可以说数据透视表是行列交叉的分类汇总表，它可以转换行和列，以不同的方式显示分类汇总的结果。

数据透视表是分析、组织复杂数据表的重要工具，而数据透视图则是以图形的形式表示数据透视表中的数据。

【分析任务】

本任务主要完成的工作是使用数据透视表或数据透视图对产品销售记录表进行数据分析，通过该任务让读者学会使用 Excel 2016 创建数据透视表和数据透视图，并能根据不同的条件创建不同的数据透视表，从而更直观地对数据进行统计分析。本任务最终完成的各图表效果如图 4-131～图 4-135 所示。

	A	B	C	D	E	F	G
1	销售人员	(全部)					
2							
3	求和项:数量	列标签					
4	行标签	阿迪达斯	匡威	李宁	耐克	乔丹	总计
5	1月	63	35	38	84	89	309
6	2月	30	33	75	41	91	270
7	3月		34	75	42	91	242
8	4月	29		75	43		147
9	5月	59		37	82	44	222
10	总计	181	102	300	292	315	1190

月销售报表　销售业绩表

图 4-131　月销售报表

	A	B	C	D	E	F	G
1	月销售额报表						
2	销售人员	(全部)					
3							
4	求和项:金额	列标签					
5		1月	2月	3月	4月	5月	总计
6	行标签						
7	旅游鞋	12600	27420	27780	15120	15540	98460
8	匡威	12600	11880	12240			36720
9	李宁		15540	15540	15120	15540	61740
10	休闲鞋	120918	66552	41664	67346	75854	372334
11	阿迪达斯	53550	25500		24650	50150	153850
12	李宁	15960	15960	15960	16380		64260
13	耐克	51408	25092	25704	26316	25704	154224
14	运动鞋	46102	47138	47138		47272	187650
15	耐克					24480	24480
16	乔丹	46102	47138	47138		22792	163170
17	总计	179620	141110	116582	82466	138666	658444

图 4-132　月销售额报表

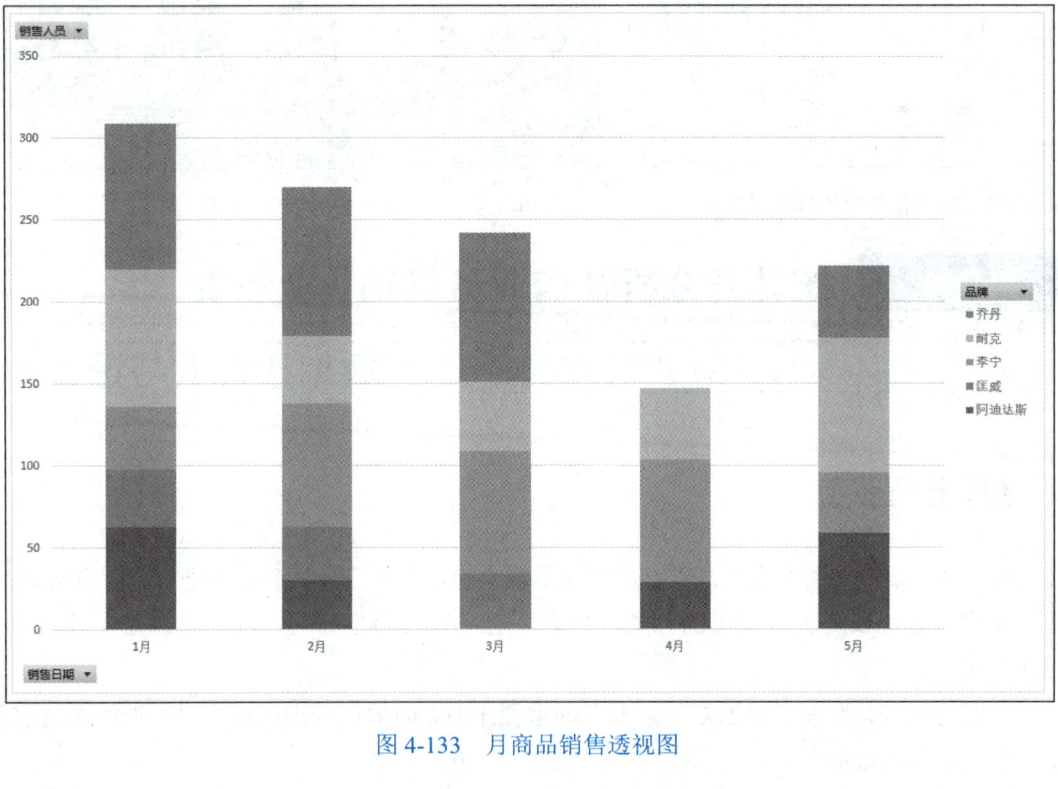

图 4-133　月商品销售透视图

	A	B	C	D	E	F
1	销售人员	胡帆				
2						
3	**求和项:数量**	**列标签**				
4	**行标签**	**阿迪达斯**	**李宁**	**耐克**	**乔丹**	**总计**
5	**⊟1月**		**38**	**43**	**44**	**125**
6	休闲鞋		38	43		81
7	运动鞋				44	44
8	**⊟2月**		**75**			**75**
9	旅游鞋		37			37
10	休闲鞋		38			38
11	**⊟3月**		**75**			**75**
12	旅游鞋		37			37
13	休闲鞋		38			38
14	**⊟4月**	**29**		**43**		**72**
15	休闲鞋	29		43		72
16	**⊟5月**	**29**	**37**		**44**	**110**
17	旅游鞋		37			37
18	休闲鞋	29				29
19	运动鞋				44	44
20	**总计**	**58**	**225**	**86**	**88**	**457**

图 4-134　月商品品牌透视表

	A	B	C	D	E
1	销售人员	胡帆			
2					
3	**计数项:数量**	**列标签**			
4	**行标签**	**阿迪达斯**	**李宁**	**耐克**	**乔丹**
5	旅游鞋		3		
6	休闲鞋	2	3	2	
7	运动鞋				2

图 4-135　商品品牌透视表

【任务目标】

- 能按要求对工作表数据创建数据透视表，并对其进行分析。
- 能按要求对工作表数据创建数据透视图。

【任务实施】

一、创建用于数据透视表的源数据

要创建数据透视表，首先要在工作表中创建数据源。为确保数据可用于数据透视表，在创建数据源时需要做到如下几点。

- 删除数据区域中的所有空行和空列。
- 删除所有自动小计。
- 确保第一行包含各列的描述性标题，即列标签。
- 确保各列只包含一种类型的数据（例如，一列中是文本，另一列中是数值），而不能是文本与数字的混合。

打开本书配套素材“项目四”>“鞋店销售表”工作簿，如图 4-136 所示。

鞋店销售业绩表

编号	销售日期	类别	品牌	鞋码	单价	数量	金额	销售人员	销售提成
100101	2017/1/4	休闲鞋	阿迪达斯	35	850	31	26350	李杨	2635
100102	2017/1/5	休闲鞋	阿迪达斯	36	850	32	27200	李鹤	2720
100103	2017/1/7	旅游鞋	匡威	40	360	35	12600	李杨	1260
100104	2017/1/7	运动鞋	乔丹	43	518	44	22792	胡帆	2279.2
100105	2017/1/13	休闲鞋	耐克	41	612	41	25092	刘海泉	2509.2
100106	2017/1/13	运动鞋	乔丹	43	518	45	23310	刘海泉	2331
100107	2017/1/15	休闲鞋	耐克	38	612	43	26316	胡帆	2631.6
100108	2017/1/15	休闲鞋	李宁	42	420	38	15960	胡帆	1596
100109	2017/2/4	休闲鞋	耐克	41	612	41	25092	刘海泉	2509.2
100110	2017/2/4	休闲鞋	李宁	42	420	38	15960	胡帆	1596
100111	2017/2/5	旅游鞋	匡威	38	360	33	11880	李鹤	1188
100112	2017/2/9	旅游鞋	李宁	37	420	37	15540	胡帆	1554
100113	2017/2/9	运动鞋	乔丹	43	518	45	23310	刘海泉	2331
100114	2017/2/12	运动鞋	乔丹	43	518	46	23828	刘海泉	2382.8
100115	2017/2/12	休闲鞋	阿迪达斯	28	850	30	25500	李杨	2550
100116	2017/3/5	休闲鞋	耐克	37	612	42	25704	刘海泉	2570.4
100117	2017/3/5	运动鞋	乔丹	43	518	46	23828	刘海泉	2382.8
100118	2017/3/6	旅游鞋	匡威	39	360	34	12240	李鹤	1224
100119	2017/3/6	旅游鞋	李宁	37	420	37	15540	胡帆	1554
100120	2017/3/8	休闲鞋	李宁	42	420	38	15960	胡帆	1596
100121	2017/3/11	运动鞋	乔丹	43	518	45	23310	刘海泉	2331
100122	2017/4/6	休闲鞋	李宁	43	420	39	16380	李杨	1638
100123	2017/4/8	旅游鞋	李宁	36	420	36	15120	李杨	1512
100124	2017/4/16	休闲鞋	阿迪达斯	42	850	29	24650	胡帆	2465
100125	2017/4/26	休闲鞋	耐克	38	612	43	26316	胡帆	2631.6
100126	2017/5/7	运动鞋	耐克	34	612	40	24480	李杨	2448
100127	2017/5/9	旅游鞋	李宁	37	420	37	15540	胡帆	1554
100128	2017/5/10	休闲鞋	阿迪达斯	42	850	29	24650	胡帆	2465
100129	2017/5/14	休闲鞋	耐克	37	612	42	25704	刘海泉	2570.4
100130	2017/5/16	运动鞋	乔丹	43	518	44	22792	胡帆	2279.2
100131	2017/5/16	休闲鞋	阿迪达斯	28	850	30	25500	李杨	2550

销售业绩表

图 4-136　创建用于数据透视表的源数据

二、创建月销售报表

操作步骤如下。

步骤 1▶ 在“销售业绩表”中选择要创建透视表的单元格区域。若是对整个数据表创建数据透视表，则单击其中的任意单元格，然后单击“插入”选项卡“表格”组中的“数据透视表”按钮，如图 4-137 所示。

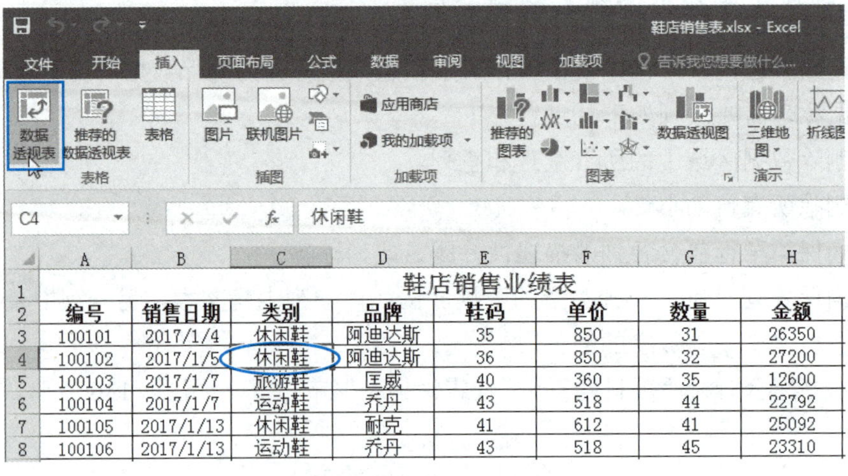

图 4-137　单击单元格后单击“数据透视表”按钮

步骤 2▶ 打开“创建数据透视表”对话框，在“表/区域”编辑框自动显示工作表名称和单元格区域的引用地址，如图 4-138 所示，确认数据区域是否正确。如果显示的单元格引用区域不正确，可以单击其右侧的压缩对话框按钮，然后在工作表中重新选择。

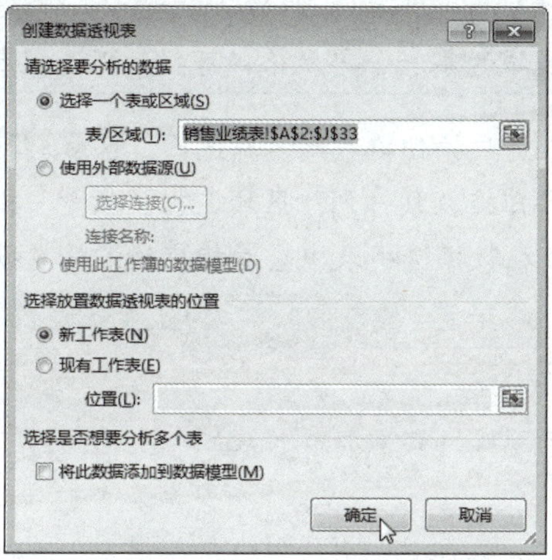

图 4-138 确认数据区域并选择数据透视表的放置位置

步骤 3▶ 选中“新工作表”单选按钮，表示将数据透视表放在新工作表中，然后单击“确定”按钮，即可将一个空的数据透视表添加到指定位置，此时“数据透视表工具”选项卡自动显示，且窗口右侧显示“数据透视表字段”窗格，以便用户添加字段、创建布局和自定义数据透视表，如图 4-139 所示。

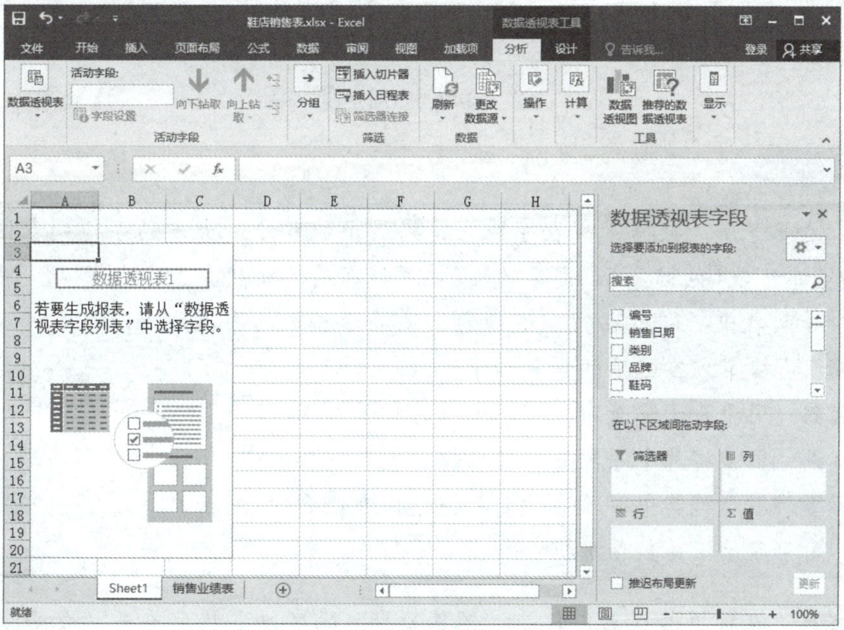

图 4-139 在新工作表中插入数据透视表

提 示

若选中“现有工作表”单选按钮，然后在“现有工作表”下方的编辑框中输入放置数据透视表单元格区域的第一个单元格，可将数据透视表放在现有工作表中。

步骤 4▶ 将“销售人员”按钮拖放到“筛选器”区域，把“销售日期”按钮拖放到“行”区域，把“品牌”按钮拖放到“列”区域，把“数量”按钮拖放到“值”区域，如图 4-140 所示。此时，即可在数据透视表中查看相应的汇总数据。

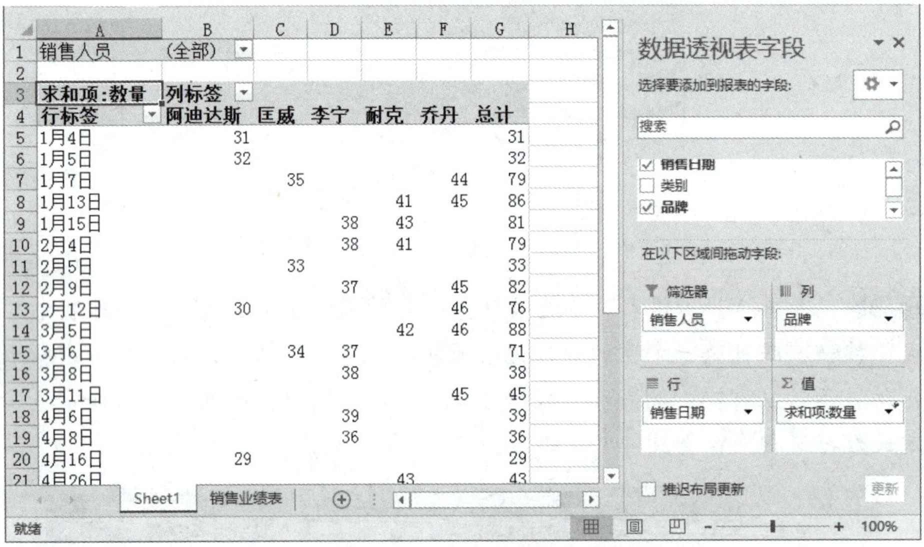

图 4-140　布局字段

提 示

默认情况下，“数据透视表字段”窗格显示两部分：上方的字段列表区是源数据表中包含的字段(列标签)，将其拖入下方字段布局区域中的“列标签”、“行标签”和“值”等列表中，即可在数据透视表区域显示相应的字段和汇总结果。“数据透视表字段”窗格下方各选项的含义如下。

筛选器： 用于基于筛选中的字段来筛选相关数据。

列标签： 用于将其中字段显示为数据透视表顶部的列。

行标签： 用于将其中字段显示为数据透视表侧面的行。

值： 用于显示汇总数值数据。

步骤 5▶ 在数据透视表中单击“销售日期”的字段，然后单击“数据透视表工具/分析”选项卡“分组”组中的“组选择”按钮，如图 4-141 所示。

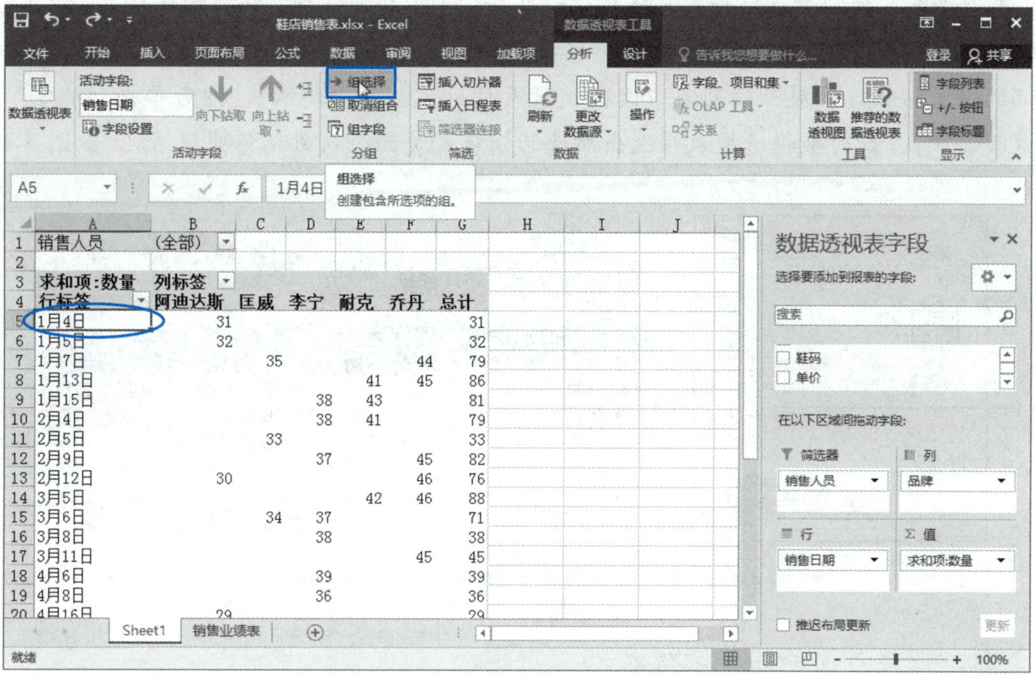

图 4-141　单击“组选择”按钮

步骤 6▶　打开“组合”对话框，在“步长”列表中选择“月”选项（因为要创建月销售报表，故选此项），在“起始于”及“终止于”编辑框中输入时间，默认时间是数据表中销售日期的起始与结束时间，这里无需修改，如图 4-142 所示。

步骤 7▶　单击“确定”按钮，即可得到全部销售人员的月销售报表，如图 4-143 所示。这里将该工作表重命名为“月销售报表”。

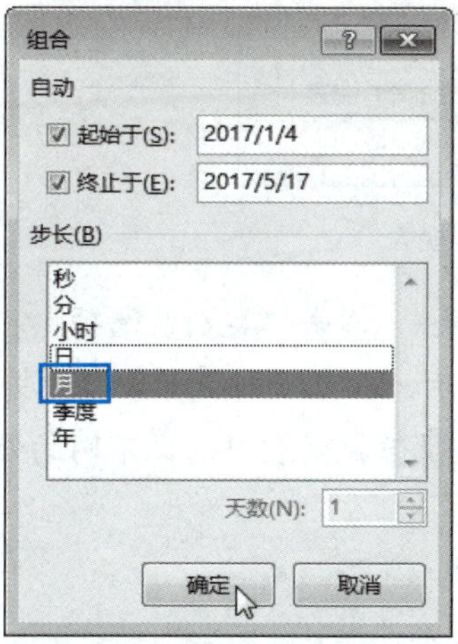

图 4-142　设置分组步长选项

	A	B	C	D	E	F	G
1	销售人员	(全部)					
2							
3	求和项:数量	列标签					
4	行标签	阿迪达斯	匡威	李宁	耐克	乔丹	总计
5	1月	63	35	38	84	89	309
6	2月	30	33	75	41	91	270
7	3月		34	75	42	91	242
8	4月	29		75	43		147
9	5月	59		37	82	44	222
10	总计	181	102	300	292	315	1190

图 4-143　创建的月销售报表

步骤 8▶ 按月汇总每种商品的销售数量后，也可以显示个人的月销售报表，即在“月销售报表”的基础上可以制作个人月销售报表。单击“销售人员”字段标签右侧“全部”右侧的三角按钮，在展开的列表中选择销售人员姓名，如“胡帆”，然后单击“确定”按钮返回工作表，此时数据透视表筛选出所选的销售人员的个人月销售业绩情况，如图 4-144 所示。

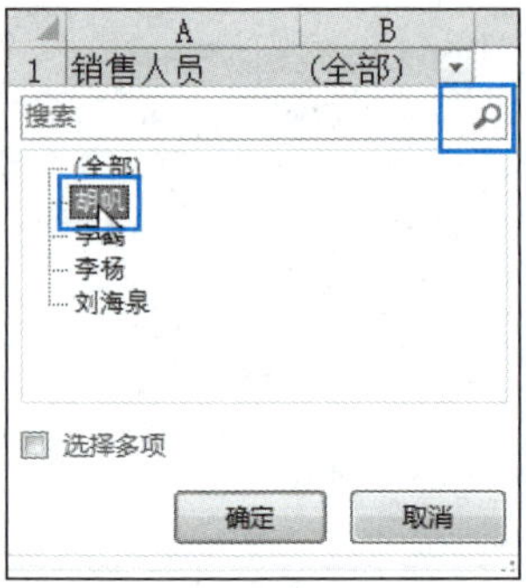

	A	B	C	D	E	F
1	销售人员	胡帆				
2						
3	求和项:数量	列标签				
4	行标签	阿迪达斯	李宁	耐克	乔丹	总计
5	1月		38	43	44	125
6	2月		75			75
7	3月		75			75
8	4月	29		43		72
9	5月	29	37		44	110
10	总计	58	225	86	88	457

图 4-144　筛选销售人员“胡帆”的个人月销售报表

三、创建月商品品牌透视表

数据透视表中的“筛选器”“列”“行”及“值”各区域不仅可放置一个字段，还可以放置多个字段。例如，在月销售报表的基础上，若要按月分析每种商品与品牌的销售情况，此时可在数据透视表中的“行”区域添加相应字段。

下面在“月销售报表”的基础上进行改进，创建月商品品牌透视表。操作步骤如下。

步骤 1▶ 按住【Ctrl】键的同时拖动工作表标签“月销售报表”，创建“月销售报表”的副本并将其重命名为“月商品品牌透视表”，如图 4-145 所示。

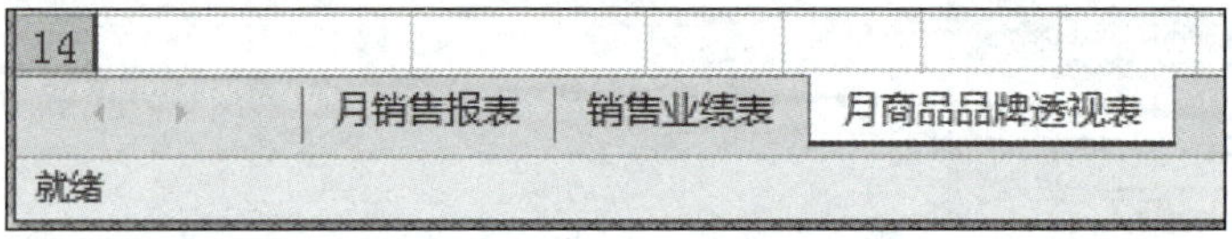

图 4-145　重命名工作表为“月商品品牌透视表”

步骤 2▶ 单击数据透视表，显示“数据透视表字段列表”，右击“类别”选项，在弹出的快捷菜单中选择“添加到行标签”选项，如图 4-146 所示，即可按月显示和汇总每种商品与品牌的销售情况，如图 4-147 所示。在“销售人员”字段下拉列表中选择不同的销售人员，可显示不同销售人员的销售情况。

四、创建商品品牌透视表

用户也可将数据透视表中不需要的字段删除，或更改“数据”区域字段的汇总方式等，用于创建新的数据透视表。例如，若只分析鞋店销售表中商品与品牌的销售情况，即不按月汇总数据，以及更改“数量”字段的汇总方式为对销售的品牌进行计数，操作步骤如下。

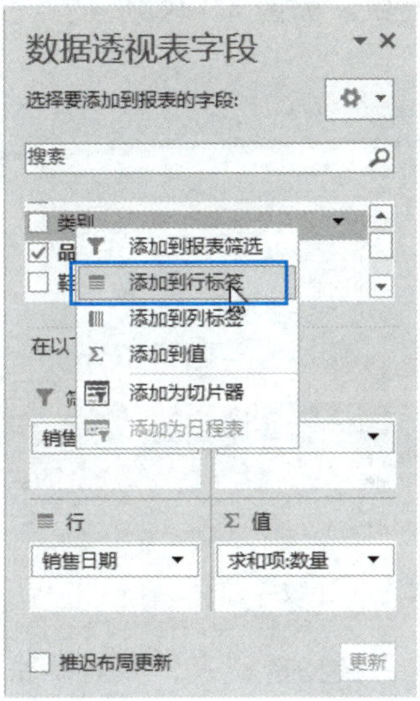

图 4-146 添加“类别”到行

	A	B	C	D	E	F	G
1	销售人员	(全部)					
2							
3	求和项:数量	列标签					
4	行标签	阿迪达斯	匡威	李宁	耐克	乔丹	总计
5	⊟1月	63	35	38	84	89	309
6	旅游鞋		35				35
7	休闲鞋	63		38	84		185
8	运动鞋					89	89
9	⊟2月	30	33	75	41	91	270
10	旅游鞋		33	37			70
11	休闲鞋	30		38	41		109
12	运动鞋					91	91
13	⊟3月		34	75	42	91	242
14	旅游鞋		34	37			71
15	休闲鞋			38	42		80
16	运动鞋					91	91
17	⊟4月	29		75	43		147
18	旅游鞋			36			36
19	休闲鞋	29		39	43		111
20	⊟5月	59		37	82	44	222
21	旅游鞋			37			37
22	休闲鞋	59			42		101
23	运动鞋				40	44	84
24	总计	181	102	300	292	315	1190

月商品品牌透视表

图 4-147 月商品品牌透视表

步骤 1▶ 复制“月商品品牌透视表”副本，重命名为“商品品牌透视表”。

步骤 2▶ 在“数据透视表字段列表”中单击“销售日期”字段，在弹出的快捷菜单中选择“删除字段”选项。此时“销售日期”字段从透视表中删除，得到的是一个商品品牌透视表，如图 4-148 所示。

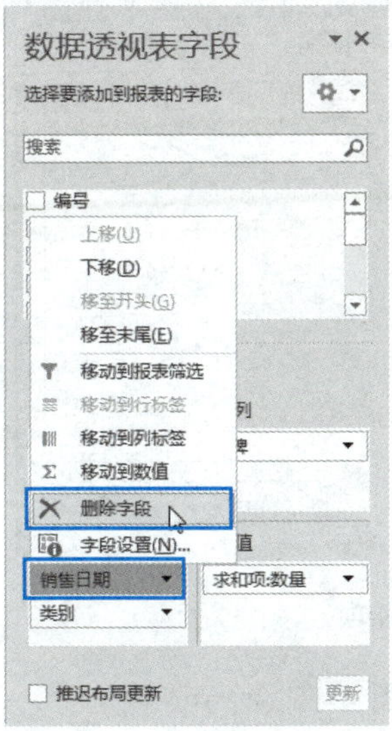

	A	B	C	D	E	F	G
1	销售人员	(全部)					
2							
3	求和项:数量	列标签					
4	行标签	阿迪达斯	匡威	李宁	耐克	乔丹	总计
5	旅游鞋		102	147			249
6	休闲鞋	181		153	252		586
7	运动鞋				40	315	355
8	总计	181	102	300	292	315	1190

图 4-148 商品品牌透视表

步骤 3▶ **更改“数量”字段的汇总方式为“计数”。**在数据透视表中有数字的区域右击鼠标，在弹出的快捷菜单中选择“值字段设置”选项，打开“值字段设置”对话框，在“汇总方式”列表中选择“计数”选项，单击“确定”按钮，如图 4-149 所示。

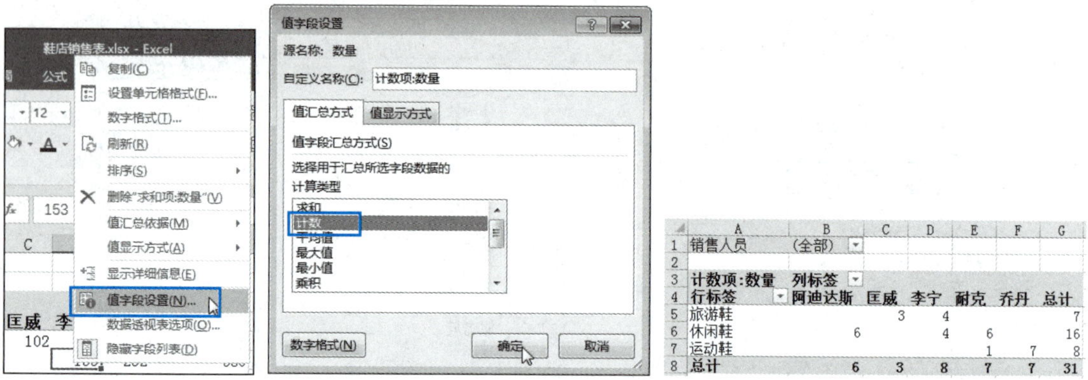

图 4-149　更改“数量”字段的汇总方式为“计数”

步骤 4▶ **取消数据透视表中的行和列的总计项。**单击数据透视表，然后单击“数据透视表工具/分析”选项卡“数据透视表”组中的“选项”按钮，在展开的列表中选择“选项”选项，打开“数据透视表选项”对话框，在“汇总和筛选”选项卡取消“显示行总计”和“显示列总计”复选框的选中，如图 4-150 所示。

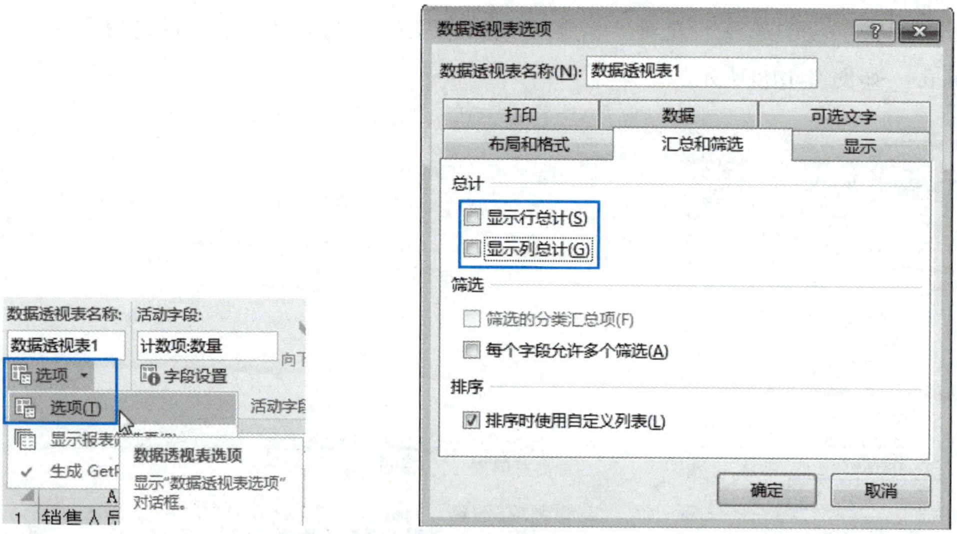

图 4-150　取消数据透视表选项中行列总计项

步骤 5▶ 单击“确定”按钮，得到商品品牌透视表，如图 4-151 所示。

	A	B	C	D	E	F
1	销售人员	(全部)				
2						
3	计数项:数量	列标签				
4	行标签	阿迪达斯	匡威	李宁	耐克	乔丹
5	旅游鞋		3	4		
6	休闲鞋	6		4	6	
7	运动鞋				1	7

图 4-151　商品品牌透视表

五、创建月商品销售透视图

月商品销售透视图与月销售报表统计汇总的内容相同，只是其中的数据是以数据透视图的形式显示。因此可以由前面制作的“月销售报表”转化得到透视图。操作步骤如下。

步骤 1▶　单击数据透视表，再单击“数据透视表工具/分析”选项卡“工具”组中的“数据透视图”按钮，如图 4-152 所示。

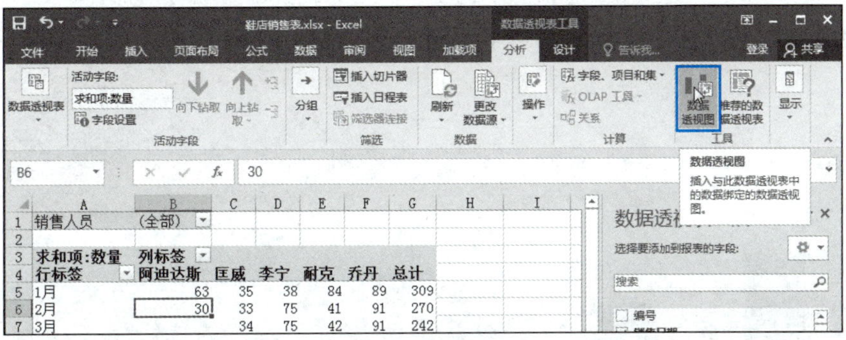

图 4-152　单击“数据透视图”按钮

步骤 2▶　打开“插入图表”对话框，选择一种图表类型，如图 4-153 所示。

步骤 3▶　单击“确定”按钮，即可在“月销售报表”工作表创建数据透视图，如图 4-154 所示。

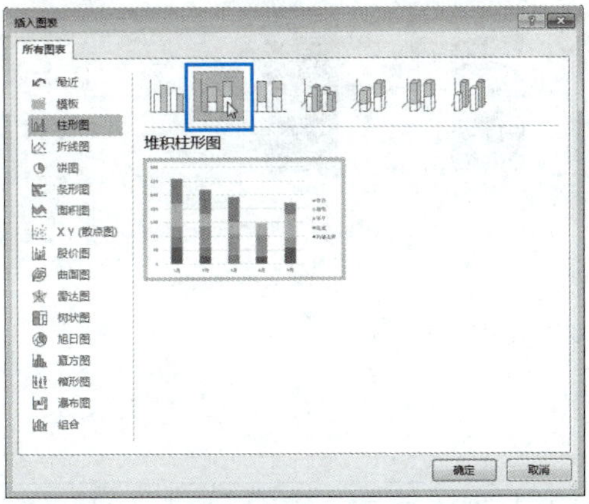

图 4-153　选择图表类型

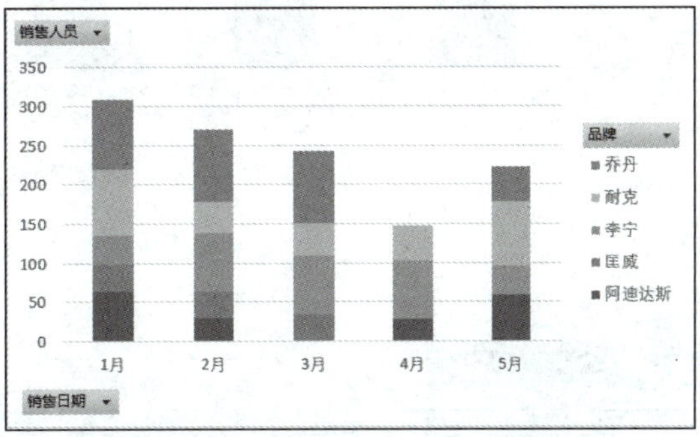

图 4-154　月商品销售数据透视图

步骤4▶ 选中图表，单击“数据透视表工具/设计”选项卡“位置”组中的“移动图表”按钮，打开“移动图表”对话框，选中“新工作表”单选按钮，输入新工作表名称“月商品销售透视图”，如图4-155所示。

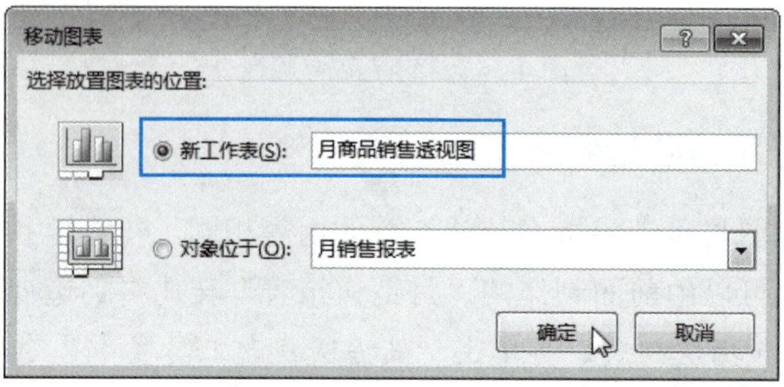

图4-155 输入新工作表名称

步骤5▶ 单击“确定”按钮，即可将制作的数据透视图移动到新工作表中，如图4-156所示。

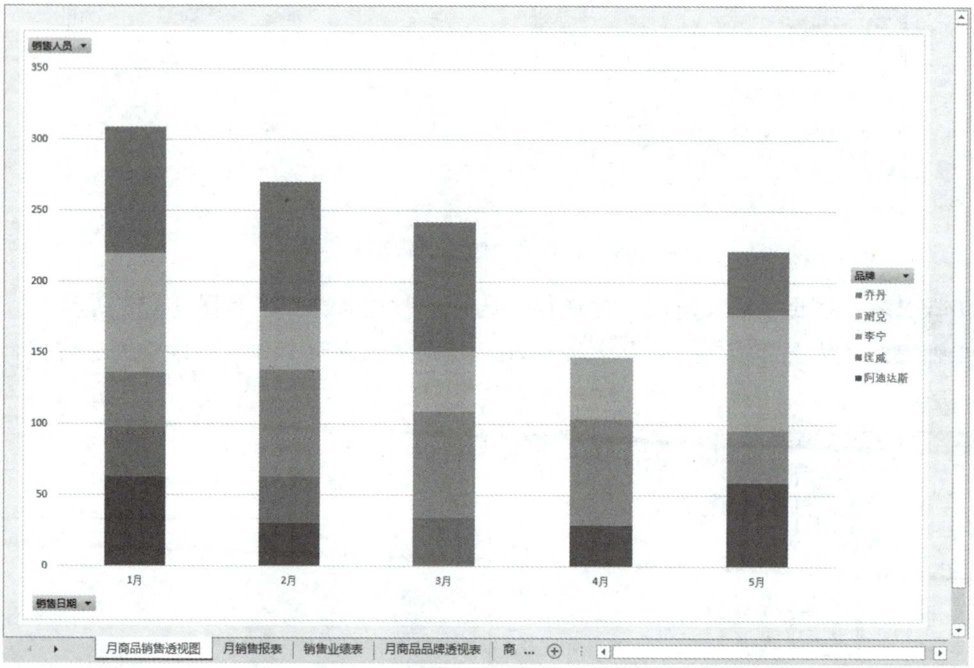

图4-156 数据透视图被移动到新工作表中

提 示

用户也可在源数据的基础上创建月商品销售数据透视图，操作步骤与创建“月销售报表”类似，只是在“插入”选项卡的“图表”组中单击“数据透视图”按钮，然后根据提示进行操作即可。

六、创建月销售额报表

创建月销售额报表的过程与创建月销售报表类似，只是在“数据透视表字段列表”中的字段布局不同。操作步骤如下。

步骤 1▶ 把“销售人员”字段拖到“筛选器”区域，“类别”和“品牌”字段拖到“行”区域，“销售日期”字段拖到“列”区域，“金额”字段拖到“值”区域，如图 4-157 所示。可看到系统自动按月创建月销售报表。

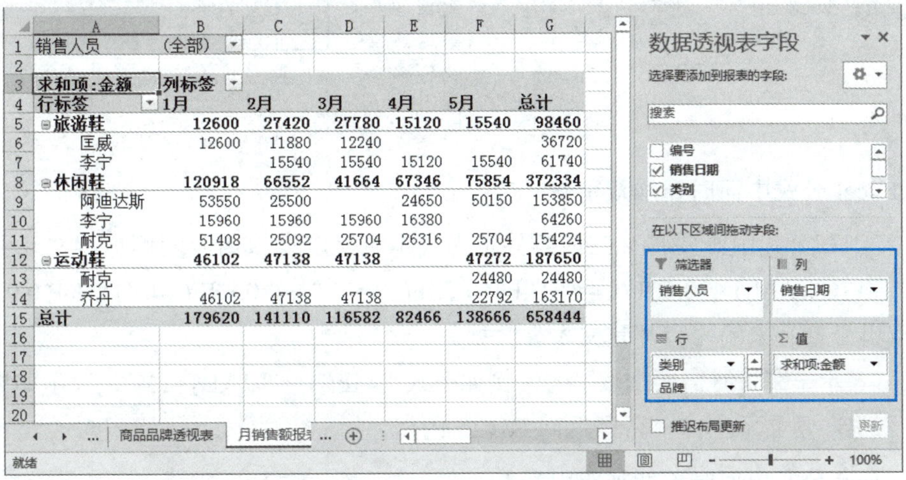

	A	B	C	D	E	F	G
1	销售人员	(全部)					
2							
3	求和项:金额	列标签					
4	行标签	1月	2月	3月	4月	5月	总计
5	旅游鞋	12600	27420	27780	15120	15540	98460
6	匡威	12600	11880	12240			36720
7	李宁		15540	15540	15120	15540	61740
8	休闲鞋	120918	66552	41664	67346	75854	372334
9	阿迪达斯	53550	25500		24650	50150	153850
10	李宁	15960	15960	15960	16380		64260
11	耐克	51408	25092	25704	26316	25704	154224
12	运动鞋	46102	47138	47138		47272	187650
13	耐克					24480	24480
14	乔丹	46102	47138	47138		22792	163170
15	总计	179620	141110	116582	82466	138666	658444

图 4-157　月销售额报表布局及效果

步骤 2▶ 插入空行，输入报表标题，并合并相应的单元格，效果如图 4-158 所示。最后另存工作簿为“鞋店销售表（效果）”。

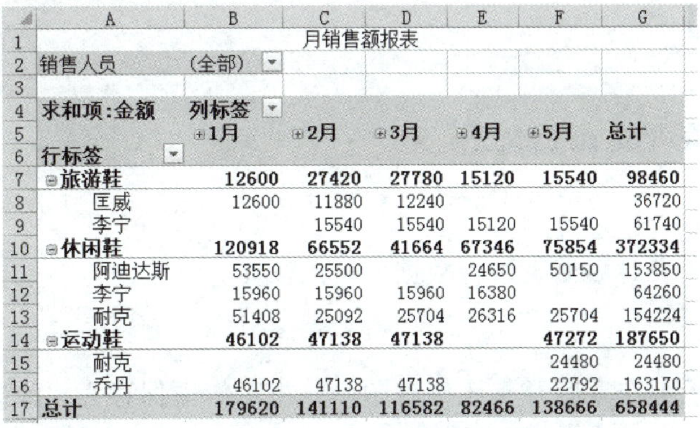

	A	B	C	D	E	F	G
1	月销售额报表						
2	销售人员	(全部)					
3							
4	求和项:金额	列标签					
5		1月	2月	3月	4月	5月	总计
6	行标签						
7	旅游鞋	12600	27420	27780	15120	15540	98460
8	匡威	12600	11880	12240			36720
9	李宁		15540	15540	15120	15540	61740
10	休闲鞋	120918	66552	41664	67346	75854	372334
11	阿迪达斯	53550	25500		24650	50150	153850
12	李宁	15960	15960	15960	16380		64260
13	耐克	51408	25092	25704	26316	25704	154224
14	运动鞋	46102	47138	47138		47272	187650
15	耐克					24480	24480
16	乔丹	46102	47138	47138		22792	163170
17	总计	179620	141110	116582	82466	138666	658444

图 4-158　月销售额报表

【高手秘籍】

1. 刷新数据透视表

当在创建数据透视表的源数据表中添加、减少或修改数据时，为了使数据透视表及时得到更新，可在更改数据后切换到要更新的数据透视表，再单击“数据透视表工具/分析”选项卡“数据”组中的“刷新”按钮，即可完成数据的更新，如图 4-159 所示。

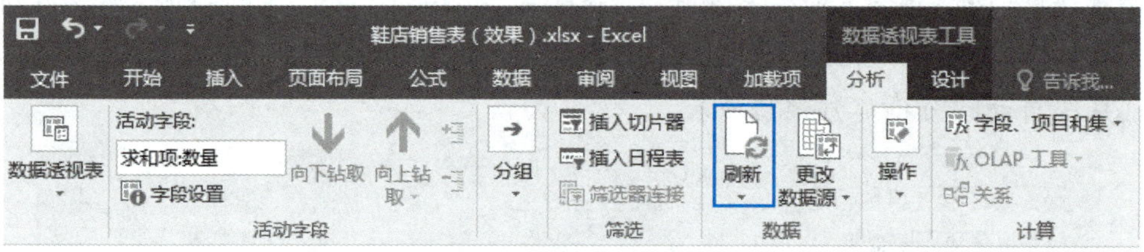

图 4-159 刷新数据透视表

2. Excel 公式中何时要加双引号

（1）当在公式中需要将某些内容界定为文本时，应在该内容两侧加英文双引号，例如公式“=IF(C4="A",F4*0.6,IF(C4="B",F4*0.7,IF(C4="C",F4*0.8,IF(C4="D",F4*0.9,F4))))”，其中被双引号括起来的内容都是文本型数据。

（2）表示空字符时需要加双引号。例如公式“=IF(B1="","",B1*15)”，表示如果单元格 B1 的值为空，则显示空白，否则返回 B1*15 的值。

3. Excel 公式中何时不能加双引号

单元格引用（包括自定义的单元格名称）、需要参与计算的数值型数据、日期型数据等不能加双引号。

【拓展训练】

一、制作家庭开支比例饼图

1. 训练目的

强化练习利用图表对数据表进行数据分析的操作。

2. 训练内容

按以下操作提示制作家庭开支比例饼图，并将工作簿保存为“家庭开支比例饼图”。

（1）参照图 4-160（a），在工作表中输入相关数据。

（2）选中单元格区域 A1:D2，然后插入三维饼图，并在“图表工具/设计”选项卡的“图表布局”组中选择“布局 2”，接着输入饼图标题，效果如图 4-160（b）所示。

	A	B	C	D	E
1	住房	饮食	衣服	其他	总支出
2	1600	800	200	1000	3600
3					
4					

Sheet1 Sheet2 Sheet3

（a）

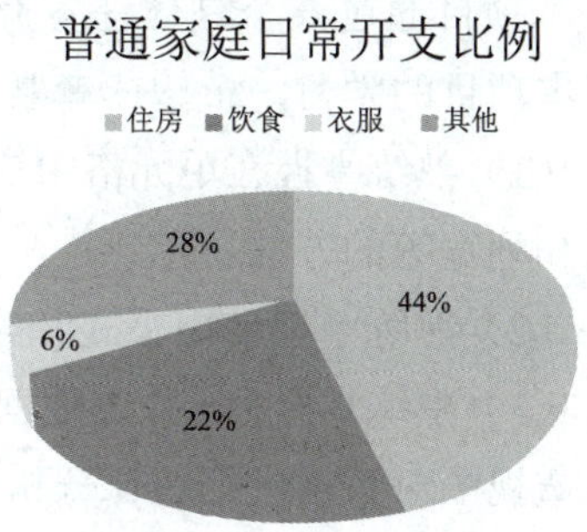

（b）

图 4-160　普通家庭日常开支比例饼图

二、制作汽油销售数据透视表

1. 训练目的

强化练习利用数据透视表对数据表进行统计分析的操作。

2. 训练内容

按照以下操作提示制作汽油销售数据透视表，并将工作簿保存为“汽油销售数据透视表”。

（1）参照图 4-161（a），在工作表中输入相关数据并对表格进行美化。

（2）在当前工作表中创建数据透视表，然后在“数据透视表字段列表”窗格中将“加油站”字段拖到“报表筛选”区域，“销售方式”字段拖到“列标签”区域，“数量”字段拖到“数值”区域，“油品名称”字段拖到“行标签”区域。

（3）单击数据透视表中“加油站”右侧“全部”右侧的三角按钮，在展开的列表中选择“中山路”加油站，单独查看该加油站的销售情况，如图 4-161（b）所示。

	A	B	C	D	E	F
1	加油站	油品名称	数量	单价	金额	销售方式
2	中山路	70#汽油	68	￥2,178.00	￥ 148,104.00	零售
3	中山路	70#汽油	105	￥2,045.00	￥ 214,725.00	批发
4	韶山路	70#汽油	78	￥2,067.00	￥ 161,226.00	批发
5	韶山路	70#汽油	78	￥2,067.00	￥ 161,226.00	批发
6	中山路	90#汽油	105	￥2,045.00	￥ 214,725.00	零售
7	韶山路	90#汽油	100	￥2,178.00	￥ 217,800.00	零售
8	中山路	90#汽油	68	￥2,178.00	￥ 148,104.00	批发
9	中山路	90#汽油	105	￥2,045.00	￥ 214,725.00	批发

（a）

10				
11	加油站	中山路		
12				
13	求和项:数量	列标签		
14	行标签	零售	批发	总计
15	70#汽油	68	105	173
16	90#汽油	105	173	278
17	总计	173	278	451

（b）

图 4-161　创建数据透视表并查看数据

项目小结

本项目通过 6 个具体任务介绍了使用 Excel 2016 设计与制作各种电子表格的方法。通过本项目的学习，希望读者掌握以下知识。

（1）熟练掌握在单元格中输入和编辑数据、选择单元格、设置单元格格式，以及调整行高和列宽等的方法。

（2）熟练掌握使用公式和常用函数对工作表数据进行计算的方法。

（3）熟练掌握对工作表数据进行排序、筛选和分类汇总，以及使用图表、数据透视表、数据透视图对数据进行统计分析的方法。

项目五

使用 PowerPoint 2016 设计与制作演示文稿

【项目导读】

PowerPoint 2016 是 Office 2016 办公套装软件中的第三个重要成员，它是一款专业的演示文稿制作软件，利用它可以制作各种用途的演示文稿，如教学课件、工作汇报、企业宣传、产品推介、婚礼庆典、项目竞标、管理咨询等。用户还可以在演示文稿中添加各种引人入胜的视觉、听觉效果。本项目主要学习 PowerPoint 2016 的使用方法。

【学习目标】

- 掌握演示文稿的基本操作方法。
- 掌握在幻灯片中输入并编辑文本的方法。
- 掌握在幻灯片中插入并编辑图片、艺术字、图形和声音的方法。
- 掌握编辑幻灯片母版和背景的方法。
- 掌握为幻灯片中的对象设置超链接和动画效果的方法。
- 掌握为幻灯片设置切换效果、创建动作按钮的方法。
- 掌握对幻灯片进行排练计时、设置演示文稿放映方式的方法。
- 掌握放映和打包演示文稿的方法。

任务一　制作植树造林环境保护宣传 PPT
——演示文稿与幻灯片的基本操作

【任务背景】

面对资源约束趋紧、环境污染严重、生态系统退化等严峻形势，必须树立尊重自然、顺应自然、保护自然的生态文明理念，把生态文明建设放在突出地位，走可持续发展道路。

通过植树造林，可以保护环境，维持生态系统平衡，改善人们的生活居住环境，还可以治理沙化耕地，控制水土流失，防风固土，增加土壤蓄水能力等。

每年的植树节活动，为深入开展宣传生态文明教育工作，促进“保护生态环境，建设生态文明，建设美丽中国”的理念深入人心并转化为人们的自觉行动奠定了坚实基础。

【分析任务】

本任务的主要工作是制作一份“植树造林环境保护宣传”演示文稿，通过该任务让读者了解利用 PowerPoint 2016 制作演示文稿的基本操作方法，如启动与退出 PowerPoint 2016、创建与保存演示文稿、在演示文稿中输入文本、设置文本格式、插入图片等知识。任务完成效果如图 5-1 所示。

图 5-1　植树造林环境保护宣传演示文稿（部分）效果

【任务目标】

- ➢ 能新建、打开、关闭和保存演示文稿。
- ➢ 能设置幻灯片的主题和背景。
- ➢ 能根据需要设置幻灯片的文字内容。
- ➢ 能插入、复制和删除幻灯片，以及调整幻灯片的播放顺序。
- ➢ 能在幻灯片中插入图片、图形并对其进行编辑。

【任务实施】

一、新建、保存与打开演示文稿

操作步骤如下。

步骤 1▶ 打开“开始”菜单，在“所有程序”列表中选择“PowerPoint 2016”菜单项，启动 PowerPoint 2016。如果桌面上有 PowerPoint 2016 的快捷启动图标，双击该图标也可启动 PowerPoint 2016。

步骤 2▶ 启动 PowerPoint 2016 后，系统默认打开其开始界面，左侧显示最近打开过的演示文稿，右侧显示一些常用的演示文稿主题和模板。单击“空白演示文稿”选项，即可创建一个空白演示文稿并进入 PowerPoint 2016 工作界面，如图 5-2 所示。它主要由快速访问工具栏、标题栏、功能区、幻灯片编辑区、幻灯片窗格、状态栏等组成。

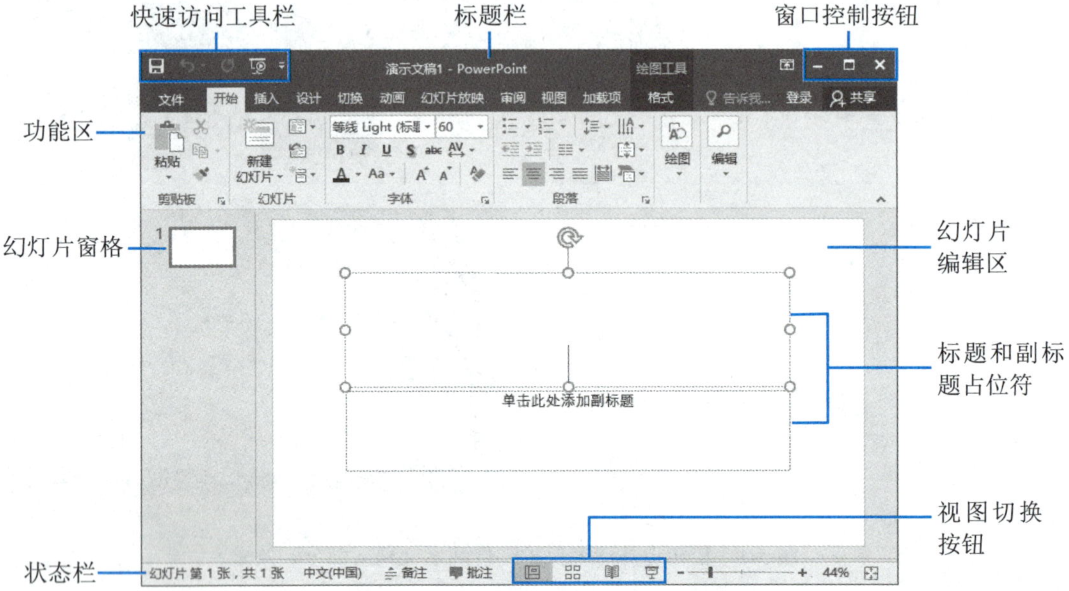

图 5-2　PowerPoint 2016 的工作界面

提　示

演示文稿是由一张或若干张幻灯片组成的，每张幻灯片一般包括两部分内容：幻灯片标题（用来表明主题）和若干文本条目（用来论述主题）。另外，还可以包括图片、图形、图表和表格等其他对于论述主题有帮助的内容。

对于由多张幻灯片组成的演示文稿，通常在第一张幻灯片上单独显示演示文稿的主标题和副标题，在其余幻灯片上分别列出与主标题有关的子标题和文本条目。

- **幻灯片窗格：**显示了幻灯片的缩略图，单击某张幻灯片的缩略图可选中该幻灯片，此时可在右侧的幻灯片编辑区查看和编辑该幻灯片的内容。
- **幻灯片编辑区：**编辑幻灯片的主要区域，在其中可以为当前幻灯片添加文本、图片、图形、声音和视频等，还可以创建超链接或设置切换动画。
- **状态栏：**位于程序窗口的最底部，用于显示当前演示文稿的一些信息，如当前幻灯片及总幻灯片数等。此外，还提供了用于切换视图模式的视图按钮，以及用于调整视图显示比例的缩放级别按钮和显示比例调整滑块等，如图 5-3 所示。

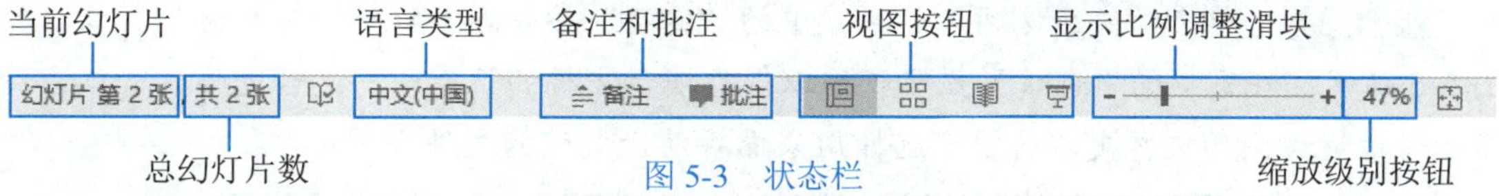

图 5-3 状态栏

提 示

PowerPoint 2016 提供了普通视图、大纲视图、幻灯片浏览视图、备注页和阅读视图几种视图模式。其中，普通视图是 PowerPoint 2016 默认的视图模式，主要用于制作演示文稿；在幻灯片浏览视图中，幻灯片以缩略图的形式显示，从而方便用户浏览所有幻灯片的整体效果；阅读视图是以窗口的形式来查看演示文稿的放映效果；备注页视图用来查看演示文稿与备注页一起打印时的外观。

此外，单击“备注”或“批注”按钮可以打开备注栏或批注栏，从中可为当前幻灯片添加备注或批注。这些备注或批注在放映幻灯片时不显示。单击状态栏右侧的⊡按钮，可按当前窗口大小自动调整幻灯片的显示比例，使其在当前窗口中显示全局效果。

若在系统默认打开的开始屏幕右侧显示的常用模板和主题中选择相应的选项，如“肥皂”，在打开的窗口中将显示主题的一组变体，从中选择相应的变体类型，再单击“创建”按钮，如图 5-4 所示，可启动 PowerPoint 2016 并使用该模板创建演示文稿。

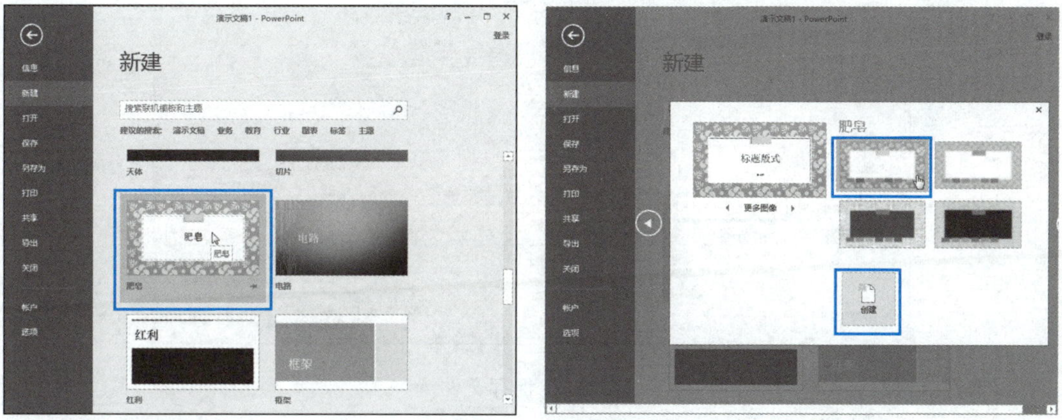

图 5-4 使用主题或模板创建演示文稿

提 示

利用主题可以创建具有特定版面、格式，但无内容的演示文稿；利用模板可以创建具有特定内容和格式的演示文稿。对于利用模板创建的演示文稿，只需修改相关内容即可快速制作出各种专业的演示文稿。此外，在“新建”窗口的“搜索联机模板和主题”编辑框中输入关键字，还可通过在线搜索联机的模板和主题来创建演示文稿。

步骤 3▶ 单击“快速访问工具栏”中的“保存”按钮，打开“另存为”窗口，如图 5-5 所示。在窗口的中部位置显示了用以保存演示文稿的位置——这台电脑，窗口右侧显示了最近访问的文件夹，从中可选择用来保存演示文稿的文件夹。

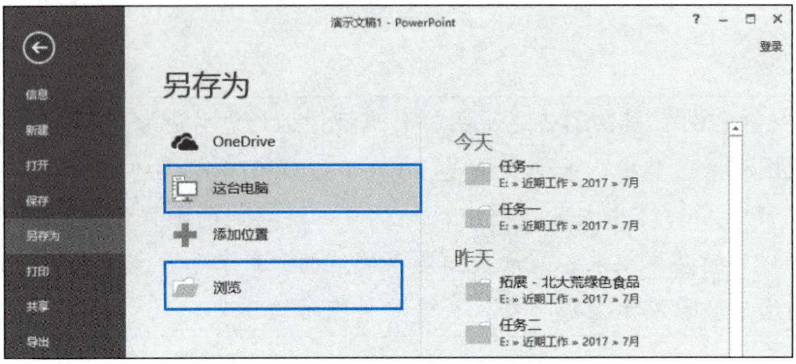

图 5-5　“另存为”窗口

步骤 4▶ 如单击“任务一”文件夹，打开“另存为”对话框，在“文件名”编辑框中输入文档名，如图 5-6 所示，然后单击“保存”按钮。

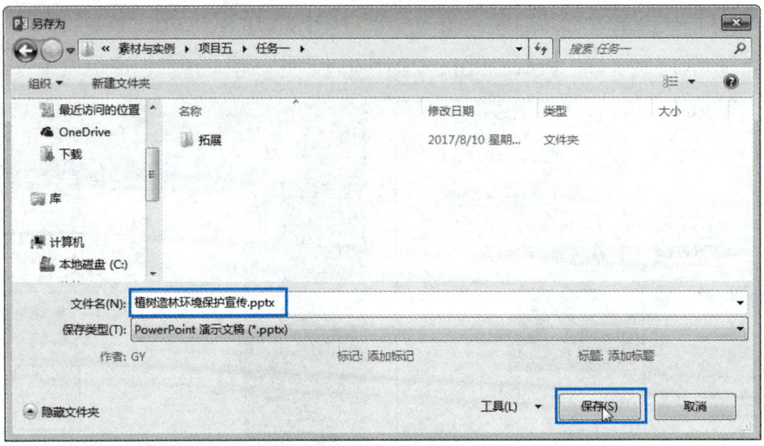

图 5-6　保存文件

提 示

若想将文档保存在其他位置，可单击窗口下方的“浏览”按钮，打开“另存为”对话框，然后重新选择保存位置。

步骤 5▶ 若想打开已有的演示文稿，可在“文件”选项卡中选择“打开”选项，如图 5-7 所示。其中默认显示“最近”选项，其右侧显示了最近打开过的演示文稿的名称，单击某个演示文稿名称，可打开相应的演示文稿。

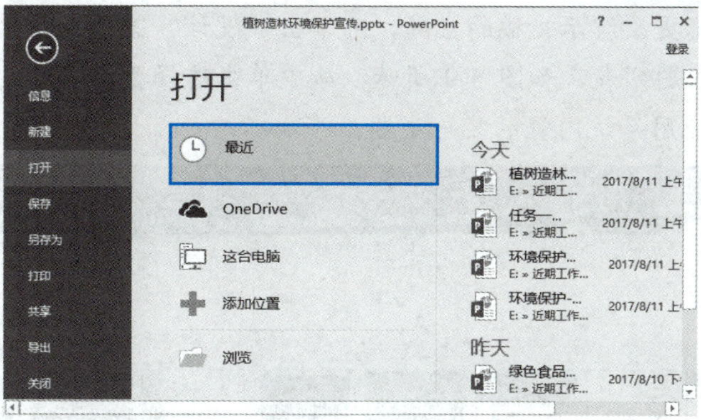

图 5-7 “打开”窗口

步骤 6▶ 若演示文稿名称不在“最近”列表中，可单击“这台电脑”选项，然后在右侧选择演示文稿所在文件夹，再在打开的对话框中选择要打开的演示文稿，单击“打开”按钮即可。

步骤 7▶ 若演示文稿不在最近访问的文件夹中，可在“打开”窗口单击“浏览”按钮，弹出“打开”对话框，如图 5-8 所示。在左侧的窗格中选择保存演示文稿的磁盘驱动器或文件夹，在中间的列表中选择要打开的演示文稿，如“项目五”文件夹中的“示例”，再单击“打开”按钮即可。

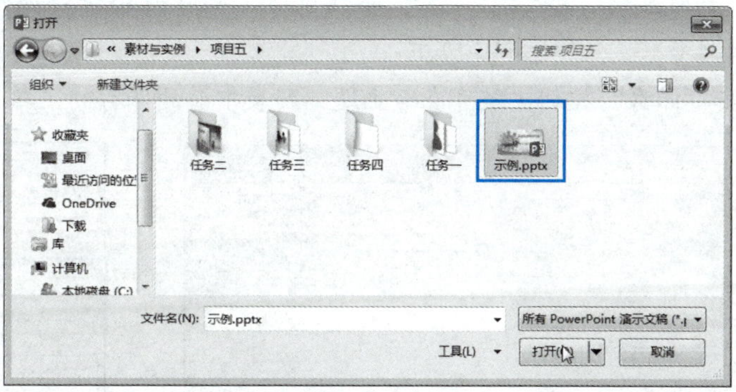

图 5-8 选择要打开的演示文稿

步骤 8▶ 演示文稿制作完毕并保存后，可在“文件”选项卡中选择“关闭”选项，或单击程序窗口右上角的“关闭”按钮✕，将其关闭。

二、设置主题和背景

用户既可以在新建演示文稿时根据某个主题创建文件，又可以在创建演示文稿后再应用某个主题，或更改演示文稿的背景颜色来更换演示文稿风格。此外，还可将当前演示文稿的主题进行保存，方便以后调用。操作步骤如下。

步骤 1▶ 若想更改演示文稿的主题，可单击“设计”选项卡“主题”组右侧的“其他”按钮，展开主题列表，如图 5-9 所示，从中单击选择要应用的主题，即可为演示文稿中的所有幻灯片应用系统内置的某一主题。

图 5-9　主题列表

步骤 2▶ 若要保存当前演示文稿的主题，可打开演示文稿后，在主题列表中选择“保存当前主题”选项。例如，用户将打开的“示例”演示文稿的主题进行保存：在“主题”列表中选择“保存当前主题”选项，打开“保存当前主题”对话框，保存位置为系统默认的文件夹，输入主题名称，如图 5-10 所示。

步骤 3▶ 单击“保存”按钮，就可在“主题”列表中看到保存的主题，如图 5-11 所示。

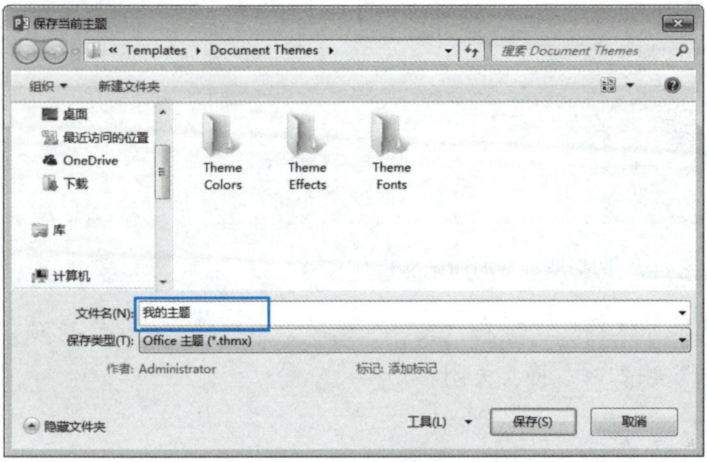

图 5-10　保存主题

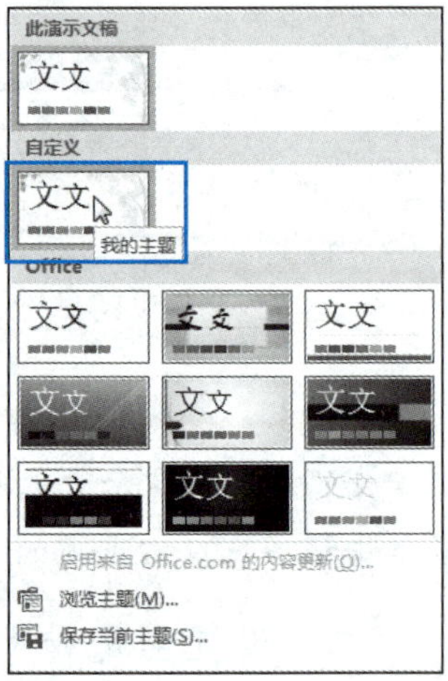

图 5-11　查看保存的主题

步骤 4▶ 切换到保存的“植树造林环境保护宣传”演示文稿，然后在“主题”列表中单击“我的主题”选项，即可将保存的主题应用到新建的演示文稿中，效果如图 5-12 所示。

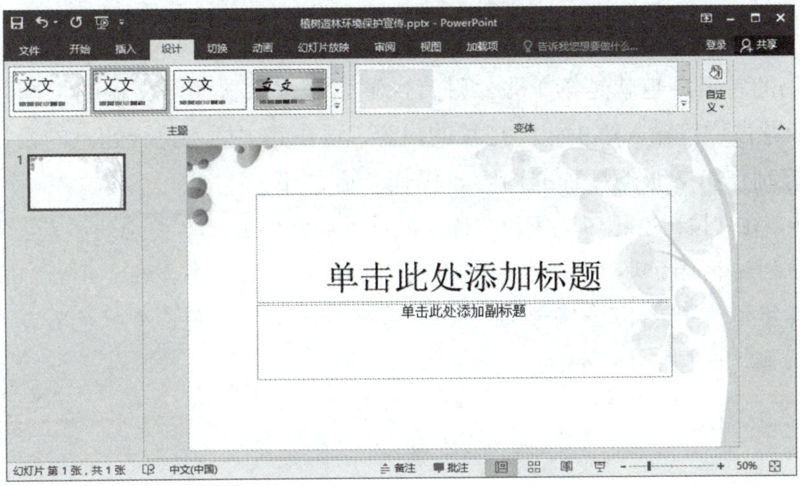

图 5-12　应用保存的主题

步骤 5▶ 要更改演示文稿的背景，可在“设计”选项卡的“自定义”组单击“设置背景格式”按钮，打开“设置背景格式”任务窗格，如图 5-13 所示。从中可看到，除了可为幻灯片设置纯色填充外，还可为其设置渐变、图片或纹理、图案填充等。“填充”设置区中各选项的含义如下。

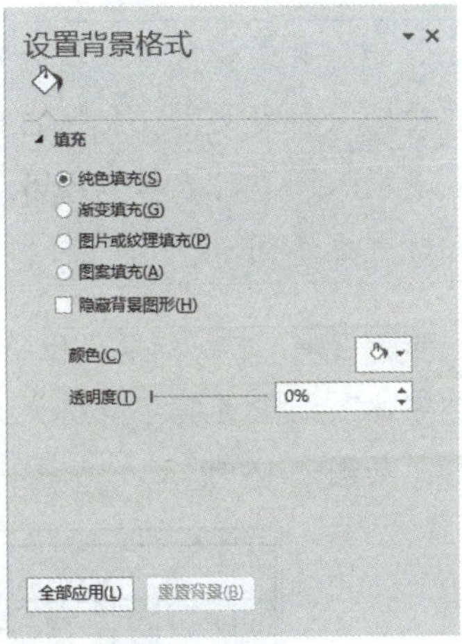

图 5-13　“设置背景格式”任务窗格

- 选中“**纯色填充**”单选按钮，单击“颜色”右侧的三角按钮，展开主题颜色和标准色列表，从中可单击某一个颜色色块更改颜色；若列表中没有想要的颜色，可单击“其他颜色”选项，打开“颜色”对话框，在其中选择颜色色块，或精确匹配颜色的 RGB 值。
- 选中“**渐变填充**”单选按钮，可对背景设置渐变填充。在其中可对渐变的“类型”“方向”“渐变光圈”等参数进行设置。
- 选中“**图片或纹理填充**”单选按钮，可对背景用图片或者某种纹理进行填充。其中，单击文件(F)...按钮，在打开的对话框中选择要作为背景的图片，单击“插入”按钮，即可得到效果；单击“纹理”按钮右侧的三角按钮，展开系统自带的多个纹理，从中选择一种，即可看到效果。
- 选中“**图案填充**”单选按钮，通过设置前景色和背景色，可对背景进行图案填充。此外，还可通过选中“隐藏背景图形”复选框来控制在母版视图中插入的图片是否显示。

三、制作首页和目录页幻灯片

演示文稿的首页，也就是第 1 张幻灯片，通常用来放置演示文稿的主标题和副标题。下面，利用标题占位符输入第 1 张幻灯片的内容，再在其中插入符合题意的素材图片，接着利用文本框等制作第 2 张幻灯片的内容。操作步骤如下。

步骤 1▶ 在“植树造林环境保护宣传”演示文稿中单击“单击此处添加标题”占位符，输入标题“植树造林保护环境”，然后拖动鼠标选中输入的文字，在“开始”选项卡的“字体”组设置其字体为“黑体”，字号为“66”，字体颜色为“绿色，个性色 6”，字形为加粗，并设置文字阴影，如图 5-14 所示。

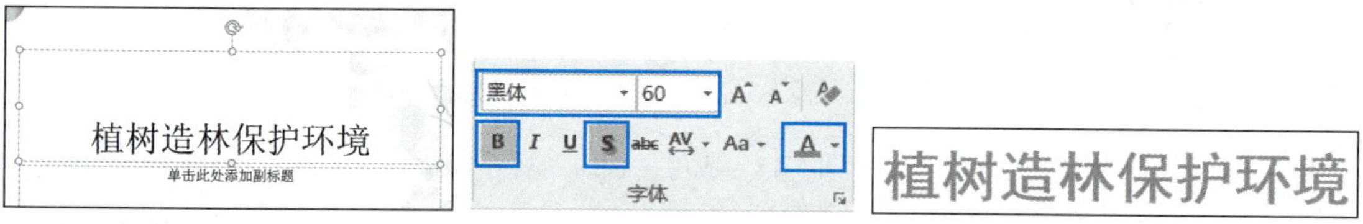

图 5-14　设置标题

提　示

幻灯片编辑区有一些带有虚线边框的编辑框，称为占位符。占位符用于指示可在其中输入标题文本（标题占位符，单击即可输入文本）、正文文本（文本占位符），或者插入图表、表格和图片（内容占位符）等对象。幻灯片版式不同，占位符的类型和位置也不同。

步骤 2▶ 在副标题占位符处单击并输入副标题文本“多一片绿色 多一片温馨”，然后在“字体”组设置其字符格式为黑体、40、“绿色，个性色 6”，字形为加粗，并设置文字阴影，如图 5-15 所示。

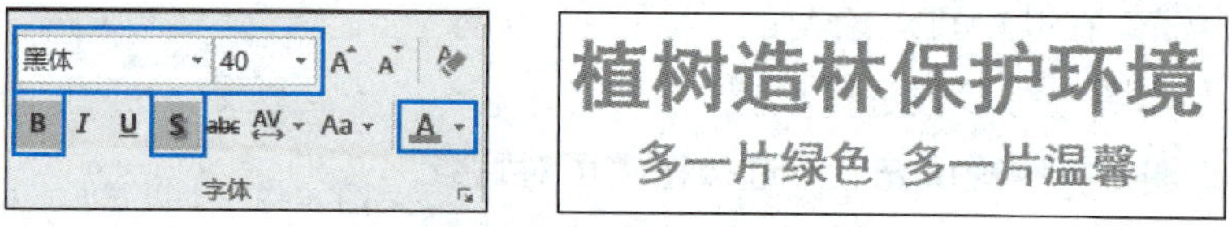

图 5-15　设置副标题

步骤 3▶ 单击“插入”选项卡“图像”组中的“图片”按钮，在打开的对话框中选择素材图片“项目五”>“任务一”>“植树”，将其插入到幻灯片中，然后放大至整个页面。

步骤 4▶ 选中图片并在其上方右击鼠标，在弹出的快捷菜单中选择“置于底层”选项，如图 5-16 所示，将图片置于底层，此时可看到下方的主标题和副标题文本重新显示出来。

图 5-16　选择“置于底层”选项

提　示

在幻灯片中插入、编辑、美化图形和图片等的方法，与在 Word 中类似，读者可自己完成相关操作。

步骤 5▶ 将主标题和副标题占位符的高度缩小，再移至幻灯片的左上位置。至此，第 1 张幻灯片制作完毕，效果如图 5-17 所示。

图 5-17　制作的第 1 张幻灯片

步骤 6▶ 默认情况下，新建演示文稿时只包含一张幻灯片，若演示文稿的内容需要由多张幻灯片表达，就需要添加新的幻灯片。单击“开始”选项卡“幻灯片”组“新建幻灯片”按钮下方的三角按钮，在展开的列表中选择“仅标题”选项，如图 5-18 所示，新建一张“仅标题”版式的幻灯片。

图 5-18　基于“仅标题”版式新建幻灯片

提　示

若选中幻灯片后单击“幻灯片”组中的“新建幻灯片”按钮，或按【Enter】键或【Ctrl+M】组合键，可在当前幻灯片的后面插入一张“标题和内容”版式的新幻灯片。

步骤 7▶　在第 2 张幻灯片中插入素材图片“项目五”>“任务一”>“植树 1”，将其放大至整个页面，然后将其置于底层，在标题占位符输入“目录”文本，设置字符格式为黑体、54、“绿色，个性色 6”，字形为加粗，并设置文字阴影，居中对齐，效果如图 5-19 所示。

提　示

在放大图片时可先取消图片的“锁定纵横比”。为此，可选中图片后在“图片工具/格式”选项卡的“大小”组单击右下角的对话框启动器按钮，打开“设置图片格式”窗格，在“大小”设置区取消“锁定纵横比”复选框，再设置其大小，如图 5-20 所示。

图 5-19　在第 2 张幻灯片中插入图片并输入文本

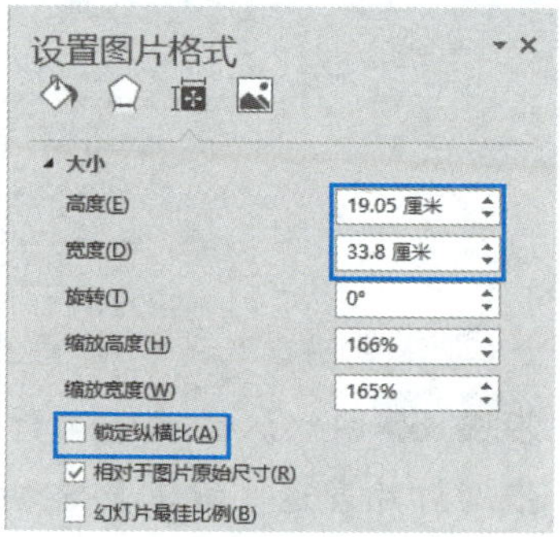

图 5-20　取消“锁定纵横比”复选框

步骤 8▶　除了可以利用占位符输入文本外，还可以使用“绘图”组“形状”列表中的“文本框”工具灵活地在幻灯片的任何位置输入文本。下面首先在幻灯片中绘制图形，然后利用文本框在图形上输入文本。

步骤 9▶　在“开始”选项卡“绘图”组的“形状”列表中选择“平行四边形”形状，在幻灯片中按下鼠标左键并拖动，在“目录”文本的下方绘制一个高度为 1.5 厘米、宽度为 2.5 厘米的平行四边形。在“绘图工具/格式”选项卡“形状样式”组的“形状轮廓”列表中选择“无轮廓”，在“形状填充”列表中选择“其他填充颜色”选项，在打开的“颜色”对话框中设置颜色的 RGB 值（118，173，56），参数和效果如图 5-21 所示。

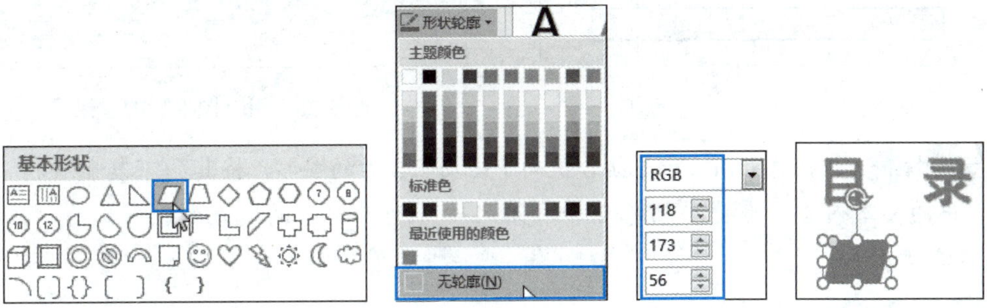

图 5-21　绘制平行四边形

提　示

选中形状后，在出现的“绘图工具/格式”选项卡的“大小”组中可精确设置对象的高度和宽度。

步骤 10▶　在“形状”列表中选择“文本框”形状，并在要插入文本框的位置按住鼠标左键不放并拖动绘制一个文本框，然后在其中输入文本“01”，设置其字体为华文中宋、38 号、白色，并将文本框移到平行四边形上，如图 5-22 所示。

步骤 11▶　在平行四边形的右侧绘制一个无填充、轮廓颜色与左侧平行四边形填充颜色相同，高度为 1.5 厘米，宽度为 11.7 厘米的平行四边形，如图 5-22 所示。

步骤 12▶　在绘制的平行四边形中利用文本框输入文本，并设置格式，参数和效果如图 5-23 所示。

图 5-22　绘制无填充颜色的平行四边形

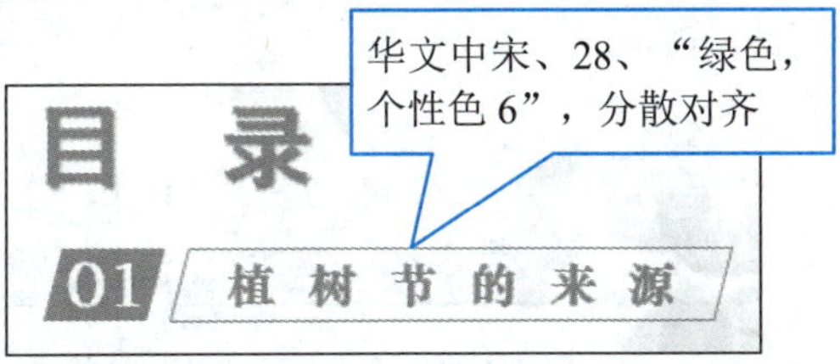

图 5-23　输入文本

步骤 13▶　将绘制的平行四边形和文本框组合。选中绘制的两组平行四边形和文本框，右击鼠标，在弹出的快捷菜单中选择“组合”>“组合”选项，如图 5-24 所示。或选中图形后单击“绘图工具/格式”选项卡“排列”组中的“组合”按钮，在展开的列表中选择“组合”选项，将选中的图形组合，方便整体复制整个图形，效果如图 5-25 所示。

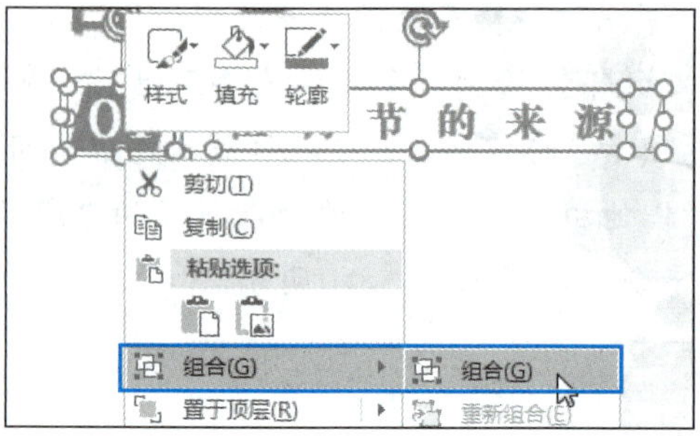

图 5-24　选择“组合”选项

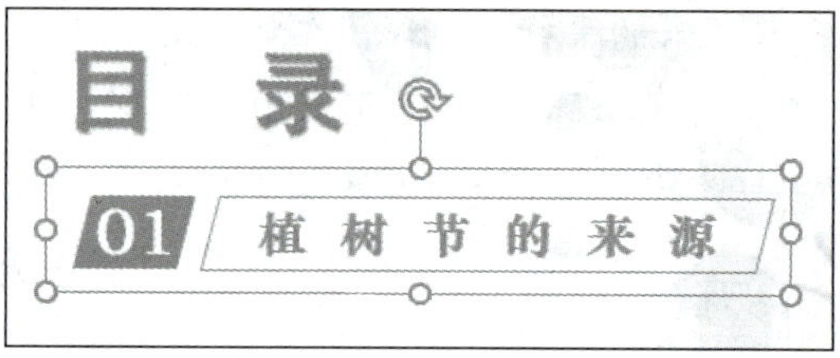

图 5-25　组合图形后的效果

步骤 14▶ 按住【Shift+Ctrl】组合键向下拖动组合后的图形，将其向下复制 3 份，然后修改其中的文本内容，再将左侧第 2 个和第 4 个平行四边形的填充颜色设置为“浅绿”，如图 5-26 所示。

提 示

选择左侧的两个平行四边形时，可单击“绘图工具/格式”选项卡“排列”组中的“选择窗格”按钮，打开“选择”窗格，在其中可看到幻灯片中的所有对象，如图 5-27 所示，再在窗格中选择所需对象，更改其填充颜色。

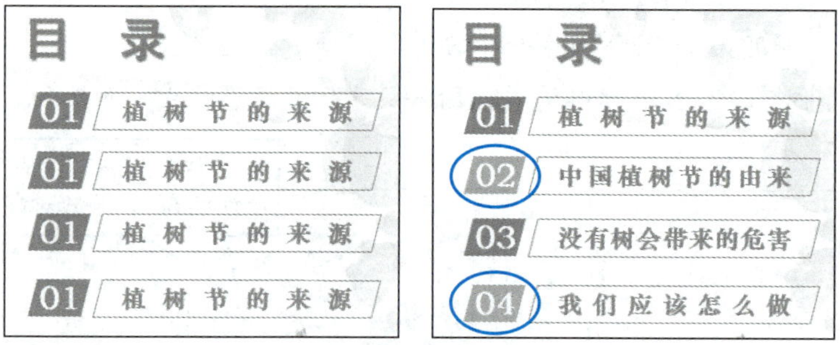

图 5-26　复制组合图形并修改文本内容

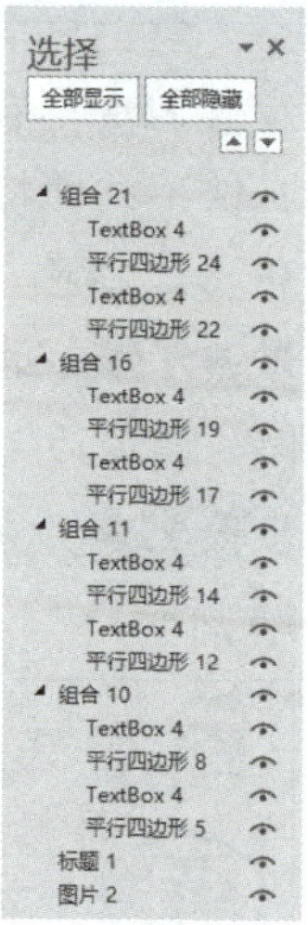

图 5-27　“选择”窗格

步骤 15▶ 选中所有组合图形，然后在“绘图工具/格式”选项卡“排列”组的“对齐”列表中分别选择“左对齐”和“纵向分布”选项，将 4 个组合图形左对齐并纵向平均分布。这样，“目录页”幻灯片也制作好了，如图 5-28 所示。

图 5-28　对齐组合图形

四、制作其他幻灯片

下面制作演示文稿的其他幻灯片，其中有些幻灯片可以通过复制粘贴得到。操作步骤如下。

步骤 1▶ 新建一张“空白”版式的幻灯片，然后利用文本框在其中输入文本并设置格式，参数和效果如图 5-29 所示。这样，第 3 张幻灯片就制作好了。

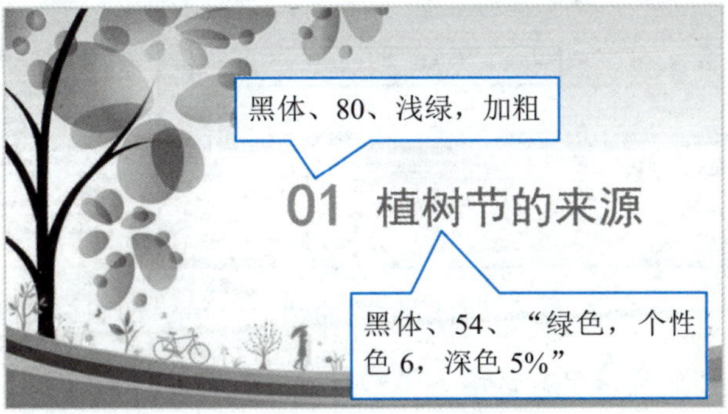

图 5-29　制作的第 3 张幻灯片

步骤 2▶ 新建一张“标题和内容”版式的幻灯片，在标题占位符处输入标题“01 植树节的来源”，设置其字符格式为黑体、浅绿，将占位符向左缩小。

步骤 3▶ 选择“形状”列表中的“直线”形状，按住【Shift】键的同时在标题占位符的右侧绘制一条直线，利用“绘图工具/格式”选项卡的“形状样式”组，设置直线的粗细为“3 磅”，线型为“圆点”，轮廓颜色为“绿色，个性色 6，深色 25%”，如图 5-30 所示。

步骤 4▶ 在标题下方的文本占位符中输入说明文本，单击“开始”选项卡“段落”组中的“项目符号”按钮 ，取消文本占位符中段落的项目符号格式。

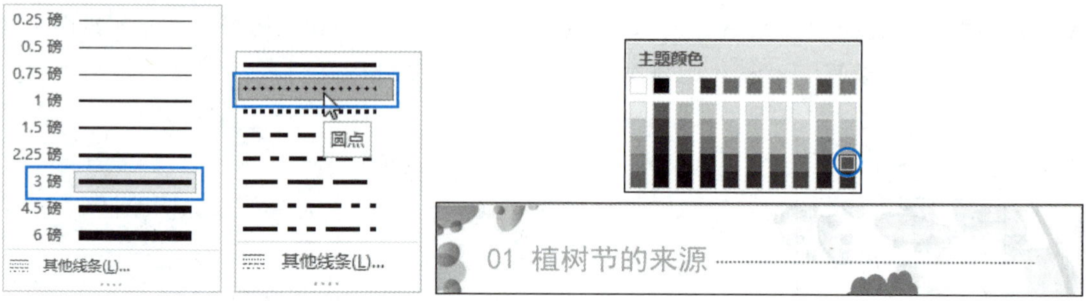

图 5-30　绘制圆点型直线

步骤 5▶ 在文本占位符的边缘单击，选中文本占位符，然后在“字体”组设置其字号为 20；单击“开始”选项卡“段落”组中的“行距”按钮，在展开的列表中选择“1.5”，将段落行距设置为 1.5 倍，如图 5-31 所示。

步骤 6▶ 在“行距”列表中选择“行距选项”，打开“段落”对话框，在“缩进”设置区的“特殊格式”下拉列表中选择“首行缩进”选项，如图 5-32 所示。单击“确定”按钮后向左缩小文本占位符，使文本居左，将右侧的背景图片显示。至此，第 4 张幻灯片制作完毕，效果如图 5-33 所示。

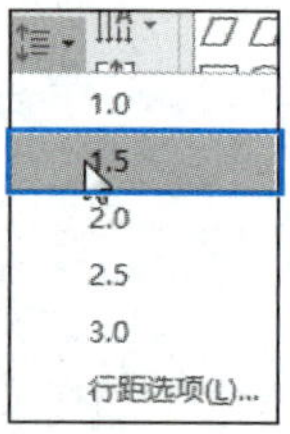

图 5-31　选择“1.5”

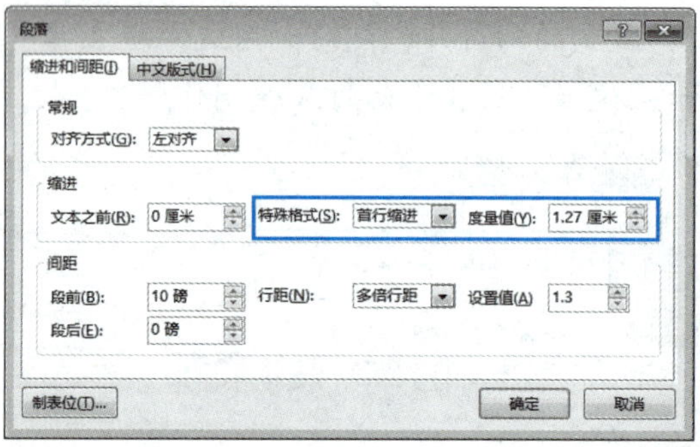

图 5-32　选择“首行缩进”选项

图 5-33　制作的第 4 张幻灯片

步骤 7▶ 在幻灯片窗格中右击第 3 张幻灯片，在弹出的快捷菜单中选择“复制”选项，如图 5-34 所示，或按【Ctrl+C】组合键，将第 3 张幻灯片复制。

提　示

> 若在右键菜单中选择“复制幻灯片”选项，则可在当前幻灯片后复制出一张幻灯片；若选择“删除幻灯片”选项，可将当前选择的幻灯片删除。

步骤 8▶ 在幻灯片窗格中第 4 张幻灯片的下方单击，然后按【Ctrl+V】组合键，将复制的幻灯片粘贴到该处，如图 5-35 所示。

步骤 9▶ 在复制得到的幻灯片中修改内容，得到第 5 张幻灯片，效果如图 5-36 所示。

图 5-34　复制幻灯片

图 5-35　粘贴幻灯片

步骤 10▶ 在幻灯片窗格中选中第 4 张幻灯片，然后按住【Ctrl】键将其拖动到第 5 张幻灯片的下方，以复制选中的幻灯片，然后修改标题和文本占位符中的内容，并调整标题右侧直线的长度，得到第 6 张幻灯片，效果如图 5-37 所示。

图 5-36　制作的第 5 张幻灯片

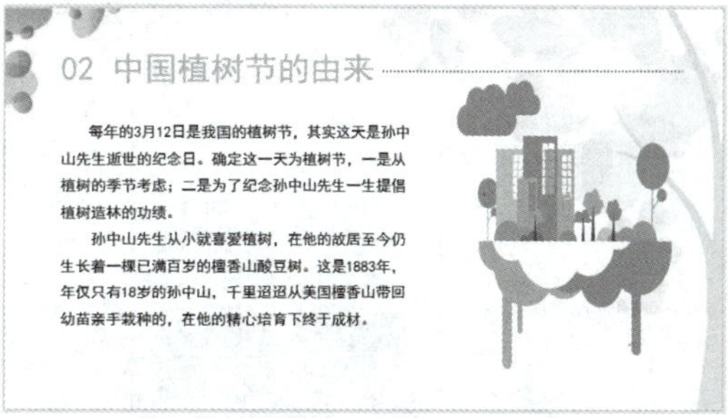

图 5-37　制作的第 6 张幻灯片

步骤 11▶ 新建一张“仅标题”版式的幻灯片，删除标题占位符后，将第 6 张的标题文本和直线复制到第 7 张幻灯片中，然后修改标题内容。

步骤 12▶ 在“形状”列表中选择“对角圆角矩形”，然后在幻灯片中绘制 1 个高度为 6.1 厘米，宽度为 7.6 厘米的对角圆角矩形，填充颜色和轮廓颜色的 RGB 值均为（162，202，12），参数和效果如图 5-38 所示。

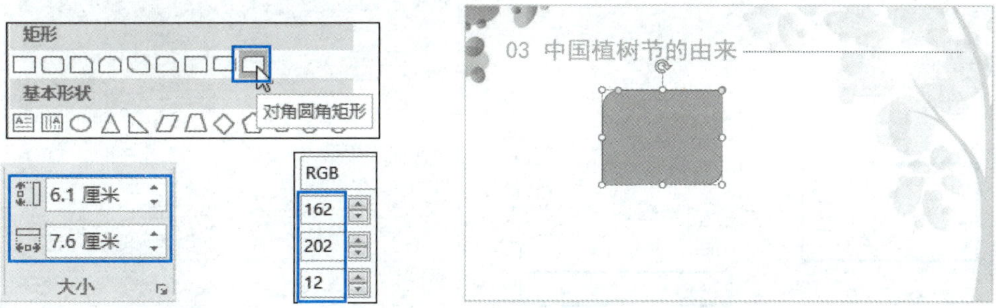

图 5-38　绘制对角圆角矩形

步骤 13▶ 按住【Shift+Ctrl】键向右拖动绘制的对角圆角矩形，将其复制一份，填充颜色和轮廓颜色的 RGB 值改为（118，173，56）。选中复制的图形，然后在“排列”组的“旋转”列表中选择“水平翻转”选项，将复制的图形水平翻转，如图 5-39 所示。

图 5-39　水平复制图形

步骤 14▶ 选中两个对角圆角矩形，然后按住【Shift+Ctrl】键向下拖动，复制一份。利用“格式刷”工具使复制后的图形的填充颜色与其对角线上的颜色相同，再同时选中复制后的图形，在“旋转”列表中选择“水平翻转”选项，将复制的两个图形同时水平翻转，如图 5-40 所示，得到颜色交叉的两组对角圆角矩形。

图 5-40　复制图形并水平翻转

步骤 15▶ 在“形状”列表中选择“椭圆”形状，然后按住【Shift】键并拖动，绘制一个大小为 5.5 厘米的圆形，设置其填充颜色为“白色，背景 1”，透明度为 37%，将其移到 4 个对角圆角矩形的中间，如图 5-41 所示。

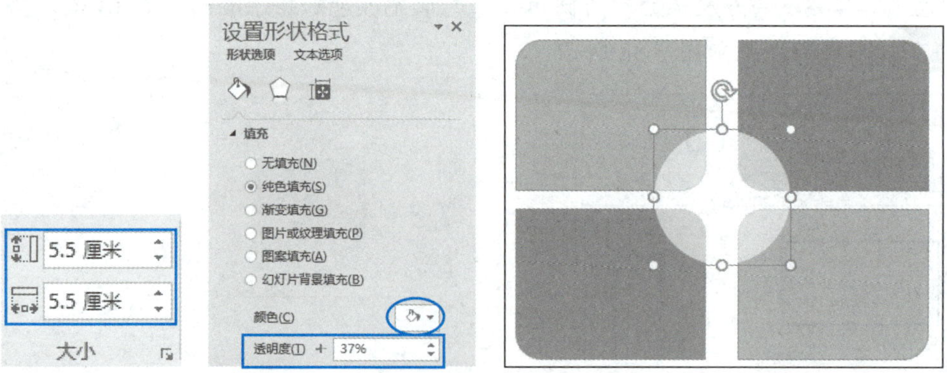

图 5-41　绘制圆形

步骤 16▶ 利用文本框在 4 个对角圆角矩形的左侧或右侧、圆形中输入说明文本，再将素材图片"项目五">"任务一">"杯"插入，放置在圆形上，将圆形、杯和"危害"文本框组合。至此，第 8 张幻灯片制作完毕，如图 5-42 所示。

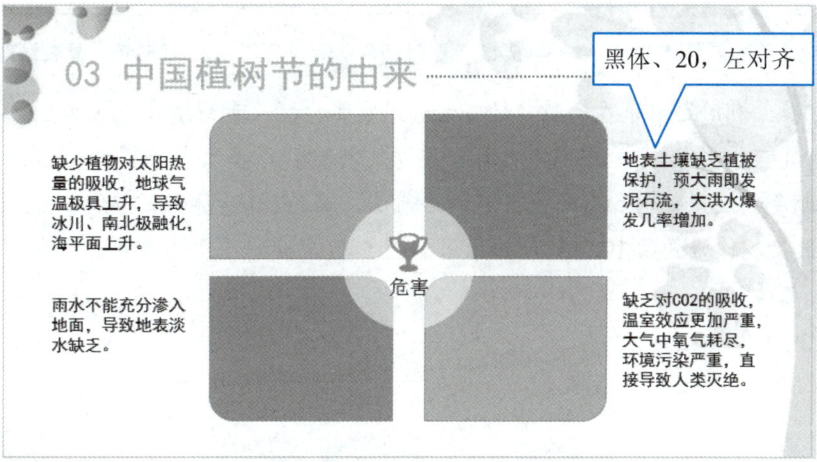

图 5-42　制作的第 8 张幻灯片

步骤 17▶ 利用复制幻灯片的方法制作第 9 张和第 11 张幻灯片，如图 5-43 所示。

图 5-43　制作的第 9 张和第 11 张幻灯片

步骤 18▶ 这里着重介绍第 10 张幻灯片的制作方法。同样地，复制第 8 张幻灯片作为第 10 张幻灯片，然后修改标题文本，再将下方的图形和文本框等删除。

步骤 19▶ 绘制一个大小为 4.5 厘米的圆形，填充颜色和轮廓颜色的 RGB 值均为（118，173，56），利用文本框在其上输入文本"从"，设置其字符格式为黑体、60、白色，将其与圆形组合，如图 5-44 所示。

步骤 20▶ 将组合图片向右复制一份，修改其填充颜色、轮廓颜色均为"浅绿"，文本内容为"我"，如图 5-45 所示。再将这两组图形向右复制一份，修改文本内容，将 4 组图形移至幻灯片的中上位置，如图 5-46 所示。

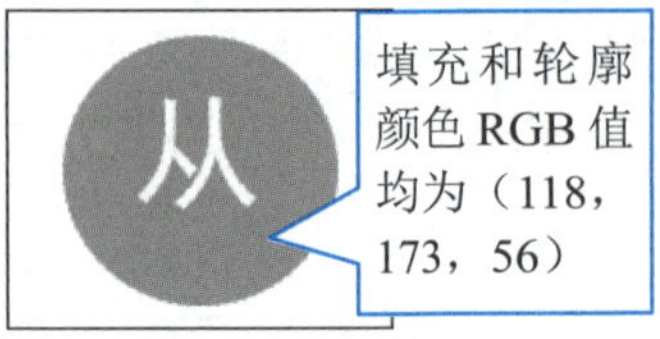

图 5-44　绘制圆形和文本框

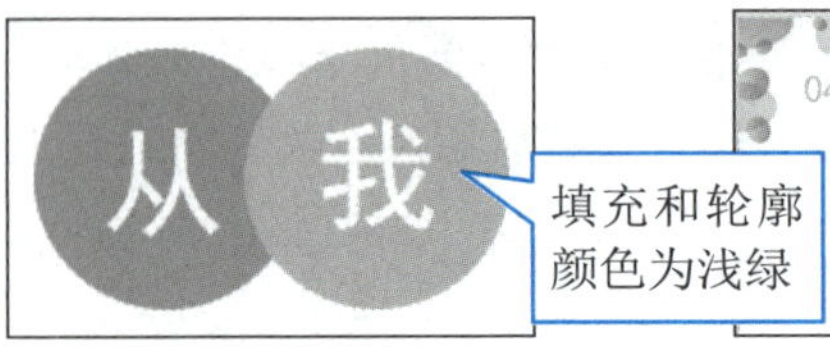

图 5-45　复制组合图形

图 5-46　复制两组组合图形

步骤 21▶ 利用文本框在幻灯片的下方输入文本，插入素材图片“项目五” > “任务一” > “人物头像”（可以先绘制一组，其他的可通过复制粘贴、修改内容得到）；在文本框的下方绘制无填充颜色的圆角矩形和有填充颜色的右箭头，其轮廓颜色和填充颜色与上方圆形的填充颜色保持一致，制作好的第 10 张幻灯片效果如图 5-47 所示。

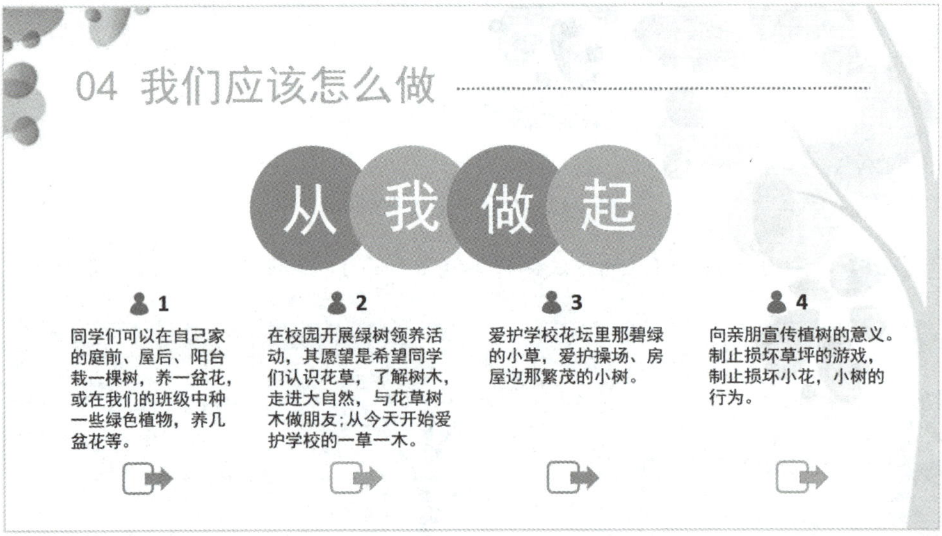

图 5-47　制作的第 10 张幻灯片

【高手秘籍】

1．如何让自己制作的 PPT 更加出色

（1）文字要精炼：过多的文字让观众找不着重点。

（2）逻辑关系要清晰：框架结构要清晰，重点要突出。

（3）注重画面设计感：PPT 画面要赏心悦目。

（4）适当使用动画效果：动画可让演示更加生动形象。

（5）前期策划：前期策划要细致，才能制作出优秀的 PPT。

（6）注意整体质感统一：重视 PPT 整体的协调性，如整体的色调，整个 PPT 的质感等。

2. 如何使用标尺、网格和参考线对齐元素

在制作或编辑幻灯片时，用户可以打开标尺、网格或参考线来帮助对齐元素，只需在“视图”选项卡的“显示”组中选中“标尺”“网格线”和“参考线”复选框即可，如图 5-48 所示。此外，还可以在“网格和参考线”对话框中设置这些选项的具体参数，参考线可以用鼠标左键进行拖动定位。

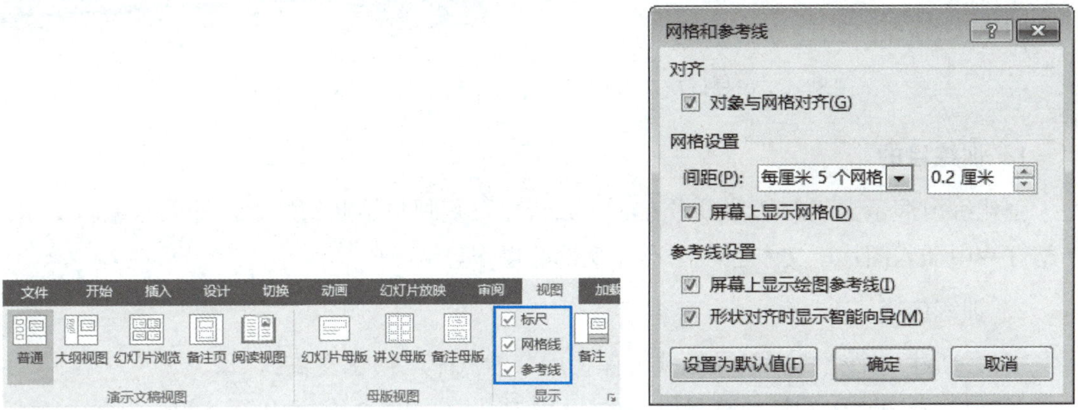

图 5-48 显示标尺、网格和参考线

【拓展训练】——制作倡导低碳环保使用节能汽车演示文稿

利用前面所学知识，制作如图 5-49 所示的倡导低碳环保使用节能汽车 PPT。

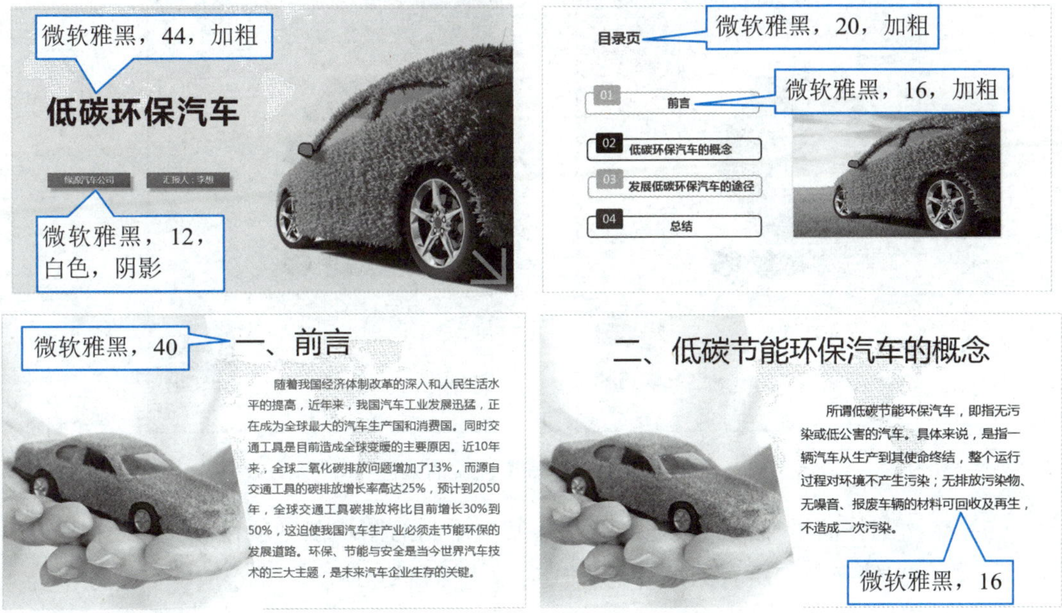

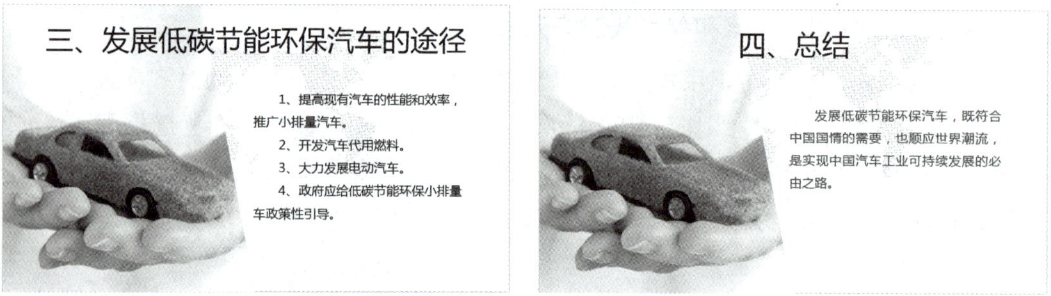

图 5-49　倡导低碳环保使用节能汽车演示文稿（部分）效果

1. 训练目的

强化练习演示文稿的基本操作方法，如新建、复制与粘贴幻灯片，输入与编辑文本，在幻灯片中插入图片、文本框、图形并编辑等操作。

2. 训练内容

（1）新建一个空白“倡导低碳环保使用节能汽车”演示文稿。

（2）设置第 1 张幻灯片背景颜色的 RGB 值为（248，248，248）。

（3）在其中插入素材图片“底图”“箭头”和“汽车”，置于底层，然后输入标题文本并设置格式。

（4）利用矩形和文本框制作标题下方的文本。其中矩形利用深绿线性渐变填充，角度为 45°，两个光圈的颜色如图 5-50 所示。

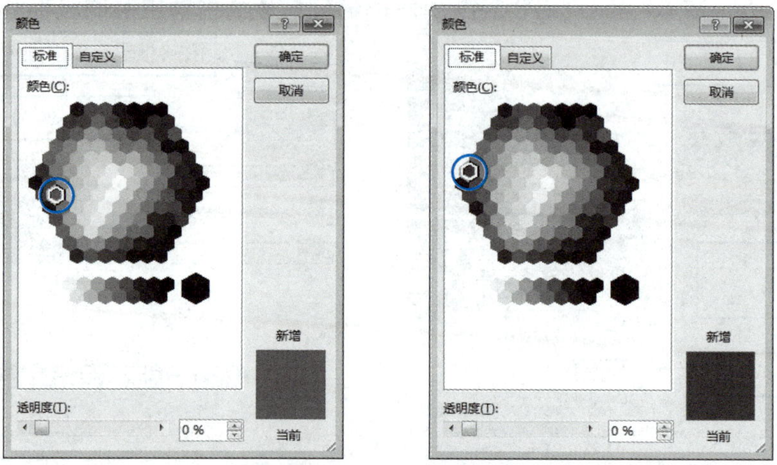

图 5-50　两个渐变光圈的颜色

（5）依次制作演示文稿的其他幻灯片，其中用到的图片在“项目五”>“任务一”>“拓展”素材文件夹中，所有幻灯片的版式均为“标题幻灯片”。

任务二　制作校园防火安全知识讲座 PPT
——在幻灯片中插入各种对象

【任务背景】

校园是人员密集型场所，面对火灾时，大学生应对能力又相对薄弱，一旦发生火灾，危害十分严重。因此必须提高师生的防火安全意识，了解火灾发生的主要原因，并掌握基本的灭火常识和安全逃生知识。

通过开展校园防火安全知识讲座，可以普及防火安全知识，提高学生的消防安全意识和自救互救能力，杜绝各类火灾隐患。

【分析任务】

本任务的主要工作是制作一份校园防火安全知识讲座演示文稿，通过该任务让读者了解在幻灯片中插入、编辑与美化形状、图片、艺术字和图表，以及插入并编辑声音文件的方法。任务完成效果如图 5-51 所示。

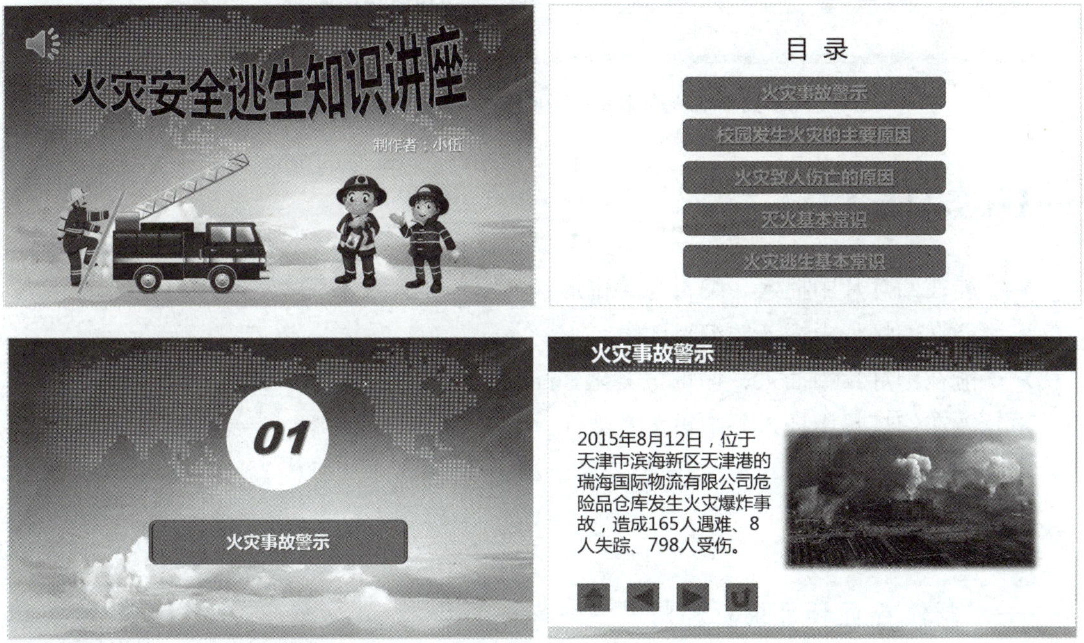

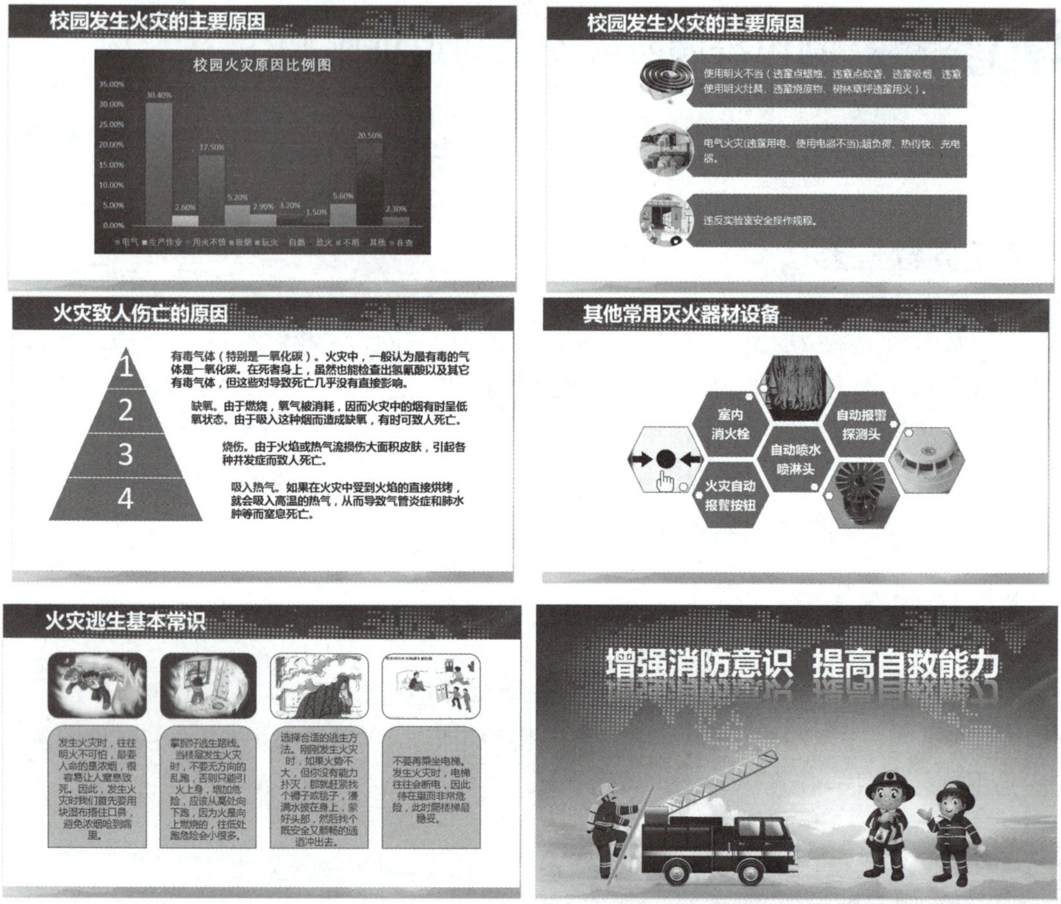

图 5-51 防火安全知识讲座演示文稿（部分）效果

【任务目标】

- 能在幻灯片中插入、编辑与美化形状、图片和艺术字。
- 能在幻灯片中插入并编辑图表。
- 能在幻灯片中插入、编辑与美化 SmartArt 图形。
- 能在幻灯片中插入并编辑声音文件。

【任务实施】

一、制作首页和目录页幻灯片

操作步骤如下。

步骤 1▶ 打开本书配套素材“项目五”＞“任务二”＞“防火安全知识讲座（模板）”演示文稿文件。

步骤 2▶ 在标题占位符中输入标题文本“防火安全知识讲座”。输入标题文本后选中标题占位符，然后单击“绘图工具/格式”选项卡“艺术字样式”组中的“其他”按钮，在展开的列表中选择一种艺术字样式，如图 5-52 所示。

步骤 3▶ 单击“艺术字样式”组“文本效果”按钮右侧的三角按钮，在展开的列表中选择“转换”＞“左牛角形”选项，如图 5-53 所示。

图 5-52　选择艺术字样式

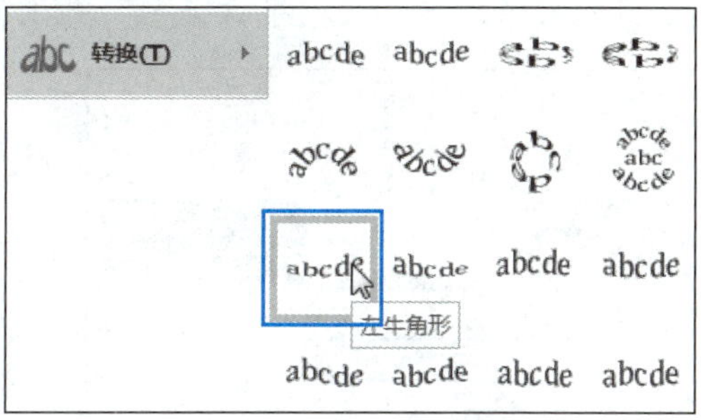

图 5-53　选择文本效果

步骤 4▶ 在副标题占位符中输入制作者名称，设置其字体为微软雅黑，字号为 20，白色，右对齐，将占位符缩小，完成第 1 张幻灯片的制作，效果如图 5-54 所示。

图 5-54　制作好的第 1 张幻灯片

步骤 5▶ 新建一张“仅标题版式”的幻灯片，然后在标题占位符中输入文本，单击“开始”选项卡“绘图”组中的“形状”按钮，在弹出的列表中选择“圆角矩形”工具，在标题的下方的中部位置绘制一个高度为 1.5 厘米，宽度为 12.5 厘米的圆角矩形，如图 5-55 所示。

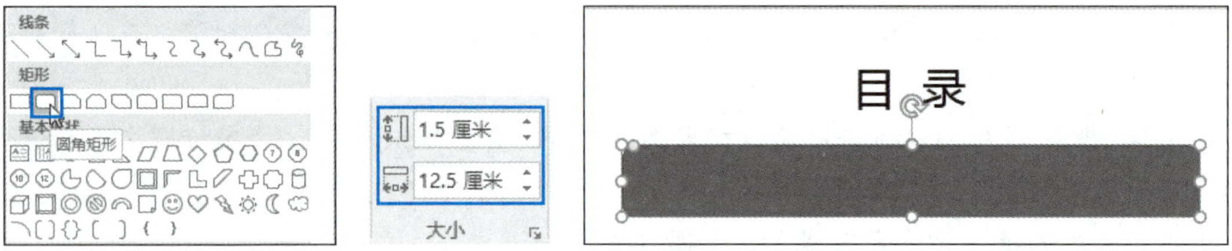

图 5-55　绘制圆角矩形

步骤 6▶ 选中圆角矩形并在其上方右击鼠标，在弹出的快捷菜单中选择“编辑文字”选项，然后输入目录文本“火灾事故警示”并设置其格式，如图 5-56 所示。

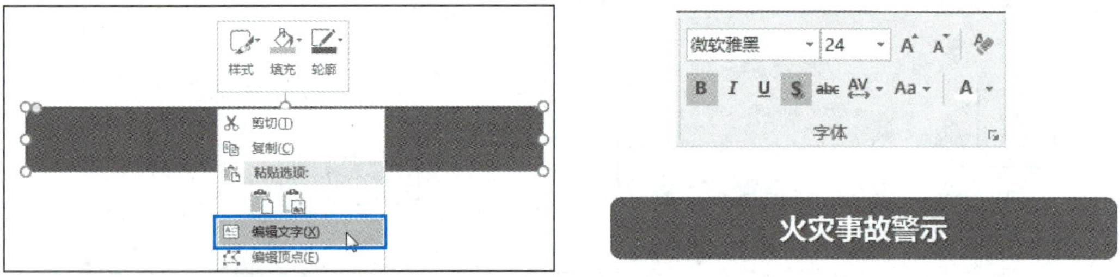

图 5-56　输入目录文本并设置其格式

步骤 7▶ 选中圆角矩形，按住【Ctrl】键向下拖动鼠标，复制出一个圆角矩形；然后用同样的方法，再复制出 3 个圆角矩形，效果如图 5-57 所示。

步骤 8▶ 将复制所得圆角矩形中的文本进行相应的修改，效果如图 5-58 所示。

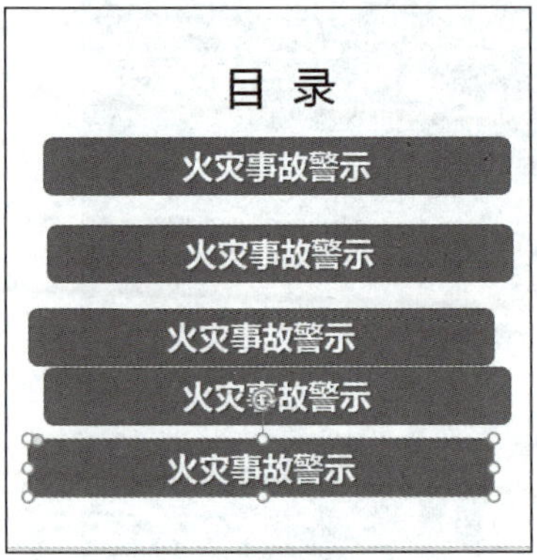

图 5-57　复制图形

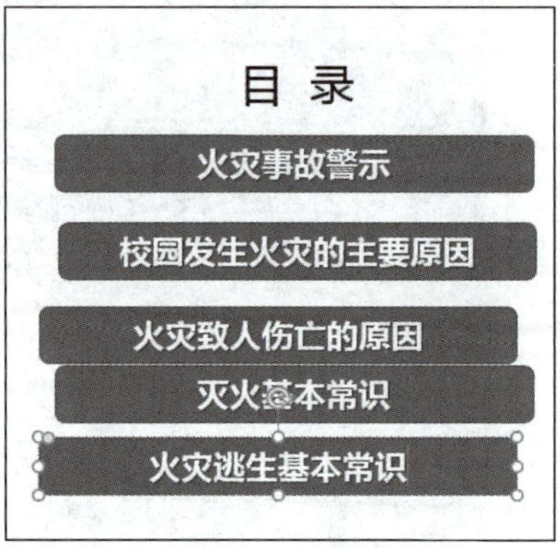

图 5-58　修改文本

步骤 9▶ 选中所有圆角矩形，然后单击“绘图工具/格式”选项卡“排列”组中的“对齐”按钮，在展开的列表中分别选择“左对齐”和“纵向分布”选项，如图 5-59 所示，将圆角矩形排列整齐。

步骤 10▶ 保持所有圆角矩形的选中状态，然后按键盘上的方向键，使图形上方的旋转控制点位于“目录”文本的中间位置，效果如图 5-60 所示。

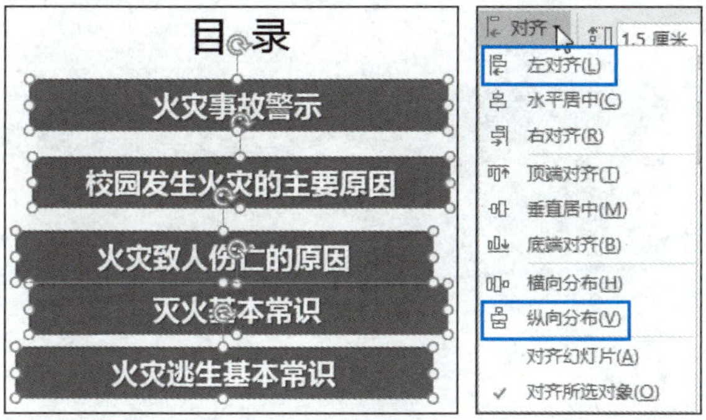

图 5-59　对齐图形

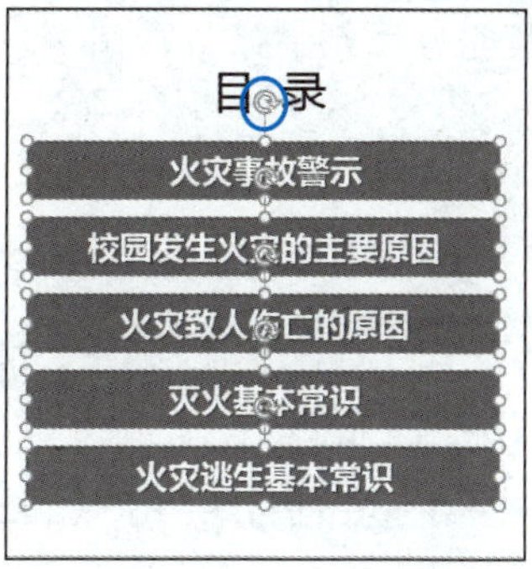

图 5-60　将图形与“目录”文本对齐

提　示

在复制形状的过程中，如果按住【Shift+Ctrl】组合键并拖动，可水平或垂直复制形状，即得到的形状副本的位置可与选中的形状在水平和垂直方向上保持一致，这样可以省去对形状进行左右对齐的操作，只需对其进行平均分布。

二、制作其他幻灯片

下面利用占位符和文本框在其他幻灯片中输入文本，或在演示文稿中加入与主题有关的图片、形状、艺术字和 SmartArt 图形，使演示文稿更加生动形象，更加具有吸引力。

1．制作“火灾事故警示”幻灯片

操作步骤如下。

步骤 1▶　新建一张“空白”版式的幻灯片，选择“形状”列表中的“椭圆”工具，按住【Shift】键的同时拖动鼠标，在幻灯片中绘制一个大小为 5 厘米的圆形，设置其边框线为无，填充颜色为白色，并调整其位置，效果如图 5-61 所示。

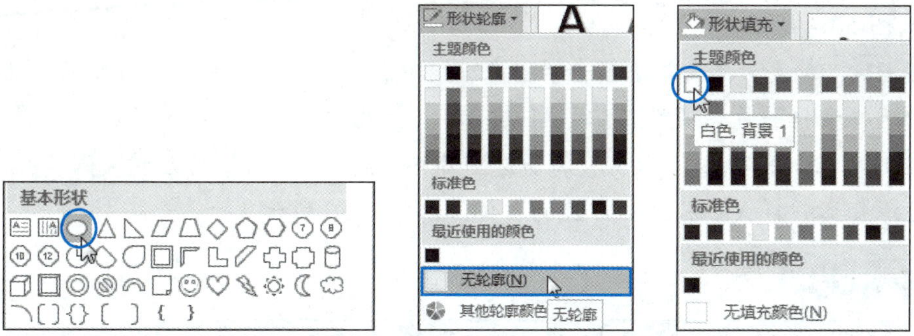

图 5-61　绘制圆形并设置其轮廓和填充

步骤 2▶　在圆形中输入文本“01”，并设置文本的字体为 Arial Black，字号为 60，字体颜色为红色，倾斜，阴影，如图 5-62 所示。

图 5-62　在圆形中输入文本并设置格式

步骤 3▶ 将目录页中的第 1 条内容复制粘贴到圆形的下方，然后适当调整其高度，单击“绘图工具/格式”选项卡“形状样式”组中的“形状效果”按钮，在弹出的列表中选中“棱台”>“斜面”效果，如图 5-63 所示。

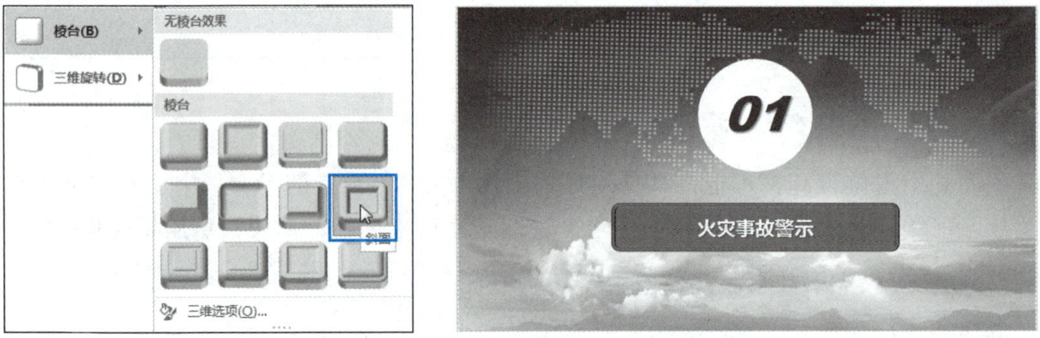

图 5-63　为复制的形状应用“斜面”效果

步骤 4▶ 新建一张“标题和内容”版式的幻灯片，选择“形状”列表中的“文本框”形状，在幻灯片的左侧绘制一个文本框并在其中输入文本，设置文本的格式为微软雅黑、24 号，如图 5-64 所示。

步骤 5▶ 单击“插入”选项卡“图像”组中的“图片”按钮，在打开的“插入图片”对话框中选择素材图片“项目五”>“任务二”>“天津”，如图 5-65 所示。

步骤 6▶ 单击“插入”按钮，将所选图片插入到幻灯片中，然后放大图片并为其应用“柔化边缘矩形”样式，移到幻灯片的右侧，如图 5-66 所示。

提　示

在幻灯片中插入图片后，用户可以利用与编辑形状相同的方法对图片进行各种编辑操作，如选择、移动、缩放、复制、旋转、叠放、组合、对齐、裁剪等。

图 5-64　插入文本框并输入文本

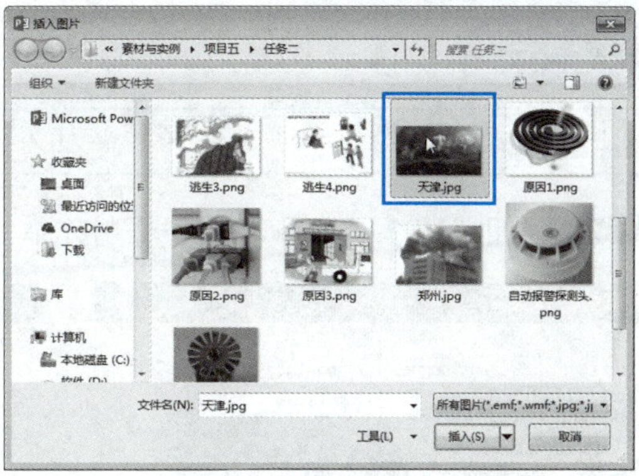

图 5-65　选择要插入的图片

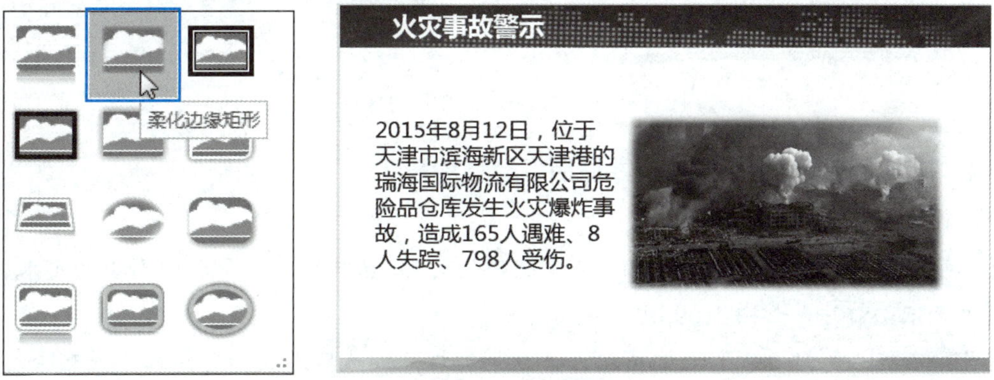

图 5-66　为图片应用样式

步骤 7▶　在“幻灯片”窗格中右击第 4 张幻灯片，在弹出的快捷菜单中选择“复制幻灯片”选项，复制第 4 张幻灯片作为第 5 张幻灯片。

步骤 8▶　对文本框中的案例内容进行修改，然后右击图片，在弹出的快捷菜单中选择“更改图片”选项，打开“插入图片”窗口，单击“浏览”按钮，在打开的“插入图片”对话框中选择素材图片“清华”，将其插入，然后调整图片与文本框的左右位置，如图 5-67 所示。

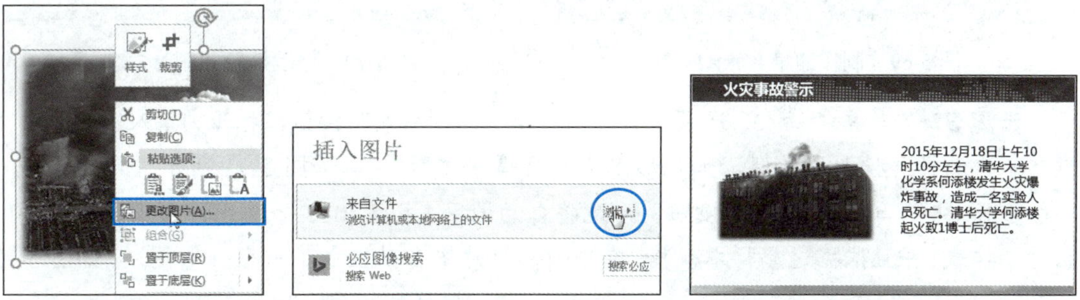

图 5-67　复制幻灯片并制作第 5 张幻灯片

提　示

利用“更改图片”的方法可以保持新插入的图片的格式不变。

步骤 9▶　用步骤 7 和步骤 8 的方法制作第 6、第 7 张幻灯片，效果如图 5-68 所示。

图 5-68　第 6、第 7 张幻灯片

2. 制作“校园发生火灾的主要原因”幻灯片

操作步骤如下。

步骤 1▶　复制第 3 张幻灯片作为第 8 张幻灯片，然后修改序号和图形中的文本内容，得到第 8 张幻灯片，如图 5-69 所示。

步骤 2▶　复制第 7 张幻灯片作为第 9 张幻灯片，然后修改标题内容，并删除幻灯片中的文本框和图片，如图 5-70 所示。

图 5-69　制作的第 8 张幻灯片

图 5-70　修改标题并删除内容

步骤 3▶　单击“插入”选项卡“插图”组中的“图表”按钮，打开“插入图表”对话框，从中选择一种图表类型，如柱形图中的“簇状柱形图”，如图 5-71 所示。

步骤 4▶　单击“确定”按钮，系统将自动调用 Excel 2016 并打开一个预设有表格内容的工作表，并且依据这套样本数据，在当前幻灯片中自动生成了一个柱形图表，如图 5-72 所示。

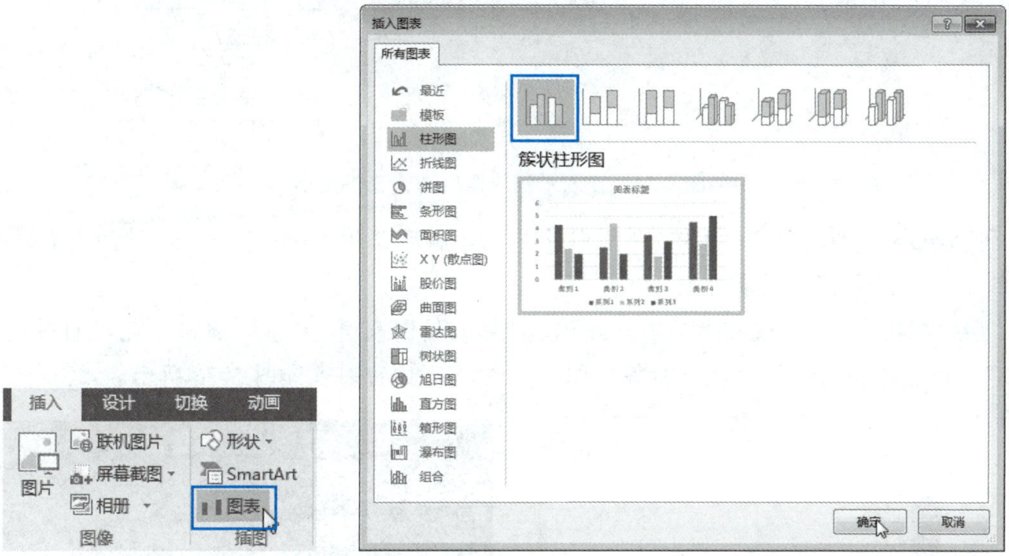

图 5-71　选择图表类型

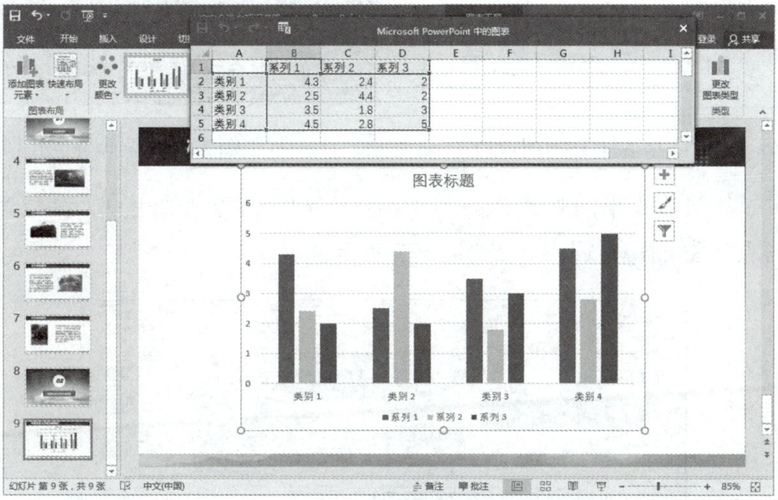

图 5-72　插入样本图表

步骤 5▶　对照图 5-73，依次在数据表的各单元格中单击，对图表数据表中的列标题进行更改，再在各列标题的下方对数据进行修改，将不需要的数据删除，然后将鼠标指针移到表格右下角，待鼠标指针变成双向箭头形状后向上拖动，如图 5-74 所示。

电气	生产作业	用火不慎	吸烟	玩火	自燃	放火	不明	其他	在查
30.40%	2.60%	17.50%	5.20%	2.90%	3.20%	1.50%	5.60%	20.50%	2.30%

图 5-73　示例数据

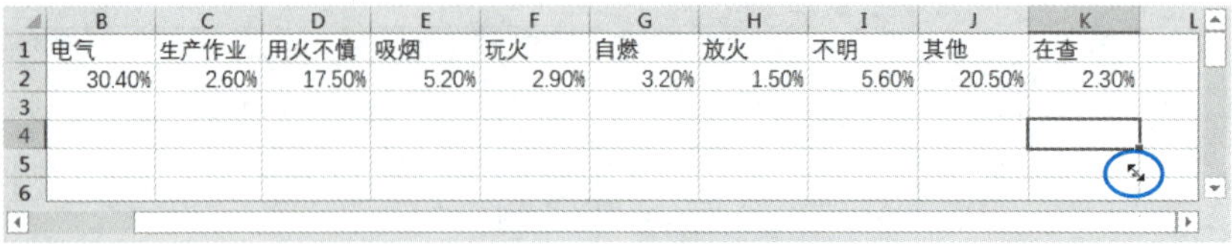

图 5-74　输入示例数据后调整表格大小

步骤 6▶ 到单元格“2.30%”时停止拖动，然后关闭 Excel 表格，此时的图表效果如图 5-75 所示，再输入图表标题。

步骤 7▶ 根据 Excel 中的图表知识，对插入的图表进行编辑，如套用系统自带的“样式 8”，然后为图表添加“数据标签”图表元素，此时的图表如图 5-76 所示。

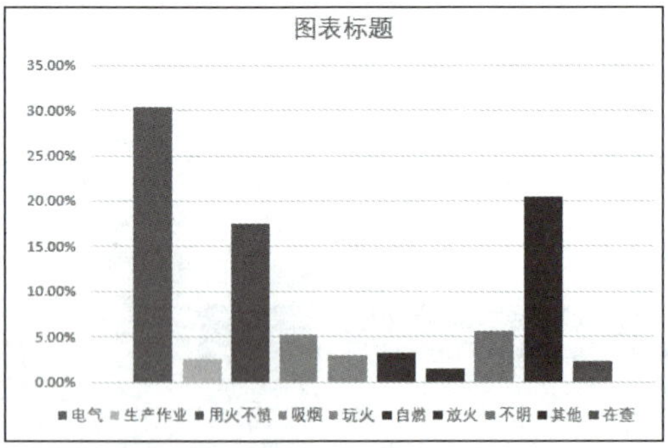

图 5-75　更改表格大小后的图表

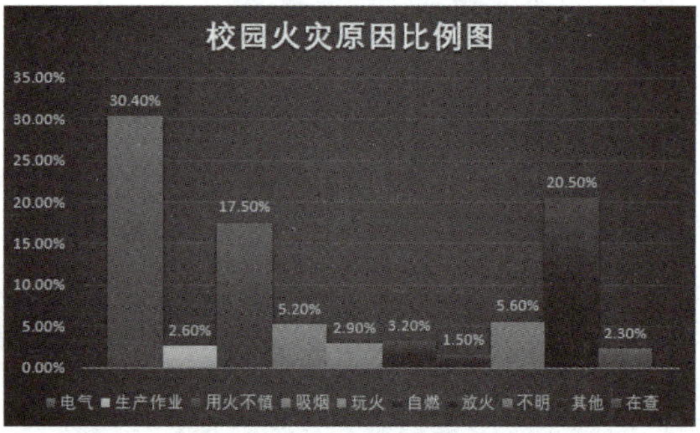

图 5-76　编辑并美化图表

步骤 8▶ 复制第 9 张幻灯片作为第 10 张幻灯片，然后删除图片，在幻灯片中插入“垂直图片重点列表”SmartArt 图形，如图 5-77 所示。

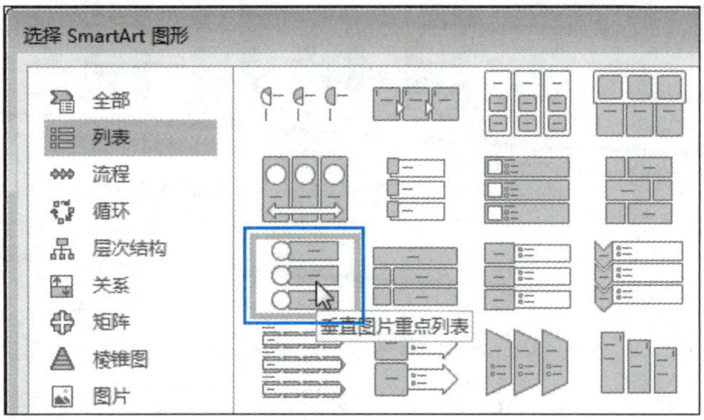

图 5-77　选择 SmartArt 图形

步骤 9▶ 利用在 Word 2016 部分所学知识，分别在右侧的“文本”占位符中输入所需文本，然后单击左侧的“图片”按钮，分别将素材文件夹中的相应图片插入其中，再调整整个图形的大小，使其效果大致如图 5-78 所示。至此，第 10 张幻灯片制作完毕。

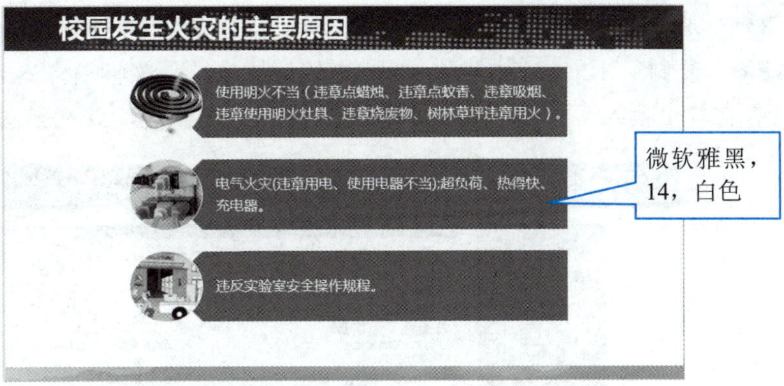

图 5-78　插入 SmartArt 图形并输入文本、插入图片

3．制作“火灾致人伤亡的原因”幻灯片

操作步骤如下。

步骤 1▶ 复制第 8 张幻灯片作为第 11 张幻灯片，然后修改序号和图形中的文本内容，得到第 11 张幻灯片。

步骤 2▶ 复制第 10 张幻灯片作为第 12 张幻灯片，修改标题文本后删除 SmartArt 图形，再在幻灯片中插入“基本棱锥图”SmartArt 图形，在占位符输入文本，再添加一个形状后输入文本，然后设置文本的字体颜色为白色，将图形缩放后移到幻灯片的左侧，如图 5-79 所示。

步骤 3▶ 利用文本框在图形的右侧分别对应各数字输入文本并设置其格式（微软雅黑、16 号，其中要突出显示的内容可设置为不同的字体颜色，如红色），各文本框右对齐并纵向分布，如图 5-80 所示。

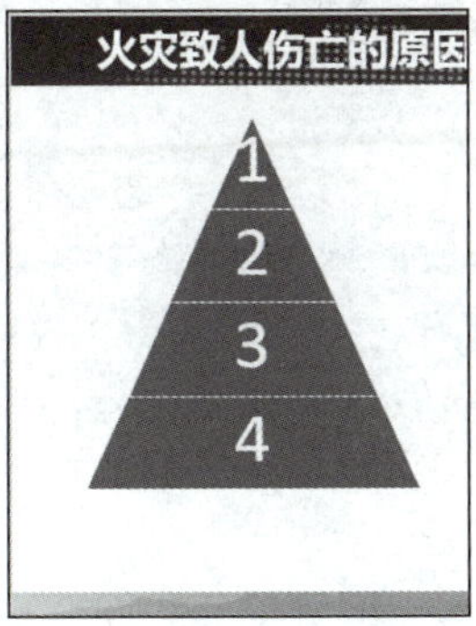

图 5-79　插入“基本棱锥图”

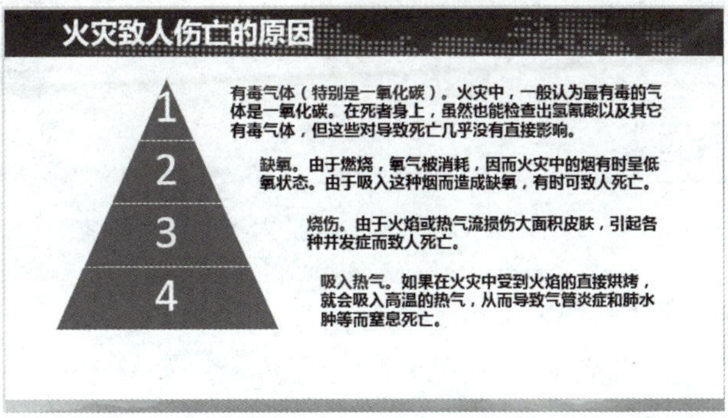

图 5-80　利用文本框输入文本

4．制作“火灾基本常识”幻灯片

操作步骤如下。

步骤 1▶ 采用前面制作序号幻灯片的方法制作第 13 张幻灯片。

步骤 2▶ 复制第 12 张幻灯片作为第 14 张幻灯片，更改标题文本为“灭火器的使用方法”，然后在其中插入素材图片，并调整图片的大小和位置，效果如图 5-81 所示。

图 5-81 插入素材图片

步骤 3▶ 复制第 14 张幻灯片作为第 15 张幻灯片，删除图片后插入“六边形群集”SmartArt 图形，然后在其中输入文本，插入图片，添加形状等，效果如图 5-82 所示。

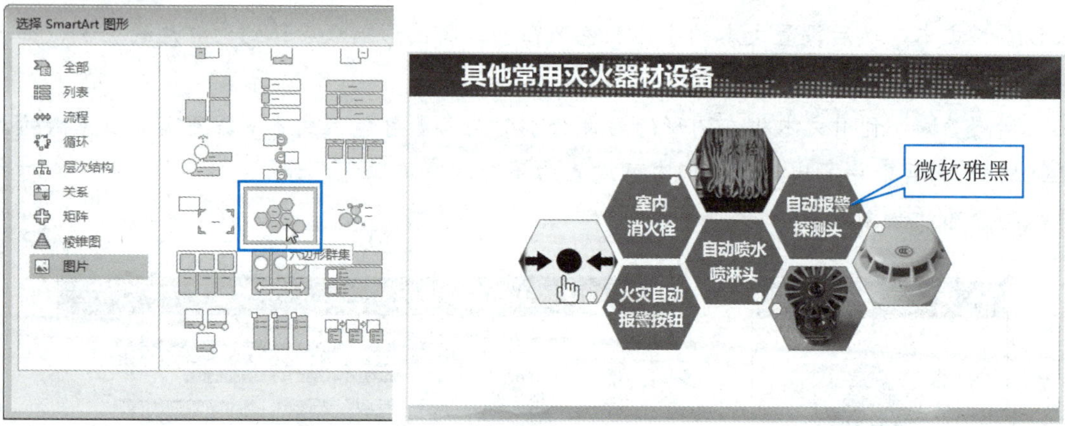

图 5-82 插入“六边形群集”SmartArt 图形

5. 制作其他幻灯片

操作步骤如下。

步骤 1▶ 用复制粘贴法制作演示文稿的其他幻灯片。

步骤 2▶ 其中在第 17 张幻灯片中绘制一个大小为 3.2 厘米和 4.8 厘米的圆角矩形并用素材图片填充，然后复制出 3 个圆角矩形，在右键菜单中选择“填充”>“图片”选项，利用素材图片更改现有的图片，效果如图 5-83 所示。

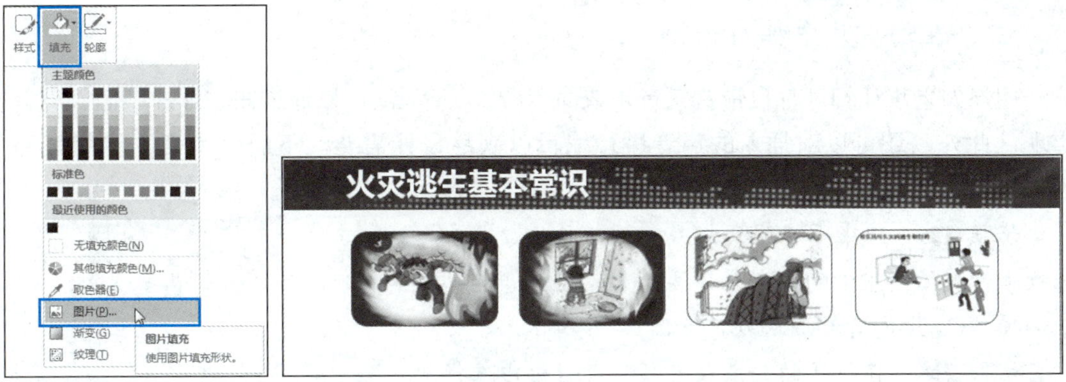

图 5-83　绘制圆角矩形并用图片填充

步骤 3▶　在图片的下方绘制大小为 6 厘米和 4.8 厘米的“同侧圆角矩形”，然后在其中输入图片说明文本，并用橙色填充。可利用复制粘贴方法得到其他图片的说明文本，效果如图 5-84 所示。

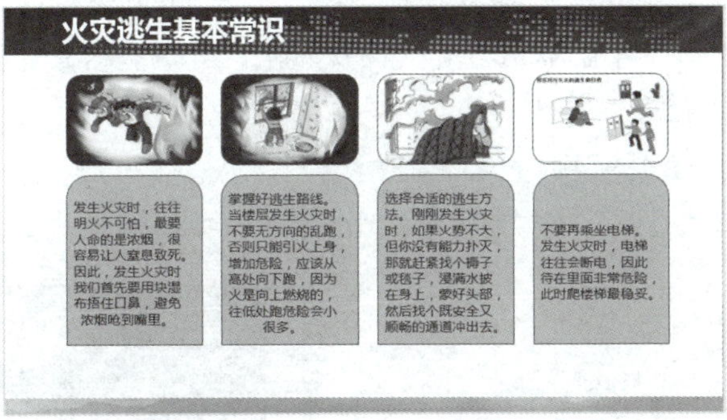

图 5-84　利用图形输入图片说明文本

步骤 4▶　用类似的方法制作演示文稿的最后两张幻灯片，效果如图 5-85 所示。其中在第 18 张幻灯片中插入图片，在第 19 张幻灯片中输入标题文本后设置字体颜色为白色，并应用“全映像，8pt 偏移量”文本映像效果，将标题占位符上移，并删除副标题占位符。

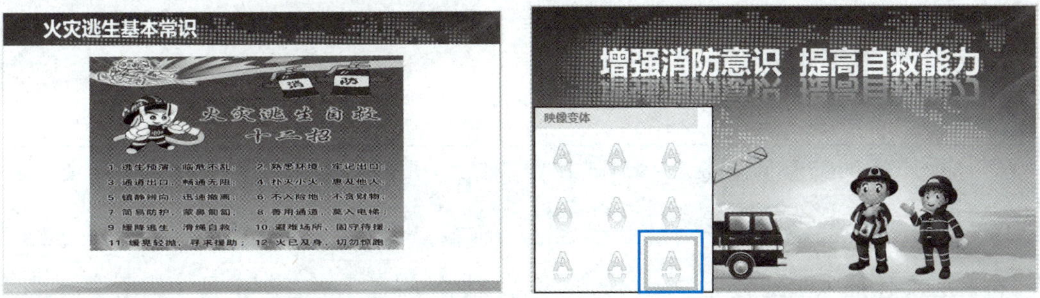

图 5-85　最后两张幻灯片

三、在幻灯片中插入音频

用户如果想让幻灯片自带背景音乐或演示解说等声音，可以通过在幻灯片中插入声音来实现。此外，还可以对插入的声音进行编辑以满足设计需要。下面以在第 1 张幻灯片中插入音频为例进行介绍，操作步骤如下。

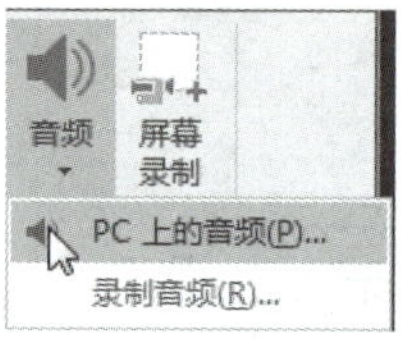

图 5-86　选择“PC 上的音频”选项

步骤 1▶ 选中第 1 张幻灯片，然后单击“插入”选项卡“媒体”组中的“音频”按钮，在展开的列表中选择“PC 上的音频”选项，如图 5-86 所示。

步骤 2▶ 在打开的“插入音频”对话框中选择要插入的声音文件，在 PowerPoint 2016 中可以插入.mp3，.midi，.wav，.au 和.aiff 等格式的声音文件。这里选择本书配套素材“项目五”>“任务二”>“火灾背景.mp3”音频文件，如图 5-87 所示。

步骤 3▶ 单击“确定”按钮，系统将在幻灯片中心位置添加一个声音图标，如图 5-88 所示，并在声音图标下方显示音频播放控件，单击其左侧的“播放/暂停”按钮，可预览声音；若将鼠标指针移到“静音/取消静音”按钮上，可调整播放音量的大小。此处将声音图标拖到幻灯片的左上位置。

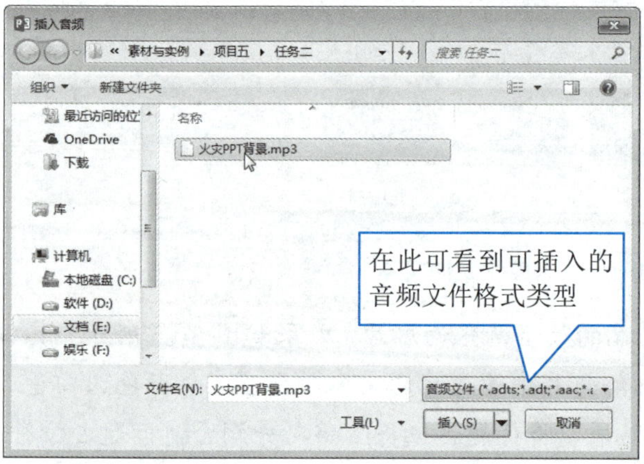

图 5-87　选择声音文件

图 5-88　插入声音文件

提　示

若为计算机配置了麦克风，则可在“音频”列表中选择“录制音频”选项，打开“录音”对话框录制声音。

将音频文件插入到幻灯片中后，选择声音图标，将显示“音频工具”选项卡，此时可根据需要利用该选项卡的“格式”子选项对音频图标进行格式设置，如图 5-89 所示。选择、移动、删除、调整音频图标大小及设置其格式的操作，与设置普通图形对象相同。这里将声音图标移到幻灯片的左上位置。

图 5-89　“音频工具”选项卡的“格式”子选项卡

此外，还可利用“播放”子选项卡预览声音，剪裁声音，设置声音的淡入淡出效果，以及设置放映幻灯片时声音的音量、开始方式和是否循环播放等，如图 5-90 所示。

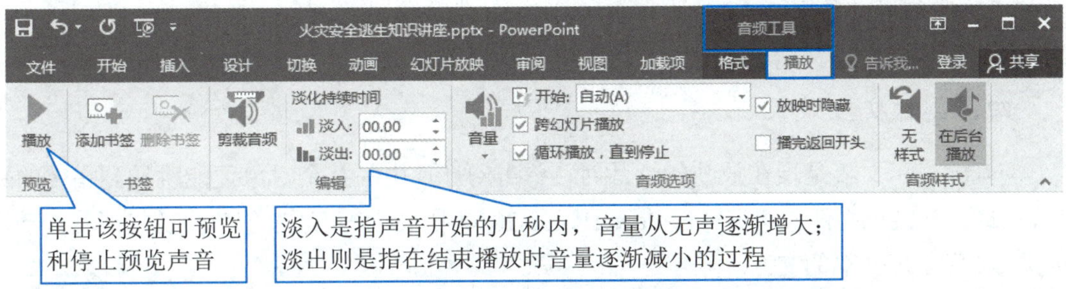

图 5-90　“音频工具”选项卡的“播放”子选项卡

例如，要将刚才插入的声音设置为跨多张幻灯片循环播放，以及放映时隐藏音量图标，操作步骤如下。

步骤 1▶ 选中第 1 张幻灯片中的音频图标，然后在“音频选项”组中选择“跨幻灯片播放”，表示声音自动且跨多张幻灯片播放；接着选中“循环播放，直到停止”和“放映时隐藏”复选框，如图 5-91 所示。

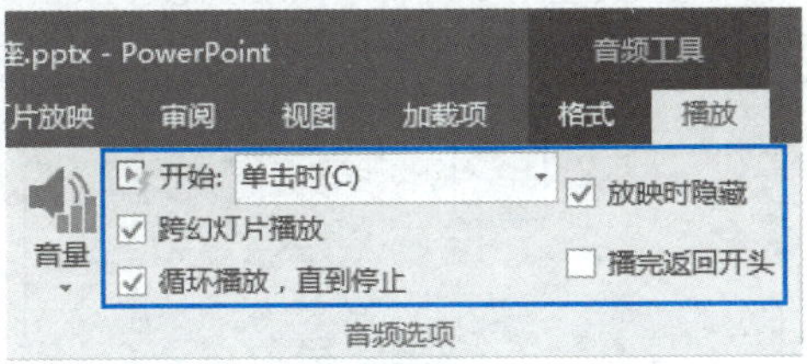

图 5-91　设置声音的播放方式

提　示

若在“开始”下拉列表中选择“自动”选项，表示放映幻灯片时自动播放声音；

选择“单击时”，表示单击声音图标才能开始播放声音。选择这两个选项都只能在声音图标所在的幻灯片中播放声音。

步骤 2▶ 若在“编辑”组中单击“剪裁音频”按钮，可打开“剪裁音频”对话框，如图 5-92 所示。向右拖动进度条左侧的绿色滑块，可裁掉音乐的前奏部分；拖动右侧的红色滑块，可剪裁声音的结尾部分；单击“播放”按钮▶可预览剪裁效果。剪裁结束后单击“确定”按钮即可。

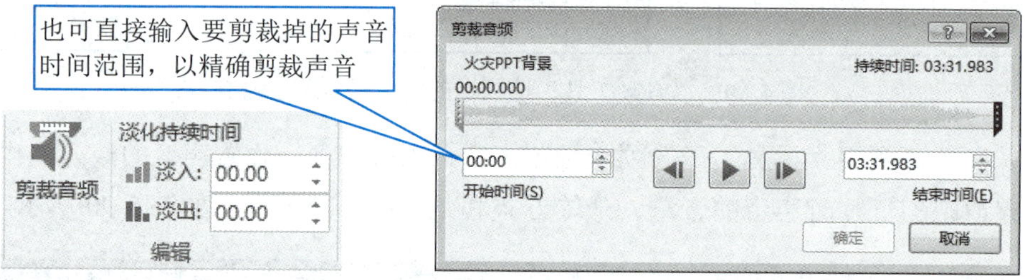

图 5-92　剪裁音频

四、制作交互效果

交互式演示文稿是指在放映幻灯片时，单击幻灯片中的某个对象便能跳转到指定的幻灯片，或打开某个文件或网页。在 PowerPoint 2016 中，用户可通过创建超链接或制作动作按钮来实现演示文稿的交互。

1. 为对象创建超链接

在 PowerPoint 2016 中，用户可以为幻灯片中的任何对象，包括文本、图片、图形和图表等设置超链接。在放映演示文稿时，单击设置了超链接的对象，便可以跳转到超链接指向的幻灯片、文件或网页等。下面以为目录页中的文本设置超链接为例，介绍创建超链接的方法，操作步骤如下。

步骤 1▶ 切换到第 2 张幻灯片，选中要设置超链接的对象，如“火灾事故警示”所在形状，单击“插入”选项卡“链接”组中的“超链接”按钮，如图 5-93 所示。

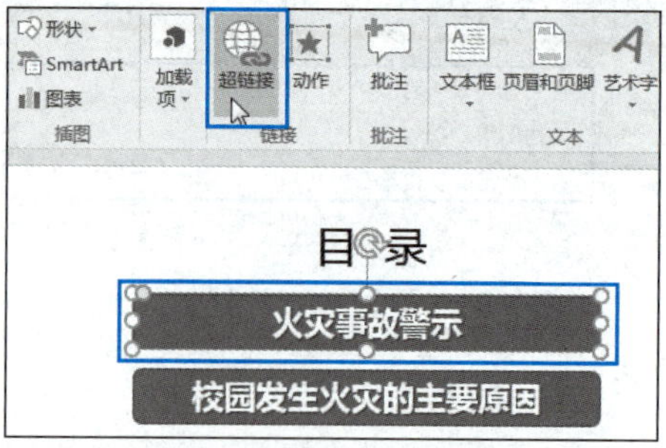

图 5-93　选中对象后单击“超链接”按钮

步骤 2▶ 在打开的“插入超链接”对话框的“链接到”列表中选择要链接到的目标，如单击“本文档中的位置”选项，然后在“请选择文档中的位置”列表中单击要链接到的幻灯片，如选择第 3 张幻灯片，如图 5-94 所示，单击“确定”按钮。

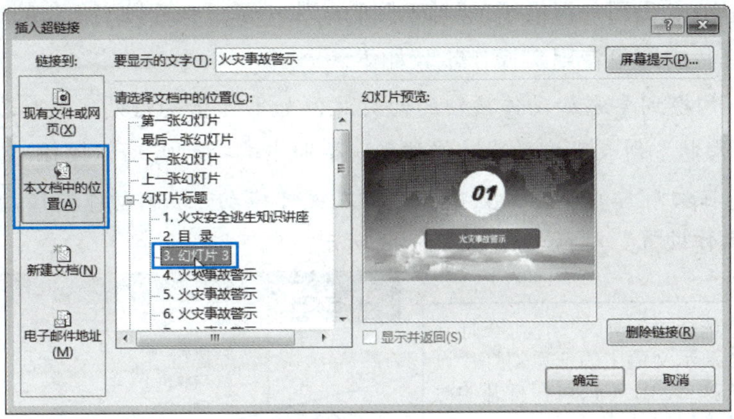

图 5-94 插入超链接

“插入超链接”对话框“链接到”列表中其他选项的意义如下。

- **“现有文件或网页”选项：** 将所选对象链接到网页或储存在电脑中的某个文件。其中，如果要链接到网页，可直接在“地址”编辑框中输入要链接到的网页地址。
- **“新建文档”选项：** 新建一个演示文稿文档并将所选对象链接到该文档。
- **“电子邮件地址”选项：** 将所选对象链接到一个电子邮件地址。

步骤 3▶ 用户可使用同样的方法为其他文本设置超链接。插入超链接的文字将自动添加下划线，如图 5-95 所示。

步骤 4▶ 如果要对超链接进行编辑，如更改链接目标或删除超链接，可选择插入超链接的文字，重新单击“超链接”按钮，在打开的“编辑超链接”对话框中进行设置，如图 5-96 所示。

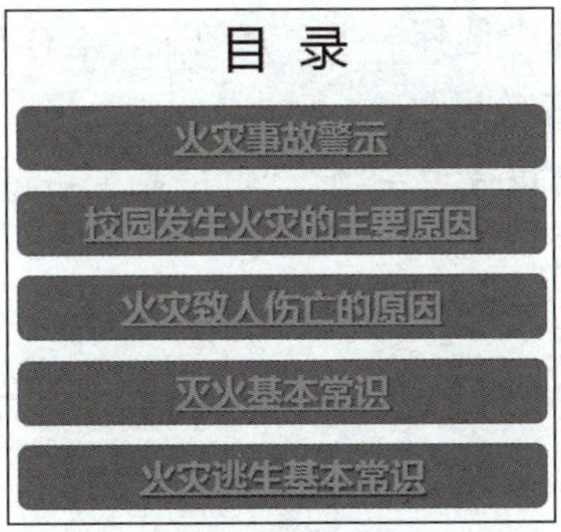

图 5-95 设置超链接后的文本

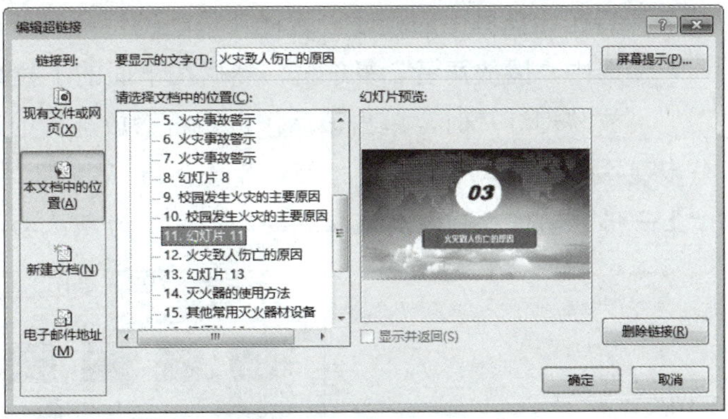

图 5-96 编辑超链接

2. 创建动作按钮

在 PowerPoint 2016 中除了可以使用超链接外，还可以利用动作按钮来实现交互。在放映演示文稿时，单击相应的按钮，就可以切换到指定的幻灯片或启动其他应用程序。

PowerPoint 2016 为用户提供了 12 种不同的动作按钮，并预设了相应的功能，用户只需将其添加到幻灯片中即可使用。操作步骤如下。

步骤 1▶ 切换到要添加动作按钮的幻灯片，如第 4 张幻灯处，然后在“开始”选项卡“插图”组“形状”列表下方的“动作按钮”类别中选择所需动作按钮，如图 5-97 所示。

步骤 2▶ 在幻灯片的合适位置按住鼠标左键并拖动，绘制动作按钮，松开鼠标左键，将自动打开“操作设置”对话框，如图 5-98 所示。

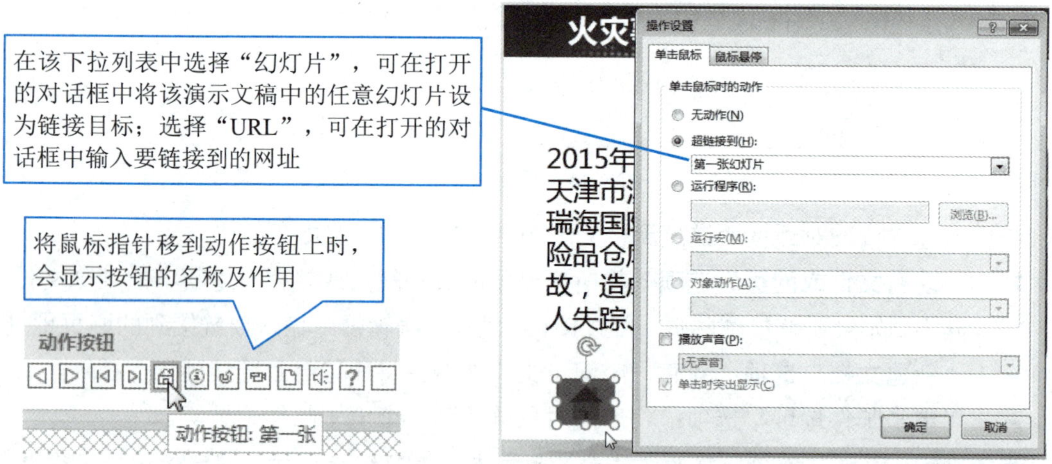

图 5-97 选择动作按钮

图 5-98 绘制按钮后打开“操作设置”对话框

步骤 3▶ 保持“超链接到”单选按钮的选中，单击其下方编辑框右侧的三角按钮，在展开的列表中选择要链接到的幻灯片（一般保持默认设置即可），再单击“确定”按钮。

- 选中“运行程序”单选按钮，然后单击“浏览”按钮，在打开的对话框中选择安装在计算机中的程序，这样在放映幻灯片时，单击该动作按钮即可打开该程序。
- 选中“播放声音”复选框，然后在下面的下拉列表中选择一个声音效果，这样在放映幻灯片时，单击该动作按钮将播放选择的声音效果。

步骤 4▶ 图 5-99 所示是为幻灯片绘制的“第一张”“后退或前一项”“前进或下一项”和“上一张”动作按钮，其链接到的幻灯片均为默认幻灯片。

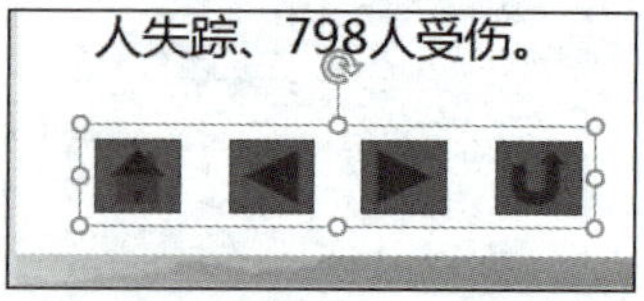

图 5-99 绘制的动作按钮效果

提 示

对于绘制的按钮，可以利用“绘图工具/格式”选项卡中的选项设置其外观，方法与设置形状相同，还可将绘制的按钮复制到其他幻灯片中。

选中绘制的动作按钮或幻灯片中的任何对象，单击“插入”选项卡“链接”组中的“动作”按钮，可在打开的“动作设置”对话框中设置动作目标。

【高手秘籍】

1. 如何为 PPT 添加密码

若想通过添加密码对 PPT 文件进行保护，可以在打开 PPT 文件的情况下，执行“文件”>“信息”>“保护演示文稿”>“用密码进行加密”命令，如图 5-100 所示，然后在打开的对话框中输入密码并确认即可。

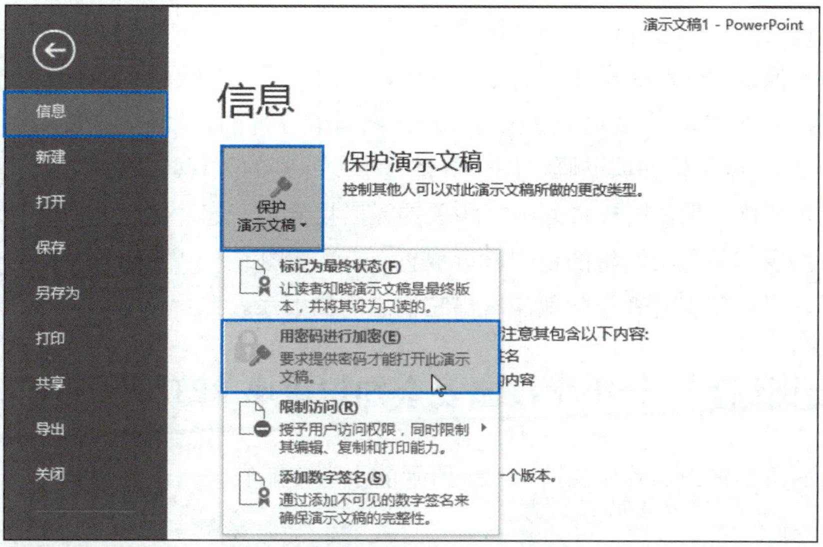

图 5-100 为 PPT 添加密码

2. 如何让 PPT 版式设计更加合理

优秀的版式设计能在有限的版面空间里将版面零碎的视觉元素进行有机的排列整合，理性地传达相关的信息，并产生感官上的美感。

PPT 作为一种常用展示工具，也讲究版式设计，一般会遵循如下 7 个版式设计基本原则。

- **信噪比原则**：尽可能地提高幻灯片的信噪比（即幻灯片上有关内容和无关内容的比值）。

- **图效优势原则**：PPT 设计讲究逻辑化思考，结构化表达，图表表达作为结构化表达的重要方式，比文字更容易让人记住，更能突出事物之间的相互关系，使信息表达更加鲜明生动。
- **留白原则**：留白也叫空白或消极空间，是版式设计中空白或空置的地方，它使页面可以扩张，减轻压迫感，还可以改变整体印象，有利于页面构成变化。在 PPT 设计中，“八分饱思想”和“三等分（九格）”原则都是留白原则的体现。
- **对齐原则**：目的是为了不让幻灯片上的东西显得被随意摆放。对于设计水平不高的用户，可考虑对页面进行分解，借助辅助线将页面按照一定的规则进行划分，然后再将各元素对号入座，放置到已划分好的页面中即可。虽然对齐原则能有效地解决排列凌乱问题，但在页面设计方面也容易陷入单调，对于设计能力较强的用户，则可以灵活使用该原则。
- **对比原则**：在单个幻灯片中，为了突出事物的不同之处，通常会用到对比原则。通过对比，有助于更加突出事物之间的特质和关系。PPT 中各元素的对比方法主要有远近对比、颜色对比、字体对比、大小对比、元素排列对比，以及将颜色、远近、大小等进行组合的对比等。
- **重复原则**：一般是指在一套幻灯片中，多次使用相同或相近的元素，使不同的幻灯片协调统一，如通过母版设计，统一所有幻灯片的背景样式、使用统一类型（2D 或 3D）或风格的剪贴画、图标等都是重复原则的体现。
- **就近原则**：指在同一页面中将相关的元素摆放在一起，使之显得更加清晰。比如将图表和与之相匹配的说明就近放置，或将插图或水晶图标与对应的内容就近放置，可以使观看者一眼就能看出它们之间的关系。

【拓展训练】——小学校园安全知识讲座 PPT

利用前面所学知识，制作如图 5-101 所示的小学校园安全知识讲座 PPT。

图 5-101 小学校园安全知识讲座（部分）效果

1. 训练目的

强化练习在幻灯片中插入并编辑文本、形状、图片、SmartArt 图形的操作。

2. 训练内容

（1）新建演示文稿，在第 1 张幻灯片中插入素材文件夹中的“项目五”>“任务二”>“拓展训练”>“背景”图片，并放大至整个页面，置于底层。

（2）输入标题和副标题文本并设置其格式，再在其中插入装饰性图片并进行编辑。

（3）参照效果文件制作其他幻灯片。其中在第 2 张幻灯片中用“任意多边形”工具绘制目录内容文本左侧的图形，然后利用文本框在其上方输入文本。

（4）在第 6 张幻灯片中插入“基本射线”SmartArt 图形；在第 8 张幻灯片中插入“交替图形圆形”SmartArt 图形；在第 9 张幻灯片中插入“垂直图片列表”SmartArt 图形。

任务三 制作青春校园同学会电子相册 PPT

——幻灯片母版与动画效果

【任务背景】

电子相册是指可以在电脑上观赏的区别于视频的静止图片的特殊文档，其内容不局限于摄影照片，也可以包括各种艺术创作图片。

电子相册具有传统相册无法比拟的优越性，如图、文、声、像并茂的表现手法，随意修改编辑的功能，快速的检索方式，永不褪色的恒久保存特性，以及廉价复制分发的优越手段等。鉴于此，如今越来越多的人们开始制作自己的特色电子相册。

【分析任务】

本任务的主要工作是制作一个“青春校园同学会”电子相册演示文稿，通过该任务让读者了解在幻灯片中应用母版创建具有统一风格的演示文稿、为幻灯片中的各种对象添加动画效果、为幻灯片设置切换动画等知识。任务完成效果如图 5-102 所示。

图 5-102　青春校园同学会电子相册（部分）效果

【任务目标】

- 能应用幻灯片母版编辑演示文稿。
- 能为幻灯片设置切换动画效果。
- 能为幻灯片中的对象设置动画效果。

【任务实施】

一、新建演示文稿并编辑幻灯片母版

操作步骤如下。

步骤 1▶　新建“青春校园同学会”空白演示文稿，然后单击“视图”选项卡“母版视图”组中的“幻灯片母版”按钮，进入幻灯片母版视图，此时将显示“幻灯片母版”选项卡，如图 5-103 所示。

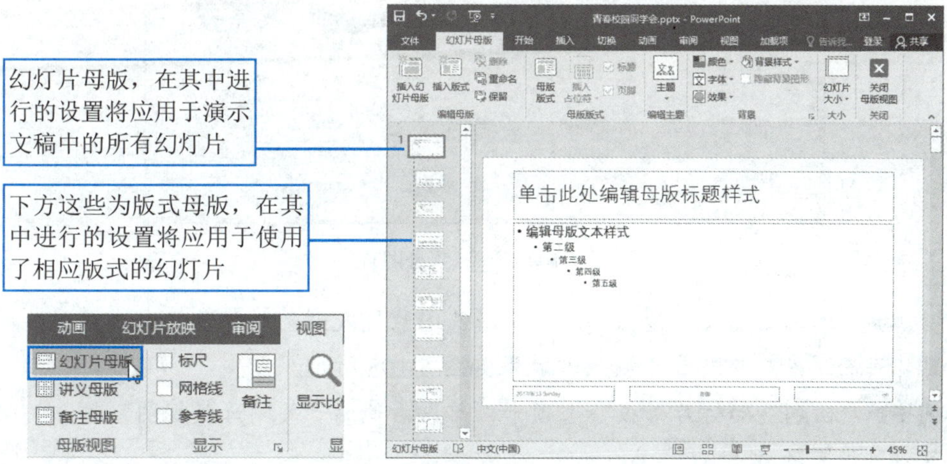

图 5-103　进入幻灯片母版视图

提 示

默认情况下，幻灯片母版视图左侧任务窗格中的第 1 个母版（比其他母版稍大）称为“幻灯片母版”，在其中进行的设置将应用于当前演示文稿中的所有幻灯片；其下方为该母版的版式母版（子母版），如“标题幻灯片”“标题和内容”（将鼠标指针移至母版上方，将显示母版名称，以及其应用于演示文稿的哪些幻灯片）等。在某个版式母版中进行的设置将应用于使用了对应版式的幻灯片。用户可根据需要选择相应的母版进行设置。

步骤 2▶ 进入幻灯片母版视图后，可在幻灯片左侧窗格中单击选择要设置的母版，然后在右侧窗格利用“开始”、“插入”等选项卡设置占位符的文本格式，或者插入图片、绘制图形并设置格式，还可利用“幻灯片母版”选项卡设置母版的主题和背景，以及插入占位符等，所有设置将应用于对应的幻灯片。

步骤 3▶ 单击最上方的幻灯片母版，再单击“插入”选项卡“图像”组中的“图片”按钮，打开“插入图片”对话框，选择素材文件夹中的文件“项目五”>“任务三”>“bg9.jpg”，如图 5-104 所示。

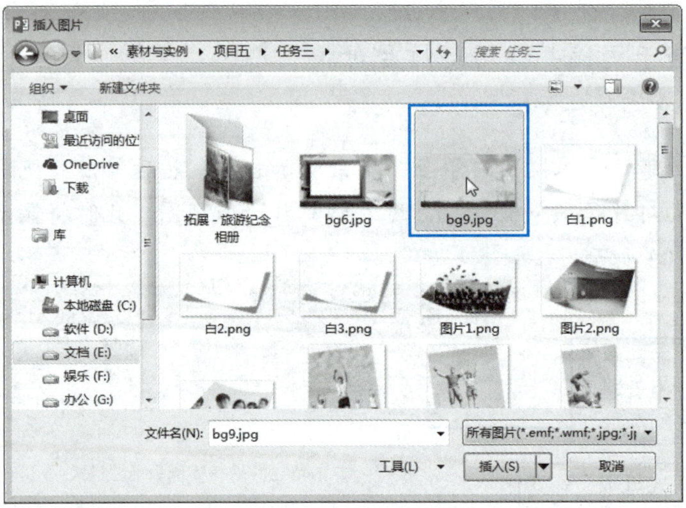

图 5-104 选择背景图片

步骤 4▶ 单击“插入”按钮，即可将所选图片插入到幻灯片母版中，将图片放大到整个幻灯片页面，然后将其置于底层，效果如图 5-105 所示。

步骤 5▶ 回到“幻灯片母版”选项卡，单击右侧的“关闭母版视图”按钮关闭母版视图，可看到设置的背景。

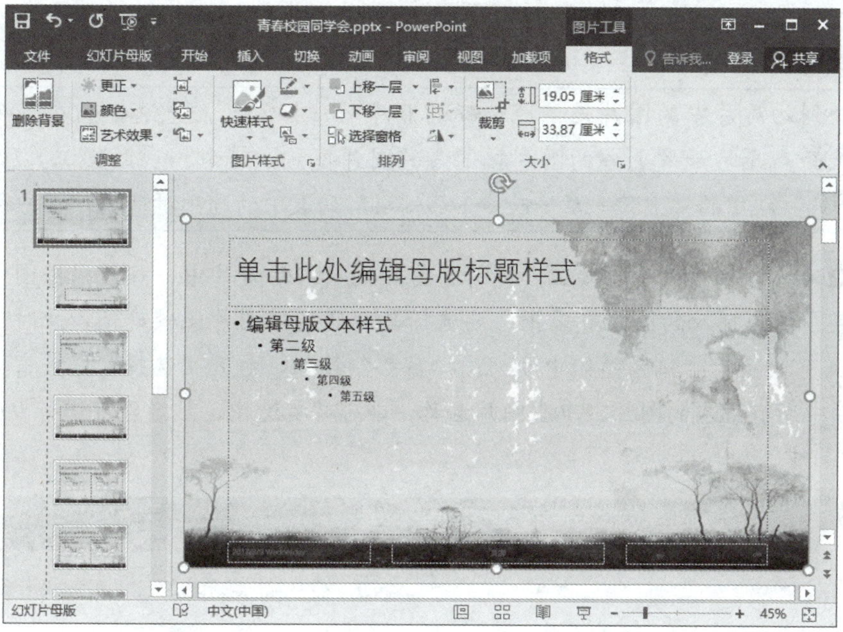

图 5-105　设置图片的大小和层次后的效果

二、制作第 1 张和第 2 张幻灯片

操作步骤如下。

步骤 1▶ 删除第 1 张幻灯片中的标题和副标题占位符，然后选择本书配套素材“项目五”>“任务三”中的 7 张图片，如图 5-106 所示。

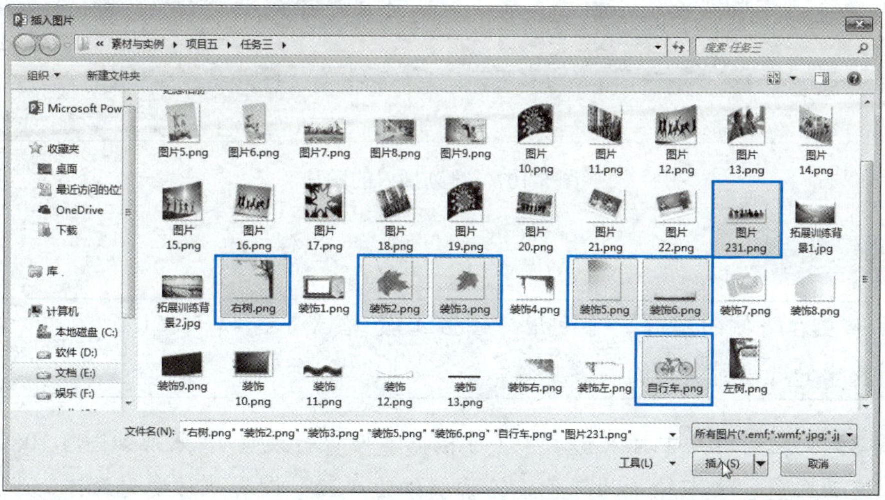

图 5-106　选择要插入的素材图片

提 示

插入到幻灯片中的图片是依照选择的顺序一一插入的，先选择的在下面，后选择的在上面，此时如果上方的图片把下方的图片覆盖，可利用“绘图工具/格式”选项卡“排列”组中的“上移一层”或“下移一层”列表中的选项对其进行顺序的调整。

步骤 2▶ 单击“插入”按钮，将所选图片插入到幻灯片中，然后根据图 5-107 所示调整其位置。因为插入的图片有多张，要选择其中的某张图片比较麻烦，此时可单击“图片工具/格式”选项卡“排列”组中的“选择窗格”按钮，打开“选择”任务窗格，其中列出了幻灯片中所有插入的图片，单击图片名称，即可将其选中，然后即可进行大小和位置等调整。

图 5-107　排列插入的图片

提 示

对于左右两侧的图片，可利用“图片工具/格式”选项卡“排列”组“对齐对象”列表中的选项对其进行对齐操作。

步骤 3▶ 在幻灯片中插入艺术字（可根据喜好自行设置），效果如图 5-108 所示。其中文本填充为白色，文本轮廓为绿色，轮廓粗细为 3 磅；设置一种发光变体，发光颜色为黄色；文本效果为“转换”>“波形 1”，第 1 张幻灯片制作完毕。

图 5-108　插入艺术字

步骤 4▶　新建一张“空白”版式的幻灯片，单击“图片”按钮后在“插入图片”对话框中选择 7 张素材图片，如图 5-109 所示。

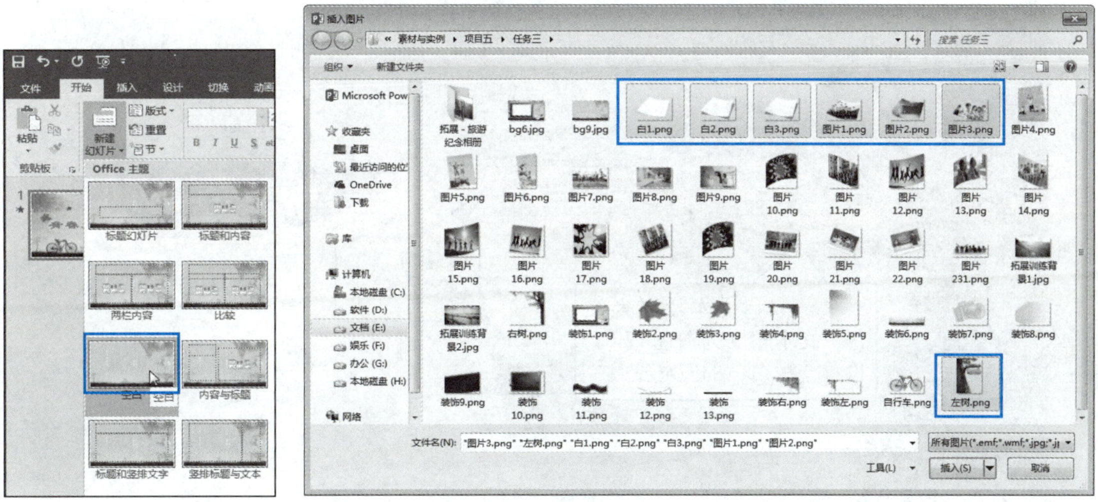

图 5-109　新建幻灯片后选择要插入的素材图片

步骤 5▶　单击“插入”按钮，将所选图片插入到幻灯片，依据前面的方法，按图 5-110 所示调整其位置和大小。

图 5-110　插入素材图片并摆放

步骤 6▶　利用文本框在幻灯片的上方中部位置输入说明文字，利用艺术字在幻灯片的左侧输入标题文本，效果如图 5-111 所示，第 2 张幻灯片制作完毕。

图 5-111　利用文本框输入文本

三、制作其他幻灯片

操作步骤如下。

步骤 1▶ 新建一张“空白”版式的幻灯片，然后插入 6 张素材图片并按图 5-112 所示进行排列。

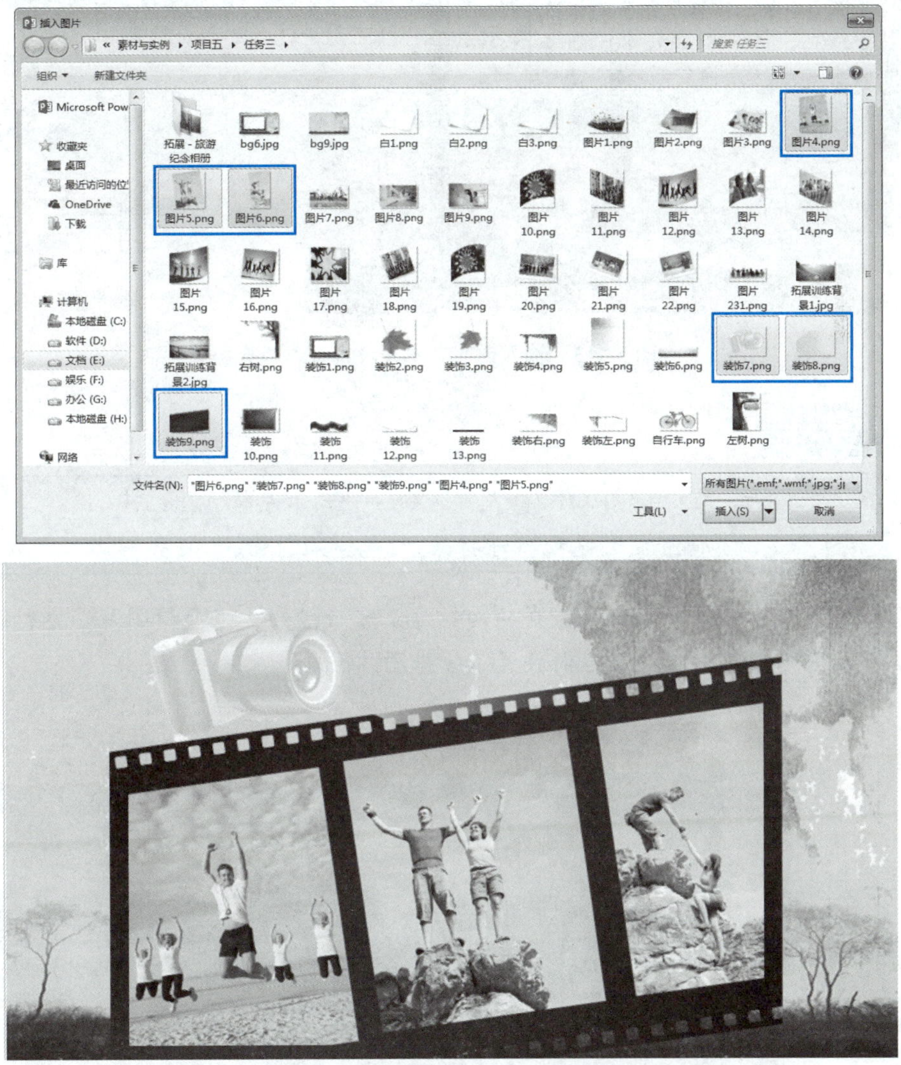

图 5-112 插入素材图片并摆放

步骤 2▶ 利用文本框在幻灯片的上方输入说明文字，各个文字可用不同的字号来表现，使其呈现依次从小到大的效果，再对其进行黑色-红色-黑色的线性渐变文本填充，角度为 50°，3 个渐变光圈的位置分别为 0%、47%和 98%，如图 5-113 所示，第 3 张幻灯片制作完毕。

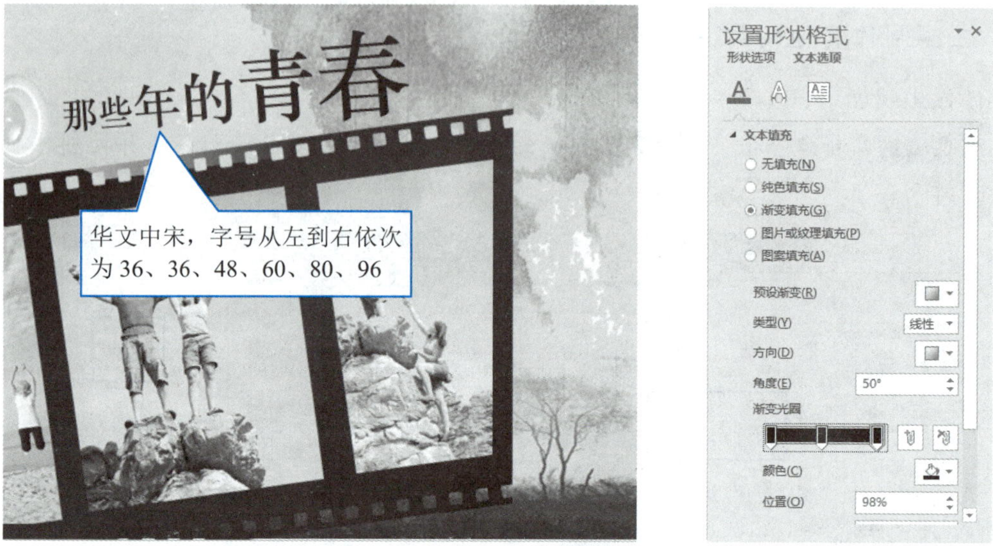

图 5-113　输入说明文本并设置文本填充

提　示

选择文本框后，在“绘图工具/格式”选项卡“艺术字样式”组中，选择“文本填充”>“渐变”>“其他渐变”选项，可打开“设置形状格式”任务窗格。

步骤 3▶　新建一张“空白”版式的幻灯片，然后插入 4 张素材图片，进行缩放并按图 5-114 所示进行排列，其中相框内放置了 3 张图片。

图 5-114　在第 4 张幻灯片中插入素材图片

步骤 4▶ 用同样的方法，依次新建“空白”版式的幻灯片，然后在其中插入图片、艺术字，用文本框输入文本，制作该演示文稿的第 5～8 张幻灯片，用到的图片均在“项目五”＞“任务三”文件夹中，效果如图 5-115 所示。其中最后一张幻灯片可通过复制第 1 张幻灯片得到，然后修改艺术字文本即可。

图 5-115　制作的第 5～8 张幻灯片

四、为幻灯片设置切换动画

幻灯片的切换效果是指放映幻灯片时从一张幻灯片过渡到下一张幻灯片时的动画效果。默认情况下，各幻灯片之间的切换是没有任何效果的。但用户可以通过设置，为每张幻灯片添加具有动感的切换效果。操作步骤如下。

步骤 1▶ 选中要设置切换效果的幻灯片，如第 1 张幻灯片，单击“切换”选项卡“切换到此幻灯片”组中的“其他”按钮，在展开的列表中可看到系统提供的多种切换动画的缩略图，这里选择“华丽型”下的“飞机”，即可为所选幻灯片添加该效果，如图 5-116 所示。

步骤 2▶ 对于已选择的某些效果，用户还可单击“切换到此幻灯片”组中的“效果选项”按钮，在展开的列表中选择对该效果进行设置，如选择“向左”，如图 5-117 所示，表示从右下到左上展开飞机。选择的效果不同，“效果选项”列表中的选项也不同。

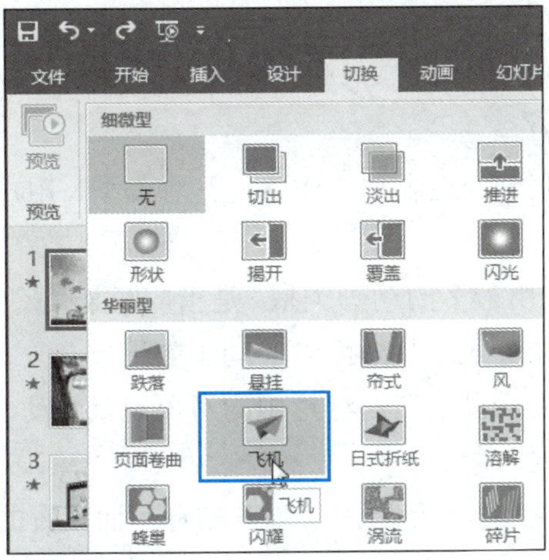

图 5-116 选择切换效果

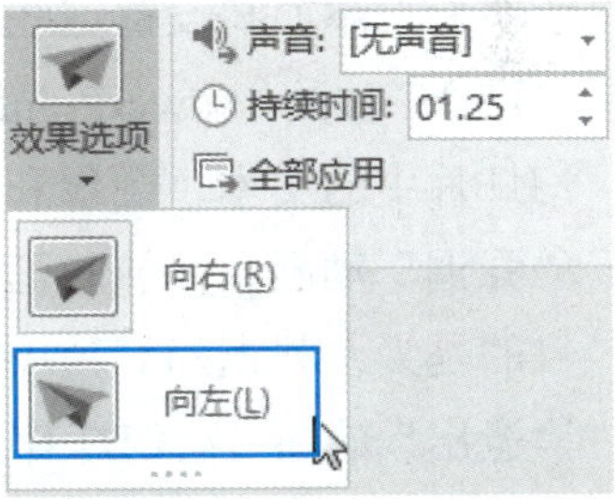

图 5-117 设置效果选项

提 示

当用户单击某一切换效果的缩略图时，即可预览所选的切换效果。此外，也可单击“切换”选项卡左侧“预览”按钮预览切换效果。

步骤 3▶ 利用“计时”组中的选项可为幻灯片的切换设置声音，以及设置效果的持续时间和换片方式等。这里将“换片方式”设置为“设置自动换片时间”，并设置时间为 00:05:00，表示 5 秒钟后自动切换幻灯片，如图 5-118 所示。

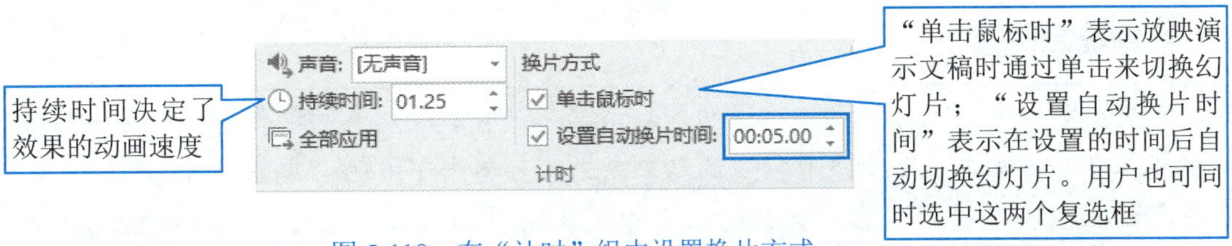

图 5-118 在“计时”组中设置换片方式

步骤 4▶ 设置完成后，若想让设置的效果应用于全部幻灯片，可单击“全部应用”

按钮，否则所设效果将只应用于当前幻灯片，还需要继续对其他幻灯片的切换效果进行设置。这里单击“全部应用”按钮。

提 示

要取消当前幻灯片的切换效果，只要在切换动画效果列表中选择“无”选项即可。

五、为幻灯片中的对象设置动画效果

为了让幻灯片更加生动，可以为幻灯片中的文本、形状、图片、声音和视频等对象设置各种动画效果，以增强演示文稿的表现力。

PowerPoint 2016 中的动画主要有进入、强调、退出和动作路径几种类型，用户可利用“动画”选项卡来添加和设置这些动画效果。

- **“进入”动画：**PowerPoint 2016 中应用最多的动画类型，是指放映某张幻灯片时，幻灯片中的文本、图像和形状等对象进入放映画面时的动画效果。
- **“强调”动画：**在放映幻灯片时，为已显示在幻灯片中的对象设置的动画效果，目的是为了强调幻灯片中的某些重要对象。
- **“退出”动画：**在幻灯片放映过程中为了使指定对象离开幻灯片而设置的动画效果，它是进入动画的逆过程。
- **“动作路径”动画：**不同于上述 3 种动画效果，它可以使幻灯片中的对象沿着系统自带的或用户自己绘制的路径进行运动。

除动作路径动画外，在 PowerPoint 2016 中添加和设置不同类型动画的操作基本相同。下面以添加“进入”动画为例进行说明（读者可自行练习其他几种动画类型的设置方法）。操作步骤如下。

步骤 1▶ 选中第 1 张幻灯片中的艺术字文本，然后单击“动画”选项卡“动画”组中的“其他”按钮，展开动画列表，在“进入”分类下选择一种动画效果，如“淡出”，如图 5-119 所示，即可为所选对象添加该动画效果。

提 示

要添加强调、退出和动作路径动画，只需在“动画”列表的动画分类中选择相应的效果即可。如果列表中没有需要的动画效果，可单击下方的“更多进入效果”“更多强调效果”等选项，在打开的对话框中选择需要的效果。选择某个效果后，在幻灯片中将自动预览该效果。

图 5-119　为艺术字设置进入动画

步骤 2▶　为对象添加动画效果后，用户还可以设置效果选项。此处在“动画”组的“效果选项”下拉列表中选择“按段落”选项，如图 5-120 所示。不同的动画效果，其选项也不相同。

步骤 3▶　还可利用“计时”组设置动画的开始播放方式、持续时间和延迟时间等，此处用户在“开始”下拉列表中选择“上一动画之后”，设置持续时间为 1 秒，延迟时间不变，如图 5-121 所示。

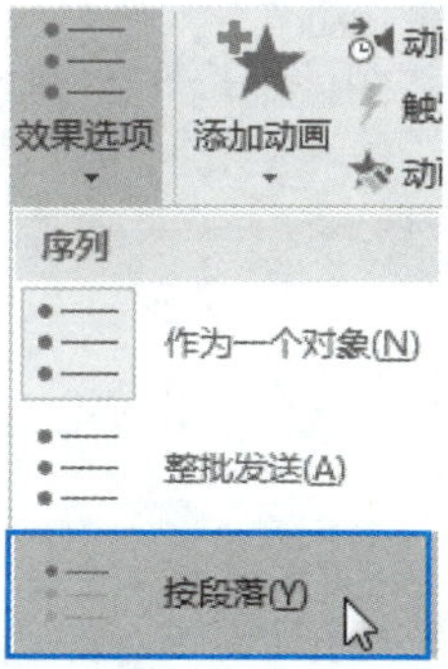

图 5-120　设置动画的效果选项

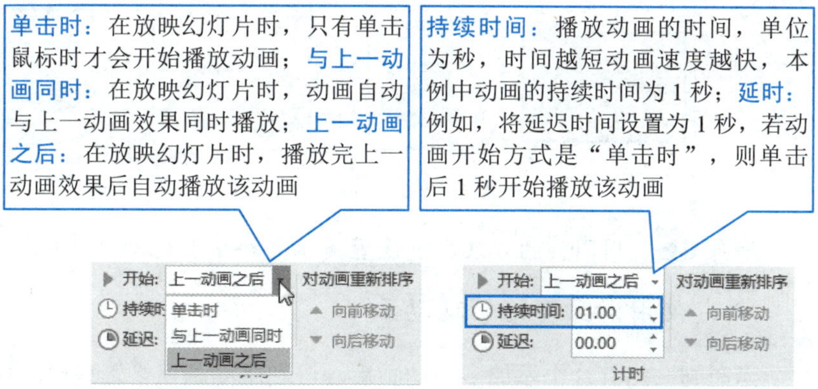

图 5-121　设置动画的开始播放方式和持续时间

提 示

利用“高级动画”组中的选项可以添加动画、打开动画窗格、设置动画的触发方式和复制动画等。

单击“添加动画”按钮也可为所选对象添加动画效果。与利用“动画”列表添加动画效果不同的是，利用“添加动画”列表可以为同一对象添加多个动画效果；而利用“动画”组只能为同一对象添加一个动画效果，后添加的效果将替换前面添加的效果。

步骤 4▶ 选中第 2 张幻灯片中的 3 张照片，然后在“动画”选项卡中“进入”分类下选择一种动画效果，如“浮入”，即可为所选对象添加该动画效果。然后设置动画的开始播放方式为“上一动画之后”，如图 5-122 所示。

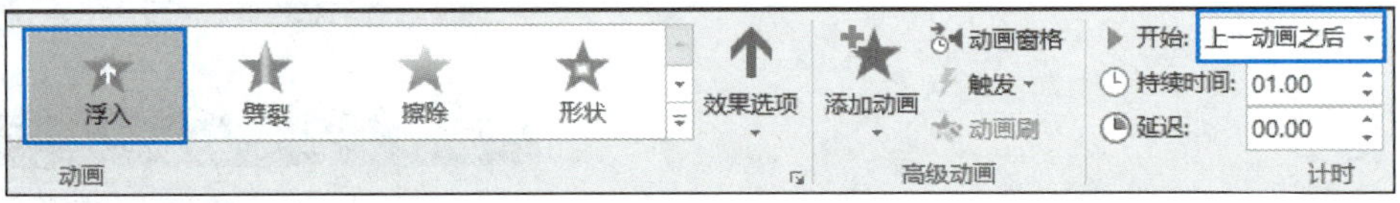

图 5-122 设置 3 张照片的动画

步骤 5▶ 选中第 3 张幻灯片中的 3 张照片，然后设置其为“2 轮辐图案”进入动画，动画的开始播放方式为“上一动画之后”，如图 5-123 所示。

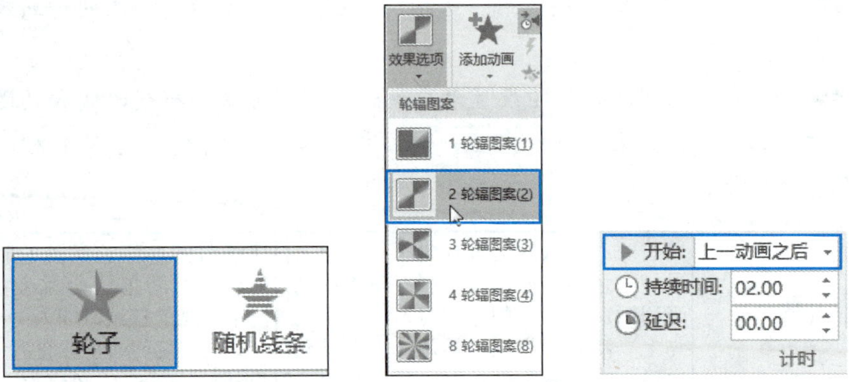

图 5-123 设置第 3 张幻灯片中照片的动画

步骤 6▶ 用同样的方法，可设置演示文稿中其他幻灯片中对象的动画效果。

六、使用动画窗格管理动画

当在同一幻灯片中添加多个动画后，可利用动画窗格管理已添加的动画效果，如选择、删除动画效果，调整动画效果的播放顺序，以及对动画效果进行更多设置等。操作步骤如下。

步骤 1▶ 单击“高级动画”组中的“动画窗格”按钮，在 PowerPoint 窗口右侧打开动画窗格，可看到为当前幻灯片添加的所有动画效果都显示在该窗格中，将鼠标指针移至某个动画效果上方，将显示动画的开始播放方式、动画效果类型和添加动画的对象，如图 5-124 所示。

步骤 2▶ 当需要重新设置动画效果选项、开始方式和持续时间，以及调整效果的播放顺序和复制、删除效果等时，都需要先选中相应的效果。在动画窗格单击某个动画效果可将其选中，若配合【Ctrl】和【Shift】键还可同时选中多个效果。

步骤 3▶ 若希望对动画效果进行更多设置，可单击要设置的动画效果，再单击右侧的三角按钮，从弹出的列表中选择“效果选项”，然后在打开的动画效果对话框中进行设置。例如，在“计时”选项卡中将“延迟”时间设置为 1 秒，表示在上一动画结束后的 1 秒后开始播放下一动画，如图 5-125 所示。

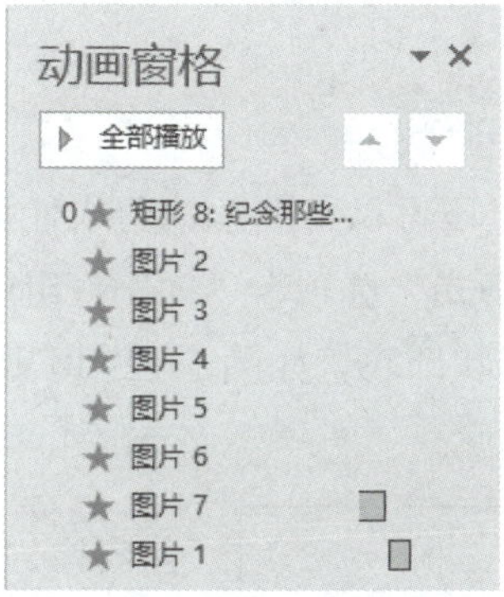

图 5-124　动画窗格

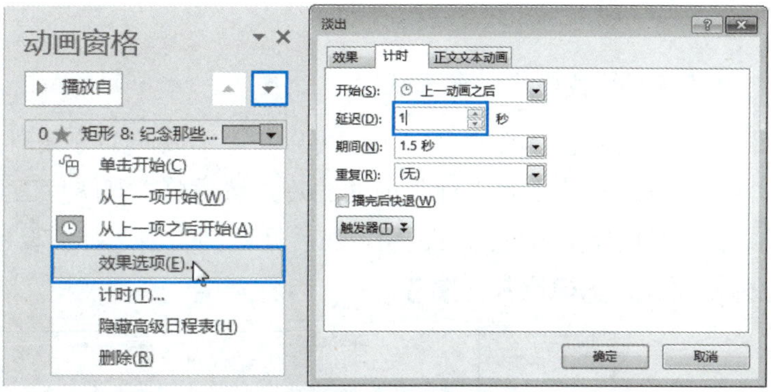

图 5-125　设置更多的动画效果选项

提　示

> 不同动画效果打开的效果选项对话框中的设置项也不相同。
>
> 在“计时”选项卡中可以设置动画的开始方式、延迟时间、持续时间、重复播放次数和触发动画播放的方式等。

步骤 4▶ 动画窗格中各幻灯片中的动画效果都是按照添加时的顺序进行播放的，用户可根据需要调整动画的播放顺序，只需在“动画窗格”中选中要调整顺序的动画效果，然后单击“上移”或“下移”按钮即可，这里将“图片 1”动画效果移动到“图片 2”动画效果的上方，如图 5-126 所示。

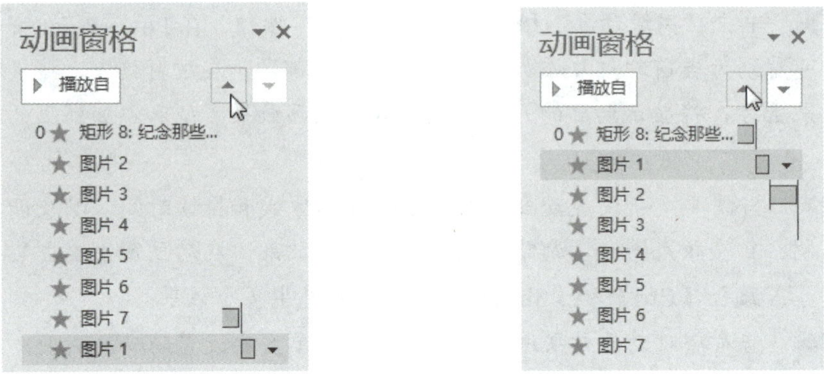

图 5-126 调整动画播放顺序

【高手秘籍】

1. 将图片裁剪成任意形状

在幻灯片中插入图片后，不但可以将不需要的部分裁剪掉，还可以将图片裁剪成任意形状，方法是：选中要进行裁剪的图片，然后单击“图片工具/格式”选项卡“大小”组中的“裁剪”按钮下方的三角按钮，在展开的列表中选择需要的形状即可，如图 5-127 所示。此外，还可按纵横比裁剪图片。

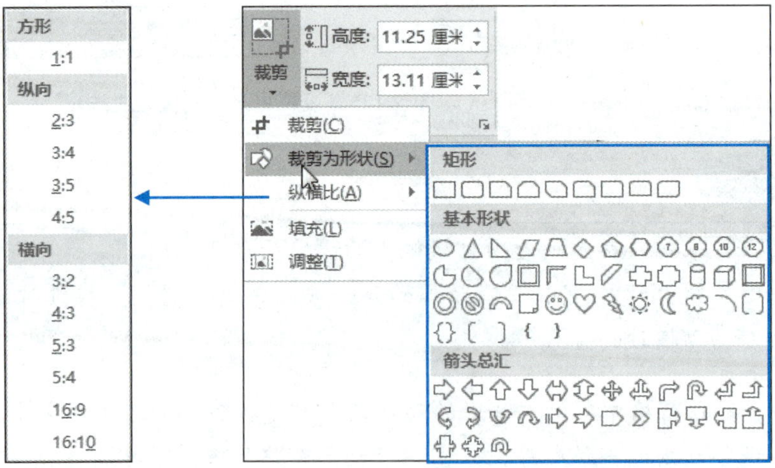

图 5-127 将图片裁剪成任意形状

2. 去除图片的复杂背景

要去除图片中的复杂背景，可选中图片后，单击“图片工具/格式”选项卡“调整”组中的“删除背景”按钮，此时在功能区中显示“背景消除”选项卡，如图 5-128 所示。

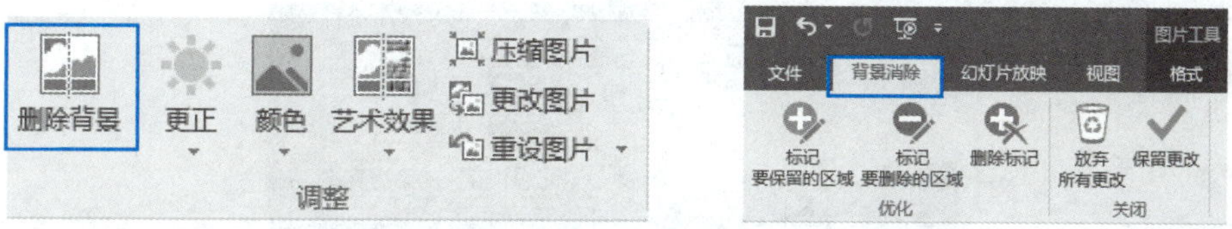

图 5-128　清除图像背景

同时，系统会自动识别图片的背景区域，并默认去除，但细节部分需要用户手动修改，即可以单击“标记要保留的区域”或“标记要删除的区域”按钮，然后在要保留或删除的位置单击，此时会看到图片上出现分别用加号（+）和减号（−）标注的区域，最后单击“保留更改”项确认删除。

【拓展训练】——制作旅游纪念电子相册

利用前面所学知识，制作如图 5-129 所示的旅游纪念电子相册。

图 5-129　旅游纪念电子相册效果

1．训练目的

强化练习利用幻灯片母版设置幻灯片背景，以及为幻灯片设置切换效果的操作。

2．训练内容

（1）新建空白演示文稿，然后进入幻灯片母版视图，设置背景颜色的 RGB 值为（234，232，226），如图 5-130 所示。

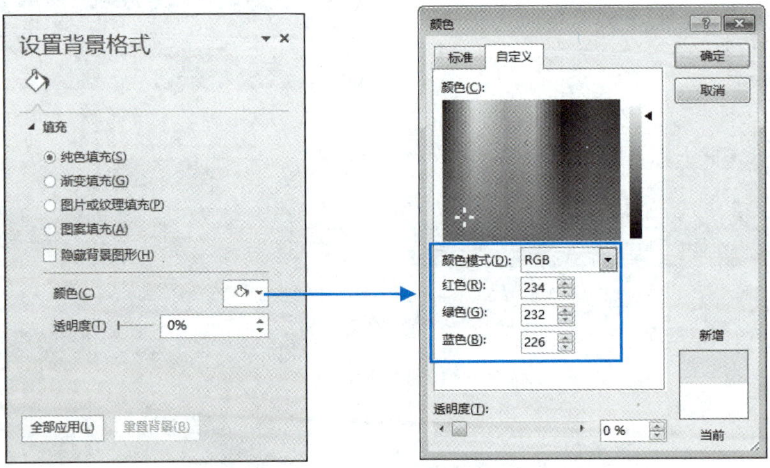

图 5-130　设置背景颜色

（2）制作各张幻灯片。插入素材图片（位于“项目五”>“任务三”>“拓展—旅游纪念相册”文件夹中）并对其进行缩放，置于幻灯片的合适位置。

（3）利用横排或竖排文本框输入照片说明文本并设置其格式。

（4）分别为各张幻灯片设置切换动画效果。

（5）为幻灯片中的所有或部分对象设置合适的动画效果。

（6）在第 1 张幻灯片中插入跨幻灯片自动播放的背景音乐，将声音图标拖至幻灯片的左上角外侧，放映时声音图标隐藏。

任务四 制作商业融资创业计划书 PPT

——幻灯片放映与打包

【任务背景】

商业融资计划书是企业或项目开展融资、寻求合作、指导运营的必备工具，是全面展示企业和项目状况、未来发展潜力与执行策略的书面材料，要求体现项目的核心竞争力、市场机会、成长性、发展前景、盈利水平、抗风险能力及回报等。

商业融资计划书是企业融资成功的重要因素之一，也是企业的行动纲领和执行方案，可以使企业有计划地开展商业活动，增加成功的概率。

【分析任务】

本任务的主要工作是制作一份安心餐饮企业的商业融资创业计划书演示文稿，通过该任务让读者了解如何设置演示文稿的放映方式、打包幻灯片、播放打包文件等知识。任务完成效果如图 5-131 所示。

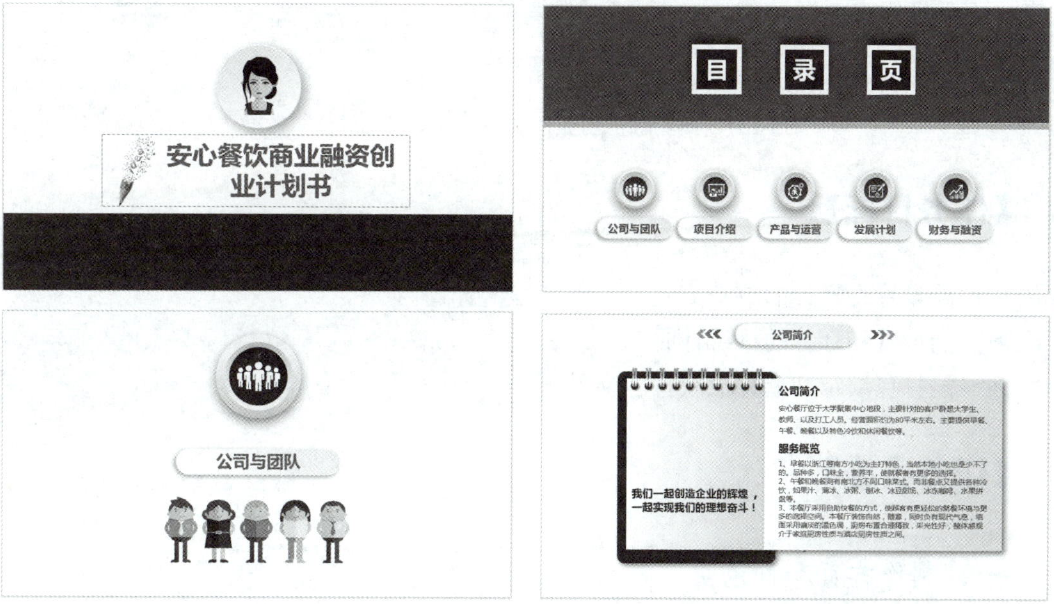

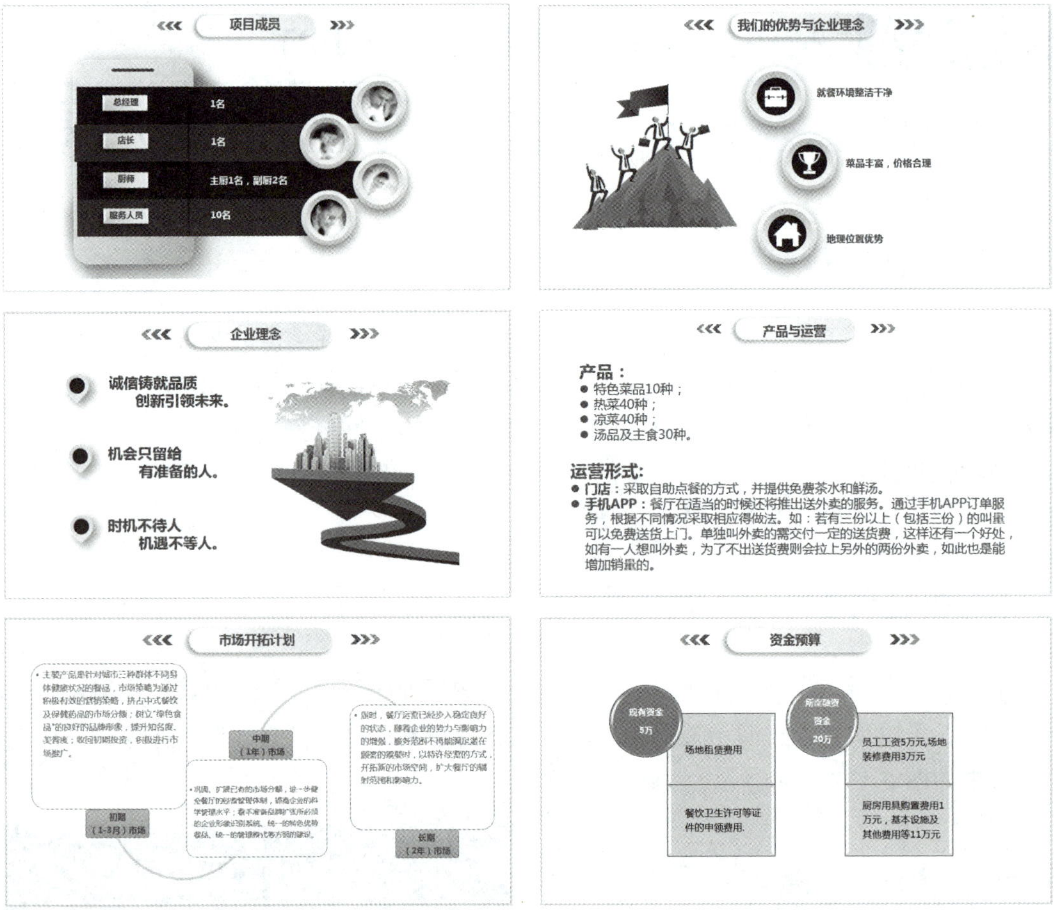

图 5-131　商业融资创业计划书演示文稿（部分）效果

【任务目标】

- ➢ 能设置幻灯片的放映方式。
- ➢ 能设置幻灯片的排练计时。
- ➢ 能打包演示文稿并放映打包文件。

【任务实施】

一、制作首页和目录页

操作步骤如下。

步骤 1▶ 新建“商业融资创业计划书”演示文稿，将幻灯片的版式改为“空白”，然后在中上位置绘制一个大小为 5.6 厘米的圆形，并将其用浅灰（RGB：228，228，228）到白色（RGB：253，253，253）的线性渐变进行填充，角度为 45°，将其旋转 28°，参数和效果如图 5-132 所示。

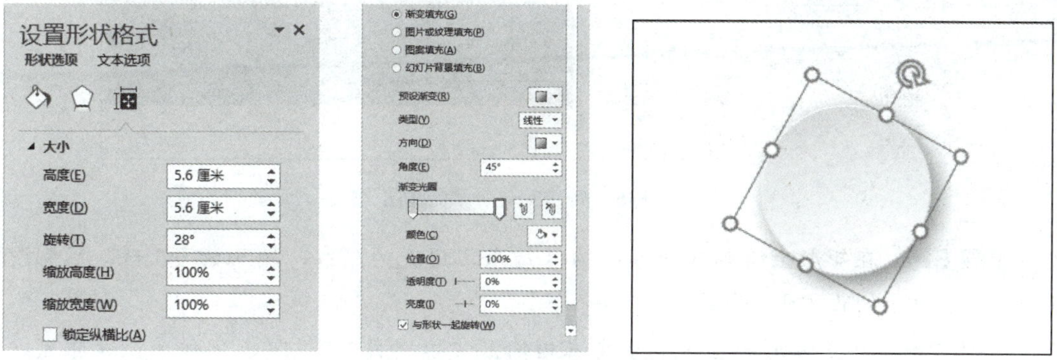

图 5-132　圆形的参数设置及效果

步骤 2▶　将本书配套素材图片“项目五”>“任务四”>“商业融资创业计划书”>“头像”插入到幻灯片中，缩小后将其置于绘制的圆形上面，效果如图 5-133 所示。

步骤 3▶　绘制一个白色填充，“橙色，个性色 2”轮廓，高度为 4.8 厘米，宽度为 20.5 厘米的矩形，在其中插入素材图片“笔”，并用文本框在矩形内输入文本，如图 5-134 所示。

图 5-133　在图形上插入图片

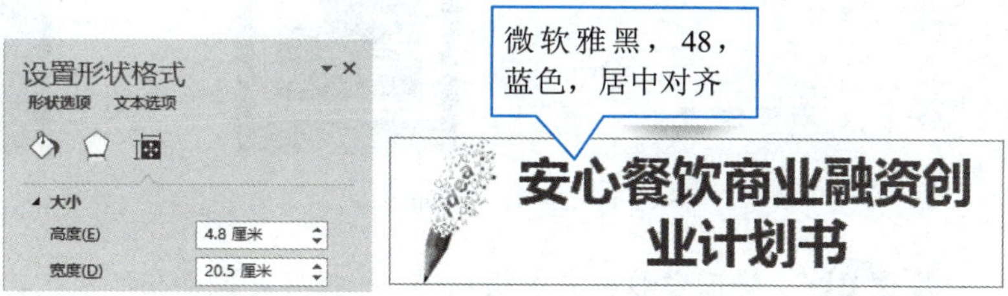

图 5-134　输入文本

步骤 4▶　在幻灯片的下方绘制一个深红填充，无边框，高度为 5.2 厘米，宽度与幻灯片宽度一致的矩形。至此，第 1 张幻灯片制作完毕，如图 5-135 所示。

图 5-135　绘制矩形并完成第 1 张幻灯片的制作

步骤 5▶ 新建一张“空白”版式的幻灯片，在幻灯片的上方绘制一个高度为 7.7 厘米，宽度为 33.87 厘米，填充颜色为“深蓝，文字 2”，轮廓为无的矩形，如图 5-136 所示。

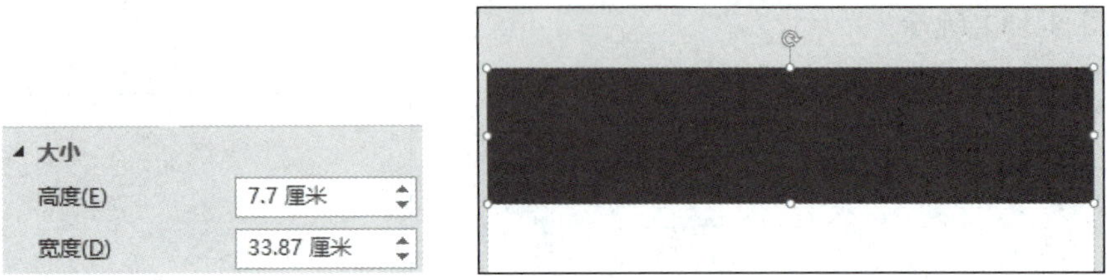

图 5-136　新建幻灯片后绘制矩形

步骤 6▶ 在矩形上绘制 3 个大小为 4 厘米，填充为深红，轮廓为 9.5 磅，阴影设置如图 5-137 所示的正方形。

步骤 7▶ 在正方形的上方利用文本框输入文本“目”，设置其字体为微软雅黑，44 号，白色，效果如图 5-138 所示。

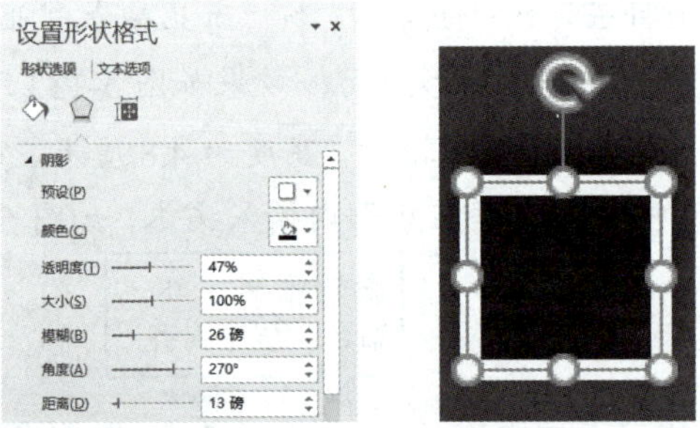

图 5-137　绘制正方形

图 5-138　输入文本

步骤 8▶ 将正方形和文本框组合，并将其复制两份，放在其右侧，然后修改文本内容，效果如图 5-139 所示。

图 5-139　复制组合图形

步骤 9▶ 在蓝色矩形的下方绘制一个填充颜色为“白色，背景 1，深色 25%”，轮廓为无，高度为 0.4 厘米，与页面等宽的矩形。

步骤 10▶ 在幻灯片的下方先绘制一个大小为 2.6 厘米的无轮廓圆形，设置从白色到浅灰的线性渐变填充，角度为 90°，并为其设置黑色阴影，参数和效果如图 5-140 所示。

步骤 11▶ 再绘制一个大小为 1.96 厘米的圆形，设置填充颜色为“深蓝，文字 2”，设置其从浅灰（RGB：199，199，199）到白色的 9.5 磅的渐变线，角度为 90°，亮度为

-22%，参数如图 5-141 所示。

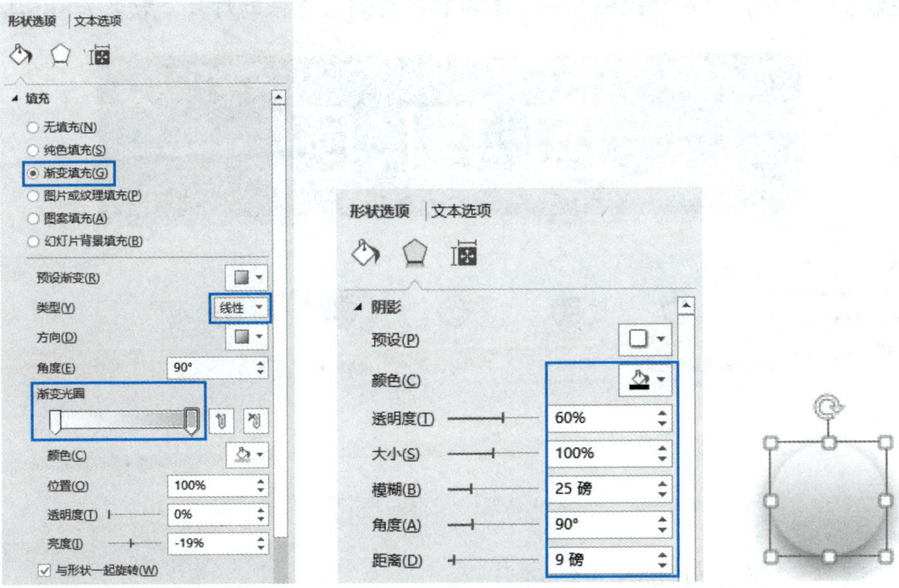

图 5-140　设置圆形的填充、阴影及效果

步骤 12▶　将绘制的两个圆形重叠放置，然后在其中插入素材图片“公司与团队”，再将图形和图片进行组合。

步骤 13▶　在组合图形的下方绘制圆角矩形，并用浅灰（RGB：238，238，238）到白色的线性渐变填充，角度为 135°，再设置圆角矩形的线条，参数如图 5-142 所示。

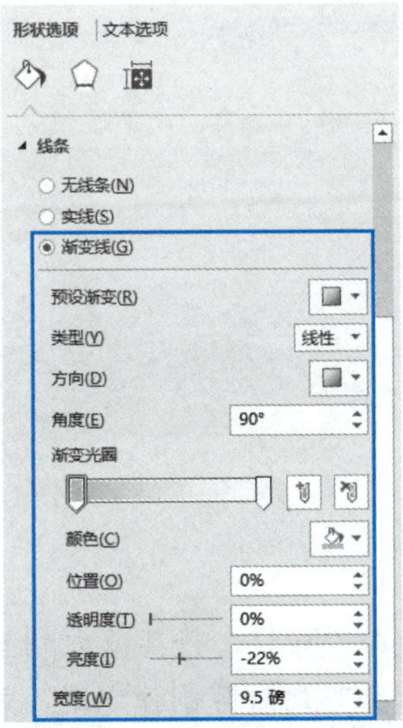

图 5-141　小圆形参数

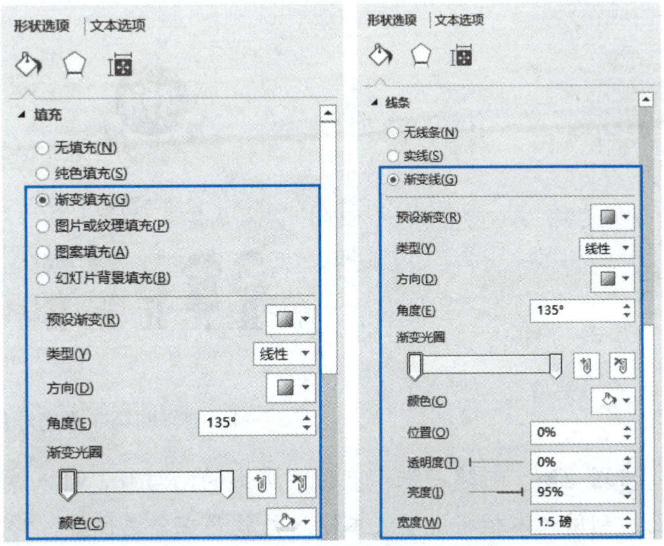

图 5-142　圆角矩形填充和线条参数

步骤 14▶ 利用文本框在矩形上输入文本，并将其与矩形组合，最后将两个组合后的图形向右复制 4 份，分别修改图片和文本内容，得到第 2 张幻灯片，效果如图 5-143 所示。

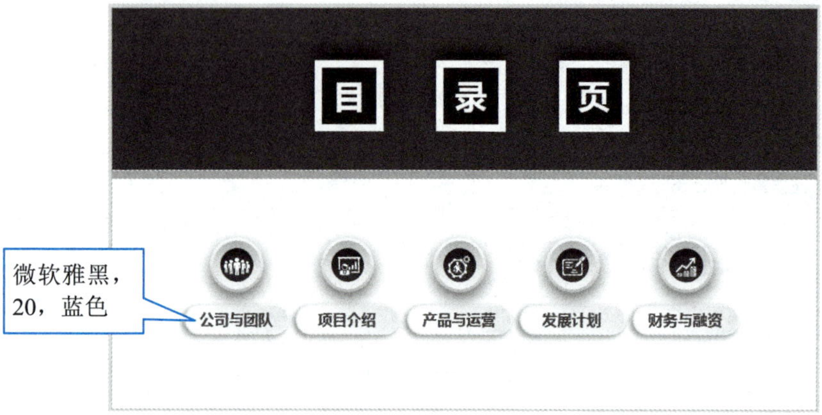

图 5-143　制作的第 2 张幻灯片

二、制作“公司与团队”幻灯片

操作步骤如下。

步骤 1▶ 新建一张“空白”版式的幻灯片，复制第 2 张幻灯片中的圆形与图片组合到第 3 张幻灯片的中上位置，然后将其等比例放大，再修改小圆的填充颜色为深红。

步骤 2▶ 复制第 2 张幻灯片下方的圆角矩形和文本框到第 3 张幻灯片的中部位置，再将素材图片“公司团队”插到其下方，这样，第 3 张幻灯片制作完成，如图 5-144 所示。

图 5-144　制作的第 3 张幻灯片

步骤 3▶ 新建一张“空白”版式的幻灯片，插入素材图片“bg3”，将其放大到整个页面，利用文本框将说明文本输入并放置在合适位置，“公司简介”幻灯片制作完毕，效果如图 5-145 所示。

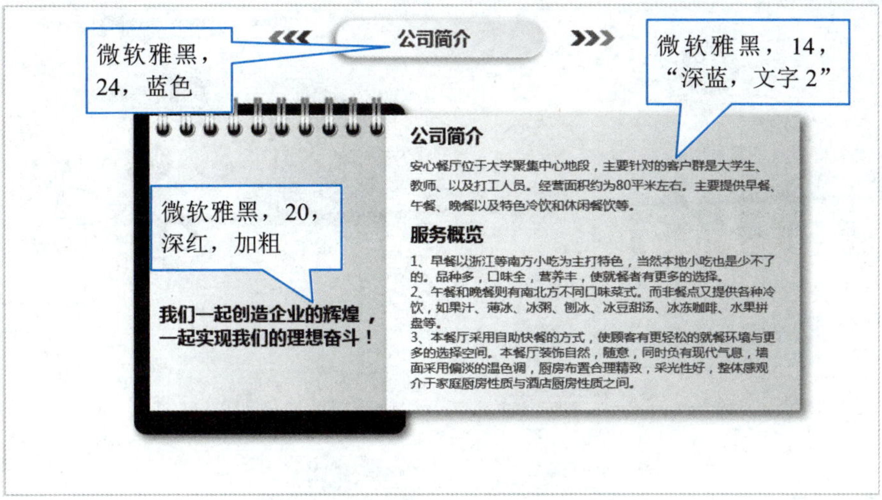

图 5-145　制作的“公司简介”幻灯片

步骤 4▶　新建一张“空白”版式的幻灯片，插入素材图片“图片 2”，将其放大到整个页面，利用文本框将说明文本输入并放置在合适位置，“项目成员”幻灯片制作完毕，效果如图 5-146 所示。

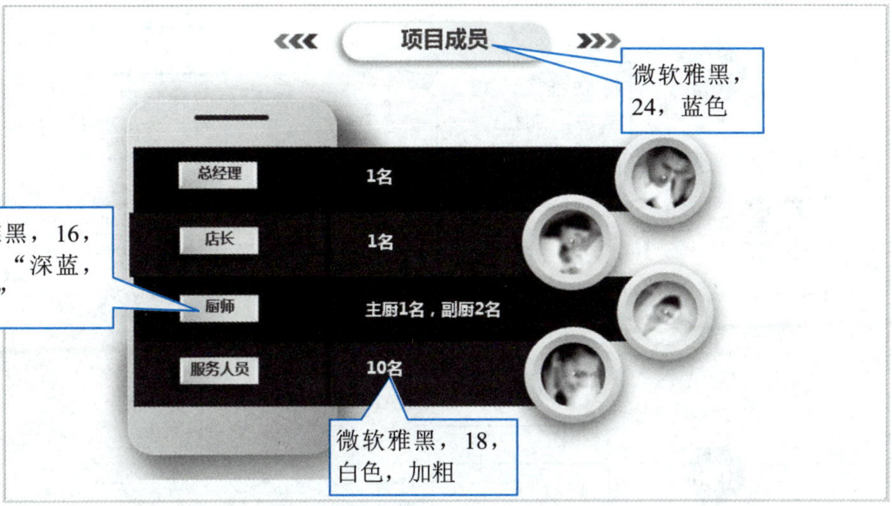

图 5-146　制作的“项目成员”幻灯片

三、制作其他幻灯片

接下来可以参考前面制作幻灯片的方法制作本演示文稿的其他幻灯片，效果可参考图 5-147～图 5-150 所示。

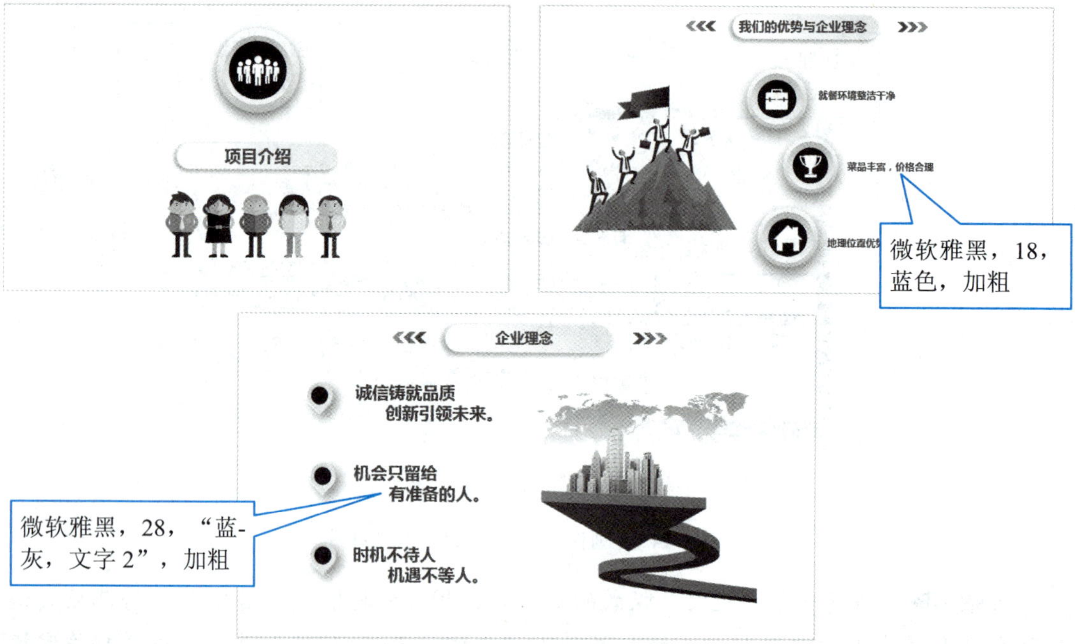

图 5-147　“项目介绍”幻灯片

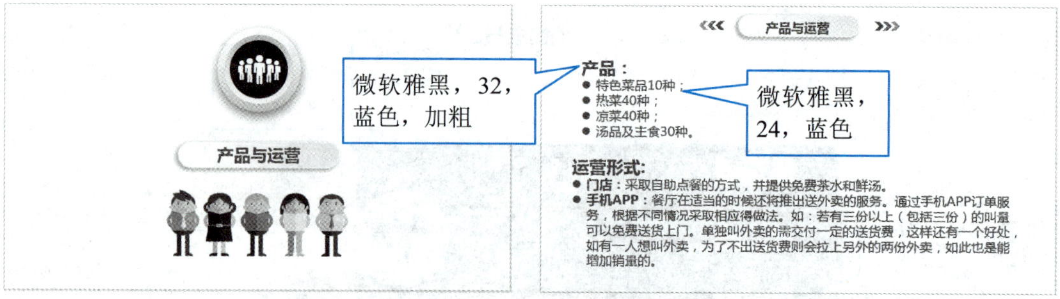

图 5-148　“产品与运营”幻灯片

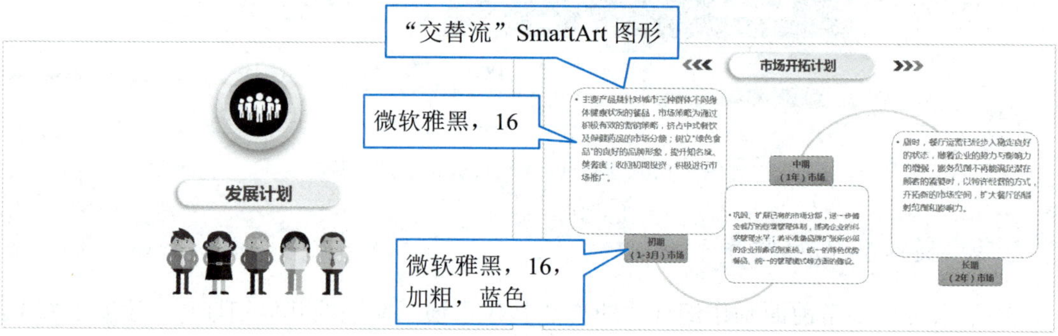

图 5-149　“发展计划”幻灯片

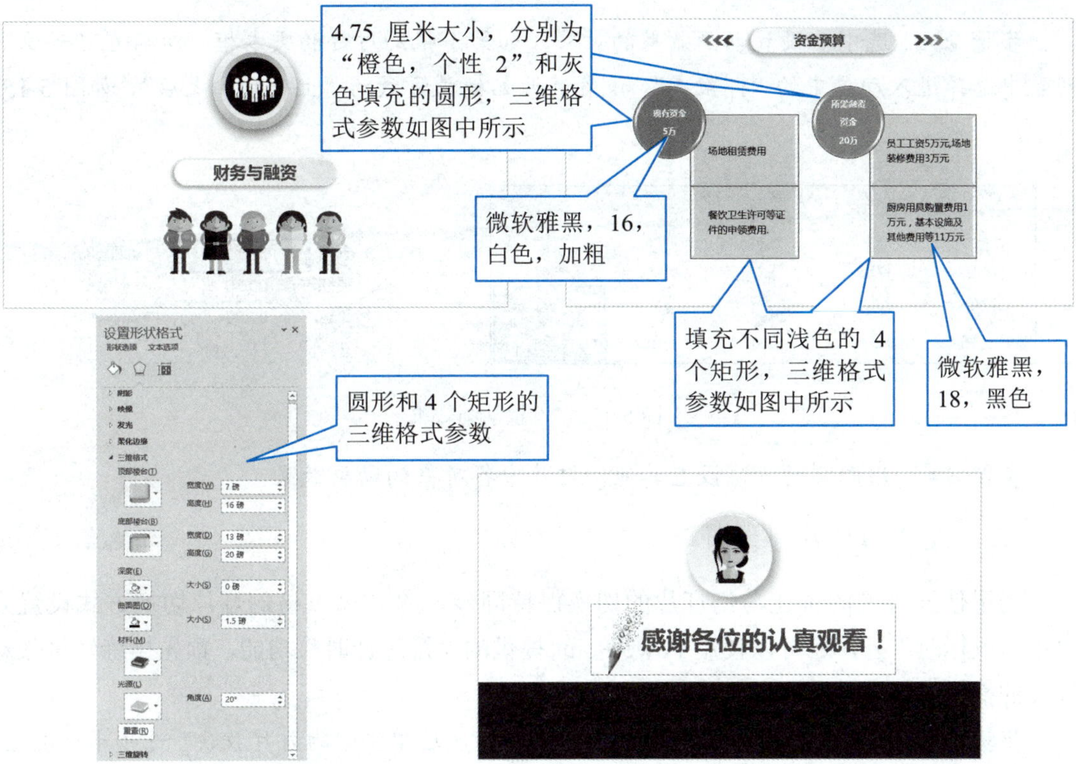

图 5-150　“财务与融资”及末页幻灯片

四、设置幻灯片的切换效果和各对象的动画效果

操作步骤如下。

步骤 1▶ 选中要设置切换效果的幻灯片，如第 1 张幻灯片，单击“切换”选项卡“切换到此幻灯片”组中的“其他”按钮，在展开的列表中选择“华丽型”中的“蜂巢”动画，如图 5-151 所示。保持默认持续时间不变，然后单击“全部应用”按钮。

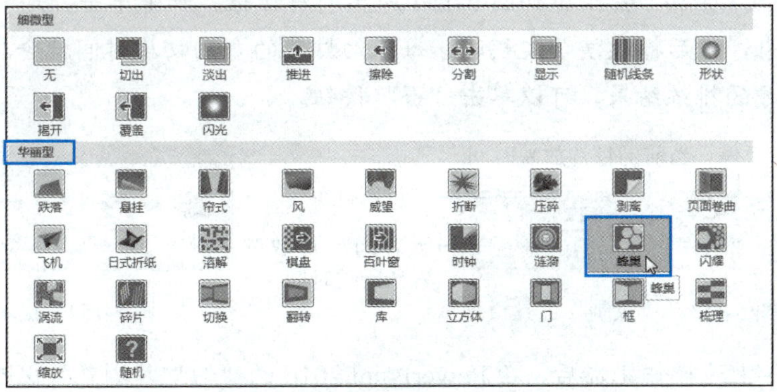

图 5-151　选择切换动画效果

步骤 2▶ 选中要设置动画效果的对象，如第 1 张幻灯片的文本框，然后在“动画”列表中选择进入动画中的“挥鞭式”，设置其开始播放方式为“上一动画之后”，如图 5-152 所示。

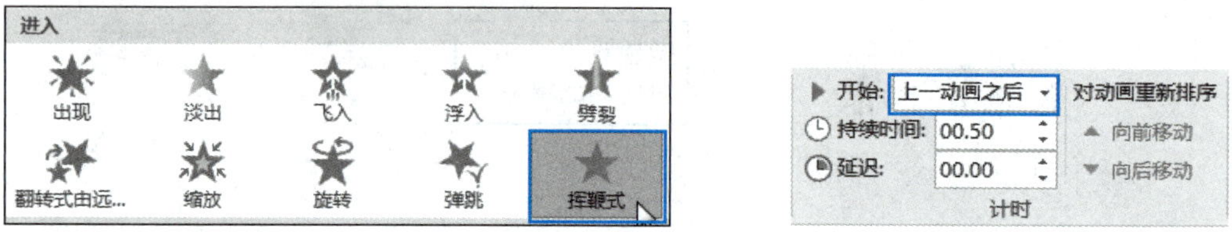

图 5-152 设置动画效果

步骤 3▶ 用同样的方法设置其他幻灯片中各对象的动画效果。

五、设置幻灯片排练计时

为了使演讲者的讲述与幻灯片的切换保持同步，除了可以将幻灯片切换方式设置为“单击鼠标时”外，还可以使用 PowerPoint 提供的“排练计时”功能，预先排练好每张幻灯片的播放时间。操作步骤如下。

步骤 1▶ 打开要设置排练计时的演示文稿，然后单击“幻灯片放映”选项卡“设置”组中“排练计时”按钮，此时从第 1 张幻灯片开始进入全屏放映状态，并在右上角显示“录制”工具栏，如图 5-153 所示。这时演讲者可以对自己要讲述的内容进行排练，以确定当前幻灯片的放映时间。

步骤 2▶ 放映时间确定好之后，单击幻灯片的任意位置，或单击“录制”工具栏中的“下一项”按钮，切换到下一张幻灯片，可以看到“录制”工具栏中间的时间重新开始计时，而右侧的演示文稿总放映时间将继续计时。

步骤 3▶ 当演示文稿中所有幻灯片的放映时间排练完毕后(若希望在中途结束排练，可按【Esc】键)，屏幕上会出现如图 5-154 所示的对话框。如果单击“是”按钮，可将排练结果保存起来，以后播放演示文稿时，每张幻灯片的自动切换时间就会与设置的一样；如果想放弃刚才的排练结果，可以单击“否”按钮。

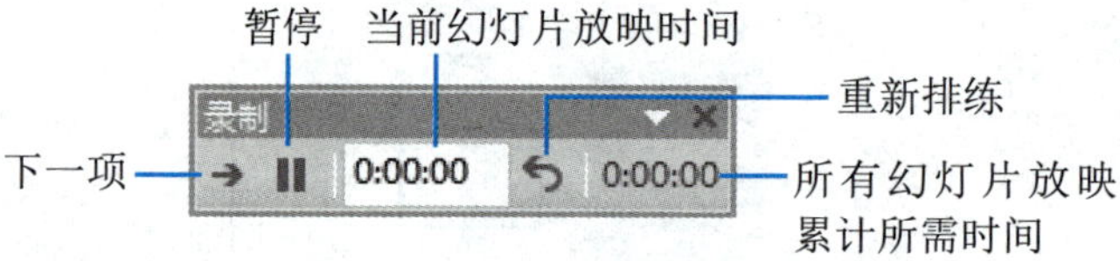

图 5-153 “录制”工具栏

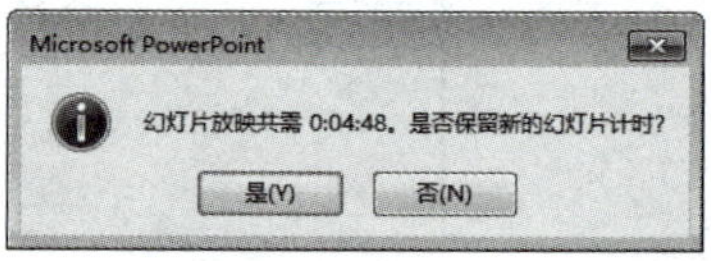

图 5-154 提示对话框

步骤 4▶ 上述操作完成后，在 PowerPoint 2016 的“幻灯片浏览”视图中，在每张幻灯片的右下角可看到幻灯片播放时间，如图 5-155 所示。

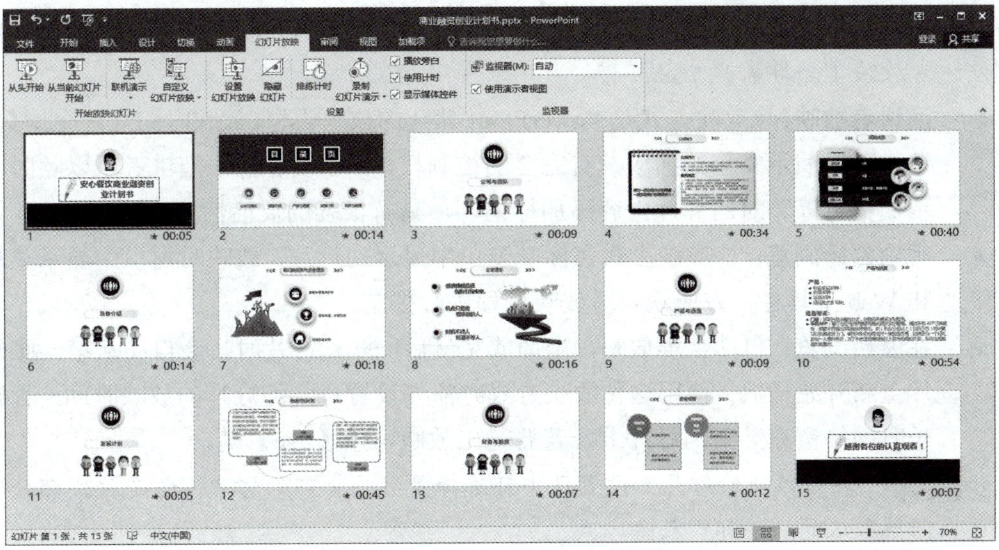

图 5-155 排练计时

六、设置放映方式并放映幻灯片

演示文稿制作好以后，需要向观众展示幻灯片中的内容，即放映演示文稿，这是制作演示文稿的最终目的。利用“幻灯片放映”选项卡“开始放映幻灯片”组中的相关按钮，可以放映当前打开的演示文稿。

在放映幻灯片时，用户可根据不同的场所设置不同的放映方式，如可以由演讲者控制放映，也可以由观众自行浏览，或让演示文稿自动播放等。此外，对于每一种放映方式，还可控制是否循环播放，指定播放哪些幻灯片及确定幻灯片的换片方式等。操作步骤如下。

步骤 1▶ 设置放映方式。单击“幻灯片放映”选项卡“设置”组中的“设置幻灯片放映”按钮，打开“设置放映方式”对话框，如图 5-156 所示。

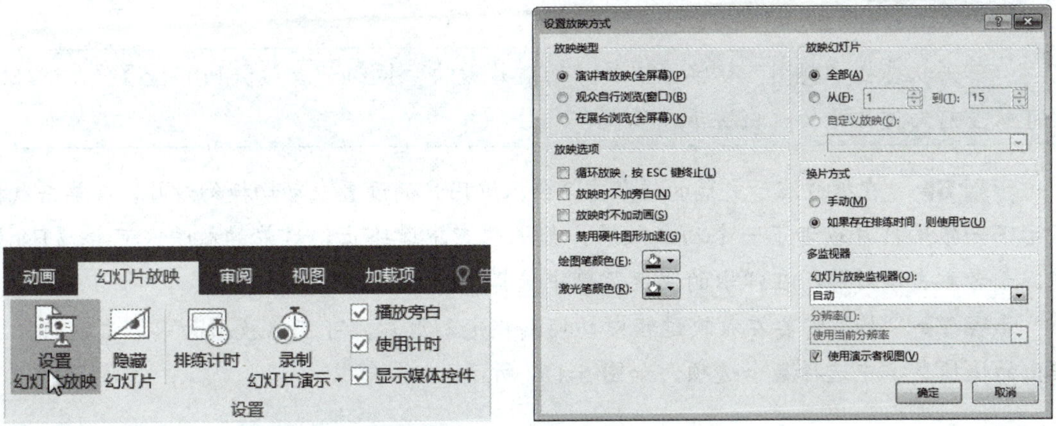

图 5-156 打开“设置放映方式”对话框

步骤 2▶ 在“放映类型”设置区中可设置以下 3 种不同的放映方式，这里保持默认的“演讲者放映（全屏幕）”选项。

- **演讲者放映**：该放映方式是 PowerPoint 默认的放映类型，放映时幻灯片全屏显示，演讲者对演示文稿的播放具有完全的控制权，在放映过程中演讲者可以随时将演示文稿暂停、对幻灯片内容添加标记等，具有很强的灵活性。
- **观众自行浏览**：该放映方式在标准窗口中显示幻灯片，放映时窗口中显示菜单栏和 Web 工具栏，方便观众对放映过程进行控制。
- **在展台浏览**：自动全屏放映，当播放完最后一张幻灯片时，会自动从第一张幻灯片重新开始播放。使用这种放映方式时需要设置每张幻灯片的放映时间，否则会长时间停留在某张幻灯片上，若要退出放映可按【Esc】键。

步骤 3▶ 在“放映幻灯片”设置区中可选择是放映全部幻灯片，还是放映部分幻灯片，这里保持默认的“全部”放映方式。

步骤 4▶ 在“换片方式”设置区中可设置幻灯片的切换方式，这里选择的是“如果存在排练时间，则使用它”。

- 如果选择“**手动**”，则在放映幻灯片时，必须人为干预（如单击鼠标）才能切换幻灯片。
- 如果选择“**如果存在排练时间，则使用它**”，则可让幻灯片自动切换，切换时间由排练计时或“切换”选项卡“计时”组中设置的时间决定。此外，该方式下也可通过人工方式切换幻灯片。

步骤 5▶ **放映幻灯片**。设置好放映方式后，单击“确定”按钮，然后按【F5】键或单击“幻灯片放映”选项卡“开始放映幻灯片”组中的“从头开始”按钮，从第 1 张幻灯片开始放映演示文稿。

提 示

> 单击状态栏“视图”切换区中的“幻灯片放映”按钮或按【Shift+F5】组合键，可从当前幻灯片开始放映演示文稿。

步骤 6▶ 在播放演示文稿的过程中，会根据用户的设置自动切换幻灯片，或单击鼠标显示下一张幻灯片或者下一个动画效果。如果想在中途终止幻灯片的放映，可按【Esc】键，或者右击幻灯片，在弹出的快捷菜单中选择“结束放映”选项。

步骤 7▶ 如果需要在放映过程中切换到指定幻灯片，可在播放画面中右击鼠标，在弹出的快捷菜单中选择某个选项，如图 5-157 所示。

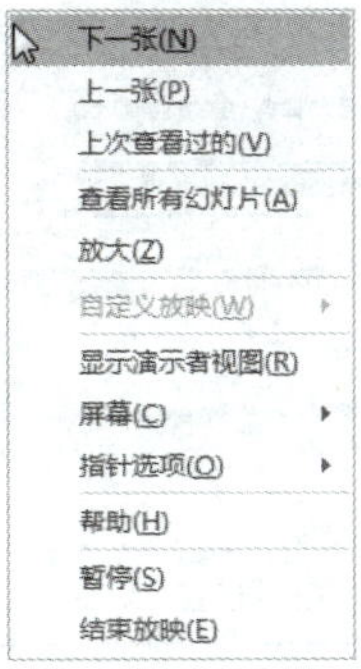

图 5-157　右键菜单

七、打包演示文稿并放映打包文件

如果需要在另一台计算机上播放演示文稿，通常想到的方法是将演示文稿文件复制到播放演示文稿的计算机中。但事情并非这么简单，如果准备用来播放演示文稿的计算机中没有安装 PowerPoint 程序，或者演示文稿中所链接的文件以及所采用的字体在这台计算机上不存在，这些情况都会使演示文稿无法播放，或者影响演示文稿的播放效果。

为解决上述问题，PowerPoint 提供了演示文稿“打包”工具，利用该工具可以将播放演示文稿所涉及到的有关文件连同演示文稿一起打包，形成一个文件夹，从而方便在其他计算机中进行播放。操作步骤如下。

步骤 1▶ 在“文件”选项卡中依次单击“导出”>“将演示文稿打包成 CD”>“打包成 CD”按钮，如图 5-158 所示。

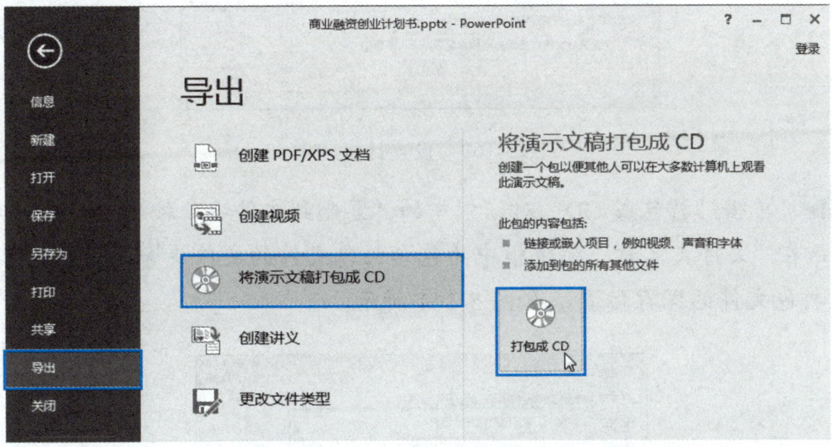

图 5-158　单击“打包成 CD”按钮

步骤 2▶ 弹出“打包成 CD”对话框，在“将 CD 命名为”编辑框中为打包文件命名，如图 5-159 所示。

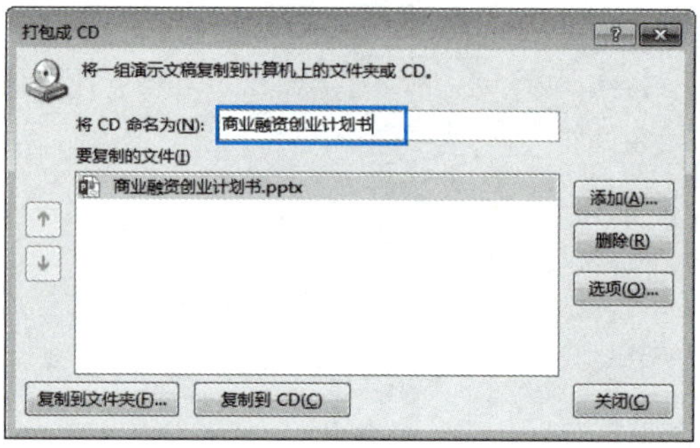

图 5-159　为打包文件命名

步骤 3▶　默认情况下将当前演示文稿添加到包中。如果要将其他演示文稿一起进行打包操作，可单击“添加”按钮，打开“添加文件”对话框，从中选择要添加的演示文稿，单击“添加”按钮，将其也添加到包中。

步骤 4▶　单击“打包成 CD”对话框中的“选项”按钮，打开“选项”对话框，如图 5-160 所示。其中，在“包含这些文件”设置区中可选择需要在打包文件中包含的内容，这里将两个复选框都选中；在“增强安全性和隐私保护”设置区中可设置打开或修改包中的演示文稿时是否需要密码，这里不输入密码，最后单击“确定”按钮。

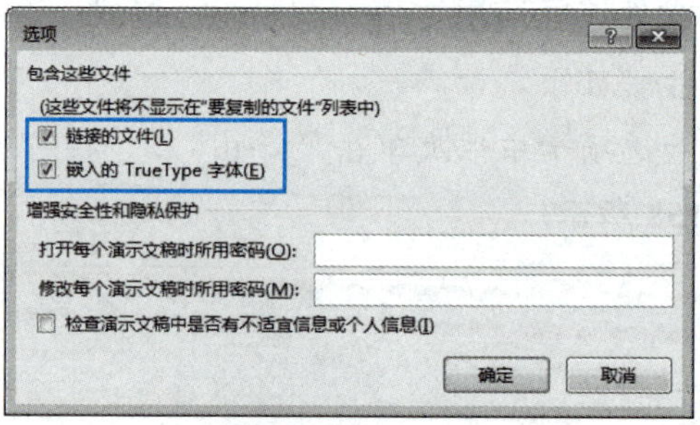

图 5-160　设置打包选项

步骤 5▶　单击“打包成 CD”对话框中的“复制到文件夹”按钮，打开“复制到文件夹”对话框，在“文件夹名称”编辑框中为包含打包文件的文件夹命名，然后单击“浏览”按钮，设置打包文件的保存位置，如图 5-161 所示。

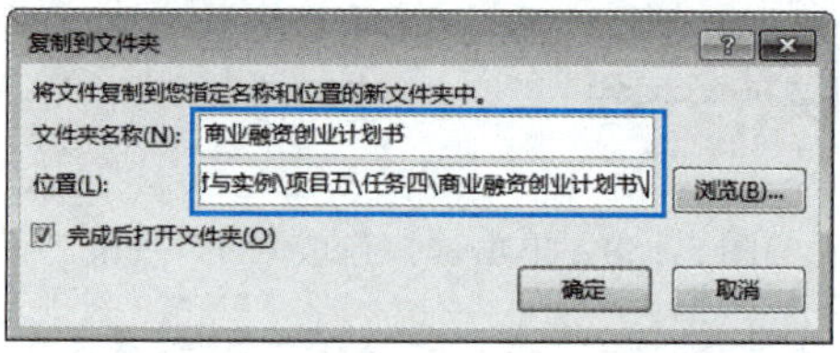

图 5-161　“复制到文件夹”对话框

步骤 6▶ 设置完成后单击“确定”按钮，弹出图 5-162 所示的提示框，询问是否打包链接文件，单击“是”按钮，系统开始打包演示文稿，并显示打包进度。

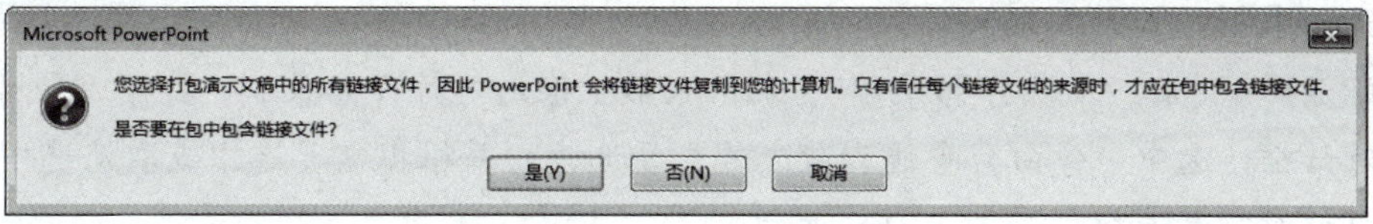

图 5-162　提示框

提　示

若单击“打包成 CD”对话框中的“复制到 CD”按钮，会弹出光驱的托盘，提示用户插入一张空白光盘，插入后即可开始刻录选中的演示文稿，完成后单击“完成”按钮即可将演示文稿打包到 CD 中(执行此操作，计算机上必须安装有刻录机)。

步骤 7▶ 等待一段时间后，即可将演示文稿打包到指定的文件夹中，并自动打开打包文件夹，显示其中的内容，如图 5-163 所示。最后单击“打包成 CD”对话框中的“关闭”按钮，将该对话框关闭。

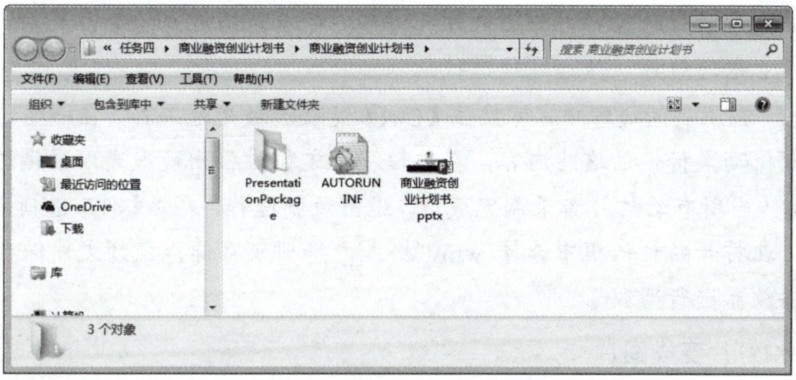

图 5-163　打包文件夹中的文件

步骤 8▶ 将演示文稿打包后，可找到存放打包文件的文件夹，然后利用 U 盘或网络等方式，将其拷贝或传输到其他的电脑中进行播放。

步骤 9▶ 要播放演示文稿，可双击打包文件夹中的演示文稿，然后进行播放即可。

【高手秘籍】

1．用 PPT 录制幻灯片的操作过程

若要录制幻灯片的演示过程，可利用 PPT 自带的视频录制功能实现。操作步骤如下。

步骤 1▶ 打开要演示的幻灯片，然后单击“幻灯片放映”>“录制幻灯片演示”按钮下方的三角按钮，从展开的列表中按要求选择演示的起点：从头开始录制或者从当前幻灯片开始录制，如图 5-164 所示。

步骤 2▶ 选择“从头开始录制”，表示从第 1 张幻灯片开始录制，打开“录制幻灯片演示”对话框，选中“旁白、墨迹和激光笔”复选框，并根据需要选中或取消选中“幻灯片和动画计时”复选框，如图 5-165 所示。

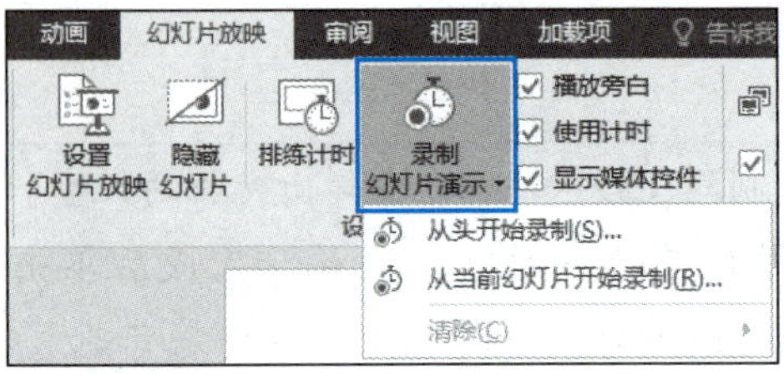

图 5-164　选择演示的起点

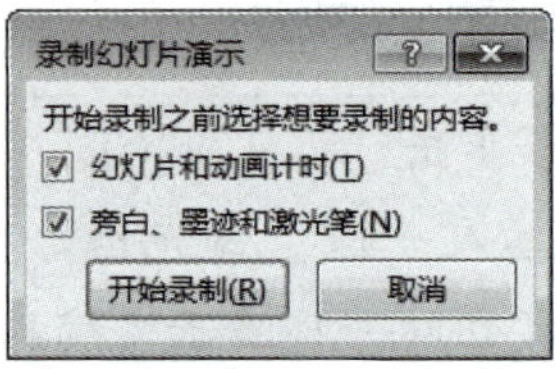

图 5-165　设置要录制的内容

步骤 3▶ 单击“开始录制”按钮，开始放映幻灯片，进入视频录制过程，窗口左上角出现“录制”工具栏，显示录制的进度，可以进行下一项、暂停或退出等操作。此时演讲者可以对着麦克风录入自己对当前幻灯片的讲解。对当前幻灯片的旁白录制完毕后，单击鼠标切换到第 2 张幻灯片，然后继续进行录制。

步骤 4▶ 在录制的过程中，可按住【Ctrl】键激活激光笔工具，在一些需要重点强调的地方单击或拖动鼠标框住这些内容，在放映演示文稿时将出现激光以强调这些内容。

步骤 5▶ 当所有幻灯片都录制完成后，退出录制过程，在“文件”选项卡中选择“另存为”选项，在打开的对话框中选择 wmv 格式，将视频存储。视频文件保存成功后，就可以用视频播放器进行播放了。

2. 巧把幻灯片变成图片

要将演示文稿中的幻灯片变成图片，可打开“另存为”对话框，然后在“保存类型”下拉列表中选择图片类型，如“JPEG 文件交换格式”，再选择保存位置并输入文件名，然后单击“保存”按钮，此时会弹出提示对话框，根据需要选择要导出的幻灯片选项，是将“每张幻灯片”还是“仅当前幻灯片”导出为图片。导出完毕，在打开的提示对话框中单击“确定”按钮即可。

【拓展训练】——北大荒绿色食品宣传 PPT

利用本项目所学知识制作北大荒绿色食品宣传演示文稿，效果如图 5-166 所示。

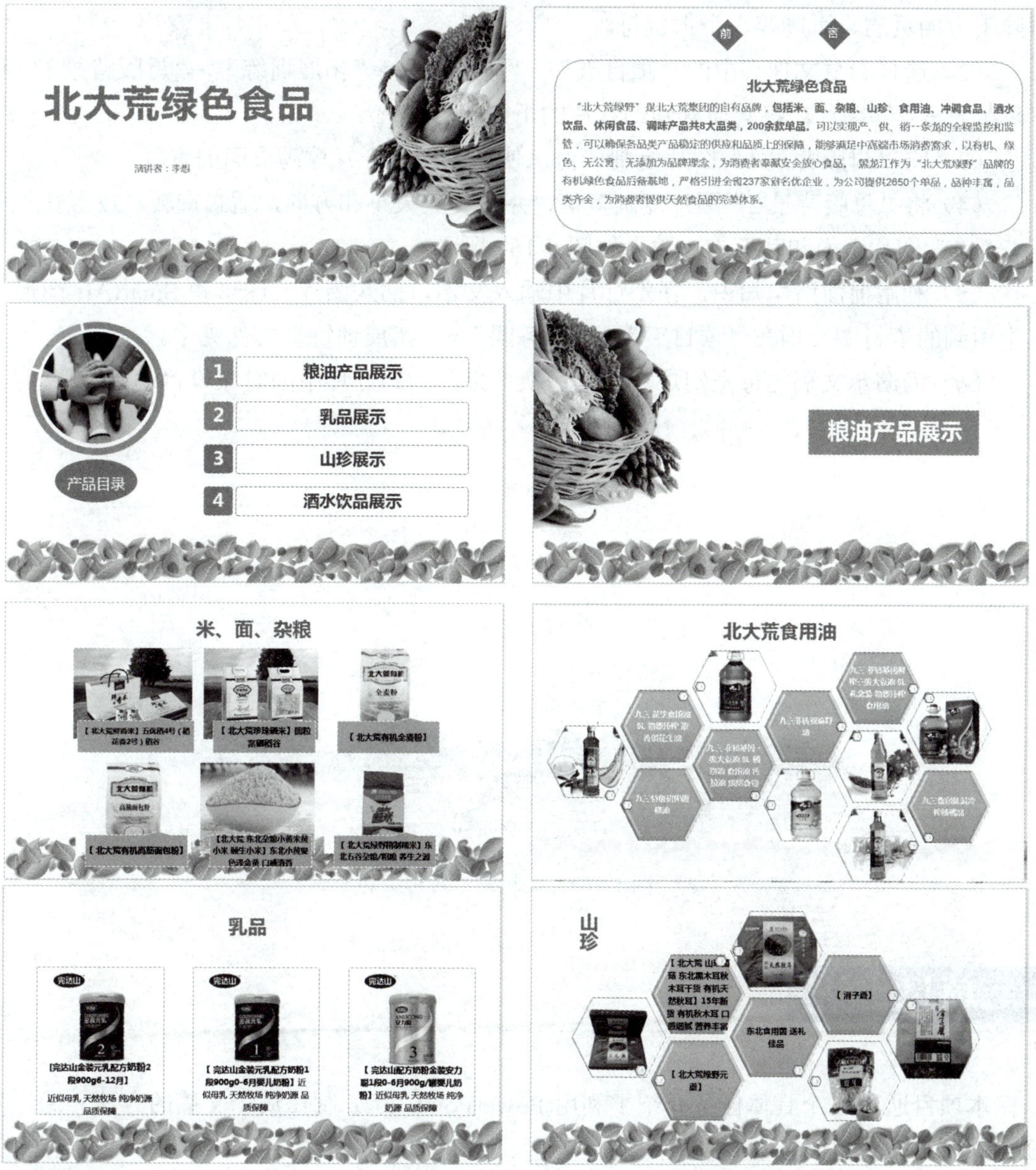

图 5-166 北大荒绿色食品宣传演示文稿效果

1. 训练目的

练习编辑幻灯片母版并用其创建演示文稿，在幻灯片中插入图片、形状、文本框、SmartArt 图形等操作。

2. 训练内容

（1）新建空白演示文稿，然后进入幻灯片母版视图，单击最上方的“幻灯片母版”，删除下方的页眉、页脚等 3 个占位符。

（2）选择素材文件夹中的“项目五”>“任务四”>“拓展训练”>“母版背景 1”和“母版背景 2”图片，将其插入到幻灯片的下方。

（3）将“母版背景 1”图片复制一份，使两张图片正好撑满页面的宽度。

（4）将“母版背景 2”图片复制多份，并改变其大小和方向，适当旋转，放置在“母版背景 1”图片上面和其下方，效果如图 5-167 所示。

（5）利用前面所学知识，在幻灯片中输入文本，插入图片、图形和 SmartArt 图形。其中用到的素材图片均在“项目五”>“任务四”>“拓展训练”文件夹中。

（6）为演示文稿的每张幻灯片设置切换效果，为幻灯片中的对象设置动画效果。

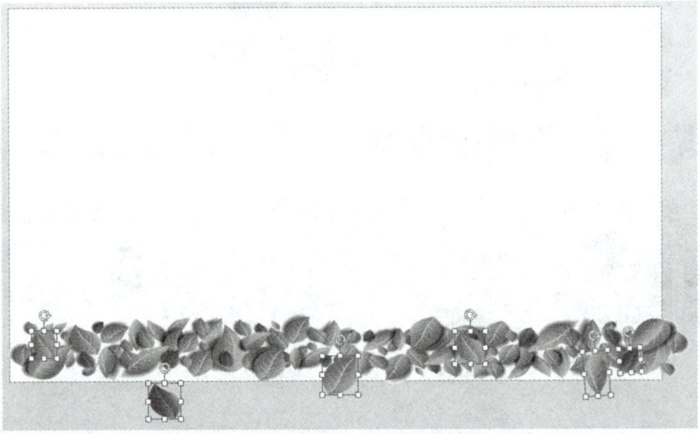

图 5-167　编辑幻灯片母版

项目小结

本项目通过 4 个具体任务介绍了利用 PowerPoint 2016 制作演示文稿的方法。通过本项目的学习，希望读者掌握以下知识。

（1）熟练掌握演示文稿和幻灯片的基本操作方法。

（2）熟练掌握在幻灯片中插入和编辑文本、图片、形状、艺术字、SmartArt 图形和音频文件等的操作方法。

（3）熟练掌握应用幻灯片母版制作统一风格的演示文稿的方法。

（4）熟练掌握为幻灯片设置切换效果，以及为幻灯片中的对象设置动画效果的方法。

（5）熟练掌握设置幻灯片的放映方式、打包演示文稿并播放打包文件的操作方法。

参考文献

[1] 聂爱林，林忠会，隋晓明．计算机应用基础项目教程［M］．北京：航空工业出版社，2013．
[2] 龙敏，蒲先祥．计算机应用基础［M］．上海：上海交通大学出版社，2015．
[3] 秦婉，王蓉．计算机应用基础［M］．北京：机械工业出版社，2011．
[4] 李刚．计算机应用基础［M］．北京：中国人民大学出版社，2014．
[5] 徐久成，王岁花．大学计算机基础（修订版）［M］．北京：科学出版社，2013．
[6] 柴欣，史巧硕．大学计算机基础教程［M］．6 版．北京：中国铁道出版社，2014．
[7] 程星晶，胡文生．大学计算机应用基础［M］．上海：上海交通大学出版社，2015．
[8] 蒋加伏，沈岳．大学计算机［M］．4 版．北京：北京邮电大学出版社，2013．